Offer来了

Java面试核心知识点精讲

（第2版）

王磊　编著

电子工业出版社
Publishing House of Electronics Industry
北京·BEIJING

内 容 简 介

本书讲解 Java 面试中常被问及的核心知识点，涉及 Java 基础、Java 并发编程、JVM、Java 高并发网络编程、Spring 基础、Netflix 的原理及应用、Spring Cloud Alibaba 的原理及应用、数据结构、Java 中常用算法的原理及其 Java 实现、关系数据库及分布式事务、分布式缓存的原理及应用、ZooKeeper 的原理及应用、Kafka 的原理及应用、Elasticsearch 的原理及应用、设计模式的概念及其 Java 实现。

本书内容全面、细致，既可帮助读者迅速查找 Java 知识点，也可帮助读者完善其 Java 知识体系；不但可以作为 Java 面试知识速通手册，也可以作为 Java 程序员的案头手册。

图书在版编目（CIP）数据

Offer 来了：Java 面试核心知识点精讲 / 王磊编著. —2 版. —北京：电子工业出版社，2022.7
ISBN 978-7-121-43595-9

Ⅰ. ①O… Ⅱ. ①王… Ⅲ. ①JAVA 语言—程序设计 Ⅳ. ①TP312.8

中国版本图书馆 CIP 数据核字（2022）第 090078 号

责任编辑：张国霞
印　　刷：北京雁林吉兆印刷有限公司
装　　订：北京雁林吉兆印刷有限公司
出版发行：电子工业出版社
　　　　　北京市海淀区万寿路 173 信箱　　邮编 100036
开　　本：787×980　　1/16　　印张：39.75　　字数：910 千字
版　　次：2019 年 11 月第 1 版
　　　　　2022 年 7 月第 2 版
印　　次：2022 年 7 月第 1 次印刷
印　　数：4000 册　　定价：159.00 元

凡所购买电子工业出版社图书有缺损问题，请向购买书店调换。若书店售缺，请与本社发行部联系，联系及邮购电话：（010）88254888，88258888。

质量投诉请发邮件至 zlts@phei.com.cn，盗版侵权举报请发邮件至 dbqq@phei.com.cn。

本书咨询联系方式：（010）51260888-819，faq@phei.com.cn。

推荐序 1

拿到本书并阅读之后，作为一个从业二十多年的"大龄"程序员，我不禁回忆起自己经历丰富的面试官生涯。入行多年以来，我为不同的公司、团队、产品和项目组面试过许多技能、背景和水平各不相同的程序员，可以说是阅人无数了。每个公司都希望招聘到市场上非常优秀的程序员，每个新手程序员也都想成为"技术大牛"。

这些年的面试经验和工作经验告诉我，最好的程序员往往具备两个突出特点：

（1）不管工作经验是否丰富，其基础都非常扎实，无论是操作系统、数据结构和编程语言等基础知识，还是开发框架的原理和常用算法，都可以信手拈来、触类旁通；

（2）视野非常开阔，能够把理论知识和工程实践非常恰当地结合起来，而不是纸上谈兵，并且总能够根据项目或者产品的实际情况活学活用，找到适合的技术栈和工程方法。

本书几乎讲解了优秀的 Java 程序员所应掌握的核心技术，可以让读者一站式掌握 Java 新技术生态中的核心知识，同时了解到如何将这些知识运用到具体的工程实践之中。本书的内容由浅到深、循序渐进，非常丰富和翔实，不仅适合新手程序员入门学习，也适合作为每个程序员的案头手册，更适合每个程序员不断学习。

相信本书不仅能够帮助面试者在面试过程中做到滴水不漏、挥洒自如，顺利拿到心仪的 Offer，也能够帮助在职程序员开拓眼界、不断提高，成为未来的"技术大牛"。

西安翼辉爱智物联技术有限公司研发总监　李强

推荐序 2

我是王磊的大学老师，听说他的书要再版了，非常开心。我知道他为本书付出了很多心血，但却把自己在编写过程中遇到的困难说得云淡风轻。我认真阅读了他送来的样书，也非常理解他的写书初衷：他希望自己的书能成为读者成长路上的垫脚石。

写书的人都是真诚的，都相信书是人类进步的阶梯，而且一旦进步了，习得了，就成为刻在基因里的能力。我相信他传递的是思维，也是方法，更是一种可以终生受益的能力。

王磊的大学同学都戏称他为"才子"，一是因为他所知甚广，二是因为他所研甚深。在美丽的大学时光里，他和老师、同学们曾蹲在路边打开计算机讨论软件操作，腿麻得无法站立，还被蚊子叮得浑身是包；他在读本科的时候就已经在团队讨论会上给研究生们讲技术和算法的原理了，并且能耐心地回答所有问题。我当时就对他说："我觉得你可以写书了，你写的文档比大学老师写的书都细致，还更容易上手！"大学毕业前，他果然写了一本厚厚的书。我非常惊叹他的行动能力。

在知识产权保护意识越来越强的时代，我希望他的付出能得到社会的认可，也能得到应有的回馈。他带着满怀的真诚，认真对待每一颗求知的心！希望他和读者能相互成就！

陕西师范大学地理科学与旅游学院副教授　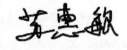

推荐序 3

认真阅读了王磊寄给我的样稿，我有惊喜也有感慨：惊喜的是，在公司业务快速发展和系统架构不断演进的过程中，王磊仍然可以编写出这样高质量和高含金量的内容；感慨的是，如果自己在十年前找工作时也能有这样的知识点完备的图书，一定会让自己信心百倍，即使是现在，本书仍然让我有温故知新的感受。

每一位做技术的同学，一定都非常喜欢在技术氛围浓厚、有创造力的团队里工作，这样既能感受讨论问题时抽丝剥茧和拨云见日的快感，也能体会业务飞涨时跨越巅峰和突破极限的喜悦。王磊作为 Java 专家加入我们团队，使得我们团队的能力板块得到了补充和加强，也给我们带来了新的创造力；而且他领导了多个分布式系统的设计和开发，参与了大数据平台从 Lambda 架构到 Kappa 架构的升级，还实现了 PB 级大数据实时数仓的构建。

在十余年的技术管理工作中，我面试了很多人，发现优秀的人在对原理的掌握和对知识的贯通上都非常突出。只有理解 JVM 的内存模型和垃圾回收方式，我们才能知道在频繁 Full GC 的情况下用什么工具去分析 JVM 的性能；只有理解同步、异步的底层原理，我们才能知道高并发场景下技术选型的重点；只有理解 HBase 的存储引擎原理，我们才能理解在高读高写场景下如何应用它，也才能理解冷热分离的存储模式的可行性。本书能够帮助我们梳理这些知识点，最终实现融会贯通的效果。

作为面试类的图书，本书全面覆盖了面试、笔试环节中的各个知识点，从 Java 基础、Spring 实战、分布式系统的概念、大数据应用等方面层层展开，并附有详细的示例代码，可帮助读者在提高理论水平的基础上加强动手能力。本书不仅适合正在应聘的应届生阅读，对正在从事 Java 开发、分布式系统应用开发、大数据开发的一线人员也有很高的参考价值。

Yeahmobi 广告平台技术总监　　芦康平

前　言

在实际面试过程中，面试官通常会在短短两小时内对面试者知识体系的广度和深度进行全面了解，面试者在回答问题时如果拖泥带水且不能直击问题的本质，在问题的周围"打转"，则很难充分表现自己，最终影响面试结果。针对这种情况，本书在讲解知识点时不拖泥带水，力求精简，详细介绍了 Java 面试中常被问及的核心知识点。

章节架构

本书共 15 章，对各章简要介绍如下。

第 1 章讲解 Java 基础，涉及集合、异常的分类及处理、反射机制、注解、内部类、泛型、序列化、Java I/O。

第 2 章讲解 Java 并发编程，涉及 Java 中的线程及线程池、锁、阻塞队列、并发关键字、Fork/Join 并发框架、进程调度算法、CAS、ABA 问题、AQS，以及 Java 8 中的流等。

第 3 章讲解 JVM，涉及 JVM 结构规范（Java SE 8）、多线程、HotSpot JVM 内存模型及堆、垃圾回收、Java 中的 4 种引用类型，以及 JVM 的参数配置、类加载机制、性能监控与分析工具。

第 4 章讲解 Java 高并发网络编程，涉及网络、负载均衡、Java 的网络编程模型、Reactor 线程模型、Netty 的架构、租约机制、流控算法、gRPC、高并发原理。

第 5 章讲解 Spring 基础，涉及 Spring 的原理、特性、核心 JAR 包、注解，Spring IoC、Spring AOP、Spring MVC 的原理，以及 MyBatis 的缓存。

第 6 章讲解 Netflix 的原理及应用，涉及微服务架构的优缺点及组成、Netflix 技术栈、Spring Boot、Config、Eureka、Consul、Feign、Hystrix、Zuul、Spring Cloud 的链路监控。

第 7 章讲解 Spring Cloud Alibaba 的原理及应用，涉及 Spring Cloud Alibaba 概览、Dubbo、Nacos、Sentinel。

第 8 章讲解数据结构，涉及栈及其 Java 实现、队列及其 Java 实现、链表、跳跃表、哈希表、二叉排序树、红黑树、图、位图。

第 9 章讲解 Java 中常用算法的原理及其 Java 实现，涉及二分查找、冒泡排序、插入排序、快速排序、希尔排序、归并排序、桶排序、基数排序等算法。

第 10 章讲解关系数据库及分布式事务，涉及数据库基础、数据库的并发操作和锁、事务、MySQL 的高可用与高并发、大表水平拆分、NWR 理论。

第 11 章讲解分布式缓存的原理及应用,涉及分布式缓存简介、Ehcache 的原理及应用、Redis 的原理及应用、分布式缓存设计的核心问题、分布式缓存的应用场景。

第 12 章讲解 ZooKeeper、Kafka 的原理及应用，涉及 ZooKeeper 的原理及应用、Kafka 的原理及应用。

第 13 章讲解 HBase 的原理及应用，涉及 HBase 的原理及高性能集群配置。

第 14 章讲解 Elasticsearch 的原理及应用，涉及 Elasticsearch 的概念和原理、Elasticsearch 的配置及性能调优。

第 15 章讲解设计模式的概念及其 Java 实现，涉及常见的 23 种经典设计模式。

阅读建议

本书目录细致，建议读者在阅读本书之后以目录作为参考温故而知新，达到融会贯通的目的。建议读者花 6 周进行细读，详细理解书中的知识点、代码和架构图；再花 5 天进行复习，对着目录回忆知识点，对想不起来的部分及时查漏补缺；在面试前再花 3 小时进行复习，以充分掌握本书知识点。这样，读者就能对书中每个知识点的广度和深度理解得更充分，在面试时胸有成竹、百战不殆。

目 录

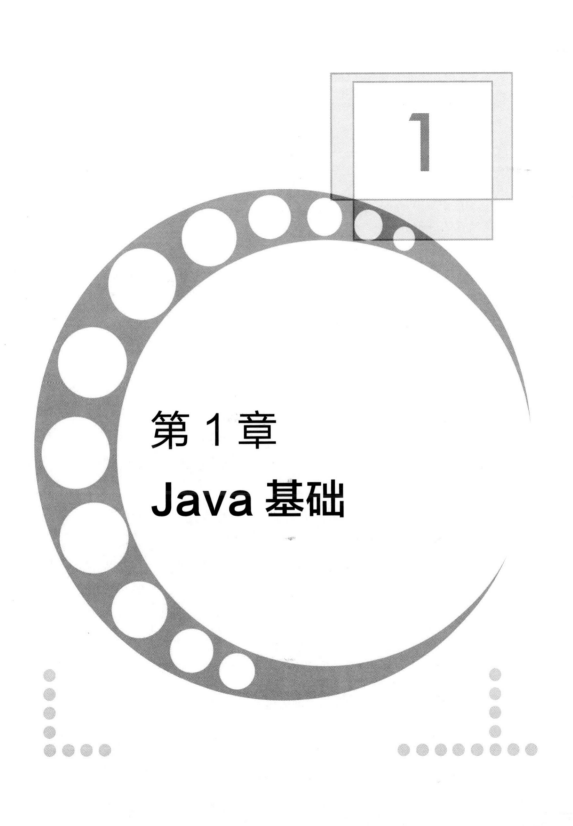

1

第 1 章

Java 基础

本章将针对常用的 Java 基础知识展开详细介绍，具体包含 Java 的集合、异常分类及处理、反射机制、注解、内部类、泛型、序列化、I/O 流这几部分内容。

1.1 集合

Java 的集合类被定义在 Java.util 包中，主要有 4 种集合，分别为 List、Queue、Set 和 Map，每种集合的具体分类如图 1-1 所示。

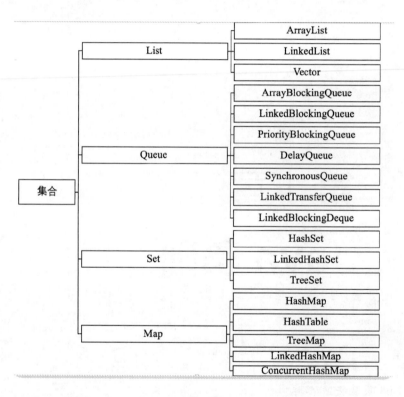

图 1-1

1.1.1 List：可重复

List 是很常用的数据类型，是有序的集合，一共有三个实现类，分别是 ArrayList、Vector 和 LinkedList。

1. ArrayList：数组实现，增删慢，查询快，线程不安全

ArrayList 是使用最广泛的 List 实现类，其内部数据结构基于数组实现，提供了对 List 的增加（add）、删除（remove）和访问（get）功能。

ArrayList 的缺点是元素必须连续存储，当需要在 ArrayList 的中间位置插入或者删除元素时，需要将待插入或者删除的节点后的所有元素进行移动，其修改代价较高，因此，ArrayList 不适合随机插入和删除的操作，更适合随机查找和遍历的操作。

ArrayList 不需要在定义时指定数组的长度，在数组长度不能满足存储要求时，ArrayList 会创建一个新的更大的数组并将数组中已有的数据复制到新的数组中。

2. Vector：数组实现，增删慢，查询快，线程安全

Vector 的数据结构和 ArrayList 一样，都是基于数组实现的，不同的是 Vector 支持线程同步，即同一时刻只允许一个线程对 Vector 进行写操作（新增、删除、修改），以保证多线程环境下数据的一致性，但需要频繁地对 Vector 实例进行加锁和释放锁操作，因此，Vector 的读写效率在整体上比 ArrayList 低。

3. LinkedList：双向链表实现，增删快，查询慢，线程不安全

LinkedList 采用双向链表结构存储元素，在对 LinkedList 进行插入和删除操作时，数据改动较小，因此随机插入和删除的效率很高。但在对 LinkedList 进行随机访问时，需要从链表的头部一直遍历到该节点为止，因此随机访问速度很慢。LinkedList 还提供了在 List 接口中未定义的方法，用于操作链表头部和尾部的元素，因此有时可被当作堆栈和队列使用。

相关面试题

（1）ArrayList 和 LinkedList 有什么区别？★★★☆☆
（2）对 List 集合去重都有哪些方法？★★★☆☆
（3）数组和链表分别适用于什么场景，为什么？★★★☆☆
（4）ArrayList 和 LinkedList 的底层数据结构是什么？★★★☆☆

1.1.2　Queue

Queue 是队列结构，Java 中的常用队列如下。

◎ ArrayBlockingQueue：基于数组数据结构实现的有界阻塞队列。

◎ LinkedBlockingQueue：基于链表数据结构实现的有界阻塞队列。

◎ PriorityBlockingQueue：支持优先级排序的无界阻塞队列。

◎ DelayQueue：支持延迟操作的无界阻塞队列。

◎ SynchronousQueue：用于线程同步的阻塞队列。

◎ LinkedTransferQueue：基于链表数据结构实现的无界阻塞队列。

◎ LinkedBlockingDeque：基于链表数据结构实现的双向阻塞队列。

相关面试题

（1）你在开发中用过哪些队列，分别是在哪些场景下使用的？★☆☆☆☆

1.1.3　Set：不可重复

Set 的核心特性是独一无二，适用于存储无序且值不相等的元素。对象的相等性在本质上是对象的 HashCode 值相同，Java 依据对象的内存地址计算出对象的 HashCode 值。如果想要比较两个对象是否相等，则必须同时覆盖对象的 hashCode 方法和 equals 方法，并且 hashCode 方法和 equals 方法的返回值必须相同。

1. HashSet：HashMap 实现，无序

HashSet 存放的是哈希值，它是按照元素的哈希值来存取元素的。元素的哈希值是通过元素的 hashCode 方法计算得到的，HashSet 首先判断两个元素的哈希值是否相等，如果哈希值相等，则接着通过 equals 方法比较，如果 equals 方法返回的结果也为 true，HashSet 就将其视为同一个元素；如果 equals 方法返回的结果为 false，HashSet 就将其视为不同的元素。

2. TreeSet：二叉树实现

TreeSet 基于二叉树对新添加的对象按照指定的顺序排序（升序、降序），每添加一个对象都会进行排序，并将对象插入二叉树指定的位置。

Integer 和 String 等基础对象类型可以直接根据 TreeSet 的默认排序进行存储，而自定义的数据类型必须实现 Comparable 接口，并且覆写其中的 compareTo 函数才可以按照预定义的顺序存储。如果覆写 compareTo 函数，则在 this.对象小于指定对象的条件下返回-1，

在 this.对象大于指定对象的条件下返回 1，在 this.对象等于指定对象的条件下返回 0。

3. LinkedHashSet：继承 HashSet，通过 HashMap 实现数据存储，双向链表记录顺序

LinkedHashSet 在底层使用 LinkedHashMap 存储元素，它继承了 HashSet，所有的方法和操作都与 HashSet 相同，因此 LinkedHashSet 的实现比较简单，只提供了 4 个构造方法，并通过传递一个标识参数调用父类的构造器，在底层构造一个 LinkedHashMap 来记录数据访问，其他相关操作与父类 HashSet 相同，直接调用父类 HashSet 的方法即可。

相关面试题

（1）Set 如何保证元素不重复？★★★☆☆

（2）HashSet 的原理是什么？★★☆☆☆

（3）TreeSet 在排序时是如何比较元素的？★★☆☆☆

1.1.4　Map

1. HashMap：数组+链表存储数据，线程不安全

HashMap 基于键的 HashCode 值唯一标识一条数据，同时基于键的 HashCode 值进行数据的存取，因此可以快速地更新和查询数据，但其每次遍历的顺序无法保证相同。HashMap 的 Key 和 Value 允许为 null。

HashMap 是非线程安全的，即在同一时刻有多个线程同时写 HashMap 时可能导致数据的不一致。如果需要满足线程安全的条件，则可以使用 Collections 的 synchronizedMap 方法使 HashMap 具有线程安全的能力，或者使用 ConcurrentHashMap 代替 HashMap。

Java 8 中 HashMap 的数据结构如图 1-2 所示，其中，HashMap 的数据结构为数组+链表或红黑树。数组中的每个 Entry 实例（元素）都是一个链表或红黑树，默认数组中的 Entry 实例数据结构为链表，在链表中的元素个数超过 8 个以后，HashMap 会将链表结构转换为红黑树结构以提高查询效率。

HashMap 在查找数据时，首先根据 HashMap 的哈希值快速定位到数组的具体下标，但是在定位到数组下标后，如果数组中的 Entry 实例为链表，则需要对链表进行顺序遍历，直到找到需要的数据，其时间复杂度为 $O(n)$。但是如果数组中的 Entry 实例的数据结构为红黑树，则其进行数据查找的时间复杂度为 $O(\log N)$，因此在效率上有很大的提升。

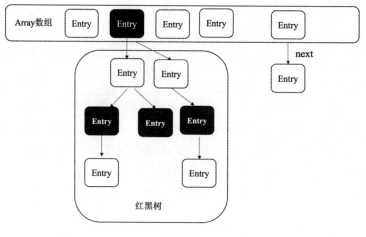

图 1-2

HashMap 常用的参数如下。

◎ capacity：当前数组的容量，默认为 16，可以扩容，扩容后数组的大小为当前的两倍，因此该值始终为 2^n。

◎ loadFactor：负载因子，默认为 0.75。

2. ConcurrentHashMap

ConcurrentHashMap 在 JDK 1.7 和 JDK 1.8 中的实现方式不同。

JDK 1.7 中 ConcurrentHashMap 的实现：JDK 1.7 中的 ConcurrentHashMap 采用分段锁的思想实现并发操作，因此是线程安全的。ConcurrentHashMap 由多个 Segment 组成（Segment 的数量也是锁的并发度），每个 Segment 均继承自 ReentrantLock 并单独加锁，所以每次进行加锁操作时锁住的都是一个 Segment，这样只要保证每个 Segment 都是线程安全的，也就实现了全局的线程安全。在 ConcurrentHashMap 中，concurrencyLevel 参数表示并行级别，默认是 16，也就是说 ConcurrentHashMap 默认由 16 个 Segment 组成，在这种情况下最多同时支持 16 个线程并发执行写操作，只要它们的操作分布在不同的 Segment 上即可。并行级别 concurrencyLevel 可以在初始化时设置，一旦初始化就不可更改。ConcurrentHashMap 的每个 Segment 内部的数据结构都和 HashMap 相同，如图 1-3 所示。

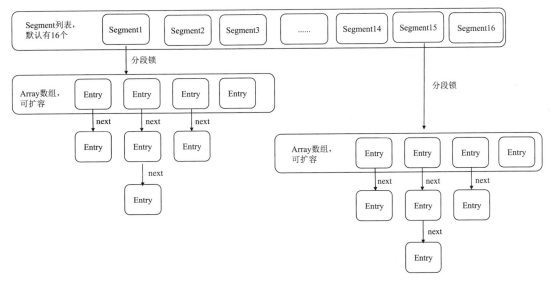

图 1-3

JDK 1.8 中 ConcurrentHashMap 的实现：JDK 1.8 中的 ConcurrentHashMap 弃用了 Segment 分段锁，改用 Synchronized+CAS 实现对多线程的安全操作。同时，JDK 1.8 在 ConcurrentHashMap 中引入了红黑树，具体的数据结构如图 1-4 所示。

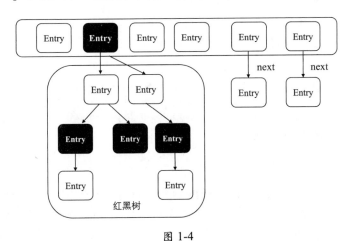

图 1-4

3. HashTable：线程安全

HashTable 是遗留类，很多映射的常用功能都与 HashMap 类似，不同的是，它继承自 Dictionary 类，并且是线程安全的，同一时刻只有一个线程能写 HashTable，并发性不如

ConcurrentHashMap。

4. TreeMap：基于二叉树数据结构

TreeMap 基于二叉树数据结构存储数据，同时实现了 SortedMap 接口，以保障元素的顺序存取，默认按键值的升序排序，也可以自定义排序比较器。

TreeMap 常用于实现排序的映射列表。在使用 TreeMap 时，其 Key 必须实现 Comparable 接口或采用自定义的比较器，否则会抛出 java.lang.ClassCastException 异常。

5. LinkedHashMap：继承 HashMap，使用链表保存插入顺序

LinkedHashMap 为 HashMap 的子类，其内部使用链表保存元素的插入顺序，当通过 Iterator 遍历 LinkedHashMap 时，会按照元素的插入顺序访问元素。

> **相关面试题**
>
> （1）HashMap 是如何快速定位到数据的？★★★☆☆
> （2）ConcurrentHashMap 是如何保障线程安全的？★★★☆☆
> （3）常用的 Map 集合有哪些？★★☆☆☆
> （4）HashMap 是线程安全的吗？★★☆☆☆
> （5）HashMap 的内部数据结构是什么？★★☆☆☆
> （6）HashMap 在 JDK 1.8 中引入红黑树可以带来什么好处？★★☆☆☆
> （7）HashMap 和 HashTable 的区别是什么？★★☆☆☆

1.2　异常的分类及处理

我们在开发过程中难免遇到各种各样的异常，如何处理异常直接影响程序或系统的稳定性，有时在线上忘记处理一个空指针异常都有可能引起整个运行过程中应用程序的崩溃，因此拥有全面的异常处理知识和良好的异常处理习惯对于开发人员来说至关重要。

1.2.1　异常的概念

异常指在方法不能按照正常方式完成时，可以通过抛出异常的方式退出该方法。在异

常中封装了方法执行过程中的错误信息及原因，调用方在获取该异常后可根据业务的情况选择处理该异常或者继续抛出该异常。

在方法执行过程中出现异常时，Java 异常处理机制会将代码的执行权交给异常处理器，异常处理器根据在系统中定义的异常处理规则执行不同的异常处理逻辑（抛出异常或捕捉并处理异常）。

1.2.2　异常的分类

在 Java 中，Throwable 是所有错误或异常的父类，Throwable 又可分为 Error 和 Exception，常见的 Error 有 AWTError、ThreadDeath，Exception 又可分为 RuntimeException（运行时异常）和 CheckedException（检查异常），如图 1-5 所示。

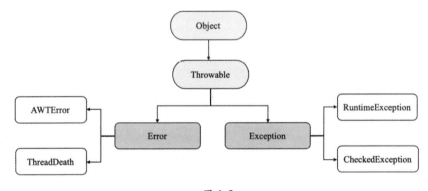

图 1-5

Error 指 Java 程序运行错误。如果程序在启动时出现 Error，则启动失败；如果程序在运行过程中出现 Error，则系统将退出进程。出现 Error 通常是因为系统的内部错误或资源耗尽，Error 不能在运行过程中被动态处理。如果程序出现 Error，则系统能做的工作也只能是记录错误的成因和安全终止。

Exception 指 Java 程序运行异常，即运行中的程序发生了人们不期望发生的事件，可以被 Java 异常处理机制处理。Exception 也是程序开发中异常处理的核心，如图 1-6 所示。

◎ RuntimeException：指在 Java 虚拟机正常运行期间抛出的异常。RuntimeException 可被捕获并处理，如果出现 RuntimeException，那么一定是程序发生错误导致的。我们通常需要抛出该异常或者捕获并处理该异常。常见的 RuntimeException 有 NullPointerException、ClassCastException、ArrayIndexOutOf BundsException 等。

◎ CheckedException：Java 编译器在编译阶段会检查 CheckedException 异常并强制程序捕获和处理此类异常，即要求程序在可能出现异常的地方通过 try catch 语句块捕获并处理异常。常见的 CheckedException 有由于 I/O 错误导致的 IOException、SQLException、ClassNotFoundException 等。该类异常一般由于打开错误的文件、SQL 语法错误、类不存在等引起。

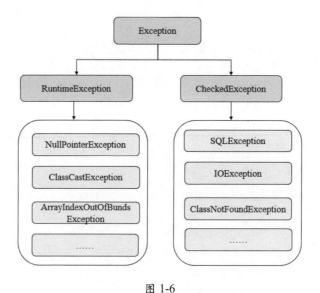

图 1-6

1.2.3　处理异常的方式

处理异常有抛出异常和使用 try catch 语句块捕获并处理异常这两种方式。

（1）抛出异常：指遇到异常时不进行具体处理，而是将异常抛给调用者，由调用者根据情况处理。有可能是直接捕获并处理，也有可能是继续向上层抛出异常。抛出异常有三种形式：throws、throw、系统自动抛出异常。其中，throws 作用在方法上，用于定义方法可能抛出的异常；throw 作用在方法内，表示明确抛出一个异常。具体的使用方法如下：

```java
public static void main(String[] args) {
    String str = "hello offer";
    int index = 10;
    if (index >= str.length())
    {
        //1：使用 throw 在方法内抛出异常
```

```
        throw new StringIndexOutOfBoundsException();
    }else {
        str.substring(0,index);
    }
}
//2：使用 throws 在方法上抛出异常
int div(int a,int b) throws Exception{return a/b;}
```

以上代码首先验证字符串的长度，如果长度不够，则通过 throw 关键字在方法内抛出一个 StringIndexOutOfBoundsException 异常，同时定义了一个 div 方法，使用 throws 关键字在该方法上定义一个异常。

throw 和 throws 的具体区别如下。

◎ 位置不同：throws 作用在方法上，后面跟着的是异常的类；而 throw 作用在方法内，后面跟着的是异常的对象。

◎ 功能不同：throws 用于声明方法在运行过程中可能出现的异常，以便调用者根据不同的异常类型预先定义不同的处理方式；throw 用于抛出封装了异常信息的对象，程序在执行到 throw 时后续的代码将不再执行，而是跳转到调用者，并将异常信息抛给调用者。也就是说，throw 后面的语句块将无法被执行（finally 语句块除外）。

（2）使用 try catch 语句块捕获并处理异常：使用 try catch 语句块捕获异常能够有针对性地处理每种可能出现的异常，并在捕获到异常后根据不同的情况做不同的处理。其使用过程比较简单：用 try catch 语句块将可能出现异常的代码包起来即可。具体的使用方法如下：

```
try {
  //具体的业务逻辑实现
  }catch (Exception e){
  //捕获异常并处理
}
```

相关面试题

（1）Java 中的异常处理方式（机制）有哪些？ ★★★☆☆

（2）Error 和 Exception 的区别是什么？ ★★☆☆☆

（3）throw 和 throws 的具体区别是什么？ ★☆☆☆☆

1.3 反射机制

Java 的反射机制可以动态获取类和对象的信息，以及动态调用对象的方法，被广泛应用于动态代理的场景中。下面分别介绍 Java 反射机制的原理和实战。

1.3.1 动态语言的概念

动态语言指程序在运行时可以改变其结构的语言，比如新的属性或方法的添加、删除等结构上的变化。JavaScript、Ruby、Python 等都属于动态语言；C、C++不属于动态语言。从反射的角度来说，Java 属于半动态语言。

1.3.2 反射机制的概念

反射机制指在程序运行过程中，对任意一个类都能获取其所有属性和方法，并且对任意对象都能调用其任意方法。这种动态获取类和对象的信息，以及动态调用对象的方法的功能被称为 Java 的反射机制。

1.3.3 反射的应用

Java 中的对象有两种类型：编译时类型和运行时类型。编译时类型指在声明对象时所采用的类型，运行时类型指为对象赋值时所采用的类型。

在如下代码中，persion 对象的编译时类型为 Person，运行时类型为 Student，因此无法在编译时获取在 Student 类中定义的方法：

```
Person persion = new Student();
```

因此，程序在编译期间无法预知该对象和类的真实信息，只能通过运行时信息来发现该对象和类的真实信息，而其真实信息（对象的属性和方法）通常通过反射机制来获取，这便是 Java 中反射机制的核心功能。

1.3.4　Java 的反射 API

Java 的反射 API 主要用于在运行过程中动态生成类、接口或对象等信息，其常用 API 如下。

◎　Class 类：用于获取类的属性、方法等信息。
◎　Field 类：表示类的成员变量，用于获取和设置类中的属性值。
◎　Method 类：表示类的方法，用于获取方法的描述信息或者执行某个方法。
◎　Constructor 类：表示类的构造方法。

1.3.5　反射的过程

反射的步骤如下。

（1）获取想要操作的类的 Class 对象，该 Class 对象是反射的核心，通过它可以调用类的任意方法。

（2）调用 Class 对象所对应的类中定义的方法，这是反射的使用阶段。

（3）使用反射 API 来获取并调用类的属性和方法等信息。

获取 Class 对象的 3 种方式如下。

（1）调用某个对象的 getClass 方法以获取该类对应的 Class 对象：

```
Person p = new Person();
Class clazz = p.getClass();
```

（2）调用某个类的 class 属性以获取该类对应的 Class 对象：

```
Class clazz = Person.class;
```

（3）调用 Class 类中的 forName 静态方法以获取该类对应的 Class 对象，这是最安全、性能也最好的方式：

```
Class clazz=Class.forName("fullClassPath"); //fullClassPath 为类的包路径及名称
```

我们在获得想要操作的类的 Class 对象后，可以通过 Class 类中的方法获取并查看该类中的方法和属性，具体的实例代码如下：

```
//1：获取 Person 类的 Class 对象
Class clazz = Class.forName("hello.java.reflect.Persion");
```

```
//2：获取 Person 类的所有方法的信息
Method[] method = clazz.getDeclaredMethods();
for(Method m:method){
    System.out.println(m.toString());
}
//3：获取 Person 类的所有成员的属性信息
Field[] field = clazz.getDeclaredFields();
for(Field f:field){
    System.out.println(f.toString());
}
//4：获取 Person 类的所有构造方法的信息
Constructor[] constructor = clazz.getDeclaredConstructors();
for(Constructor c:constructor){
    System.out.println(c.toString());
}
```

1.3.6　创建对象的两种方式

创建对象的两种方式如下。

◎ 使用 Class 对象的 newInstance 方法创建该 Class 对象对应类的实例，这种方式要求该 Class 对象对应的类有默认的空构造器。

◎ 先使用 Class 对象获取指定的 Constructor 对象，再调用 Constructor 对象的 newInstance 方法创建 Class 对象对应类的实例，通过这种方式可以选定构造方法创建实例。

创建对象的具体代码如下：

```
//1.1：获取 Person 类的 Class 对象
Class clazz = Class.forName("hello.java.reflect.Persion");
//1.2：使用 newInstance 方法创建对象
Person p = (Person) clazz.newInstance();
//2.1：获取构造方法并创建对象
Constructor c = clazz.getDeclaredConstructor
                (String.class,String.class,int.class);
//2.2：根据构造方法创建对象并设置属性
Person p1 = (Person) c.newInstance("李四","男",20);
```

1.3.7　Method 的 invoke 方法

Method 提供了关于类或接口上某个方法及如何访问该方法的信息，那么在运行的代码中如何**动态调用**该方法呢？答案是通过调用 Method 的 invoke 方法实现。我们通过 invoke 方法可以实现动态调用，比如可以动态传入参数并将方法参数化。具体过程：获取 Method 对象，并调用 Method 的 invoke 方法，如下所述。

（1）获取 Method 对象：通过调用 Class 对象的 getMethod(String name, Class<?>... parameterTypes) 返回一个 Method 对象，它描述了此 Class 对象所表示的类或接口指定的公共成员方法。name 参数是 String 类型，用于指定所需方法的名称。parameterTypes 参数是按声明顺序标识该方法的形参类型的 Class 对象的一个数组，如果 parameterTypes 为 null，则按空数组处理。

（2）调用 Method 的 invoke 方法：通过调用 Method 对象的 invoke 方法来动态执行函数。invoke 方法的具体使用代码如下：

```
//1：获取 Persion 类（hello.java.reflect.Persion）的 Class 对象
Class clz = Class.forName("hello.java.reflect.Persion");
//2：获取 Class 对象中的 setName 方法
Method method = clz.getMethod("setName",String.class);
//3：获取 Constructor 对象
Constructor constructor = clz.getConstructor();
//4：根据 Constructor 定义对象
Object object = constructor.newInstance();//
//5：调用 Method 的 invoke 方法，这里的 Method 表示 setName 方法
//因此，相当于动态调用 object 对象的 setName 方法并传入 alex 参数
method.invoke(object, "alex");
```

以上代码首先通过 Class.forName 方法获取 Persion 类的 Class 对象；然后调用 Persion 类的 Class 对象的 getMethod("setName",String.class) 获取一个 Method 对象；接着使用 Class 对象获取指定的 Constructor 对象并调用 Constructor 对象的 newInstance 方法创建 Class 对象对应类的实例；最后通过调用 method.invoke 方法实现动态调用，这样就通过反射动态生成类的对象并调用其方法。

相关面试题

（1）Java 反射机制的作用是什么？★★★☆☆
（2）Java 反射机制创建对象的方式有哪些？★★☆☆☆

（3）Java 是如何实现动态调用某个方法的？★★☆☆☆

（4）通过 Java 反射创建对象和通过 new 创建对象，哪个效率更高？★☆☆☆☆

（5）除了可以使用 new 方法创建对象，还可以使用什么方法创建对象？★☆☆☆☆

1.4　注解

Java 可以对类、方法、变量、参数和包等进行注解。Java 应用程序在需要时可以通过反射机制获取这些注解信息，从而针对不同的注解执行不同的逻辑操作。

1.4.1　注解的概念

注解（Annotation）是 Java 提供的设置程序中元素的关联信息和元数据（MetaData）的方法，它是一个接口，程序可以通过反射获取指定程序中元素的注解对象，然后通过该注解对象获取注解中的元数据信息。

1.4.2　标准元注解：@Target、@Retention、@Documented、@Inherited

元注解（Meta-Annotation）负责注解其他注解。在 Java 中定义了 4 种标准的元注解类型：@Target、@Retention、@Documented、@Inherited，用于定义不同类型的注解。

（1）@Target：@Target 说明了注解所修饰的对象范围。注解可被用于 packages、types（类、接口、枚举、注解类型）、类型成员（方法、构造方法、成员变量、枚举值）、方法参数和本地变量（循环变量、catch 参数等）。在注解类型的声明中使用了 target，可更加明确其修饰的目标。target 的具体取值类型如表 1-1 所示。

表 1-1

序　号	名　　称	修饰目标
1	TYPE	用于描述类、接口（包括注解类型）或 enum 声明
2	FIELD	用于描述域
3	METHOD	用于描述方法
4	PARAMETER	用于描述参数
5	CONSTRUCTOR	用于描述构造器

续表

序　号	名　　称	修饰目标
6	LOCAL_VARIABLE	用于描述局部变量
7	ANNOTATION_TYPE	用于声明一个注解
8	PACKAGE	用于描述包
9	TYPE_PARAMETER	对普通变量的声明
10	TYPE_USE	能标注任何类型的名称

（2）@Retention：@Retention 定义了该注解被保留的级别，即被描述的注解在什么级别有效，有如下 3 种类型。

◎ SOURCE：在源文件中有效，即在源文件中被保留。

◎ CLASS：在 Class 文件中有效，即在 Class 文件中被保留。

◎ RUNTIME：在运行时有效，即在运行时被保留。

（3）@Documented：@Documented 表明这个注解应该被 javadoc 工具记录，因此可被 javadoc 类的工具文档化。

（4）@Inherited：@Inherited 是一个标记注解，表明某个被标注的类型是被继承的。如果有一个使用了@Inherited 修饰的 Annotation 被用于一个 Class，则这个注解将被用于该 Class 的子类。

1.4.3　注解处理器

注解用于描述元数据的信息，使用的重点在于对注解处理器的定义。Java SE5 扩展了反射机制的 API，以帮助程序快速构造自定义的注解处理器。对注解的使用一般包含定义及使用注解接口，我们一般通过封装统一的注解工具来使用注解。

1.　定义注解接口

下面的代码定义了一个 FruitProvider 注解接口，其中有 name 和 address 两个属性：

```
//1：定义注解接口
@Target(ElementType.FIELD)
@Retention(RetentionPolicy.RUNTIME)
@Documented
public @interface FruitProvider {
```

```
//供应商编号
public int id() default -1;
//供应商名称
public String name() default "";
//供应商地址
public String address() default "";
}
```

2. 使用注解接口

下面的代码定义了一个 Apple 类，并通过注解方式定义了一个 FruitProvider：

```java
public class Apple {
    //2：使用注解接口
    @FruitProvider(id = 1, name = "陕西红富士集团", address = "陕西省西安市")
    private String appleProvider;
    public void setAppleProvider(String appleProvider) {
        this.appleProvider = appleProvider;
    }
    public String getAppleProvider() {
        return appleProvider;
    }
}
```

3. 定义注解处理器

下面的代码定义了一个 FruitInfoUtil 注解处理器，并通过反射信息获取注解数据，最后通过 main 方法调用该注解处理器使用注解：

```java
//3：定义注解处理器
public class FruitInfoUtil {
    public static void getFruitInfo(Class<?> clazz) {
        String strFruitProvicer = "供应商信息：";
        Field[] fields = clazz.getDeclaredFields();//通过反射信息获取注解数据
        for (Field field : fields) {
            if (field.isAnnotationPresent(FruitProvider.class)) {
                FruitProvider fruitProvider = (FruitProvider)
                        field.getAnnotation(FruitProvider.class);
                //处理注解数据
                strFruitProvicer = " 供应商编号：" + fruitProvider.id() +
                    " 供应商名称："+ fruitProvider.name() + " 供应商地址："+
                    fruitProvider.address();
```

```
            System.out.println(strFruitProvicer);
        }
    }
}
public class FruitRun {
    public static void main(String[] args) {
        FruitInfoUtil.getFruitInfo(Apple.class);
        //输出结果为:供应商编号：1 供应商名称：陕西红富士集团 供应商地址：陕西省西安市
    }
}
```

相关面试题

（1）注解是什么？★★☆☆☆

（2）标准的元注解类型有哪 4 种？★★☆☆☆

（3）如何自定义并使用注解处理器？★★☆☆☆

1.5　内部类

定义在类内部的类被称为内部类。内部类根据不同的定义方式，可分为静态内部类、成员内部类、局部内部类和匿名内部类这 4 种。

1.5.1　静态内部类

定义在类内部的静态类被称为静态内部类。静态内部类可以访问外部类的静态变量和方法；在静态内部类中可以定义静态变量、方法、构造函数等；静态内部类通过"外部类.静态内部类"的方式来调用，具体的实现代码如下：

```
public class OuterClass {
    private static String className ="staticInnerClass";
    //定义一个静态内部类
    public static class StaticInnerClass {
        public void getClassName() {
            System.out.println("className:"+className );
        }
    }
```

```
public static void main(String[] args) {
    //调用静态内部类
    OuterClass.StaticInnerClass staticInnerClass =
                    new OuterClass.StaticInnerClass();
    staticInnerClass.getClassName();
}
}
```

上面的代码通过 public static class StaticInnerClass{}代码块定义了一个静态内部类 StaticInnerClass，然后定义了静态内部类的 getClassName 方法，在使用的过程中通过"外部类.静态内部类"的方式进行调用，具体的实现代码如下：

```
OuterClass.StaticInnerClass staticInnerClass = new OuterClass.
StaticInnerClass()
```

这样就定义一个静态内部类并可以像普通类那样调用静态内部类的方法。

Java 集合类 HashMap 在内部维护了一个静态内部类 Node 数组用于存放元素，但 Node 数组对使用者是透明的。像这种和外部类关系密切且不依赖外部类实例的类，可以使用静态内部类实现。

1.5.2 成员内部类

定义在类内部的非静态类叫作成员内部类，在成员内部类中不能定义静态方法和变量（final 修饰的除外），因为成员内部类是非静态的，而在 Java 的非静态代码块中不能定义静态方法和变量。成员内部类具体的实现代码如下：

```
public class OutClass{
    private static int a;
    private int b;
    //定义一个成员内部类
    public class MemberInnerClass{
        public void print() {
            System.out.println(a);
            System.out.println(b);
        }
    }
}
```

从以上代码可以看到，在 OutClass 中通过 public class MemberInnerClass 定义了一个

成员内部类，其使用方式和静态内部类相同。

1.5.3　局部内部类

定义在方法中的类叫作局部内部类。当一个类只需在某个方法中使用某个特定的类时，可以通过局部类来优雅地实现，具体的实现代码如下：

```java
public class OutClass {
    private static int a;
    private int b;
    public void partClassTest(final int c) {
        final int d = 1;
        //在 partClassTest 方法中定义一个局部内部类 PastClass
        class PastClass{
            public void print() {
                System.out.println(c);
            }
        }
    }
}
```

以上代码在 partClassTest 方法中通过 class PastClass{}语句块定义了一个局部内部类。

1.5.4　匿名内部类

匿名内部类指通过继承一个父类或者实现一个接口的方式直接定义并使用的类。匿名内部类没有 class 关键字，这是因为匿名内部类直接使用 new 生成一个对象的引用。具体的实现代码如下：

```java
public abstract class Worker{
    private String name;
    public String getName() {
        return name;
    }
    public void setName(String name) {
        this.name = name;
    }
    public abstract int workTime();
}
```

```
public class Test {
    public void test(Worker  worker){
        System.out.println(worker.getName() + "工作时间: " +
                        worker.workTime());
    }
    public static void main(String[] args) {
        Test test = new Test();
        //在方法中定义并使用匿名内部类
        test.test(new Worker() {
            public int workTime() {
                return 8;
            }
            public String getName() {
                return "alex";
            }
        });
    }
}
```

在以上代码中首先定义了一个抽象类 Worker 和一个抽象方法 workTime，然后定义了一个 Test 类，在 Test 类中定义了一个方法，该方法接收一个 Worker 参数，这时匿名类需要的准备工作都已做好。在需要一个根据不同场景有不同实现的匿名内部类时，直接在 test 方法中新建匿名内部类并重写相关方法即可。

相关面试题

（1）如何实现一个静态内部类？★★★☆☆

（2）为什么使用内部类？★★☆☆☆

（3）静态内部类和成员内部类的区别是什么？★★☆☆☆

1.6　泛型

泛型是参数化类型，提供了编译时类型的安全检测机制，该机制允许程序在编译时检测非法的类型，比如要实现一个能够对字符串（String）、整型（Int）、浮点型（Float）、对象（Object）进行大小比较的方法，就可以使用泛型。

在不使用泛型的情况下，我们可以通过引用 Object 类型来实现参数的任意化，因为在

Java 中，Object 类是所有类的父类，但在具体使用时需要进行强制类型转换。在进行强制类型转换时，开发者必须明确知道实际参数的引用类型，不然可能引起强制类型转换错误，在编译期无法识别这种错误，只能在运行期检测这种错误（即只有在程序运行出错时才能发现该错误）。而使用泛型的好处是在编译期就能够检测类型是否安全，同时所有强制性类型转换都是自动和隐式进行的，提高了代码的安全性和重用性。

1.6.1　泛型标记和泛型限定：E、T、K、V、N、?

在使用泛型前首先要了解有哪些泛型标记，如表 1-2 所示。

表 1-2

序　号	泛型标记	说　　　明
1	E-Element	在集合中使用，表示在集合中存放的元素
2	T-Type	表示 Java 类，包括基本的类和我们自定义的类
3	K-Key	表示键，比如 Map 中的 Key
4	V-Value	表示值
5	N-Number	表示数值类型
6	?	表示不确定的 Java 类型

类型通配符使用 "?" 表示所有具体的参数类型，例如 List<?>在逻辑上是 List<String>、List<Integer>等所有 List<具体类型实参>的父类。

在使用泛型时，如果希望将类的继承关系加入泛型应用中，就需要对泛型做限定，具体的泛型限定有对泛型上限的限定和对泛型下限的限定。

1.　对泛型上限的限定：<? extends T>

在 Java 中使用通配符 "?" 和 "extends" 关键字限定泛型的上限，具体用法为<? extends T>，它表示该通配符所代表的类型是 T 类的子类或者接口 T 的子接口。

2.　对泛型下限的限定：<? super T>

在 Java 中使用通配符 "?" 和 "super" 关键字限定泛型的下限，具体用法为<? super T>，它表示该通配符所代表的类型是 T 类型的父类或者父接口。

1.6.2　泛型方法

泛型方法指将方法的参数类型定义为泛型，以便在调用时接收不同类型的参数。在方法的内部根据传递给泛型方法的不同参数类型执行不同的处理方法，具体用法如下：

```java
public static void main(String[] args) {
    generalMethod("1",2,new Worker());
}
//定义泛型方法generalMethod，printArray为泛型参数列表
public static < T > void generalMethod( T ... inputArray )
{
    for ( T element : inputArray ){
        if (element instanceof Integer) {
            System.out.println("处理 Integer 类型数据中...");
        } else if (element instanceof String) {
            System.out.println("处理 String 类型数据中...");
        } else if (element instanceof Double) {
            System.out.println("处理 Double 类型数据中...");
        } else if (element instanceof Float) {
            System.out.println("处理 Float 类型数据中...");
        } else if (element instanceof Long) {
            System.out.println("处理 Long 类型数据中...");
        } else if (element instanceof Boolean) {
            System.out.println("处理 Boolean 类型数据中...");
        } else if (element instanceof Date) {
            System.out.println("处理 Date 类型数据中...");
        }
        else if (element instanceof Worker) {
            System.out.println("处理 Worker 类型数据中...");
        }
    }
}
```

以上代码通过 public static < T > void generalMethod(T ... inputArray)定义了一个泛型方法，该方法根据传入数据类型的不同执行不同的数据处理逻辑，然后通过 generalMethod("1",2,new Worker ())调用该泛型方法。注意，这里的第 1 个参数是 String 类型，第 2 个参数是 Integer 类型，第 3 个参数是 Worker 类型（这里的 Worker 是笔者自定义的一个类），程序会根据不同的类型做不同的处理。

1.6.3　泛型类

泛型类指在定义类时在类上定义了泛型，以便在使用类时根据传入的不同参数类型实例化不同的对象。

泛型类的具体使用方法是在类的名称后面添加一个或多个类型参数的声明部分，在多个泛型参数之间用逗号隔开。具体用法如下：

```java
//定义一个泛型类
public class GeneralClass<T> {
    public static void main(String[] args) {
        //根据需求初始化不同的类型
        GeneralClass<Integer> genInt =new GeneralClass<Integer>();
        genInt.add(1);
        GeneralClass<String> genStr =new GeneralClass<String>();
        genStr.add("2");
    }
    private T t;
    public void add(T t) {
        this.t = t;
    }
    public T get() {
        return t;
    }
}
```

在以上代码中通过 public class GeneralClass<T>定义了一个泛型类，可根据不同的需求参数化不同的类型（参数化类型指编译器可以自动定制作用于特定类型的类），比如参数化一个字符串类型的泛型类对象：

```java
new GeneralClass<String>()。
```

1.6.4　泛型接口

泛型接口的声明和泛型类的声明类似，通过在接口名后面添加类型参数的声明部分来实现。泛型接口的具体类型一般在实现类中声明，不同类型的实现类处理不同的业务逻辑。具体的实现代码如下：

```java
//定义一个泛型接口
public interface IGeneral<T> {
```

```
    public T getId();
}
//定义泛型接口的实现类
public class GeneralIntergerImpl implements IGeneral<Integer>{
    @Override
    public Integer getId() {
        Random random = new Random(100);
        return random.nextInt();
    }
    public static void main(String[] args) {
        //使用泛型
        GeneralIntergerImpl gen = new GeneralIntergerImpl();
        System.out.println(gen.getId());
    }
}
```

以上代码通过 public interface IGeneral<T>定义了一个泛型接口，并通过 public class GeneralIntergerImpl implements IGeneral<Integer>定义了一个 Integer 类型的实现类。

1.6.5 类型擦除

在编码阶段使用泛型时加上的类型参数，会被编译器在编译时去掉，这个过程就被称为类型擦除。因此，泛型主要用于编译阶段。在编译后生成的 Java 字节代码文件中不包含泛型中的类型信息。例如，在编码时定义的 List<Integer>和 List<String>经过编译后统一为 List。JVM 所读取的只是 List，由泛型附加的类型信息对 JVM 来说是不可见的。

Java 类型的擦除过程：首先，查找用于替换类型参数的具体类（该具体类一般为 Object），如果指定了类型参数的上界，则以该上界作为替换时的具体类；然后，把代码中的类型参数都替换为具体的类。

相关面试题

（1）Java 中的泛型是什么？使用泛型的好处是什么？★★★☆☆

（2）常用的泛型标记有哪些？★★☆☆☆

（3）什么是类型擦除？★★☆☆☆

（4）如何在接口上使用泛型？★★☆☆☆

（5）如何在类上使用泛型？★☆☆☆☆

1.7　序列化

Java 对象在 JVM 运行时被创建、更新和销毁，当 JVM 退出时，对象也会随之销毁，即这些对象的生命周期不会比 JVM 的生命周期更长。但在现实应用中，我们常常需要将对象及其状态在多个应用之间传递、共享，或者将对象及其状态持久化，在其他地方重新读取被保存的对象及其状态继续进行处理。这就需要通过将 Java 对象序列化来实现。

在使用 Java 序列化技术保存对象及其状态信息时，对象及其状态信息会被保存在一组字节数组中，在需要时再将这些字节数组反序列化为对象。注意，对象序列化保存的是对象的状态，即对象的成员变量，因此类中的静态变量不会被序列化。

对象序列化除了用于持久化对象，在 RPC（远程过程调用）或者网络传输中也经常被使用。在实际使用过程中除了可以使用 Java 序列化技术来实现，还可以使用 Kryo、Arvo、ProtoBuf、FastJson 等序列化框架来实现。

1.7.1　Java 序列化 API 的应用

Java 序列化 API 为处理对象序列化提供了一种标准机制，在进行 Java 系列化时需要注意如下事项。

（1）类要实现序列化功能，只需实现 java.io.Serializable 接口即可。

（2）在进行序列化和反序列化时必须保持序列化 ID 的一致，一般使用 private static final long serialVersionUID 定义序列化 ID。

（3）序列化并不保存静态变量。

（4）在需要序列化父类变量时，父类也需要实现 Serializable 接口。

（5）使用 Transient 关键字可以阻止该变量被序列化，在被反序列化后，transient 变量的值被设置为对应类型的初始值。例如，int 类型变量的值是 0，Object 类型变量的值是 null。

具体的序列化实现代码如下：

```
import java.io.Serializable;
//通过实现 Serializable 接口定义可序列化的 Worker 类
public class Worker implements Serializable {
    //定义序列化的 ID
```

```
private static final long serialVersionUID = 123456789L;
//name 属性将被序列化
private String name;
//transient 修饰的变量不会被序列化
private transient  int salary;
//静态变量属于类信息，不属于对象的状态，因此不会被序列化
static int age =100;
public String getName() {
    return name;
}
public void setName(String name) {
    this.name = name;
}
}
```

以上代码通过 implements Serializable 实现了一个序列化的类。注意，transient 修饰的属性和 static 修饰的静态属性不会被序列化。

对象通过序列化后在网络上传输，基于网络安全，我们可以在序列化前将一些敏感字段（用户名、密码、身份证号码）使用密钥进行加密，在反序列化后再基于密钥对数据进行解密。这样即使数据在网络中被劫持，由于缺少密钥也无法对数据进行解析，这样可以在一定程度上保证序列化对象的数据安全。

我们可以基于 JDK 原生的 ObjectOutputStream 和 ObjectInputStream 类实现对象的序列化及反序列化，并调用其 writeObject 和 readObject 方法实现自定义序列化策略。具体的实现代码如下：

```
public static void main(String[] args) throws Exception {
    //序列化数据到磁盘
    long serializationstartTime = System.currentTimeMillis();
    FileOutputStream fos = new FileOutputStream("worker.out");
    ObjectOutputStream oos = new ObjectOutputStream(fos);
    for(int i=0;i<5000000;i++){
        Worker testObject = new Worker();
        testObject.setName("alex"+i);
        oos.writeObject(testObject);
    }
    oos.flush();
    oos.close();
    long serializationEndTime = System.currentTimeMillis();
    System.out.println(String.format("java serialization use time:%d",
```

```
                    (serializationEndTime - serializationstartTime)));
//反序列化磁盘数据并解析数据状态
FileInputStream fis = new FileInputStream("worker.out");
ObjectInputStream ois = new ObjectInputStream(fis);
Worker worker = null;
try {
    while((worker = (Worker) ois.readObject()) != null){
        //worker 为反序列化后的对象
    }
}catch (EOFException e){//在文件读取完成时会抛出 EOFException
}
long deserializationEndTime = System.currentTimeMillis();
System.out.println(String.format("java deserialization use time:%d",
    (deserializationEndTime-serializationEndTime)));
}
```

以上代码通过文件流的方式将 500 万个 worker 对象的状态写入磁盘，在需要使用时再以文件流的方式将其读取并反序列化成我们需要的对象及其状态数据。在执行后打印出如下结果：

```
java serialization use time:4573
java deserialization use time:3010
```

也就是说，使用 Java 序列化 50 万个对象的耗时为 4573ms，从磁盘读取数据并反序列化 50 万个对象的耗时为 3010ms。

1.7.2　Kryo 序列化

Kryo 是一个快速序列化和反序列化工具，依赖于 ASM（一个 Java 字节码操控框架），基于字节码生成机制实现，序列化的结果以二进制形式存储。Kryo 的特性是速度快，在使用过程中需要注意如下事项。

（1）Kryo 对象不是线程安全的，在多线程环境下可以通过 KryoPool 提供的 newKryoPool 方法或者 Theadlocal 来保障线程的安全。

（2）Kryo 支持循环引用，这可以有效防止内存溢出，也可以通过 kryo.setReferences (false)关闭循环引用检测来提高性能。

（3）Kryo 使用可变长度存储 int 和 long 类型的数据。Java 中 int 类型数据的长度为 32bit，最大值为 2147483647；long 类型数据的长度为 64bit，最大值为 9223372036854775807。

但在实际开发中长度很大的数据并不多，因此可变长度的 int 和 long 类型的结构设计可以有效优化序列化后数据的体积。

（4）在字段发生变更后需要使用其他兼容方案进行处理。

在进行 Kryo 序列化时，首先需要将序列化对象注册到 Kryo，然后在 Kryo 上调用 writeObject 方法进行序列化，调用 readObject 方法进行反序列化。具体的使用方法如下：

```java
public static void main(String[] args) throws IOException {
    String file = "./KyroSerializable.bin";//序列化文件路径及名称
    long serializationstartTime = System.currentTimeMillis();
    //1：定义序列化对象
    Kryo kryo = new Kryo();
    kryo.setReferences(false);
    kryo.setRegistrationRequired(false);
    kryo.setInstantiatorStrategy(new StdInstantiatorStrategy());
    kryo.register(Worker.class);
    //2：定义序列化对象存储的文件
    Output output = new Output(new FileOutputStream(file));
    for (int i = 0; i < 500000; i++) {
      Worker worker = new Worker();
      worker.setName("zhang"+i);
      //3：通过 Kryo 序列化 50 万个对象
      kryo.writeObject(output, worker);
    }
    output.flush();
    output.close();
    long serializationEndTime = System.currentTimeMillis();
    System.out.println(String.format("kryo serialization use time:%d",
(serializationEndTime - serializationstartTime)));
    try {
      //4：将序列化对象读取到 Input 中
      Input input = new Input(new FileInputStream(file));
      Worker Worker =null;
      //5：使用 kryo.readObject 将 Input 中的数据按行进行反序列化
      while((Worker =kryo.readObject(input, Worker.class)) != null){
        // Worker 为反序列化后的对象
      }
      input.close();
    } catch (FileNotFoundException e) {
      e.printStackTrace();
```

```
    } catch(KryoException e){
    }
    long deserializationEndTime = System.currentTimeMillis();
    System.out.println(String.format("kryo deserialization use time:%d",
(deserializationEndTime-serializationEndTime)));
    }
```

以上代码定义了 Kryo 对象 kryo，并通过 kryo.register(Worker.class)将 Worker 类注册到 Kryo，接着定义了 50 万个 Worker 对象，并通过 kryo.writeObject(output, Worker)将 Worker 对象序列化到 output 对应的文件中。在进行反序列化时，首先将序列化对象读取到 Input 中，然后调用 kryo.readObject 将 Input 中的数据按行进行反序列化。

以上代码的执行结果如下：

```
kryo serialization use time:328
kryo deserialization use time:251
```

可以看出，Kryo 将 50 万条数据进行序列化耗时 328ms，进行反序列化耗时 251ms。

1.7.3　Avro 序列化

Avro 是一种序列化框架，由 Hadoop 之父 Doug Cutting 创建，设计初衷是解决 Hadoop 的 Writable 类型无法在多种语言之间移植的问题。Avro 的 Schema 信息采用 JSON 格式来记录，数据采用二进制编码或 JSON 编码的方式记录。

Avro 具有如下特性。

（1）具有丰富的数据结构。

（2）使用快速的二进制数据压缩格式。

（3）提供容器文件，用于持久化数据。

（4）支持 RPC（Remote Procedure Call，远程过程调用）。

（5）可以和简单的动态类型的语言结合：Avro 在和动态类型的语言结合后，在读写数据文件和使用 RPC 协议时不需要生成代码，代码生成作为一种优化的选项，只需在静态类型的语言中实现即可。

Avro 的 Schema 定义了简单的数据类型（string、boolean、int、long、float、double、byte、null）和复杂的数据类型（Record、Enum、Array、Map、Union、Fixed）。

Avro 的使用流程：定义 Schema 文件，生成 Java 类，定义 DataFileWriter 并通过 append 方法将对象序列化到文件中，定义 DataFileReader 并通过 next 方法读取和反序列化文件中的对象。具体使用过程如下。

（1）定义 Schema 文件：定义名为 user.avsc 的 Schema 文件。

```
{"namespace": "com.offer.serialization ",
 "type": "record",
 "name": "User",
 "fields": [
     {"name": "name", "type": "string"},
     {"name": "favorite_number",  "type": ["int", "null"]},
     {"name": "favorite_color", "type": ["string", "null"]}
 ]
}
```

（2）生成 Java 类：下载 Avro 的 JAR 包并执行 "java -jar avro-1.11.0.jar compile schema user.avsc." 命令生成 user.avsc 对应的 Java 类 User.java。将 User.java 类复制到工程代码中。

（3）使用 DataFileWriter 序列化对象，使用 DataFileReader 反序列化对象。

```
public static void main(String[] args) throws  IOException {
      //1: 定义 Avro 文件存放目录
      String path = "./user.avro";
     long serializationStartTime = System.currentTimeMillis();
      //2: 定义序列化对象
   DatumWriter<User> userDatumWriter = new SpecificDatumWriter<User>(User.class);
      DataFileWriter<User> dataFileWriter = new
                        DataFileWriter<User>(userDatumWriter);
      dataFileWriter.create( new User().getSchema(),  new File(path));
      //3: 生成 50 万个 user 对象并写入 Avro 文件
      for(int i=0 ;i<500000;i++){
          //通过 Avro 序列化 50 万个对象
          User user = User.newBuilder()
                .setName("alex"+i)
                .setFavoriteColor("blue"+i)
                .setFavoriteNumber(i)
                .build();
          dataFileWriter.append(user);
      }
      dataFileWriter.close();
      long serializationEndTime = System.currentTimeMillis();
```

```
        System.out.println(String.format("avro serialization used time:%d",
(serializationEndTime - serializationStartTime)));
        //4：将序列化对象读取到 DataFileReader 中
        DatumReader<User> reader = new SpecificDatumReader<User>(User.class);
        DataFileReader<User> dataFileReader = new DataFileReader<User>(new
File(path), reader);
        User user = null;
        //5：使用 next 方法按行读取 DataFileReader 中的数据
        while (dataFileReader.hasNext()) {
            user = dataFileReader.next();
        }
        long deserializationEndTime = System.currentTimeMillis();
        System.out.println(String.format("avro  deserialization used time:%d",
(deserializationEndTime-serializationEndTime)));
    }
```

以上代码首先定义了类型为 DatumWriter<User>的序列化对象 userDatumWriter，然后定义了类型为 DataFileWriter<User>的文件写入器 dataFileWriter，接着定义了 50 万个 User对象并通过 dataFileWriter.append(user)将对象序列化到文件中。

在进行反序列化时，将序列化对象读取到 DataFileReader 中，然后使用 next 方法将 DataFileReader 中的数据按行读取即可。以上代码的执行结果如下：

```
avro serialization used time:2793
avro deserialization used time:729
```

可以看出，Avro 对 50 万行数据进行序列化耗时 2793ms，进行反序列化耗时 729ms。

1.7.4　ProtoBuf 序列化

ProtoBuf（Google Protocol Buffers）是由 Google 开源的一款跨平台、与语言无关、可扩展的数据序列化框架，主要用于不同系统及语言之间的数据交换和存储，在 RPC 框架中被广泛使用。

在使用 ProtoBuf 时，需要首先在.proto 文件中定义数据结构，然后使用 ProtoBuf 编译器 protoc 生成指定语言的数据访问类。这些类为每个字段都提供了简单的访问器（例如 get 和 set 方法）及将整个数据结构序列化为原始字节方法和解析原始字节的方法。对于数据结构的变更问题，在数据格式中新加入字段后，老文件在解析时会忽略新的字段，因此不用担心数据结构向后兼容的问题。最后使用 ProtoBuf 提供的 API 进行序列化或者反序列化。具体使用流程如下。

（1）定义.proto 文件。新建如下 student.proto 文件：

```
syntax = "proto2";
package serialization ;
option java_generic_services = true;
option java_package = "com.offer.serialization";
option java_outer_classname = "ProtoSample";
message Student {
    required int32 id = 1;
    optional string name = 2;
}
```

以上代码定义了名为 Student 的数据结构。其中，java_package 表示类所在的包；Student 为具体的类名，在该类中定义了 id 和 name 两个字段，数据类型分别为 int32 和 string。

（2）生成 Java 访问类。执行 "protoc -I=. --java_out=. student.proto" 命令生成 ProtoSample 类。

（3）将 ProtoSample.java 类复制到工程代码中。

（4）使用 ProtoSample：

```
ProtoSample.Student student =
                ProtoSample.Student.newBuilder()
                        .setId(1234)
                        .setName("alex")
                        .build();
```

以上代码通过 Student 类的 newBuilder 方法创建了一个 Student 对象并为该对象设置了 id 和 name 属性。

相关面试题

（1）什么是 Java 序列化？如何实现 Java 序列化？★★★☆☆

（2）除了 Java 自带的序列化框架，你还了解哪些序列化框架？★★★☆☆

（3）ProtoBuf 序列化框架的特性是什么？★★★☆☆

（4）如何使用 ProtoBuf？★★☆☆☆

（5）在进行序列化时，如果希望某些字段不被序列化，那么应该如何实现？★☆☆☆☆

（6）什么是 serialVersionUID？其作用是什么？★☆☆☆☆

1.8　Java I/O

流是一个抽象的概念，代表了数据的无结构化传递。流的本质是数据在不同设备之间的传输。在 Java 中，数据的读取和写入都是以流的方式进行的。

在 Java 中，根据数据流向的不同，可以将流分为输入（Input）流和输出（Output）流；根据单位的不同，可以将流分为字节流和字符流；根据等级的不同，可以将流分为节点流和处理流。

1.8.1　输入流和输出流

（1）输入流：输入流用于将数据从控制台、文件、网络等外部设备输入应用程序进程中，如图 1-7 所示。

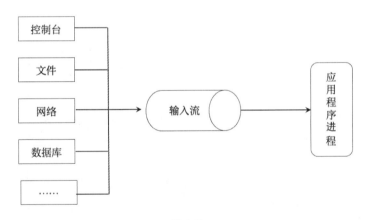

图 1-7

（2）输出流：输出流用于将应用程序进程中的数据输出到控制台、文件、显示器等中，如图 1-8 所示。

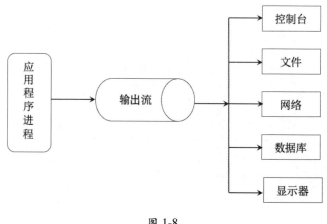

图 1-8

1.8.2 字节流和字符流

（1）字节流：字节流是以字节（1byte=8bit）为单位对数据进行读写操作的，也就是说，字节流进行一次读取或者写入都是以 8bit 为单位进行的，因此主要用于处理二进制数据。在 Java 中使用 InputStream、OutputStream 处理字节数据，其中 InputStream 用于字节流输入，OutputStream 用于字节流输出。

（2）字符流：字符流以字符为单位对数据进行读写操作，一次读取或写入都是以 16 bit 为单位进行的。Java 中的字符采用 Unicode 编码，一个字符占用 2 字节。字符流主要用于处理文本数据的读写，在处理过程中需要进行字符集的转化。在 Java 中使用 Reader、Writer 处理字符数据，其中 Reader 用于字符流输入，Writer 用于字符流输出。字节流和字符流的输入流、输出流对比如表 1-3 所示。

表 1-3

类　　型	字　节　流	字　符　流
输入流	InputStream	Reader
输出流	OutputStream	Writer

（3）InputStream（字节输入流）：InputStream 是一个抽象类，其子类包括 FileInputStream（文件输入流）、ObjectInputStream（对象输入流）、ByteArrayInputStream（字节数组输入流）、PipedInputStream（管道输入流）、FilterInputStream（过滤器输入流）、SequenceInputStream（顺序输入流）、StringBufferedInputStream（缓冲字符串流），如图 1-9 所示。

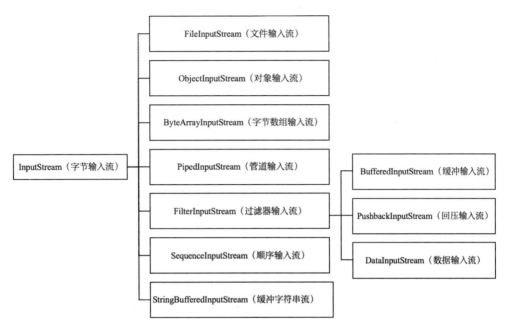

图 1-9

InputStream 类的所有方法在遇到错误时都会抛出 IOException 异常。InputStream 用于以字节形式将数据读入应用程序中，常用的方法及其作用如表 1-4 所示。

表 1-4

方　　法	作　　用
int read()	从输入流读取 8 字节数据并将其转换成一个 0～255 的整数。返回值为读取的总字节数，遇到数据流的末尾则返回-1
int read(byte[] b)	从输入流中读取最大长度为 len 字节的数据并保存到 b 字节数组中，遇到数据流的末尾则返回-1
int read(byte[] b,int off,int len)	以输入流中的 off 位置为开始位置读取最大长度为 len 字节的数据，并将其保存到 b 字节数组中
void close()	关闭输入流
int available()	返回可以从输入流中读取的位数
skip(long n)	从输入流跳过 *n* 字节

一段基于 FileInputStream 读取文件的代码如下：

```
public static void main(String[] args) throws IOException {
    String path = "file_dir/";
```

```
String fileName = "File-Test.txt";
//1：定义待读取的文件
File file = new File(path, fileName);
//2：从文件中读取数据到 FileInputStream
FileInputStream fileInputStream = new FileInputStream(file);
byte[] bytes = new byte[fileInputStream.available()];
int n = 0;
//3：从 FileInputStream 中不断循环读取字节数据并写入 bytes，
    //直到遇到数据流结尾时，read 方法返回-1，退出循环
  while ((n = fileInputStream.read(bytes)) !=-1){
      String s = new String(bytes);//将 byte[]转化为字符串
      System.out.println(s);
  }
fileInputStream.close();//4：关闭输入文件流
}
```

（4）OutputStream（字节输出流）：OutputStream 是一个抽象类，其子类包括 FileOutputStream（文件输出流）、ByteArrayOutputStream（字节数组输出流）、FilterOutputStream（过滤器输出流）、ObjectOutputStream（对象输出流）、PipedOutputStream（管道输出流），如图 1-10 所示。

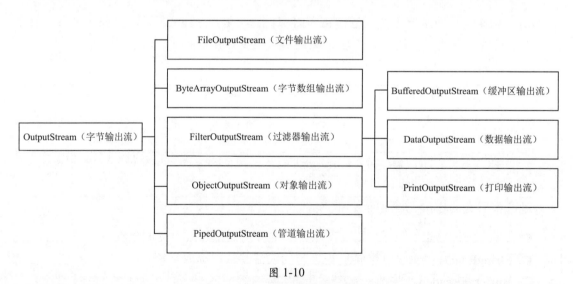

图 1-10

OutputStream 类的所有方法在遇到错误时都会抛出 IOException 异常。OutputStream 用于以字节形式将数据输出到目标设备，常用的方法及其作用如表 1-5 所示。

表 1-5

方　　法	作　　用
int write(b)	将指定字节的数据写入输出流
int write (byte[] b)	将指定字节数组的内容写入输出流
int write (byte[] b,int off,int len)	将指定的字节数组从 off 位置开始的 len 字节的内容写入输出流
close()	关闭数据流
flush()	刷新输出流，强行将缓冲区的内容写入输出流

基于 FileOutputStream 读取文件的一段代码如下：

```
public static void main(String[] args) throws IOException {
    String path = "file_dir/";
    String fileName = "File-Test.txt";
    File file = new File(path,fileName);//1: 定义待写入的文件
    //2: 定义 FileOutputStream
    FileOutputStream fileOutputStream = new FileOutputStream(file,false);
    //3: 将数据写入 FileOutputStream
    filcOutputStream.write("hello FileOutputStream new ".getBytes());
    //4: 关闭 FileOutputStream
    fileOutputStream.close();
}
```

以上代码首先定义了待写入的文件，然后基于待写入的文件定义了 FileOutputStream，接着将字符串转换为字节数组并调用 FileOutputStream 的 write 方法将其写入文件，最后关闭 FileOutputStream。

（5）Reader：Reader 类是所有字符流输入类的父类，用于以字符形式将数据读取到应用程序中，具体的子类如图 1-11 所示。

对这些子类的作用说明如下。

◎ CharArrayReader：将字符数组转换为字符输入流并从中读取字符。

◎ StringReader：将字符串转换为字符输入流并从中读取字符。

◎ BufferedReader：为其他字符输入流提供读缓冲区。

◎ PipedReader：连接到一个 PipedWriter。

◎ FilterReader：Reader 类的子类，用于丰富 Reader 类的功能。

◎ InputStreamReader：将字节输入流转换为字符输入流，可以指定字符编码。

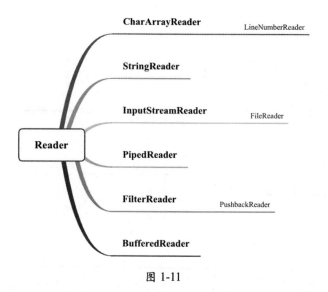

图 1-11

Reader 类中的常用方法有 close、mark、skip、reset 等，表 1-6 主要介绍 Reader 类中最常用的 read 方法。

表 1-6

方法名及返回值类型	方法说明
int read()	从输入流中读取一个字符并转化为 0~65535 的整数，当读取到流的末尾时返回-1
int read(char[] cbuf)	从输入流中读取若干个字符并保存到参数 cbuf 指定的字符数组中，当读取到流的末尾时返回-1
int read(char[] cbuf,int off,int len)	以输入流中的 off 位置为开始位置读取最大长度为 len 字节的数据并将其保存到 cbuf 字符数组中，当读取到流的末尾时返回-1

基于 BufferedReader 读取文件的一段代码如下：

```
public static void main(String[] args) throws Exception{
    String path = "file_dir.mov";
    //1：创建 FileReader
    FileReader fileReader = new FileReader(path);
    //2：基于 FileReader 创建 BufferedReader
    BufferedReader bufferedReader = new BufferedReader(fileReader);
    //3：定义一个 strLine，表示 BufferedReader 读取的结果
    String strLine = "";
    //4：调用 readLine 方法将缓冲区中的数据读取为字符串，
    //当 readLine 返回-1 时，表示已经读取到文件末尾了
```

```
    while ( (strLine=bufferedReader.readLine()) !=null  ){
        System.out.println(strLine);
    }
    //5：关闭 fileReader
    fileReader.close();
    //6：关闭 bufferedReader
    bufferedReader.close();
}
```

（6）Writer：Writer 类是所有字符流输出类的父类，用于以字符形式将数据写出到外部设备，具体的子类如图 1-12 所示。

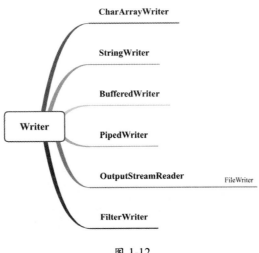

图 1-12

对图 1-12 所示的子类介绍如下。

◎ CharArrayWriter：用于向内存缓冲区的字符数组写数据。

◎ StringWriter：用于向内存缓冲区的字符串（StringBuffer）写数据。

◎ BufferedWriter：用于为其他字符输出流提供写缓冲区。

◎ PipedWriter：用于连接到一个 PipedReader。

◎ OutputStreamReader：用于将字节输出流转换为字符输出流，可以指定字符编码。

◎ FilterWriter：过滤器字符输出流。

Writer 类的所有方法在执行出错时都会引发 IOException 异常。Writer 类也包含 close、flush 等方法，这些方法的功能可以参考 OutputStream 类的方法。下面主要介绍 Writer 类中的 write 方法和 append 相关的方法，如表 1-7 所示。

表 1-7

方法名及返回值类型	方法说明
void write(int c)	向输出流中写入一个字符
void write(char[] cbuf)	将字符数组 cbuf 中的字符写入输出流中
void write(char[] cbuf,int off,int len)	将字符数组 cbuf 中从 off 位置开始获取长度为 len 的字符并写入输出流中
void write(String str)	将字符串写入输出流中
void write(String str, int off,int len)	将字符串中的部分字符写入输出流中
append(char c)	将字符 c 追加到输出流中
append(charSequence esq)	将参数 esq 指定的字符序列追加到输出流中
append(charSequence esq,int start,int end)	将参数 esq 指定的字符序列的子序列追加到输出流中，start 和 end 分别表示截取子序列的开始下标和结束下标

基于 BufferedWriter 将字符串写入文件中的一段代码如下：

```
public static void main(String[] args)throws Exception {
    //1：定义一个 FileWriter
    String path = "File-Test.txt";
    FileWriter  writer = new FileWriter(path);
    //2：基于 FileWriter 定义一个 BufferWriter
    BufferedWriter bufferedWriter = new BufferedWriter(writer);
    //3：调用 BufferedWriter 的 write 方法将字符串写入 BufferedWriter 中
    bufferedWriter.write("write by str");
    //bufferedWriter.write("write by byte".toCharArray());
    //4：关闭 BufferedWriter
    bufferedWriter.close();
    //5：关闭 FileWriter
    writer.close();
}
```

1.8.3　节点流和处理流

节点流是低级流，直接与数据源相接，对数据源上的流进行读写。

处理流是高级流，采用修饰器模式对节点流进行了封装，不直接与数据源相连，主要用于消除不同节点流的实现差异，提供更方便的方法来完成数据的输入和输出。

例如，FileInputStream、FileOutputStream、FileReader、FileWriter 属于节点流；

BufferInputStream、BufferOutputStream、BufferReader、BufferWriter 属于处理流。

相对于节点流，处理流有如下特性。

◎ 性能高：处理流通过增加缓存的方式提高数据的输入和输出效率。

◎ 操作方便：处理流封装了一系列高级方法来完成一次性大批量数据的输入和输出。

1.8.4　内存映射文件技术

操作系统可以利用虚拟内存实现将一个文件或者文件的一部分"映射"到内存中。然后，这个文件就可被当作内存数据来访问，比传统的文件要快得多，这种技术就是内存映射文件技术。

内存映射文件技术的一个关键优势是操作系统负责真正的文件读写，应用程序只需处理内存数据，就可以实现非常快速的 I/O 操作。在写入过程中，即使应用程序在将数据写入内存后进程出错退出，操作系统仍然会将内存映射文件中的数据写入（刷入）文件系统。另一个更突出的优势是共享内存，即内存映射文件可被多个进程同时访问，起到低时延共享内存的作用。

Java 中的 java.nio 包支持内存映射文件，具体使用方式是通过 MappedByteBuffer 读写内存，而且内存映射文件技术涉及的内存在 Java 的堆空间之外，这也是其效率高的一个原因。

在 Java 中将一个文件映射到内存并操作共分为如下 3 步。

（1）从文件中获得一个通道（channel）：

```
RandomAccessFile raf = new RandomAccessFile(filePath,"rw");
FileChannel fc = raf.getChannel();
```

以上代码定义了一个可读写的 RandomAccessFile，然后调用 RandomAccessFile 的 getChannel 方法获取一个 FileChannel。

（2）调用 FileChannel 的 map 方法将文件映射到虚拟内存：

```
MappedByteBuffer buffer = channel.map(mode,0,length);
```

以上代码中的 mode 参数用于指定映射模式，支持的模式有如下 3 种。

◎ FileChannel.MapMode.READ_ONLY：所产生的缓冲区是只读的。

◎ FileChannel.MapMode.READ_WRITE：所产生的缓冲区是可写的，任何修改都会在某个时刻写回到文件中。注意，其他映射同一个文件的程序可能不能立即看到这些修改，多个程序同时进行文件映射的最终行为是依赖于操作系统的。

◎ FileChannel.MapMode.PRIVATE：所产生的缓冲区是可写的，但任何修改对该缓冲区来说都是私有的，不会传播到文件中。

（3）调用 MappedByteBuffer 的 put(byte[] src)向内存映射文件中写入数据，调用 get(int index)获取文件中对应索引的数据，以字节形式返回。

一段完整的 Java 内存映射文件操作代码如下：

```java
public static void main(String[] args) throws Exception{
    //1: 定义文件流
    String path = "file_path/File-Test.txt";
    RandomAccessFile raf = new RandomAccessFile(path,"rw");
    //2: 获取 FileChannel
    FileChannel fc = raf.getChannel();
    //3: 定义 MappedByteBuffer
    int start = 0;
    int len = 1024;
    //调用 map 函数的过程其实就是磁盘文件到内存数据的映射过程，
    //对 FileChannel 调用 map 函数后，应用程序可以像使用内存一样使用该文件
    MappedByteBuffer mbb = fc.map(FileChannel.MapMode.PRIVATE,start,len);
    //4: 进行 MappedByteBuffer 数据的输入，分别在内存映射文件中写入如下字符串
    mbb.put("12345".getBytes());
    mbb.put("6789".getBytes());
    mbb.put("wanglei".getBytes());
    System.out.println((char)mbb.get(9));//读取第 9 个字符，结果为"w"
    //5: MappedByteBuffer 数据的读取：读取所有数据
    for (int i =start ;i<mbb.position();i++){
        System.out.println((char)mbb.get(i));
    }
}
```

以上代码首先通过 "RandomAccessFile raf = new RandomAccessFile(path,"rw")" 定义 RandomAccessFile 文件流实例 raf，然后通过 "FileChannel fc = raf.getChannel()" 获取 FileChannel，接着通过 fc.map(FileChannel.MapMode.PRIVATE,start,len)将磁盘文件映射到内存数据，这样程序便可以像使用内存一样使用该文件。

在内存文件映射好后，通过 mbb.put("1234567".getBytes())向 MappedByteBuffer 写入

数据，通过(char)mbb.get(9) 读取第 9 个字符"w"，然后通过 for 循环对内存映射文件中的数据进行遍历。

内存映射文件到底有多快呢？笔者做了一个测试，对一个 30MB 的文件计算 CRC，使用 InputStream 耗时 21553ms，使用 RandomAccessFile 耗时 26668ms，使用 BufferedInputStream 耗时 317ms，使用 MappedByteBuffer 耗时 75ms。可以看出，MappedByteBuffer 的效率分别约是 InputStream 和 RandomAccessFile 的 287、355 倍；约是 BufferedInputStream 的 4.2 倍，这种优势还会随着文件大小的增加而增加，在达到 1GB 以上时更加明显。

相关面试题

（1）Java 内存映射文件技术是什么？你在项目中有使用过该技术吗？★★★☆☆

（2）在 Java 中有几种类型的流？★★★☆☆

（3）InputStream 的实现类有哪些？有哪些核心方法？★★★☆☆

（4）OutputStream 的实现类有哪些？★★★☆☆

（5）在 Java 中如何进行文件读写？★★★☆☆

（6）字节流和字符流有什么区别？怎么选择？★★☆☆☆

（7）什么是处理流？常见的处理流有哪些？★★☆☆☆

（8）字符流和字节流有什么区别？★★☆☆☆

2

第 2 章

Java 并发编程

相对于传统的单线程，多线程能够在操作系统多核配置的基础上更好地利用服务器的多个 CPU 资源，使程序运行起来更加高效。Java 通过提供对多线程的支持，在一个进程内并发执行多个线程，每个线程都并行执行不同的任务，以满足编写高并发程序的需求。

2.1　常见的 Java 线程的创建方式

常见的 Java 线程的创建方式分别为继承 Thread 类、实现 Runnable 接口、通过 ExecutorService 和 Callable<Class>实现有返回值的线程、基于线程池，如图 2-1 所示。

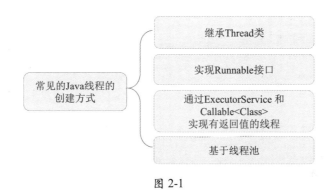

图 2-1

2.1.1　继承 Thread 类

Thread 类实现了 Runnable 接口并定义了操作线程的一些方法，我们可以通过继承 Thread 类的方式创建一个线程。具体的实现过程：创建一个类并继承 Thread 接口，然后实例化线程对象并调用 start 方法启动线程。start 方法是一个 native 方法，通过在操作系统上启动一个新线程，并最终执行 run 方法来启动一个线程。run 方法内的代码是线程类的具体实现逻辑。具体的实现代码如下：

```
//1：通过继承 Thread 类创建 NewThread 线程
public class NewThread extends Thread {
    public void run() {
     System.out.println("create a thread by extends Thread");
    }
}
//2：实例化一个 NewThread 线程对象
NewThread  newThread = new NewThread();
```

```
//3: 调用 start 方法启动 NewThread 线程
newThread.start();
```

以上代码定义了一个名为 NewThread 的线程类，该类继承了 Thread，run 方法内的代码为线程的具体执行逻辑，在使用该线程时新建一个该线程的对象并调用其 start 方法即可。

2.1.2　实现 Runnable 接口

基于 Java 编程规范，如果子类已经继承(extends)了一个类，就无法再直接继承 Thread 类，此时可以通过实现 Runnable 接口创建线程。具体的实现过程：通过实现 Runnable 接口创建 ChildrenClassThread 线程，实例化名称为 childrenThread 的线程实例，创建 Thread 类的实例并传入 childrenThread 的线程实例，调用线程的 start 方法启动线程。具体的实现代码如下：

```
//1: 通过实现 Runnable 接口创建 ChildrenClassThread 线程
public class ChildrenClassThread extends SuperClass implements Runnable {
    public void run() {
     System.out.println("create a thread by implements Runnable ");
    }
}
//2: 实例化一个 ChildrenClassThread 对象
ChildrenClassThread childrenThread = new ChildrenClassThread();
//3: 创建一个线程对象并为其传入已经实例化好的 childrenThread 的线程实例
Thread thread = new Thread(childrenThread);
//4: 调用 start 方法启动线程
thread.start();
```

事实上，在传入一个实现了 Runnable 的线程实例 target 给 Thread 后，Thread 的 run 方法在执行时就会调用 target.run 方法并执行该线程具体的实现逻辑。在 JDK 源码中，run 方法的实现代码如下：

```
@Override
 public void run() {
        if (target != null) {
            target.run();
        }
    }
```

2.1.3　通过 ExecutorService 和 Callable<Class>接口实现有返回值的线程

有时，我们需要在主线程中开启多个子线程并发执行一个任务，然后收集各个线程返回的结果并将最终结果汇总起来，这时就要用到 Callable 接口。具体的实现过程：创建一个类并实现 Callable 接口，在 call 方法中实现具体的运算逻辑并返回计算结果。具体的调用过程：创建一个线程池、一个用于接收返回结果的 Future List 及 Callable 线程实例，使用线程池提交任务并将线程执行之后的结果保存在 Future List 中，在线程执行结束后遍历 Future List 中的 Future 对象，在该对象上调用 get 方法就可以获取 Callable 线程任务返回的数据并汇总结果，实现代码如下：

```
//1：通过实现 Callable 接口创建 MyCallable 线程
public class MyCallable implements Callable<String> {
  private String name;
  public MyCallable(String name){//通过构造函数为线程传递参数，以定义线程的名称
  this.name = name;
}

  @Override
  public String call() throws Exception {//call 方法内为线程实现逻辑
    return name;
  }
}
  //2：创建一个固定大小为 5 的线程池
ExecutorService pool = Executors.newFixedThreadPool(5);
  //3：创建多个有返回值的任务列表 list
List<Future> list = new ArrayList<Future>();
for (int i = 0; i < 5; i++) {
    //4：创建一个有返回值的线程实例
    Callable c = new MyCallable(i + " ");
    //5：提交线程，获取 Future 对象并将其保存到 Future List 中
    Future future = pool.submit(c);
    System.out.println("submit a callable thread:" +i);
    list.add(future);
}
  //6：关闭线程池，等待线程执行结束
pool.shutdown();
  //7：遍历所有线程的运行结果
for (Future future :list) {
    //从 Future 对象上获取任务的返回值，并将结果输出到控制台
    System.out.println("get the result from callable thread:"+
                    f.get().toString())
}
```

2.1.4　基于线程池

线程是非常宝贵的计算资源，在每次需要时创建并在运行结束后销毁是非常浪费系统资源的。我们可以使用缓存策略并通过线程池来创建线程，具体实现过程为创建一个线程池并用该线程池提交线程任务，实现代码如下：

```
//1：创建大小为 10 的线程池
ExecutorService threadPool = Executors.newFixedThreadPool(10);
 for(int i =0 ;i<10;i++){
//2：提交多个线程任务并执行
    threadPool.execute(new Runnable() {
        @Override
        public void run() {
          System.out.println(Thread.currentThread().getName() + "is running");
            }
          });
      }
  }
```

相关面试题

（1）在 Java 中创建线程有几种方式？★★★★☆

（2）Java 中的 Runnable 接口和 Callable 接口有什么区别？★★★★☆

（3）Thread 类中的 start() 和 run() 有什么区别？★★★☆☆

（4）使用线程池的优势是什么？★★☆☆☆

2.2　Java 线程池的原理

Java 线程池主要用于管理线程组及其运行状态，以便 Java 虚拟机更好地利用 CPU 资源。Java 线程池的原理：JVM 先根据用户的参数创建一定数量的可运行的线程任务，并将其放入队列中，在线程创建后启动这些任务，如果正在运行的线程数量超过了最大线程数量（用户设置的线程池大小），则超出数量的线程排队等候，在有任务执行完毕后，线程池调度器会发现可用的线程，进而再次从队列中取出任务并执行。

线程池的主要作用是线程复用、线程资源管理、控制操作系统的最大并发数，以保证系统高效（通过线程资源复用实现）且安全（通过控制最大线程并发数实现）地运行。

2.2.1　线程复用

在 Java 中，每个 Thread 类都有一个 start 方法。在程序调用 start 方法启动线程时，Java 虚拟机会调用该类的 run 方法。在 Thread 类的 run 方法中其实调用了 Runnable 对象的 run 方法，因此可以继承 Thread 类，在 start 方法中不断循环调用传递进来的 Runnable 对象，程序就会不断执行 run 方法中的代码。可以将在循环方法中不断获取的 Runnable 对象存放在队列中，当前线程在获取下一个 Runnable 对象之前可以是阻塞的，这样既能有效控制正在执行的线程个数，也能保证系统中正在等待执行的其他线程有序执行。这样就简单实现了一个线程池，达到了线程复用的效果。

2.2.2　线程池的核心组件和核心类

Java 线程池主要由如下 4 个核心组件组成。

◎　线程池管理器：用于创建并管理线程池。
◎　工作线程：线程池中执行具体任务的线程。
◎　任务接口：用于定义工作线程的调度和执行策略，只有线程实现了该接口，线程中的任务才能够被线程池调度。
◎　任务队列：存放待处理的任务，新的任务将不断被加入队列中，执行完成的任务将被从队列中移除。

Java 中的线程池是通过 Executor 框架实现的，在该框架中用到了 Executor、Executors、ExecutorService、ThreadPoolExecutor、Callable、Future、FutureTask 这几个核心类，具体的继承关系如图 2-2 所示。

其中，ThreadPoolExecutor 是构建线程的核心方法，该方法的定义如下：

```
public ThreadPoolExecutor(int corePoolSize,int maximumPoolSize,long
    keepAliveTime,TimeUnit unit,BlockingQueue<Runnable> workQueue) {
    this(corePoolSize, maximumPoolSize, keepAliveTime, unit, workQueue,
    Executors.defaultThreadFactory(), defaultHandler);
}
```

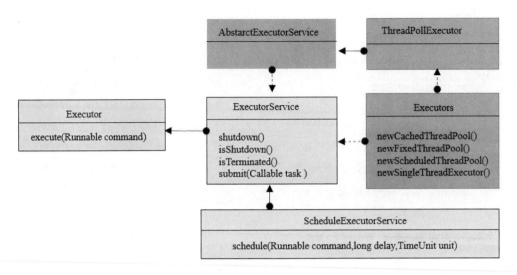

图 2-2

ThreadPoolExecutor 构造函数的具体参数如表 2-1 所示。

表 2-1

序　号	参　　数	说　　明
1	corePoolSize	线程池中核心线程的数量
2	maximumPoolSize	线程池中最大线程的数量
3	keepAliveTime	当前线程数量超过 corePoolSize 时，空闲线程的存活时间
4	unit	keepAliveTime 的时间单位
5	workQueue	任务队列，被提交但尚未被执行的任务存放的地方
6	threadFactory	线程工厂，用于创建线程，可使用默认的线程工厂或自定义线程工厂
7	handler	由于任务过多或其他原因导致线程池无法处理时的任务拒绝策略

2.2.3　Java 线程池的工作流程

Java 线程池的工作流程：线程池刚被创建时，只是向系统申请一个用于执行线程队列和管理线程池的线程资源。在调用 execute() 添加一个任务时，线程池会按照如下流程执行任务。

◎　如果正在运行的线程数量少于 corePoolSize（用户定义的核心线程数），线程池就会立刻创建线程并执行该线程任务。

◎ 如果正在运行的线程数量大于或等于 corePoolSize，该任务就将被放入阻塞队列中。

◎ 在阻塞队列已满且正在运行的线程数量少于 maximumPoolSize 时，线程池会创建非核心线程立刻执行该线程任务。

◎ 在阻塞队列已满且正在运行的线程数量大于或等于 maximumPoolSize 时，线程池将拒绝执行该线程任务并抛出 RejectExecutionException 异常。

◎ 在线程任务执行完毕后，该任务将被从线程池队列中移除，线程池将从队列中取下一个线程任务继续执行。

◎ 在线程处于空闲状态的时间超过 keepAliveTime 时间时，正在运行的线程数量超过 corePoolSize，该线程将会被认定为空闲线程并停止。因此在线程池中的所有线程任务都执行完毕后，线程池会收缩到 corePoolSize 大小。

具体流程如图 2-3 所示。

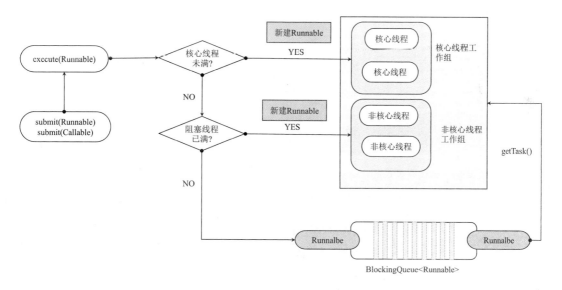

图 2-3

2.2.4　线程池的拒绝策略

如果线程池中的核心线程被用完且阻塞队列已排满，则此时线程池的线程资源已耗尽，线程池将没有足够的线程资源执行新的任务。为了保证操作系统的安全，线程池将通过拒绝策略处理新添加的线程任务。JDK 内置的拒绝策略有 AbortPolicy、CallerRunsPolicy、DiscardOldestPolicy、DiscardPolicy 这 4 种，默认的拒绝策略在 ThreadPoolExecutor 中作为内部类提供。在默认的拒绝策略不能满足应用的需求时，可以自定义拒绝策略。

1. AbortPolicy

AbortPolicy 直接抛出异常，阻止线程正常运行，具体的 JDK 实现源码如下：

```
public static class AbortPolicy implements RejectedExecutionHandler {
    public AbortPolicy() { }
    public void rejectedExecution(Runnable r, ThreadPoolExecutor e) {
        //直接抛出异常信息，不做任何处理
        throw new RejectedExecutionException("Task " + r.toString() +
                                    " rejected from " +e.toString());
    }
}
```

2. CallerRunsPolicy

CallerRunsPolicy 的拒绝策略：如果被丢弃的线程任务未关闭，则执行该线程任务。注意，CallerRunsPolicy 的拒绝策略不会真的丢弃任务。具体的 JDK 实现源码如下：

```
public void rejectedExecution(Runnable r, ThreadPoolExecutor e) {
    if (!e.isShutdown()) {
        r.run();//执行被丢弃的任务 r
    }
}
```

3. DiscardOldestPolicy

DiscardOldestPolicy 的拒绝策略：移除线程队列中最早的一个线程任务，并尝试提交当前任务。具体的 JDK 实现源码如下：

```
public void rejectedExecution(Runnable r, ThreadPoolExecutor e) {
    if (!e.isShutdown()) {
        e.getQueue().poll();//丢弃（移除）线程队列中最早的一个线程任务
        e.execute(r);//尝试提交当前任务
    }
}
```

4. DiscardPolicy

DiscardPolicy 的拒绝策略：丢弃当前的线程任务而不做任何处理。如果系统允许在资源不足的情况下丢弃部分任务，则这将是保障系统安全、稳定的一种很好的方案。具体的 JDK 实现源码如下：

```
//直接丢弃线程，不做任何处理
public void rejectedExecution(Runnable r, ThreadPoolExecutor e) {
}
```

5. 自定义拒绝策略

以上 4 种拒绝策略均实现了 RejectedExecutionHandler 接口，如果无法满足实际需要，则用户可以自己扩展 RejectedExecutionHandler 接口来实现拒绝策略，并捕获异常来实现自定义拒绝策略。下面实现一个自定义拒绝策略 DiscardOldestNPolicy，该策略根据传入的参数丢弃最早的 N 个线程，以便在出现异常时释放更多的资源，保障后续的线程任务整体、稳定地运行。具体的 JDK 实现源码如下：

```
public class DiscardOldestNPolicy implements RejectedExecutionHandler {
    private int discardNumber = 5;
    private List<Runnable> discardList =new ArrayList<Runnable>();
    public DiscardOldestNPolicy (int discardNumber) {
        this.discardNumber = discardNumber;
    }
    public void rejectedExecution(Runnable r, ThreadPoolExecutor e) {
        if(e.getQueue().size() > discardNumber){
            //1: 批量移除线程队列中的 discardNumber 个线程任务
            e.getQueue().drainTo(discardList,discardNumber);
            discardList.clear();//2: 清空 discardList 列表
            if (!e.isShutdown()) {
                e.execute(r);//3: 尝试提交当前任务
            }
        }
    }
}
```

相关面试题

（1）什么是线程池？线程池是如何工作的？★★★★★

（2）线程和进程有什么区别？★★★★☆

（3）ThreadPoolExecutor 的核心参数有哪些？★★★☆☆

（4）请描述线程池的工作流程。★★★☆☆

（5）线程池的拒绝策略有哪些？★★☆☆☆

2.3　5 种常用的线程池

Java 定义了 Executor 接口，并在该接口中定义了 execute()用于执行一个线程任务，然后通过 ExecutorService 实现 Executor 接口并执行具体的线程操作。ExecutorService 接口有多个实现类可用于创建不同的线程池，如表 2-2 所示是 5 种常用的线程池。

表 2-2

名　　称	说　　明
newCachedThreadPool	可缓存的线程池
newFixedThreadPool	固定大小的线程池
newScheduledThreadPool	可做任务调度的线程池
newSingleThreadExecutor	单个线程的线程池
newWorkStealingPool	使用 ForkJoinPool 实现的线程池

2.3.1　newCachedThreadPool

newCachedThreadPool 用于创建一个缓存线程池。之所以叫缓存线程池，是因为它在创建新线程时如果有可重用的线程，则重用它们，否则重新创建一个新的线程并将其添加到线程池中。对于执行时间很短的任务而言，newCachedThreadPool 能很大程度地重用线程进而提高系统的性能。

若线程池中某线程的 keepAliveTime 超过默认的 60s，则该线程会被终止并从缓存中移除，因此在没有线程任务运行时，newCachedThreadPool 将不会占用系统的线程资源。

在创建线程时需要执行申请 CPU 和内存、记录线程状态、控制阻塞等多项操作，复杂且耗时。因此，在有执行时间很短的大量任务需要执行的情况下，newCachedThreadPool能够很好地复用运行中的线程（任务已经完成但未关闭的线程）资源来提高系统的运行效率。具体的创建方式如下：

```
ExecutorService cachedThreadPool = Executors.newCachedThreadPool();
```

2.3.2　newFixedThreadPool

newFixedThreadPool 用于创建一个固定线程数量的线程池，并将线程资源存放在队列中循环使用。在 newFixedThreadPool 中，如果处于活动状态的线程数量大于或等于核心线程池的数量，则新提交的任务将在阻塞队列中排队，直到有可用的线程资源。具体的创建方式如下：

```
ExecutorService fixedThreadPool = Executors.newFixedThreadPool(5);
```

2.3.3　newScheduledThreadPool

newScheduledThreadPool 用于创建一个可定时调度的线程池，可设置在指定的延迟时间后执行或者定期执行某个线程任务：

```
ScheduledExecutorService scheduledThreadPool=
                        Executors.newScheduledThreadPool(3);
//1：创建一个延迟 3s 执行的线程
scheduledThreadPool.schedule(newRunnable(){
        @Override
        public void run() {
            System.out.println("delay 3 seconds execu.");
  }}, 3, TimeUnit.SECONDS);
//2：创建一个延迟 1s 执行且每 3s 执行一次的线程
scheduledThreadPool.scheduleAtFixedRate(newRunnable(){
    @Override
    public void run() {
     System.out.println("delay 1 seconds,repeat execute every 3 seconds");
  }},1,3,TimeUnit.SECONDS);
```

2.3.4 newSingleThreadExecutor

newSingleThreadExecutor 用于保证在线程池中有且只有一个可用的线程，在该线程停止或发生异常时，newSingleThreadExecutor 会启动一个新的线程来代替该线程继续执行任务：

```
ExecutorService singleThread = Executors.newSingleThreadExecutor();
```

2.3.5 newWorkStealingPool

newWorkStealingPool 用于创建持有足够线程的线程池来达到快速运算的目的，在内部通过使用多个队列来减少各个线程调度产生的竞争。这里所说的有足够的线程，指 JDK 根据当前线程的运行需求向操作系统申请足够的线程，以保障线程的快速执行，并最大限度地使用系统资源，提高并发计算的效率，省去用户根据 CPU 资源估算并行度的过程。当然，如果开发者想自己定义线程的并发数，则也可以将其作为参数传入。

> **相关面试题**
>
> （1）常用的线程池有哪些？ ★★★★☆
>
> （2）Java 是如何创建一个定时执行的任务的？ ★★★☆☆
>
> （3）如果 newFixedThreadPool 线程池中处于活动状态的线程数量大于或等于核心线程池的数量，那么该怎样处理？ ★★☆☆☆

2.4 线程的生命周期

在 JVM 源码中将线程的生命周期分为新建（New）、可运行（Runnable）、阻塞（Blocked）、等待（Waiting）、超时等待（Timed_Waiting）和终止（Terminated）这 6 种状态。在系统运行过程中不断有新的线程被创建，老的线程在执行完毕后被清理，线程在排队获取共享资源或者锁时将被阻塞，因此运行中的线程会在可运行、阻塞、等待状态之间来回转换。线程的具体状态转换流程如图 2-4 所示。

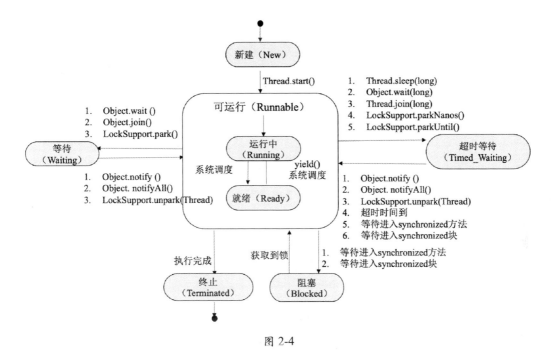

图 2-4

其流程如下。

（1）调用 new 方法新建一个线程，这时线程处于新建状态。

（2）调用 start 方法启动一个线程，这时线程处于可运行状态。可运行状态又分为就绪（Ready）和运行中（Running）两种状态。处于就绪状态的线程等待线程获取 CPU 资源，在等待其获取 CPU 资源后，线程会调用 run 方法进入运行中状态；处于运行中状态的线程在调用 yield 方法或失去处理器资源时，会再次进入就绪状态。

（3）处于运行中状态的线程在执行 sleep 方法、I/O 阻塞、等待同步锁、等待通知、suspend 方法等后，会挂起并进入阻塞状态。处于阻塞状态的线程由于出现 sleep 时间已到、I/O 方法返回、获得同步锁、收到通知、调用 resume 方法等情况，会再次进入可运行状态中的就绪状态，等待 CPU 时间片的轮询。该线程在获取 CPU 资源后，会再次进入运行中状态。

（4）线程在调用 Object.wait()、Object.join()、LockSupport.park() 后会进入等待状态。处于等待状态的线程在调用 Object.notify()、Object. notifyAll()、LockSupport.unpark(Thread) 后会再次进入可运行状态。

（5）处于可运行状态的线程在调用 Thread.sleep(long)、Object.wait(long)、Thread. join(long)、LockSupport.parkNanos()、LockSupport.parkUntil() 后会进入超时等待状态。当

处于超时等待状态的线程出现超时时间到、等待进入 synchronized 方法、等待进入 synchronized 块或者调用 Object.notify()、Object.notifyAll()、LockSupport.unpark(Thread) 后会再次进入可运行状态。

（6）处于可运行状态的线程，在调用 run 方法或 call 方法正常执行完成、调用 stop 方法停止线程或者程序执行错误导致异常退出时，会进入终止状态。

2.4.1　新建状态：New

在 Java 中使用 new 关键字创建一个线程，新创建的线程将处于新建状态。在创建线程时主要是为线程分配内存并初始化其成员变量的值。

2.4.2　就绪状态：Runnable

新建的线程对象在调用 start 方法之后将转为可运行状态。其中的就绪状态指的是 JVM 完成了方法调用栈和程序计数器的创建，等待该线程的调度和运行。

处于就绪状态的线程在竞争到 CPU 的使用权并开始执行 run 方法的线程执行体时，会转为运行中状态，处于运行中状态的线程的主要任务就是执行 run 方法中的逻辑代码。

2.4.3　阻塞状态：Blocked

运行中的线程会主动或被动地放弃 CPU 的使用权并暂停运行，此时该线程将转为阻塞状态，直到再次进入可运行状态，才有机会再次竞争到 CPU 使用权并转为运行状态。阻塞状态分为如下三种。

（1）等待阻塞：在处于运行状态的线程调用 o.wait 方法时，JVM 会把该线程放入等待队列（Waiting Queue）中，线程转为阻塞状态。

（2）同步阻塞：在处于运行状态的线程尝试获取正在被其他线程占用的对象同步锁时，JVM 会把该线程放入锁池（Lock Pool）中，此时线程转为阻塞状态。

（3）其他阻塞：在处于运行状态的线程执行 Thread.sleep(long ms)、Thread.join() 或者发出 I/O 请求时，JVM 会把该线程转为阻塞状态。直到 sleep() 状态超时、Thread.join() 等待线程终止或超时，或者 I/O 处理完毕，线程才重新转为可运行状态。

2.4.4　等待状态：Waiting

线程在调用了 Object.wait()、Thread.join()、LockSupport.park()后会进入等待状态。处于等待状态的线程会等待另一个线程执行指定的操作。例如，调用 Object.wait()的一个线程对象会等待另一个线程调用该对象的 Object.notify() 或 Object.notifyAll()。调用 thread .join()的线程会等待指定的线程退出。

2.4.5　超时等待状态：Timed_Waiting

超时等待和等待状态的不同是，处于超时等待状态的线程经过超时时间后会被自动唤醒。线程在调用了 Thread.sleep()、Object.wait(long)、Thread.join(long)、LockSupport.parkNanos()、LockSupport.parkUntil()后会进入超时等待状态。

2.4.6　线程终止：Terminated

线程在以如下三种方式结束后会转为终止状态。

◎ 线程正常结束：run 方法或 call 方法执行完毕。

◎ 线程异常退出：运行中的线程抛出一个 Error 或未捕获的 Exception，线程异常退出。

◎ 手动结束：调用线程对象的 stop 方法手动结束运行中的线程（该方式会瞬间释放线程占用的同步对象锁，导致锁混乱和死锁，不推荐使用）。

相关面试题

（1）线程的生命周期包括哪几个阶段？★★★★★

（2）在哪些情况下会出现线程阻塞？★★★☆☆

（3）线程在就绪状态下会立即执行吗？★★☆☆☆

（4）什么是线程阻塞？★★☆☆☆

2.5　线程的基本方法

线程相关的基本方法有 wait、notify、notifyAll、setDaemon、sleep、join、yield、interrupt

等，这些方法控制线程的运行，并影响线程的状态变化。

2.5.1　线程等待：wait 方法

调用 wait 方法的线程会进入 Waiting 状态，只有等到其他线程的通知或被中断后才会返回。需要注意的是，在调用 wait 方法后会释放对象的锁，因此 wait 方法一般被用于同步方法或同步代码块中。

2.5.2　线程睡眠：sleep 方法

sleep 方法不会释放当前占用的锁，会导致线程进入超时等待状态；而 wait 方法会导致当前线程进入等待状态。

2.5.3　线程让步：yield 方法

调用 yield 方法会使当前线程让出（释放）CPU 时间片，与其他线程一起重新竞争 CPU 时间片。在一般情况下，优先级高的线程更有可能竞争到 CPU 时间片，但这不是绝对的，有的操作系统对线程的优先级并不敏感。

2.5.4　线程中断：interrupt 方法

interrupt 方法用于向线程发送一个终止通知信号，会影响该线程内部的一个中断标识位，线程本身并不会因为调用了 interrupt 方法而改变状态（阻塞、终止等）。状态的具体变化需要等待接收到中断标识的程序的最终处理结果来判定。对 interrupt 方法的理解需要注意如下 4 个核心点。

◎ 调用 interrupt 方法并不会中断一个正在运行的线程，也就是说处于运行状态的线程并不会因为调用了 interrupt 方法而终止，仅仅改变了内部维护的中断标识位而已。具体的 JDK 源码如下：

```
public static boolean interrupted() {
    return currentThread().isInterrupted(true);
}
public boolean isInterrupted() {
```

```
    return isInterrupted(false);
}
```

◎ 如果因为调用 sleep 方法使线程处于超时等待状态，则这时调用 interrupt 方法会抛出 InterruptedException，使线程提前结束超时等待状态。

◎ 许多声明抛出 InterruptedException 的方法如 Thread.sleep(long mills)，在抛出异常前都会清除中断标识位，所以在抛出异常后调用 isInterrupted 方法将会返回 false。

◎ 中断状态是线程固有的一个标识位，可以通过此标识位安全终止线程。比如，在想终止一个线程时，可以先调用该线程的 interrupt 方法，然后在线程的 run 方法中根据该线程的 isInterrupted 方法的返回状态值安全终止线程。

```
public class SafeInterruptThread extends Thread {
    @Override
    public void run() {
        if (!Thread.currentThread().isInterrupted()) {
            try {
                //1：这里处理正常的线程业务逻辑
                sleep(10);
            } catch (InterruptedException e) {
                Thread.currentThread().interrupt();    //重新设置中断标识
            }
        }
        if (Thread.currentThread().isInterrupted()){
            //2：处理线程结束前必要的一些资源释放和清理工作，比如释放锁、
            //存储数据到持久化层、发出异常通知等，用于实现线程的安全退出
                sleep(10);
        }
    }
}
//3：定义一个可安全退出的线程
SafeInterruptThread thread = new SafeInterruptThread();
//4：安全退出线程
thread.interrupt();
```

2.5.5　线程加入：join 方法

join 方法用于等待其他线程终止，如果在当前线程中调用一个线程的 join 方法，则当前线程会转为阻塞状态，等到另一个线程结束，当前线程再由阻塞状态转为就绪状态，等待获取 CPU 的使用权。在很多情况下，主线程生成并启动了子线程，需要等到子线程返

回结果并收集和处理再退出，这时就要用到 join 方法，具体的使用方法如下：

```
System.out.println("子线程运行开始!");
ChildThread childThread = new ChildThread();
childThread.join();//主线程（当前线程）阻塞等待子线程 childThread 执行结束
System.out.println("子线程 join()结束，开始运行主线程");
```

2.5.6 线程唤醒：notify 方法

Object 类有个 notify 方法，用于唤醒在此对象监视器上等待的一个线程，如果所有线程都在此对象上等待，则会选择唤醒其中一个线程，唤醒时选择是任意的。

我们通常调用其中一个对象的 wait 方法在对象的监视器上等待，直到当前线程放弃此对象上的锁定，才能继续执行被唤醒的线程，被唤醒的线程将以常规方式与在该对象上主动同步的其他线程竞争。类似的方法还有 notifyAll，用于唤醒在监视器上等待的所有线程。

2.5.7 后台守护线程：setDaemon 方法

setDaemon 方法用于定义一个守护线程，也叫作"服务线程"，该线程是后台守护线程。后台守护线程有一个特性，即为用户线程提供公共服务，在没有用户线程可服务时会自动离开。

守护线程的优先级较低，用于为系统中的其他对象和线程提供服务。将一个用户线程设置为守护线程的方法是在线程对象创建之前用线程对象的 setDaemon(true)来设置。

在后台守护线程中定义的线程也是后台守护线程。后台守护线程是 JVM 级别的，比如垃圾回收线程就是一个经典的守护线程，在我们的程序中不再有任何线程运行时，程序就不会再产生垃圾，垃圾回收器也就无事可做，所以在回收 JVM 上仅剩的线程时，垃圾回收线程会自动离开。它始终在低级别的状态下运行，用于实时监控和管理系统中的可回收资源。

守护线程是运行在后台的一种特殊线程，其独立于控制终端并且周期性地执行某种任务或等待处理某些已发生的事件。也就是说，守护线程不依赖于终端，但是依赖于 JVM，与 JVM "同生共死"。在 JVM 中的所有线程都是守护线程时，JVM 就可以退出了，如果还有一个或一个以上的非守护线程，则 JVM 不会退出。

2.5.8　sleep 方法和 wait 方法的区别

sleep 方法和 wait 方法的区别如下。

◎ sleep 方法属于 Thread 类，wait 方法则属于 Object 类。

◎ sleep 方法暂停执行指定的时间，让出 CPU 给其他线程，但其监控状态依然保持，在指定的时间过后又会自动恢复运行状态。

◎ 在调用 sleep 方法时，线程不会释放对象锁。

◎ 在调用 wait 方法时，线程会放弃对象锁，进入等待锁池，只有针对此对象调用 notify 方法后，该线程才能进入对象锁池准备获取对象锁，并进入运行状态。

2.5.9　start 方法和 run 方法的区别

start 方法和 run 方法的区别如下。

◎ start 方法用于启动线程，真正实现了多线程运行。在调用了线程的 start 方法后，线程会在后台执行，无须等待 run 方法体的代码执行完毕，就可以继续执行下面的代码。

◎ 在通过调用 Thread 类的 start 方法启动一个线程时，此线程处于就绪状态，并没有运行。

◎ run 方法也叫作线程体，包含了要执行的线程的逻辑代码，在调用 run 方法后，线程会进入运行状态，开始运行 run 方法中的代码。在 run 方法运行结束后，该线程终止，CPU 再次调度其他线程。

2.5.10　终止线程的 4 种方式

1. 正常运行结束

指线程体执行完成，线程自动结束。

2. 使用退出标志退出线程

在一般情况下，在 run 方法执行完毕时，线程会正常结束。然而，有些线程是后台线程，需要长时间运行，只有在系统满足某些特殊条件后，才能退出这些线程。这时可以使用一个变量来控制循环，比如设置一个 boolean 类型的标志，并通过设置这个标志为 true

或 false 来控制 while 循环是否退出，具体的实现代码如下：

```
public class ThreadSafe extends Thread {
    public volatile boolean exit = false;
        public void run() {
        while (!exit){
            //执行业务逻辑代码
        }
    }
}
```

以上代码在线程中定义了一个退出标志 exit，exit 的默认值为 false。在定义 exit 时使用了一个 Java 关键字 volatile，这个关键字用于保证 exit 线程同步安全，也就是说在同一时刻只能有一个线程修改 exit 的值，在 exit 为 true 时，while 循环退出，线程终止。

3. 使用 Interrupt 方法终止线程

使用 interrupt 方法终止线程有如下两种情况。

（1）线程处于阻塞状态。例如，在使用 sleep、调用锁的 wait 或者调用 socket 的 receiver、accept 等方法时，会使线程处于阻塞状态。在调用线程的 interrupt 方法时，会抛出 InterruptedException 异常。我们通过在代码中捕获该异常，然后通过 break 跳出状态检测循环，结束这个线程的执行。通常很多人认为只要调用 interrupt 方法就会结束线程，这实际上理解有误，一定要先捕获 InterruptedException 异常再通过 break 跳出循环，才能正常结束 run 方法。具体的实现代码如下：

```
public class ThreadSafe extends Thread {
public void run() {
        while (!isInterrupted()){ //在非阻塞过程中通过判断中断标志来退出
          try{
              Thread.sleep(5*1000);//在阻塞过程中通过捕获中断异常来退出
          }catch(InterruptedException e){
              e.printStackTrace();
              break;//在捕获到异常后执行break语句跳出循环
          }
        }
    }
}
```

（2）线程未处于阻塞状态。此时，使用 isInterrupted 方法判断线程的中断标志来退出循环。在调用 interrupt 方法时，中断标志会被设置为 true，此时并不能立刻退出线程，而是需要执行线程终止前的资源释放操作，在等待资源释放完毕后方可安全退出该线程。

4. 使用 stop 方法终止线程：不安全

在程序中可以直接调用 Thread.stop 方法强行终止线程，但可能会产生不可预料的后果。

在程序使用 Thread.stop 方法终止线程时，该线程的子线程会抛出 ThreadDeatherror 错误，并且释放子线程持有的所有锁。加锁的代码块一般被用于保护数据的一致性，如果在调用 Thread.stop 方法后导致该线程所持有的所有锁突然释放而使锁资源不可控制，被保护的数据就可能出现不一致的情况，其他线程在使用这些被破坏的数据时，有可能使程序运行错误。因此，并不推荐采用这种方法终止线程。

> **相关面试题**
>
> （1）线程的 run 方法和 start 方法有什么区别？★★★★★
> （2）Java 中的 notify 方法和 notifyAll 方法有什么区别？★★★☆☆
> （3）守护线程是什么？★★★☆☆
> （4）sleep 方法和 wait 方法有什么区别？★★★☆☆
> （5）如何安全地终止一个线程？★★☆☆☆

2.6　Java 中的锁

Java 中的锁主要用于保障线程在多并发情况下数据的一致性。在多线程编程中为了保障数据的一致性，我们通常需要在使用对象或者调用方法之前加锁，这时如果有其他线程也需要使用该对象或者调用该方法，则首先要获取锁，如果某个线程发现锁正在被其他线程使用，就会进入阻塞队列等待锁的释放，直到其他线程执行完毕并释放锁，该线程才有机会再次获取锁并执行操作。这样就保障了在同一时刻只有一个线程持有该对象的锁并修改该对象，从而保障数据的安全。

锁从乐观和悲观的角度可分为乐观锁和悲观锁，从获取资源的公平性角度可分为公平锁和非公平锁，从是否共享资源的角度可分为共享锁和独占锁，从锁的状态的角度可分为偏向锁、轻量级锁和重量级锁。同时，在 JVM 中还巧妙设计了自旋锁以更快地使用 CPU 资源。下面将详细介绍这些锁。

2.6.1　乐观锁

乐观锁采用乐观的思想处理数据，在每次读取数据时都认为别人不会修改该数据，所以不会加锁，但在更新时会判断在此期间别人有没有更新该数据，通常采用在写时先读出当前版本号然后加锁的方法。具体过程：比较当前版本号与上一次的版本号，如果版本号一致，则更新，如果版本号不一致，则重复进行读、比较、写操作。

Java 中的乐观锁大部分是通过 CAS（Compare And Swap，比较和交换）操作实现的，CAS 是一种原子更新操作，在对数据操作之前首先会比较当前值跟传入的值是否一样，如果一样则更新，否则不执行更新操作，直接返回失败状态。

2.6.2　悲观锁

悲观锁采用悲观的思想处理数据，在每次读取数据时都认为别人会修改数据，所以每次在读写数据时都会加锁，这样在别人想读写这个数据时就会阻塞、等待直到获取锁。

Java 中的悲观锁大部分基于 AQS（Abstract Queued Synchronized，抽象的队列同步器）架构实现。AQS 定义了一套多线程访问共享资源的同步框架，许多同步类的实现都依赖于它，例如常用的 Synchronized、ReentrantLock、Semaphore、CountDownLatch 等。该框架下的锁会先尝试以 CAS 乐观锁去获取锁，如果获取不到，则会转为悲观锁（如 RetreenLock）。

2.6.3　自旋锁

自旋锁的思路：如果持有锁的线程能在很短的时间内释放锁资源，那么那些等待竞争锁的线程就不需要做内核态和用户态之间的切换进入阻塞、挂起状态，只需等一等（也叫作自旋），在等待持有锁的线程释放锁后即可立即获取锁，这样就避免了用户线程在用户态和内核态之间的频繁切换而导致的时间消耗。

线程在自旋时会占用 CPU，在线程长时间自旋获取不到锁时，将会导致 CPU 的浪费，甚至有时线程永远无法获取锁而导致 CPU 资源被永久占用，所以需要设定一个自旋等待的最大时间。在线程执行的时间超过自旋等待的最大时间后，线程会退出自旋模式并释放其持有的锁。

1. 自旋锁的优缺点

自旋锁的优缺点如下。

◎ 优点：自旋锁可以减少 CPU 上下文的切换，对于占用锁的时间非常短或锁竞争不激烈的代码块来说性能大幅提升，因为自旋的 CPU 耗时明显少于线程阻塞、挂起、再唤醒时两次 CPU 上下文切换的耗时。

◎ 缺点：在持有锁的线程占用锁时间过长或锁的竞争过于激烈时，线程在自旋过程中会长时间获取不到锁资源，将引起 CPU 资源的浪费。所以在系统中有复杂锁依赖的情况下不适合采用自旋锁。

2. 自旋锁的时间阈值

自旋锁用于使当前线程占着 CPU 资源不释放，等到下次自旋获取锁资源后立即执行相关操作。但是如何选择自旋的执行时间呢？如果自旋的执行时间太长，则会有大量的线程处于自旋状态且占用 CPU 资源，造成系统资源浪费。因此，对自旋的周期选择将直接影响系统的性能！

JDK 的不同版本所采用的自旋周期不同，JDK 1.5 为固定的时间，JDK 1.6 引入了适应性自旋锁。适应性自旋锁的自旋时间不再是固定值，而是由上一次在同一个锁上的自旋时间及锁的拥有者的状态来决定的，可基本认为一个线程上下文切换的时间就是一个锁自旋的最佳时间。

2.6.4　synchronized

关键字 synchronized 用于为 Java 对象、方法、代码块提供线程安全的操作。synchronized 属于独占式的悲观锁，同时属于可重入锁。在使用 synchronized 修饰对象时，同一时刻只能有一个线程对该对象进行访问；在使用 synchronized 修饰方法、代码块时，同一时刻只能有一个线程执行该方法体或代码块，其他线程只有等待当前线程执行完毕并释放锁资源后才能访问该对象或执行同步代码块。

Java 中的每个对象都有个 monitor 对象，加锁就是在竞争 monitor 对象。对代码块加锁是通过在前后分别加上 monitorenter 和 monitorexit 指令实现的，对方法是否加锁是通过一个标记位来判断的。

1. synchronized 的作用范围

synchronized 的作用范围如下。

◎ synchronized 作用于成员变量和非静态方法时，锁住的是对象的实例，即 this 对象。

◎ synchronized 作用于静态方法时，锁住的是 Class 实例，因为静态方法属于 Class 而不属于对象。

◎ synchronized 作用于一个代码块时，锁住的是在所有代码块中配置的对象。

2. synchronized 的用法简介

synchronized 作用于成员变量和非静态方法时，锁住的是当前对象的实例，具体的代码实现如下：

```java
public static void main(String[] args) {
    final SynchronizedDemo synchronizedDemo = new SynchronizedDemo();
    new Thread(new Runnable() {
        @Override
        public void run() {
            synchronizedDemo.generalMethod1();
        }
    }).start();
    new Thread(new Runnable() {
        @Override
        public void run() {
            synchronizedDemo.generalMethod2();
        }
    }).start();
}
//synchronized 作用于普通的同步方法时，锁住的是当前对象的实例
public synchronized void generalMethod1() {
    try {
        for(int i = 1 ; i<3;i++) {
            System.out.println("generalMethod1 execute " +i+" time");
            Thread.sleep(3000);
        }
    } catch (InterruptedException e) {
        e.printStackTrace();
    }
```

```
    }
    //synchronized 作用于普通的同步方法时，锁住的是当前对象的实例
    public synchronized void generalMethod2() {
        try {
            for(int i = 1 ; i<3;i++) {
                System.out.println("generalMethod2 execute "+i+" time");
                Thread.sleep(3000);
            }
        } catch (InterruptedException e) {
            e.printStackTrace();
        }
    }
}
```

上面的程序定义了两个使用 synchronized 修饰的普通方法，然后在 main 函数中定义对象的实例并发执行各个方法。我们看到，线程 1 会等待线程 2 执行完成才能执行，这是因为 synchronized 锁住了当前的对象实例 synchronizedDemo 导致的。具体的执行结果如下：

```
generalMethod1 execute 1 time
generalMethod1 execute 2 time
generalMethod2 execute 1 time
generalMethod2 execute 2 time
```

稍微把程序修改一下，定义两个实例分别调用两个方法，程序就能并发执行起来了：

```
final SynchronizedDemo synchronizedDemo = new SynchronizedDemo();
final SynchronizedDemo synchronizedDemo2 = new SynchronizedDemo();
 new Thread(new Runnable() {
   @Override
   public void run() {
       synchronizedDemo.generalMethod1();
   }
 }).start();
 new Thread(new Runnable() {
   @Override
   public void run() {
       synchronizedDemo2.generalMethod2();
   }
}).start();
```

具体的执行结果如下：

```
generalMethod1 execute 1 time
generalMethod2 execute 1 time
```

```
generalMethod1 execute 2 time
generalMethod2 execute 2 time
```

synchronized 作用于静态同步方法时，锁住的是当前类的 Class 对象，具体的使用代码如下，我们只需在以上方法上加上 static 关键字即可：

```
public static void main(String[] args) {
    final SynchronizedDemo synchronizedDemo = new SynchronizedDemo();
    final SynchronizedDemo synchronizedDemo2 = new SynchronizedDemo();
    new Thread(new Runnable() {
        @Override
        public void run() {
            synchronizedDemo.generalMethod1();
        }
    }).start();
    new Thread(new Runnable() {
        @Override
        public void run() {
            synchronizedDemo2.generalMethod2();
        }
    }).start();
}
//synchronized 作用于静态同步方法时，锁住的是当前类的 Class 对象
public static synchronized void generalMethod1() {
    try {
        for(int i = 1 ; i<3;i++) {
            System.out.println("generalMethod1 execute " +i+" time");
            Thread.sleep(3000);
        }
    } catch (InterruptedException e) {
        e.printStackTrace();
    }
}
//synchronized 作用于静态同步方法时，锁住的是当前类的 Class 对象
public static synchronized void generalMethod2() {
    try {
        for(int i = 1 ; i<3;i++) {
            System.out.println("generalMethod2 execute "+i+" time");
            Thread.sleep(3000);
        }
    } catch (InterruptedException e) {
        e.printStackTrace();
```

```
        }
    }
```

以上代码首先定义了两个 static 的 synchronized 方法，然后定义了两个实例分别执行这两个方法，具体的执行结果如下：

```
generalMethod1 execute 1 time
generalMethod1 execute 2 time
generalMethod2 execute 1 time
generalMethod2 execute 2 time
```

我们通过日志能清晰地看到，因为 static 方法是属于 Class 的，并且 Class 的相关数据在 JVM 中是全局共享的，因此静态方法锁相当于类的一个全局锁，会锁住所有调用该方法的线程。

synchronized 作用于一个代码块时，锁住的是在代码块中配置的对象。具体的实现代码如下：

```
String lockA = "lockA";
final SynchronizedDemo synchronizedDemo = new SynchronizedDemo();
    new Thread(new Runnable() {
        @Override
      public void run() {
          synchronizedDemo.blockMethod1();
        }
    }).start();
    new Thread(new Runnable() {
        @Override
      public void run() {
          synchronizedDemo.blockMethod2();
        }
    }).start();
    //synchronized 作用于一个代码块时，锁住的是在代码块中配置的对象
public   void blockMethod1() {
    try {
        synchronized (lockA) {
          for(int i = 1 ; i<3;i++) {
              System.out.println("Method 1 execute");
              Thread.sleep(3000);
            }
        }
        } catch (InterruptedException e) {
```

```
            e.printStackTrace();
        }
    }
    //synchronized 作用于一个代码块时，锁住的是在代码块中配置的对象
    public    void blockMethod2() {
        try {
            synchronized (lockA) {
                for(int i = 1 ; i<3;i++) {
                    System.out.println("Method 2 execute");
                    Thread.sleep(3000);
                }
            }
        } catch (InterruptedException e) {
            e.printStackTrace();
        }
    }
```

以上代码的执行结果很简单，由于两个方法都需要获取名为 lockA 的锁，所以线程 1 会等待线程 2 执行完成后才能获取该锁并执行：

```
Method 1 execute
Method 1 execute
Method 2 execute
Method 2 execute
```

我们在编写多线程程序时可能会遇到 A 线程依赖 B 线程中的资源，而 B 线程又依赖 A 线程中的资源的情况，这时就可能出现死锁。我们在开发时要杜绝资源相互调用的情况。如下所示就是一段典型的死锁代码：

```
    String lockA = "lockA";
    String lockB = "lockB";
    public static void main(String[] args) {
        final SynchronizedDemo synchronizedDemo = new SynchronizedDemo();
        new Thread(new Runnable() {
            @Override
            public void run() {
                synchronizedDemo.blockMethod1();
            }
        }).start();
        new Thread(new Runnable() {
            @Override
            public void run() {
```

```
                synchronizedDemo.blockMethod2();
        }
    }).start();

}
//synchronized 作用于同步方法块时，锁住的是括号里面的对象
public   void blockMethod1() {
    try {
        synchronized (lockA) {
            for(int i = 1 ; i<3;i++) {
                System.out.println("Method 1 execute");
                Thread.sleep(3000);
                synchronized (lockB){}
            }
        }
    } catch (InterruptedException e) {
        e.printStackTrace();
    }
}
//synchronized 作用于同步方法块时，锁住的是括号里面的对象
public   void blockMethod2() {
    try {
        synchronized (lockB) {
            for(int i = 1 ; i<3;i++) {
                System.out.println("Method 2 execute");
                Thread.sleep(3000);
                synchronized (lockA){}
            }
        }
    } catch (InterruptedException e) {
        e.printStackTrace();
    }
}
```

通过以上代码可以看出，在 blockMethod1 方法中，synchronized(lockA)在第一次循环执行后使用 synchronized(lockB)锁住了 lockB，下次执行等待 lockA 锁释放后才能继续；而在 blockMethod2 方法中，synchronized(lockB)在第一次循环执行后使用 synchronized(lockA)锁住了 lockA，等待 lockB 释放后才能进行下一次执行。这样就出现 blockMethod1 等待 blockMethod2 释放 lockA，而 blockMethod2 等待 blockMethod1 释放 lockB 的情况，这样就出现了死锁。执行结果是两个线程都挂起，等待对方释放资源：

```
Method 1 execute
Method 2 execute
Thread block......
```

3. synchronized 的原理

在 synchronized 内部包括 ContentionList、EntryList、WaitSet、OnDeck、Owner、!Owner 这 6 个区域，每个区域的数据都代表锁的不同状态。

◎ ContentionList：锁竞争队列，所有请求锁的线程都被放在锁竞争队列中。
◎ EntryList：竞争候选队列，在 ContentionList 中有资格成为候选者来竞争锁资源的线程被移动到了 EntryList 中。
◎ WaitSet：等待集合，调用 wait 方法后被阻塞的线程将被放在 WaitSet 中。
◎ OnDeck：竞争候选者，在同一时刻最多只有一个线程在竞争锁资源，该线程的状态被称为 OnDeck。
◎ Owner：竞争到锁资源的线程被称为 Owner 线程。
◎ !Owner：在 Owner 线程释放锁后，会从 Owner 状态变成!Owner 状态。

synchronized 在收到新的锁请求时首先自旋，如果通过自旋也没有获取锁资源，则将被放入 ContentionList 中。

为了防止在锁竞争时 ContentionList 尾部的元素被大量的并发线程进行 CAS 访问而影响性能，Owner 线程会在释放锁资源时将 ContentionList 中的部分线程移动到 EntryList 中，并指定 EntryList 中的某个线程（一般是最先进入的线程）为 OnDeck 线程。Owner 线程并没有直接把锁传递给 OnDeck 线程，而是把锁竞争的权利交给 OnDeck 线程，让 OnDeck 线程重新竞争锁。在 Java 中把该行为称为"竞争切换"，该行为牺牲了公平性，但提高了性能。

获取到锁资源的 OnDeck 线程会变为 Owner 线程，而未获取到锁资源的线程仍然停留在 EntryList 中。

Owner 线程在被 wait 方法阻塞后，会被转移到 WaitSet 队列中，直到某个时刻被 notify 方法或者 notifyAll 方法唤醒，会再次进入 EntryList 中。ContentionList、EntryList、WaitSet 中的线程均为阻塞状态，该阻塞是由操作系统来完成的（在 Linux 内核下是采用 pthread_mutex_lock 内核函数实现的）。

Owner 线程在执行完毕后会释放锁的资源并变成!Owner 状态，如图 2-5 所示。

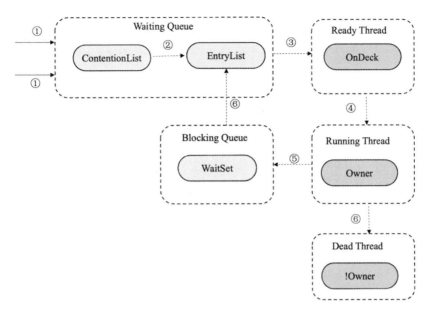

图 2-5

在 synchronized 中，在线程进入 ContentionList 之前，等待的线程会先尝试以自旋的方式获取锁，如果获取不到就进入 ContentionList，该做法对于已经进入队列的线程是不公平的，因此 synchronized 是非公平锁。另外，自旋获取锁的线程也可以直接抢占 OnDeck 线程的锁资源。

synchronized 是一个重量级操作，需要调用操作系统的相关接口，性能较低，给线程加锁的时间有可能超过获取锁后具体逻辑代码的操作时间。

JDK 1.6 对 synchronized 做了很多优化，引入了适应自旋、锁消除、锁粗化、轻量级锁及偏向锁等以提高锁的效率。锁可以从偏向锁升级到轻量级锁，再升级到重量级锁。这种升级过程叫作锁膨胀。在 JDK 1.6 中默认开启了偏向锁和轻量级锁，可以通过 -XX:UseBiasedLocking 禁用偏向锁。

2.6.5　ReentrantLock

ReentrantLock 继承了 Lock 接口并实现了在接口中定义的方法，是一个可重入的独占锁。ReentrantLock 通过自定义队列同步器（Abstract Queued Sychronized，AQS）来实现锁的获取与释放。

独占锁指该锁在同一时刻只能被一个线程获取，而获取锁的其他线程只能在同步队列中等待；可重入锁指该锁能够支持一个线程对同一个资源执行多次加锁操作。

ReentrantLock 不但提供了 synchronized 对锁的操作功能，还提供了诸如可响应中断锁、可轮询锁请求、定时锁等避免多线程死锁的方法。

1. ReentrantLock 的用法

ReentrantLock 有显式的操作过程，何时加锁、何时释放锁都在程序员的控制之下。具体的使用流程是定义一个 ReentrantLock，在需要加锁的地方通过 lock 方法加锁，等资源使用完成后再通过 unlock 方法释放锁。具体的实现代码如下：

```
public class ReenterLockDemo implements Runnable{
    //1: 定义一个 ReentrantLock
    public static ReentrantLock lock = new ReentrantLock();
    public static int i = 0;
    public void run() {
        for (int j = 0;j<10;j++) {
            lock.lock();//2：加锁
            //lock.lock();可重入锁
            try {
                i++;
            }finally {
                lock.unlock();//3：释放锁
                //lock.unlock();可重入锁
            }
        }
    }
    public static void main(String[] args) throws InterruptedException {
        ReenterLockDemo reenterLock = new ReenterLockDemo();
        Thread t1 = new Thread(reenterLock);
        t1.start();
        t1.join();
        System.out.println(i);
    }
}
```

ReentrantLock 之所以被称为可重入锁，是因为 ReentrantLock 可被反复进入，即允许连续两次获得同一把锁，两次释放同一把锁。将以上代码中的注释部分去掉后，程序仍然可以正常执行。注意，获取锁和释放锁的次数要相同，如果释放锁的次数多于获取锁的次数，Java 就会抛出 java.lang.IllegalMonitorStateException 异常；如果释放锁的次数少于获取锁的次数，该线程就会一直持有该锁，其他线程将无法获取锁资源。

2．ReentrantLock 如何避免死锁：响应中断、可轮询锁、定时锁

（1）响应中断：在 synchronized 中如果有一个线程尝试获取一把锁，则其结果是要么获取锁继续执行，要么继续等待。ReentrantLock 还提供了可响应中断的可能，即在等待锁的过程中，线程可以按需取消对锁的请求。具体的实现代码如下：

```
public class InterruptiblyLock {
public   ReentrantLock lock1 = new ReentrantLock();//step 1: 第 1 把锁 lock1
public   ReentrantLock lock2 = new ReentrantLock();//step 2: 第 2 把锁 lock2
public Thread lock1(){
    Thread t = new Thread(new Runnable(){
        public void run(){
            try {
                lock1.lockInterruptibly(); //step 3.1: 如果当前线程未被中断，则获取锁
                    try {
                        Thread.sleep(500);//step 4.1: sleep 500ms，这里执行具体的业务逻辑
                        } catch (InterruptedException e) {
                            e.printStackTrace();
                        }
                    lock2.lockInterruptibly();
                    System.out.println(Thread.currentThread().getName()+
                                        ", 执行完毕! ");
            } catch (InterruptedException e) {
                e.printStackTrace();
            } finally {
                //step 5.1: 在业务逻辑执行结束后，检查当前线程是否持有该锁，持有则释放
                if (lock1.isHeldByCurrentThread()) {
                    lock1.unlock();
                }
                if (lock2.isHeldByCurrentThread()) {
                    lock2.unlock();
                }
                System.out.println(Thread.currentThread().getName() +
                        ", 退出。");
            }
        }
    });
    t.start();
    return t;
}

public Thread lock2(){
    Thread t = new Thread(new Runnable(){
```

```java
    public void run(){
        try {
            lock2.lockInterruptibly();//step 3.2：如果当前线程未被中断，则获取锁
            try {
                Thread.sleep(500); //step 4.2：sleep 500ms，这里执行具体的业务逻辑
            } catch (InterruptedException e) {
                e.printStackTrace();
            }
            lock1.lockInterruptibly();
            System.out.println(Thread.currentThread().getName()+
                "，执行完毕！");
        } catch (InterruptedException e) {
            e.printStackTrace();
        } finally {
            //step 5.2：在业务逻辑执行结束后，检查当前线程是否持有该锁，持有则释放
            if (lock1.isHeldByCurrentThread()) {
                lock1.unlock();
            }
            if (lock2.isHeldByCurrentThread()) {
                lock2.unlock();
            }
            System.out.println(Thread.currentThread().getName() +
                "，退出。");
        }
    }
    });
    t.start();
    return t;
}
public static void main(String[] args) throws InterruptedException {
    long time = System.currentTimeMillis();
    InterruptiblyLock interruptiblyLock = new InterruptiblyLock();
    Thread thread1 = interruptiblyLock.lock1();
    Thread thread2 = interruptiblyLock.lock2();
    //自旋一段时间，如果等待时间过长，则可能发生了死锁等问题，主动中断并释放锁
    while (true){
        if(System.currentTimeMillis() - time >=3000){
            thread2.interrupt(); //中断线程1
        }
    }
}
```

```
}
```

在以上代码中，在线程 thread1 和 thread2 启动后，thread1 先占用 lock1，再占用 lock2；thread2 则先占用 lock2，再占用 lock1，这便形成了 thread1 和 thread2 之间的相互等待，在两个线程都启动时便处于死锁状态。在 while 循环中，如果等待时间过长（这里可设定为 3s），则可能发生了死锁等问题，thread2 就会主动中断（interrupt），释放对 lock1 的申请，同时释放已获取的 lock2，让 thread1 顺利获取 lock2，继续执行下去。输出结果如下：

```
java.lang.InterruptedException
......
Thread-1，退出。
Thread-0，执行完毕！
Thread-0，退出。
```

（2）可轮询锁：通过 boolean tryLock() 获取锁。如果有可用锁，则获取该锁并返回 true，如果无可用锁，则立即返回 false。

（3）定时锁：通过 boolean tryLock(long time,TimeUnit unit) throws InterruptedException 获取定时锁。如果在指定的时间内获取到了可用锁，且当前线程未被中断，则获取该锁并返回 true。如果在指定的时间内获取不到可用锁，则将禁用当前线程，并且在发生如下三种情况之前，该线程一直处于休眠状态。

◎ 当前线程获取到了可用锁并返回 true。

◎ 在当前线程进入此方法时若设置了该线程的中断状态，或者当前线程在获取锁时被中断，则将抛出 InterruptedException，并清除当前线程的已中断状态。

◎ 当前线程获取锁的时间超过了指定的等待时间，将返回 false。如果设定的时间小于或等于 0，则该方法将完全不等待。

3. Lock 接口的主要方法

Lock 接口的主要方法如下。

◎ void lock()：给对象加锁，如果锁未被其他线程使用，则当前线程将获取该锁；如果锁正在被其他线程使用，则将阻塞等待，直到当前线程获取该锁。

◎ boolean tryLock()：试图给对象加锁，如果锁未被其他线程使用，则将获取该锁并返回 true，否则返回 false。tryLock() 和 lock() 的区别在于 tryLock() 只是 "试图" 获取锁，如果没有可用锁，就会立即返回。lock() 在锁不可用时会一直等待，直到获取可用锁。

◎ tryLock(long timeout TimeUnit unit)：创建定时锁，如果在指定的等待时间内有可用锁，则获取该锁。

◎ void unlock()：释放当前线程所持有的锁。锁只能由持有者释放，如果当前线程并不持有该锁却执行了该方法，则抛出异常。

◎ Condition newCondition()：创建条件对象，获取等待通知组件。该组件和当前锁绑定，当前线程只有获取了锁才能调用该组件的 await 方法，在调用后当前线程将释放锁。

◎ getHoldCount()：查询当前线程持有此锁的次数，也就是此线程执行 lock 方法的次数。

◎ getQueueLength()：返回等待获取此锁的线程估计数，比如启动 5 个线程，1 个线程获取锁，此时返回 4。

◎ gctWaitQueueLength(Condition condition)：返回在 Condition 条件下等待该锁的线程数量。比如有 5 个线程用同一个 condition 对象，并且这 5 个线程都执行了 condition 对象的 await 方法，那么执行此方法将返回 5。

◎ hasWaiters(Condition condition)：查询是否有线程正在等待与指定条件有关的锁，即对于指定的 contidion 对象，有多少线程执行了 condition.await 方法。

◎ hasQueuedThread(Thread thread)：查询指定的线程是否等待获取该锁。

◎ hasQueuedThreads()：查询是否有线程等待获取该锁。

◎ isFair()：查询该锁是否为公平锁。

◎ isHeldByCurrentThread()：查询当前线程是否持有该锁，线程执行 lock 方法的前后状态分别是 false 和 true。

◎ isLock()：判断此锁是否被线程使用。

◎ lockInterruptibly()：如果当前线程未被中断，则获取该锁。

4. tryLock、lock 和 lockInterruptibly 的区别

tryLock、lock 和 lockInterruptibly 的区别如下。

◎ 如果 tryLock 有可用锁，则获取该锁并返回 true，否则返回 false，不会有延迟或等待；tryLock(long timeout,TimeUnit unit)可以增加时间限制，如果超过了指定的时间还没有获取锁，则返回 false。

◎ 如果 lock 有可用锁，则获取该锁并返回 true，否则会一直等待直到获取可用锁。

◎ 在锁中断时，lockInterruptibly 会抛出异常，lock 不会。

2.6.6　synchronized 与 ReentrantLock 的对比

synchronized 和 ReentrantLock 的共同点如下。

◎ 都用于控制多线程对共享对象的访问。
◎ 都是可重入锁。
◎ 都保证了可见性和互斥性。

synchronized 和 ReentrantLock 的不同点如下。

◎ ReentrantLock 显式获取和释放锁；synchronized 隐式获取和释放锁。为了避免程序出现异常而无法正常释放锁，在使用 ReentrantLock 时必须在 finally 语句块中执行释放锁的操作。
◎ ReentrantLock 可响应中断、可轮回，为处理锁提供了更多的灵活性。
◎ ReentrantLock 是 API 级别的，synchronized 是 JVM 级别的。
◎ ReentrantLock 可以定义公平锁。
◎ ReentrantLock 可以通过 Condition 绑定多个条件。
◎ 二者的底层实现不一样：synchronized 是同步阻塞，采用的是悲观并发策略；ReentrantLock 是同步非阻塞，采用的是乐观并发策略。
◎ ReentrantLock 是一个接口；而 synchronized 是 Java 中的关键字，synchronized 是由内置的语言实现的。
◎ 我们通过 ReentrantLock 可以知道有没有成功获取锁，通过 synchronized 却无法做到。
◎ ReentrantLock 可以通过分别定义读写锁提高多个线程读操作的效率。

2.6.7　Semaphore

Semaphore 是一种基于计数的信号量，在定义信号量对象时可以设定一个阈值，基于该阈值，多个线程竞争获取许可信号，线程在竞争到许可信号后开始执行具体的业务逻辑，业务逻辑在执行完成后释放该许可信号。在许可信号的竞争队列超过阈值后，新加入的申请许可信号的线程将被阻塞，直到有其他许可信号被释放。Semaphore 的基本用法如下：

```
//1：创建一个计数阈值为 5 的信号量对象，即只能有 5 个线程同时访问
Semaphore semp = new Semaphore(5);
try {
    //2：申请许可
```

```
    semp.acquire();
    try {
        //3：执行业务逻辑
    } catch (Exception e) {
    } finally {
        //4：释放许可
        semp.release();
    }
} catch (InterruptedException e) {
}
```

Semaphore 对锁的申请和释放与 ReentrantLock 类似，通过 acquire 方法和 release 方法来获取和释放许可信号资源。Semaphone.acquire 方法默认与 ReentrantLock.lockInterruptibly 方法的效果一样，为可响应中断锁，也就是说在等待许可信号资源的过程中可被 Thread.interrupt 方法中断而取消对许可信号的申请。

此外，Semaphore 也实现了可轮询的锁请求、定时锁的功能，以及公平锁与非公平锁的机制。对公平与非公平锁的定义在构造函数中设定。

Semaphore 的锁释放操作也需要手动执行，因此，为了避免线程因执行异常而无法正常释放锁，释放锁的操作必须在 finally 代码块中完成。

Semaphore 也可用于实现一些对象池、资源池的构建，比如静态全局对象池、数据库连接池等。此外，我们可以创建计数为 1 的 Semaphore，将其作为一种互斥锁的机制（也叫作二元信号量，表示两种互斥状态），在同一时刻只能有一个线程获取该锁。

2.6.8　AtomicInteger

我们知道，在多线程程序中，诸如++i 或 i++等运算不具备原子性，因此不是安全的线程操作。我们可以通过 synchronized 或 ReentrantLock 将该操作变成一个原子操作，但是 synchronized 和 ReentrantLock 均属于重量级锁。因此 JVM 为此类原子操作提供了一些原子操作同步类，使得同步操作（线程安全操作）更加方便、高效，它便是 AtomicInteger。

AtomicInteger 为 Integer 类提供了原子操作，常见的原子操作类还有 AtomicBoolean、AtomicInteger、AtomicLong、AtomicReference 等，它们的原理相同，区别在于运算对象的类型不同。我们还可以通过 AtomicReference<V>将一个对象的所有操作都转化成原子操作。AtomicInteger 的性能通常是 synchronized 和 ReentrantLock 的好几倍。具体用法如下：

```
class AtomicIntegerDemo implements Runnable {
    //1: 定义一个原子操作数
    static AtomicInteger safeCounter = new AtomicInteger(0);
    public void run() {
        for (int m = 0; m < 1000000; m++) {
            safeCounter.getAndIncrement();//2: 对原子操作数执行自增操作
        }
    }
};
public class AtomicIntegerDemoTest {
    public static void main(String[] args) throws InterruptedException {
        AtomicIntegerDemo mt = new AtomicIntegerDemo();
        Thread t1 = new Thread(mt);
        Thread t2 = new Thread(mt);
        t1.start();
        t2.start();
        Thread.sleep(500);
        System.out.println(mt.safeCounter.get());
    }
}
```

2.6.9　可重入锁

可重入锁也叫作递归锁，指在同一线程中外层函数获取到该锁之后，内层的递归函数仍然可以继续获取该锁。在 Java 环境下，ReentrantLock 和 synchronized 都是可重入锁。

2.6.10　公平锁和非公平锁

公平锁和非公平锁的定义如下。

◎ 公平锁（Fair Lock）：指在分配锁前检查是否有线程在排队等待获取该锁，优先将锁分配给排队时间最长的线程。

◎ 非公平锁（Nonfair Lock）：指在分配锁时不考虑线程排队等待的情况，直接尝试获取锁，在获取不到锁时再排到队尾等待。

因为公平锁需要在多线程的情况下维护一个锁线程等待队列，基于该队列进行锁的分配，因此效率比非公平锁低很多。Java 中的 synchronized 是非公平锁，ReentrantLock 默认的 lock 方法采用的是非公平锁。

2.6.11　读写锁

在 Java 中通过 Lock 接口及对象可以方便地为对象加锁和释放锁，但是这种锁不区分读写，叫作普通锁。为了提高性能，Java 提供了读写锁。读写锁分为读锁和写锁两种，多个读锁不互斥，读锁与写锁互斥。在读的地方使用读锁，在写的地方使用写锁，在没有写锁的情况下，读是无阻塞的。

如果系统要求共享数据可以同时支持很多线程并发读，但不能支持很多线程并发写，则使用读锁能很大程度地提高效率；如果系统要求共享数据在同一时刻只能有一个线程在写，而且在写的过程中不能读取该共享数据，则需要使用写锁。

一般做法是分别定义一个读锁和一个写锁，在读取共享数据时使用读锁，在使用完成后释放读锁，在写共享数据时使用写锁，在使用完成后释放写锁。在 Java 中，通过读写锁的接口 java.util.concurrent.locks.ReadWriteLock 的实现类 ReentrantReadWriteLock 来完成对读写锁的定义和使用。具体用法如下：

```java
public class SeafCache {
 private final Map<String, Object> cache = new HashMap<String, Object>();
 private final ReentrantReadWriteLock rwlock = new ReentrantReadWriteLock();
     private final Lock readLock = rwlock.readLock();        //1: 定义读锁
     private final Lock writeLock = rwlock.writeLock();      //2: 定义写锁
     //3: 在读数据时加读锁
     public Object get(String key) {
         readLock.lock();
         try { return cache.get(key); }
         finally { readLock.unlock(); }
     }
     //4: 在写数据时加写锁
     public Object put(String key, Object value) {
         writeLock.lock();
         try { return cache.put(key, value); }
         finally { writeLock.unlock(); }
     }
 }
```

2.6.12　共享锁和独占锁

Java 并发包提供的加锁模式分为独占锁和共享锁。

◎ 独占锁：也叫互斥锁，每次只允许一个线程持有该锁，ReentrantLock 为独占锁的实现。

◎ 共享锁：允许多个线程同时获取该锁，并发访问共享资源。ReentrantReadWriteLock 中的读锁为共享锁的实现。

ReentrantReadWriteLock 中的加锁和解锁操作最终都调用内部类 Sync 提供的方法。Sync 对象通过继承 AQS（Abstract Queued Synchronizer）实现。AQS 的内部类 Node 定义了两个常量 SHARED 和 EXCLUSIVE，分别标识 AQS 队列中等待线程的锁获取模式。

独占锁是一种悲观的加锁策略，同一时刻只允许一个读线程读取锁资源，限制了读操作的并发性；因为并发读线程并不会影响数据的一致性，因此共享锁采用了乐观的加锁策略，允许多个执行读操作的线程同时访问共享资源。

2.6.13　重量级锁和轻量级锁

重量级锁是基于操作系统的互斥量（Mutex Lock）实现的锁，会导致进程在用户态与内核态之间切换，相对开销较大。

synchronized 在内部基于监视器锁（Monitor）实现，监视器锁基于底层的操作系统的 Mutex Lock 实现，因此 synchronized 属于重量级锁。重量级锁需要在用户态和核心态之间做转换，所以 synchronized 的运行效率不高。

JDK 在 1.6 版本以后，为了减少获取锁和释放锁所带来的性能消耗及提高性能，引入了轻量级锁和偏向锁。

轻量级锁是相对于重量级锁而言的。轻量级锁的核心设计是在没有多线程竞争的前提下，减少重量级锁的使用以提高系统性能。轻量级锁适用于线程交替执行同步代码块的情况（即互斥操作），如果同一时刻有多个线程访问同一个锁，则将会导致轻量级锁膨胀为重量级锁。

2.6.14　偏向锁

除了在多线程之间存在竞争获取锁的情况，还会经常存在同一个锁被同一个线程多次获取的情况。偏向锁用于在某个线程获取某个锁之后消除这个线程锁重入的开销，看起来似乎是这个线程得到了该锁的偏向（偏袒）。

偏向锁的主要目的是在同一个线程多次获取某个锁的情况下尽量减少轻量级锁的执行路径，因为轻量级锁的获取及释放需要多次 CAS（Compare and Swap）原子操作，而偏向锁只需在切换 ThreadID 时执行一次 CAS 原子操作，因此可以提高锁的运行效率。

在出现多线程竞争锁的情况下，JVM 会自动撤销偏向锁，因此偏向锁的撤销操作耗时必须少于节省下来的 CAS 原子操作耗时。

综上所述，轻量级锁用于提高多个线程交替执行同步块时的性能，偏向锁则在某个线程交替执行同步块时进一步提高性能。

锁的状态总共有 4 种：无锁、偏向锁、轻量级锁和重量级锁。随着锁的竞争越来越激烈，锁可能从偏向锁升级到轻量级锁，再升级到重量级锁，但在 Java 中锁只单向升级，不会降级。

2.6.15　分段锁

分段锁并非一种实际的锁，而是一种锁设计思想，用于将数据分段并在每个分段上都单独加锁，把锁进一步细粒度化，以提高并发效率。JDK 1.7 及之前版本的 ConcurrentHashMap 在内部就是使用分段锁实现的。

2.6.16　同步锁和死锁

在有多个线程同时被阻塞时，它们之间如果相互等待对方释放锁资源，就会出现死锁。为了避免出现死锁，可以为锁操作添加超时时间，在线程持有锁超时后自动释放该锁。

2.6.17　如何进行锁优化

1. 减少对锁的持有时间

减少锁持有的时间指只在有线程安全要求的程序上加锁来尽量减少同步代码块对锁的持有时间。

2. 减小锁粒度

减小锁粒度指将单个耗时较多的锁操作拆分为多个耗时较少的锁操作来减少同一个

锁上的竞争。在减少锁的竞争后，偏向锁、轻量级锁的使用率才会提高。减小锁粒度最典型的案例就是 JDK 1.7 及之前版本的 ConcurrentHashMap 的分段锁。

3. 锁分离

锁分离指根据不同的应用场景将锁的功能进行分离，以应对不同的变化，最常见的锁分离思想就是读写锁（ReadWriteLock），它根据锁的功能将锁分离成读锁和写锁，这样读读不互斥，读写互斥，写写互斥，既保证了线程的安全，又提高了性能。

操作分离思想可以进一步延伸为只要操作互不影响，就可以进一步拆分，比如 LinkedBlockingQueue 从头部取出数据，并从尾部加入数据。

4. 锁粗化

锁粗化指为了保障性能，会要求尽可能将锁的操作细化以减少线程持有锁的时间，但是如果锁分得太细，则将会导致系统频繁获取锁和释放锁，反而影响性能的提升。在这种情况下，建议将关联性强的锁操作集中起来处理，以提高系统整体的效率。

5. 锁消除

在开发过程中经常在不需要使用锁的情况下误用了锁操作而引起性能下降，这多数是由于程序编码不规范引起的。这时，我们需要检查并消除这些不必要的锁来提高系统的性能。

> **相关面试题**

（1）在 Java 程序中怎么保证多线程的运行安全？★★★★★

（2）读写锁可用于什么场景中？★★★★★

（3）锁是什么？有什么用？有哪几种锁？★★★☆☆

（4）什么是死锁？★★★☆☆

（5）怎么防止死锁？★★★☆☆

（6）synchronized 和 ReentrantLock 的区别是什么？★★★★☆

（7）说一下 Atomic 的原理？★★★★☆

（8）如何理解乐观锁和悲观锁？如何实现它们？有哪些实现方式？★★★☆☆

（9）synchronized 是哪种锁的实现？★★★☆☆

（10）new ReentrantLock()创建的是公平锁还是非公平锁？★★★☆☆

（11）为什么非公平锁的吞吐量大于公平锁？★★★☆☆

（12）synchronized 的原理是什么？★★★☆☆

（13）ReentrantLock 的原理是什么？★★★☆☆

（14）什么是分段锁？★★★☆☆

（15）在什么时候应该使用可重入锁？★★☆☆☆

（16）synchronized 和 volatile 的区别是什么？★★☆☆☆

（17）多线程 synchronized 锁升级的原理是什么？★★☆☆☆

2.7　线程上下文切换

CPU 利用时间片轮询来为每个任务都服务一定的时间，然后把当前任务的状态保存下来，继续服务下一个任务。任务的状态保存及再加载的过程叫作线程的上下文切换。

◎ 进程：指一个运行中的程序的实例。在一个进程内部可以有多个线程同时运行，并与创建它的进程共享同一地址空间（一段内存区域）和其他资源。

◎ 上下文：指线程切换时 CPU 寄存器和程序计数器所保存的当前线程的信息。

◎ 寄存器：指 CPU 内部容量较小但速度很快的内存区域（与之对应的是 CPU 外部相对较慢的 RAM 主内存）。寄存器通过对常用值（通常是运算的中间值）的快速访问来加快计算机程序运行的速度。

◎ 程序计数器：是一个专用的寄存器，用于表明指令序列中 CPU 正在执行的位置，存储的值为正在执行的指令的位置或者下一个将被执行的指令的位置，这依赖于特定的系统。

2.7.1　线程上下文切换的流程

线程上下文切换指的是内核（操作系统的核心）在 CPU 上对进程或者线程进行切换。上下文切换过程中的信息被保存在进程控制块（PCB-Process Control Block）中。PCB 又被称作切换桢（SwitchFrame）。线程上下文切换的信息会一直被保存在 CPU 的内存中，直到被再次使用。线程上下文切换的流程如下。

（1）挂起一个线程，将这个线程在 CPU 中的状态（上下文信息）存储于内存的 PCB 中。

（2）在 PCB 中检索下一个线程的上下文并将其在 CPU 的寄存器中恢复。

（3）跳转到程序计数器所指向的位置（即跳转到线程被中断时的代码行）并恢复该线程。

时间片轮转方式使多个任务在同一 CPU 上的执行有了可能，具体过程如图 2-6 所示。

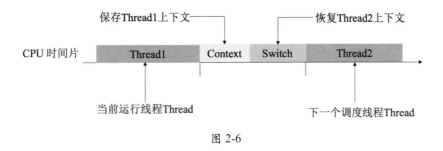

图 2-6

2.7.2　导致线程上下文切换的原因

导致线程上下文切换的原因如下。

◎ 当前正在执行的任务完成，系统的 CPU 正常调度下一个任务。
◎ 当前正在执行的任务遇到 I/O 等阻塞操作，调度器挂起此任务，继续调度下一个任务。
◎ 多个任务并发抢占锁资源，当前任务没有抢到锁资源，被调度器挂起，继续调度下一个任务。
◎ 用户的代码挂起当前任务，比如线程执行 sleep 方法，让出 CPU。
◎ 硬件中断。

> **相关面试题**

（1）什么是线程上下文切换？ ★★★★★
（2）CPU 的时间片轮询是如何实现的？ ★★★☆☆

2.8　Java 中的阻塞队列

队列是一种只允许在表的前端进行删除操作，而在表的后端进行插入操作的线性表。阻塞队列和一般队列的不同之处在于阻塞队列是"阻塞"的，这里的阻塞指的是操作队列的线程的一种状态。在阻塞队列中，线程阻塞有如下两种情况。

◎ 消费者阻塞：在队列为空时，消费者端的线程都会被自动阻塞（挂起），直到有数据放入队列，消费者线程才会被自动唤醒并消费数据，如图 2-7 所示。

◎ 生产者阻塞：在队列已满且没有可用空间时，生产者端的线程都会被自动阻塞（挂起），直到队列中有空的位置腾出，线程才会被自动唤醒并生产数据，如图 2-8 所示。

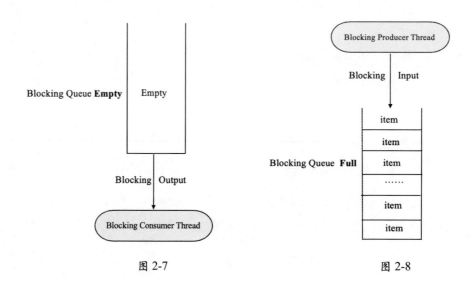

图 2-7　　　　　　　　　　　　　　　　　图 2-8

2.8.1　阻塞队列的主要操作

阻塞队列的主要操作有插入操作和移除操作。插入操作有 add(e)、offer(e)、put(e)、offer(e,time,unit)，移除操作有 remove()、poll()、take()、poll(time,unit)，具体介绍如下。

1. 插入操作

（1）public abstract boolean add(E paramE)：将指定的元素插入队列中，在成功时返回 true，如果当前没有可用的空间，则抛出 IllegalStateException 异常。如果该元素是 null，则抛出 NullPointerException 异常。JDK 源码的实现如下：

```
public boolean add(E e) {
    //添加一个数据，如果添加成功，则返回 true
    if (offer(e))
    return true;
    //如果添加失败，则返回异常
```

```
        else
            throw new IllegalStateException("Queue full");
    }
```

（2）public abstract boolean offer(E paramE)：将指定的元素插入队列中，在成功时返回 true，如果当前没有可用的空间，则返回 false。JDK 源码的实现如下：

```
public boolean offer(E e) {
    checkNotNull(e);
    final ReentrantLock lock = this.lock;
    lock.lock();//获取锁
    try {
        if (count == items.length)//如果队列满了，则返回 false
            return false;
        else {
            enqueue(e);//如果队列有空间，则将元素加入队列中
            return true;
        }
    } finally {
        lock.unlock();//释放锁
    }
}
```

（3）offer(E o, long timeout, TimeUnit unit)：将指定的元素插入队列中，可以设定等待的时间，如果在设定的等待时间内仍不能向队列中加入元素，则返回 false。

（4）public abstract void put(E paramE) throws InterruptedException：将指定的元素插入队列中，如果队列已经满了，则阻塞、等待可用空间的释放，直到有可用空间释放且插入成功为止。JDK 源码的实现如下：

```
public void put(E e) throws InterruptedException {
    checkNotNull(e);
    final ReentrantLock lock = this.lock;
    lock.lockInterruptibly();//获取独占锁
    try {
        while (count == items.length)  //阻塞等待可用空间的释放
            notFull.await();
        enqueue(e);//将元素加入队列中
    } finally {
        lock.unlock();//释放锁
    }
}
```

2. 获取数据操作

（1）poll()：取走队头的对象，如果获取不到数据，则返回 null。JDK 源码的实现如下：

```
public E poll() {
    final ReentrantLock lock = this.lock;
    lock.lock();//获取锁操作
    try {
        //如果获取不到数据(count == 0)，则返回 null
        return (count == 0) ? null : dequeue();
    } finally {
        lock.unlock();//释放锁
    }
}
```

（2）poll(long timeout, TimeUnit unit)：取走队头的对象，如果在指定的时间内队列中有数据可获取，则返回队列中的数据，否则等待一定时间，在等待超时并且没有数据可获取时，返回 null。

（3）take()：取走队头的对象，如果队列为空，则进入阻塞状态等待，直到队列有新的数据被加入，再及时取出新加入的数据。JDK 源码的实现如下：

```
public E take() throws InterruptedException {
    final ReentrantLock lock = this.lock;
    lock.lockInterruptibly();//获取独占锁
    try {
        //如果队列为空，则进入阻塞状态，直到能取到数据为止
        while (count == 0)
            notEmpty.await();
        return dequeue();//取出元素
    } finally {
        lock.unlock();//释放锁
    }
}
```

（4）drainTo(Collection collection)：一次性从队列中批量获取所有可用的数据对象，同时可以指定获取数据的个数，通过该方法可以提高获取数据的效率，避免多次频繁操作引起的队列锁定。JDK 源码的实现如下：

```
public int drainTo(Collection<? super E> c, int maxElements) {
    checkNotNull(c);
    if (c == this)
```

```java
            throw new IllegalArgumentException();
        if (maxElements <= 0)
            return 0;
        final Object[] items = this.items;
        final ReentrantLock lock = this.lock; //获取锁操作
        lock.lock();
        try {
            int n = Math.min(maxElements, count); //获取队列中指定个数的元素
            int take = takeIndex;
            int i = 0;
            try {
                while (i < n) {
                    @SuppressWarnings("unchecked")
                    E x = (E) items[take];
                    c.add(x); //循环插入元素到集合中
                    items[take] = null;
                    if (++take == items.length)
                        take = 0;
                    i++;
                }
                return n;
            } finally {
                //Restore invariants even if c.add() threw
                //如果在 drainTo 过程中有新的数据加入，则处理该数据
                if (i > 0) {
                    count -= i;
                    takeIndex = take;
                    if (itrs != null) {
                        if (count == 0)
                            itrs.queueIsEmpty();
                        else if (i > take)
                            itrs.takeIndexWrapped();
                    }
                    for (; i > 0 && lock.hasWaiters(notFull); i--)
                        notFull.signal(); //唤醒等待的生产者线程
                }
            }
        } finally {
            lock.unlock();//释放锁
        }
    }
```

2.8.2　Java 中阻塞队列的实现

Java 中的阻塞队列有 ArrayBlockingQueue、LinkedBlockingQueue、PriorityBlockingQueue、DelayQueue、SynchronousQueue、LinkedTransferQueue、LinkedBlockingDeque，具体的说明如表 2-3 所示。

表 2-3

名　　称	说　　明
ArrayBlockingQueue	基于数组结构实现的有界阻塞队列
LinkedBlockingQueue	基于链表结构实现的有界阻塞队列
PriorityBlockingQueue	支持优先级排序的无界阻塞队列
DelayQueue	基于优先级队列实现的无界阻塞队列
SynchronousQueue	用于控制互斥操作的阻塞队列
LinkedTransferQueue	基于链表结构实现的无界阻塞队列
LinkedBlockingDeque	基于链表结构实现的双向阻塞队列

1. ArrayBlockingQueue

ArrayBlockingQueue 是基于数组实现的有界阻塞队列，按照先进先出原则对元素进行排序，在默认情况下不保证元素操作的公平性。

队列操作的公平性指在生产者线程或消费者线程发生阻塞后再次被唤醒时，按照阻塞的先后顺序操作队列，即先阻塞的生产者线程优先向队列中插入元素，先阻塞的消费者线程优先从队列中获取元素。因为保证公平性会降低吞吐量，所以如果要处理的数据没有先后顺序，则对其可以使用非公平处理的方式。我们可以通过如下代码创建一个公平或者非公平的阻塞队列：

```
//大小为 1000 的公平队列
final  ArrayBlockingQueue fairQueue = new  ArrayBlockingQueue(1000,true);
//大小为 1000 的非公平队列
final  ArrayBlockingQueue fairQueue = new  ArrayBlockingQueue(1000,false);
```

2. LinkedBlockingQueue

LinkedBlockingQueue 是基于链表实现的阻塞队列，同 ArrayListBlockingQueue 类似，按照先进先出原则对元素进行排序。LinkedBlockingQueue 对生产者端和消费者端分别采用了两个独立的锁来控制数据同步，我们可以将队头的锁理解为写锁，将队尾的锁理解为读锁，因此生产者和消费者可以基于各自独立的锁并行地操作队列中的数据，LinkedBlockingQueue 的并发性能较高。具体用法如下：

```
final LinkedBlockingQueue linkueue = new LinkedBlockingQueue(100);
```

3. PriorityBlockingQueue

PriorityBlockingQueue 是一个支持优先级的无界队列，元素在默认情况下采用自然顺序升序排列。可以通过 compareTo 方法来自定义元素的排序规则，或者在初始化 PriorityBlockingQueue 时指定构造参数 Comparator 来实现对元素的排序。注意：如果两个元素的优先级相同，则不能保证该元素的存储和访问顺序。具体用法如下：

```
public class Data implements Comparable<Data>{
    private String id;
    private Integer number;//排序字段 number
    public Integer getNumber() {
        return number;
    }
    public void setNumber(Integer number) {
        this.number = number;
    }
    @Override
    public int compareTo(Data o) {//自定义排序规则：将 number 字段作为排序字段
        return this.number.compareTo(o.getNumber());
    }
}
//定义可排序的阻塞队列，根据 data 的 number 属性大小由小到大排序
final PriorityBlockingQueue<Data> priorityQueue = new
                                PriorityBlockingQueue<Data>();
```

4. DelayQueue

DelayQueue 是一个支持延时获取元素的无界阻塞队列，队列底层使用 PriorityQueue 实现。DelayQueue 中的元素必须实现 Delayed 接口，该接口定义了创建元素时该元素的延迟时间，在内部通过为每个元素的操作加锁来保障数据的一致性，只有在延迟时间到后才能从队列中提取元素。我们可以将 DelayQueue 运用于如下场景中。

◎ 缓存系统的设计：可以用 DelayQueue 保存缓存元素的有效期，使用一个线程循环

查询 DelayQueue，一旦能从 DelayQueue 中获取元素，则表示缓存元素的有效期到了。

◎ 定时任务调度：使用 DelayQueue 保存即将执行的任务和执行时间，一旦从 DelayQueue 中获取元素，就表示任务开始执行，Java 中的 TimerQueue 就是使用 DelayQueue 实现的。

在具体使用时，延迟对象必须先实现 Delayed 类并实现其 getDelay 方法和 compareTo 方法，才可以在延迟队列中使用：

```java
public class DelayData implements Delayed {
    private Integer number;//延迟对象的排序字段
    private long delayTime = 50000;//设置队列延迟 5s 获取
    public Integer getNumber() {
        return number;
    }
    public void setNumber(Integer number) {
        this.number = number;
    }
    @Override
    public long getDelay(TimeUnit unit) {
        return this.delayTime;
    }
    @Override
    public int compareTo(Delayed o) {
        DelayData compare = (DelayData) o;
        return this.number.compareTo(compare.getNumber());
    }
    public static void main(String[] args) {
        //创建延时队列
        DelayQueue<DelayData> queue = new DelayQueue<DelayData>();
        //实时添加数据
        queue.add(new DelayData());
        while (true){
            try {
                //延迟 5s 才能获取数据
                DelayData data = queue.take();
            }catch (Exception e){
            }
        }
    }
}
```

5．SynchronousQueue

SynchronousQueue 是一个不存储元素的阻塞队列。SynchronousQueue 中的每个 put 操作都必须等待一个 take 操作完成，否则不能继续向队列中添加元素。我们可以将 SynchronousQueue 看作"快递员"，负责把生产者线程的数据直接传递给消费者线程，非常适用于传递型场景，比如将在一个线程中使用的数据传递给另一个线程使用。SynchronousQueue 的吞吐量高于 LinkedBlockingQueue 和 ArrayBlockingQueue。具体的使用方法如下：

```
public class SynchronousQueueDemo {
    public static void main(String[] args) throws InterruptedException {
        SynchronousQueue<Integer> queue = new SynchronousQueue<Integer>();
        new Producer(queue).start();
        new Customer(queue).start();
    }
    static class Producer extends Thread{//生产者线程
        SynchronousQueue<Integer> queue;
        public Producer(SynchronousQueue<Integer> queue){
            this.queue = queue;
        }
        @Override
        public void run(){
            while(true){
                try {
                    int product = new Random().nextInt(1000);
                    //生产一个随机数作为数据放入队列
                    queue.put(product);
                    System.out.println("product a data:"+product);
                } catch (InterruptedException e) {
                    e.printStackTrace();
                }

                System.out.println(queue.isEmpty());
            }
        }
    }
    static class Customer extends Thread{//消费者线程
        SynchronousQueue<Integer> queue;
        public Customer(SynchronousQueue<Integer> queue){
            this.queue = queue;
```

```
        }
        @Override
        public void run(){
            while(true){
                try {
                    int data = queue.take();
                    System.out.println("customer a data:"+data);
                } catch (InterruptedException e) {
                    e.printStackTrace();
                }
            }
        }
    }
}
```

6. LinkedTransferQueue

LinkedTransferQueue 是基于链表结构实现的无界阻塞 TransferQueue 队列。相对于其他阻塞队列，LinkedTransferQueue 多了 transfer、tryTransfer 和 tryTransfer(E e, long timeout, TimeUnit unit)方法。

◎ transfer 方法：如果当前有消费者正在等待接收元素，transfer 方法就会直接把生产者传入的元素投递给消费者并返回 true。如果没有消费者在等待接收元素，transfer 方法就会将元素存放在队尾（tail）节点，直到该元素被消费后才返回。

◎ tryTransfer 方法：首先尝试能否将生产者传入的元素直接传给消费者，如果没有消费者等待接收元素，则返回 false。和 transfer 方法的区别是，无论消费者是否接收元素，tryTransfer 方法都立即返回，而 transfer 方法必须等到元素被消费后才返回。

◎ tryTransfer(E e, long timeout, TimeUnit unit)方法：首先尝试把生产者传入的元素直接传给消费者，如果没有消费者，则等待指定的时间，在超时后如果元素还没有被消费，则返回 false，否则返回 true。

7. LinkedBlockingDeque

LinkedBlockingDeque 是基于链表结构实现的双向阻塞队列，可以在队列的两端分别执行插入和移除元素操作。这样，在多线程同时操作队列时，可以减少一半的锁资源竞争，提高队列的操作效率。

LinkedBlockingDeque 相比其他阻塞队列，多了 addFirst、addLast、offerFirst、offerLast、 peekFirst、peekLast 等方法。以 First 结尾的方法表示在队头执行插入（add）、获取（peek）、移除（offer）操作；以 Last 结尾的方法表示在队尾执行插入、获取、移除操作。

在初始化 LinkedBlockingDeque 时，可以设置队列的大小以防止内存溢出，双向阻塞队列也常被用于工作窃取模式。

相关面试题

（1）什么是阻塞队列？阻塞队列的原理是什么？★★★★★

（2）Java 中的阻塞队列有哪些？★★★☆☆

（3）如何使用阻塞队列实现生产者-消费者模型？★★★☆☆

（4）当阻塞队列为空时，如果某线程调用 take 取得队头的元素，则会发生什么？★★★☆☆

（5）阻塞队列的线程安全是如何实现的？★★★☆☆

（6）如何使用数组实现一个简单的阻塞队列？★★☆☆☆

（7）阻塞队列的主要操作有哪些？★★☆☆☆

（8）ArrayBlockingQueue 的公平性和非公平性指的是什么？★☆☆☆☆

（9）阻塞队列和非阻塞队列的区别是什么？★☆☆☆☆

（10）阻塞队列的有界和无界指的是什么？★★☆☆☆

2.9　Java 并发关键字

在 Java 并发编程中经常用到的关键字有 CountDownLatch、CyclicBarrier、Semaphore 和 volatile 等。下面分别讲解这些关键字的原理、应用及异同。

2.9.1　CountDownLatch

CountDownLatch 位于 java.util.concurrent 包下，是一个同步工具类，基于线程计数器来实现并发访问控制，允许一个或多个线程一起等待其他线程的操作执行完毕后再执行相关操作，例如用于主线程等待其他子线程都执行完毕后再执行相关操作。其使用过程：在主线程中定义 CountDownLatch，并将线程计数器的初始值设置为子线程的个数，多个子线程并发执行，每个子线程在执行完毕后都会调用 countDown 函数将计数器的值减 1，直到线程计数器为 0，表示所有的子线程任务都已执行完毕，此时在 CountDownLatch 上等待的主线程将被唤醒并继续执行。

我们利用 CountDownLatch 可以实现类似计数器的功能。比如有一个主任务，它要等待其他两个任务都执行完毕之后才能执行，此时就可以利用 CountDownLatch 来实现这种功能。具体实现如下：

```
//step 1：定义计数器个数为 2 的 CountDownLatch
final CountDownLatch latch = new CountDownLatch(2);
 new Thread(){public void run() {
    try {
        System.out.println("子线程 1"+"正在执行");
        Thread.sleep(3000);
        System.out.println("子线程 1"+"执行完毕");
        latch.countDown();//step 2.1：在子线程 1 执行完毕后调用 countDown 方法
      }catch (Exception e){
      } }}.start();
    new Thread(){ public void run() {
        try {
            System.out.println("子线程 2" +"正在执行");
            Thread.sleep(3000);
            System.out.println("子线程 2"+"执行完毕");
            latch.countDown();//step 2.2：在子线程 2 执行完毕后调用 countDown 方法
        }catch (Exception e){
        } }}.start();
    try {
        System.out.println("等待两个子线程执行完毕...");
        latch.await();//step 3：在 CountDownLatch 上等待子线程执行完毕
        //step 4：子线程执行完毕，开始执行主线程
        System.out.println("两个子线程已经执行完毕,继续执行主线程");
    }catch (Exception e){
        e.printStackTrace();
    }
```

以上代码片段先定义了一个计数器个数为 2 的 CountDownLatch，然后定义了两个子线程并启动该子线程，子线程在执行完业务代码后执行 latch.countDown()减少一个信号量，表示自己已经执行完毕。主线程调用 latch.await()阻塞等待，在所有子线程都执行完毕并调用了 countDown 函数时，表示所有线程均执行完毕，这时程序会主动唤醒主线程并接着执行主线程的业务逻辑。

2.9.2　CyclicBarrier

CyclicBarrier（循环屏障）是一个同步工具，可以实现让一组线程等待至某状态之后再全部同时执行。在所有等待线程都被释放之后，CyclicBarrier 可被重用。CyclicBarrier 的运行状态叫作 Barrier 状态，在调用 await 方法后，线程就处于 Barrier 状态。

CyclicBarrier 中最重要的方法是 await 方法，它有两种实现。

◎ public int await()：挂起当前线程，直到所有线程都为 Barrier 状态再同时执行后续的任务。

◎ public int await(long timeout, TimeUnit unit)：设置一个超时时间，在超时时间过后，如果还有线程未达到 Barrier 状态，则不再等待，让达到 Barrier 状态的线程继续执行后续的任务。

CyclicBarrier 的具体使用方法如下：

```
public static void main(String[] args) {
    int N = 4;
    //1: 定义 CyclicBarrier
    CyclicBarrier barrier = new CyclicBarrier(N);
    for(int i=0;i<N;i++)
        new BusinessThread (barrier).start();
    }
//2: 定义业务线程
static class BusinessThread extends Thread{
    private CyclicBarrier cyclicBarrier;
    //通过构造函数向线程传入 cyclicBarrier
    public BusinessThread (CyclicBarrier cyclicBarrier) {
        this.cyclicBarrier = cyclicBarrier;
    }
    @Override
    public void run() {
        try {
            //3: 执行业务线程逻辑，这里等待 5s
            Thread.sleep(5000);
System.out.println("线程执行前准备工作完成，等待其他线程准备工作完成");
            //4: 业务线程执行完毕，等待其他线程也成为 Barrier 状态
            cyclicBarrier.await();
        } catch (InterruptedException e) {
            e.printStackTrace();
```

```
        }catch(BrokenBarrierException e){
            e.printStackTrace();
        }
//5：所有线程都已成为 Barrier 状态，开始执行下一项任务
System.out.println("所有线程准备工作均完毕，执行下一项任务");
//这里写需要并发执行的下一阶段的代码
        }
    }
```

以上代码先定义了一个 CyclicBarrier，然后循环启动了多个线程，每个线程都通过构造函数将 CyclicBarrier 传入线程中，在线程内部开始执行第 1 阶段的工作，比如查询数据等；等第 1 阶段的工作处理完毕后，再调用 cyclicBarrier.await 方法等待其他线程也完成第 1 阶段的工作（CyclicBarrier 让一组线程等待到达某状态再一起执行）；等其他线程也执行完第 1 阶段的工作后，便可执行并发操作的下一项任务，比如数据分发等。

2.9.3　Semaphore

Semaphore 指信号量，用于控制同时访问某些资源的线程个数，具体做法为通过调用 acquire() 获取一个许可，如果没有许可，则等待，在许可使用完毕后通过 release() 释放该许可，以便其他线程继续使用。

Semaphore 常应用于多个线程共享有限资源的情况，比如办公室有两台打印机，但是有 5 个员工需要使用，一台打印机同时只能被一个员工使用，其他员工排队等候，且只有该打印机被使用完毕并"释放"后其他员工方可使用，这时就可以通过 Semaphore 来实现：

```
    int printNnmber = 5; //1：设置线程数，即员工数量
    Semaphore semaphore = new Semaphore(2); //2：设置并发数，即打印机数量
    for(int i=0;i< printNnmber;i++)
        new Worker(i,semaphore).start();
}
static class Worker extends Thread{
    private int num;
    private Semaphore semaphore;
    public Worker(int num,Semaphore semaphore){
        this.num = num;
        this.semaphore = semaphore;
    }
    @Override
    public void run() {
```

```
        try {
            semaphore.acquire();//3: 线程申请资源，即员工申请打印机
            System.out.println("员工"+this.num+"占用一个打印机...");
            Thread.sleep(2000);
            System.out.println("员工"+this.num+"打印完成，释放出打印机");
            semaphore.release(); //4: 线程释放资源，即员工在使用完毕后"释放"打印机
        } catch (InterruptedException e) {
            e.printStackTrace();
        }
    }
```

在以上代码中首先定义了一个数量为 2 的 semaphore，然后定义了一个工作线程 Worker 并通过构造函数将 semaphore 传入线程内部。在线程调用 semaphore.acquire()时开始申请许可并执行业务逻辑，在线程业务逻辑执行完毕后调用 semaphore.release()释放许可以便其他线程使用。

在 Semaphore 类中有如下几个比较重要的方法。

◎ public void acquire()：以阻塞的方式获取一个许可，在有可用许可时返回该许可，在没有可用许可时阻塞等待，直到获取许可。

◎ public void acquire(int permits)：同时获取 permits 个许可。

◎ public void release()：释放某个许可。

◎ public void release(int permits)：释放 permits 个许可。

◎ public boolean tryAcquire()：以非阻塞方式获取一个许可，在有可用许可时获取该许可并返回 true，否则返回 false。

◎ public boolean tryAcquire(long timeout,TimeUnit unit)：如果在指定的时间内获取可用许可，则返回 true，否则返回 false。

◎ public boolean tryAcquire(int permits)：如果成功获取 permits 个许可，则返回 true，否则立即返回 false。

◎ public boolean tryAcquire(int permits,long timeout,TimeUnit unit)：如果在指定的时间内成功获取 permits 个许可，则返回 true，否则返回 false。

◎ availablePermits()：查询可用的许可数量。

CountDownLatch、CyclicBarrier、Semaphore 的区别如下。

◎ CountDownLatch 和 CyclicBarrier 都用于实现多线程之间的相互等待，但二者的关注点不同。CountDownLatch 主要用于主线程等待其他子线程任务均执行完毕后再

执行接下来的业务逻辑单元，而 CyclicBarrier 主要用于一组线程互相等待各线程都达到某个状态后，再同时执行接下来的业务逻辑单元。此外，CountDownLatch 是不可以重用的，而 CyclicBarrier 是可以重用的。

◎ Semaphore 和 Java 中的锁功能类似，主要用于控制资源的并发访问。

2.9.4　volatile 的作用

Java 除了使用了 synchronized 保证变量的同步，还使用了稍弱的同步机制，即 volatile。volatile 也用于确保将变量的更新操作通知到其他线程。

使用 volatile 关键字修饰的变量叫作 volatile 变量，volatile 变量具备两种特性：一种是保证该变量对所有线程可见，在一个线程修改了变量的值后，新的值对于其他线程是可以立即获取的；另一种是禁止指令重排，即 volatile 变量不会被缓存在寄存器中或者对其他处理器不可见的地方，因此在读取 volatile 变量时总会返回最新写入的值。

因为在访问 volatile 变量时不会执行加锁操作，也就不会执行线程阻塞，因此 volatile 是一种比 synchronized 关键字更轻量级的同步机制，主要适用于一个变量被多个线程共享，多个线程均可针对这个变量执行赋值或者读取操作。

在有多个线程对普通变量进行读写时，每个线程都首先需要将数据从内存复制到 CPU 缓存中，如果计算机有多个 CPU，则线程可能都在不同的 CPU 中被处理，这意味着每个线程都需要将同一个数据复制到不同的 CPU Cache 中，这样在每个线程都针对同一个变量的数据做了不同的处理后，就可能存在数据不一致的情况。具体的流程如图 2-9 所示。

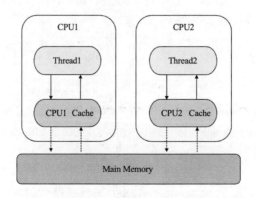

图 2-9

如果将变量声明为 volatile，JVM 就能保证每次读取变量时都直接从内存中读取，跳过 CPU Cache 这一步，有效解决了多线程数据同步的问题。具体的流程如图 2-10 所示。

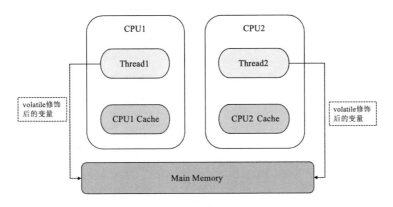

图 2-10

需要说明的是，volatile 可以严格保障变量的单次读、写操作的原子性，但并不能保证像 i++ 这种操作的原子性，因为 i++ 在本质上是读、写两次操作。volatile 在某些场景下可以代替 synchronized，但是 volatile 不能完全取代 synchronized 的位置，只有在一些特殊场景下才适合使用 volatile。比如，必须同时满足下面两个条件才能保证并发环境下的线程安全。

◎ 对变量的写操作不依赖于当前值（比如 i++），或者说是单纯的变量赋值（boolean flag = true）。

◎ 该变量没有被包含在具有其他变量的不变式中，也就是说在不同的 volatile 变量之间不能互相依赖，只有在状态真正独立于程序内的其他内容时才能使用 volatile。

volatile 的用法比较简单，直接在定义变量时加上 volatile 这一关键字即可：

```
volatile boolean flag = false;
```

相关面试题

（1）CyclicBarrier 和 CountDownLatch 的区别是什么？★★★★☆

（2）Java 中的 Semaphore 是什么？★★★★☆

（3）volatile 的原理是什么？★★★☆☆

（4）volatile 的作用是什么？★★☆☆☆

（5）在 Java 中能创建 volatile 数组吗？★☆☆☆☆

2.10　多线程如何共享数据

在 Java 中进行多线程通信主要是通过共享内存实现的，共享内存主要有三个关注点：可见性、有序性、原子性。Java 内存模型解决了可见性和有序性的问题，而锁解决了原子性的问题。在理想情况下，我们希望做到同步和互斥来实现数据在多线程环境下的一致性和安全性。常见的实现多线程数据共享的方式有将数据抽象成一个类，并将对这个数据的操作封装在类的方法中；将 Runnable 对象作为一个类的内部类，将共享数据作为这个类的成员变量。

2.10.1　将数据抽象成一个类，将对这个数据的操作封装在类的方法中

采用这种方式时，只需在方法上加 synchronized 关键字即可做到数据的同步，具体的代码实现如下：

```java
public class MyData {
//1：将数据抽象成 MyData 类，并将数据的操作（add、dec 方法）作为类的方法
    private int j=0;
    public  synchronized void add(){
        j++;
        System.out.println("线程"+Thread.currentThread().getName()+"j 为: "+j);
    }
    public  synchronized void dec(){
        j--;
        System.out.println("线程"+Thread.currentThread().getName()+"j 为: "+j);
    }
    public int getData(){
        return j;
    }
}
public class AddRunnable implements Runnable{
    MyData data;
    //2：线程使用该类的对象并调用类的方法对数据进行操作
    public AddRunnable(MyData data){
        this.data= data;
    }
    public void run() {
        data.add();
```

```
        }
    }
public class DecRunnable implements Runnable {
    MyData data;
    public DecRunnable(MyData data){
        this.data = data;
    }
    public void run() {
        data.dec();
    }
}
 public static void main(String[] args) {
        MyData data = new MyData();
        Runnable add = new AddRunnable(data);
        Runnable dec = new DecRunnable(data);
        for(int i=0;i<2;i++){
            new Thread(add).start();
            new Thread(dec).start();
        }
```

在以上代码中首先定义了一个 MyData 类，并在其中定义了变量 j 和对该变量的操作方法。注意，在这里对数据 j 操作的方法需要使用 synchronized 修饰，以保障在多个并发线程访问对象 j 时执行加锁操作，使同时只有一个线程有访问权限，可保障数据的一致性；然后定义了一个名为 AddRunnable 的线程，该线程通过构造函数将 MyData 作为参数传入线程内部，而线程内部的 run 函数在执行数据操作时直接调用 MyData 的 add 方法对数据执行加 1 操作，这样便实现了线程内数据操作的安全性。还定义了一个名为 DecRunnable 的线程并通过构造函数将 MyData 作为参数传入线程的内部，在 run 函数中直接调用 MyData 的 dec 方法实现了对数据执行减 1 操作。

在应用时需要注意的是，如果两个线程 AddRunnable 和 DecRunnable 需要保证数据操作的原子性和一致性，就必须在传参时使用同一个 data 对象入参。这样无论启动多少个线程执行对 data 数据的操作，都能保证数据的一致性。

2.10.2　将 Runnable 对象作为一个类的内部类，将共享数据作为其成员变量

前面讲了如何将数据抽象成一个类，并将对这个数据的操作封装在这个类的方法中来实现在多个线程之间共享数据。还有一种方式是将 Runnable 对象作为类的内部类，将共

享数据作为这个类的成员变量，每个线程对共享数据的操作方法都被封装在该类的外部类中，以便实现对数据的各种操作的同步和互斥，作为内部类的各个 Runnable 对象调用外部类的这些方法。具体的代码实现如下：

```
public class MyData {
    private int j=0;
    public  synchronized void add(){
        j++;
    System.out.println("线程"+Thread.currentThread().getName()+"j 为: "+j);
    }
    public  synchronized void dec(){
        j--;
     System.out.println("线程"+Thread.currentThread().getName()+"j 为: "+j);
    }
    public int getData(){
        return j;
    }
}
public class TestThread {
    public static void main(String[] args) {
        final MyData data = new MyData();
        for(int i=0;i<2;i++){
            new Thread(new Runnable(){
              public void run() {
                  data.add();
                }
            }).start();
            new Thread(new Runnable(){
                public void run() {
                  data.dec();
                }
            }).start();
        }
    }
}
```

在以上代码中定义了一个 MyData 类，并在其中定义了变量 j 和对该变量的操作方法。在需要多线程操作数据时直接定义一个内部类的线程，并定义一个 MyData 类的成员变量，在内部类线程的 run 方法中直接调用成员变量封装好的数据操作方法，以实现对多线程数据的共享。

相关面试题

（1）多线程如何共享数据？★★★★☆

2.11　Fork/Join 并发框架

Fork/Join 框架是一个实现了 ExecutorService 接口的多线程处理器,可以把一个大的任务划分为若干小的任务并发执行,可充分利用操作系统的计算资源,进而提高应用程序的执行效率。

Fork/Join 框架的具体实现:首先把大任务分割（Fork）为多个子任务,如果子任务不够细,则还可以继续进行分割;然后将子任务放置在一个双端队列中;接着启动线程,分别从双端队列中获取任务并执行,在任务执行完成后将执行结果放在结果队列中;最后将结果队列中的结果合并（Join）、返回。如图 2-11 所示,一个大任务被分割为子任务 1、子任务 2、子任务 3,子任务 2 又被分割为子任务 2.1、子任务 2.2,然后各个任务分别在不同的线程上执行;在执行完成后分别得到子任务 1 的结果、子任务 2.1 的结果、子任务 2.2 的结果、子任务 3 的结果,最终将这些结果合并到大任务的结果中并返回,这时该大任务便执行完成。

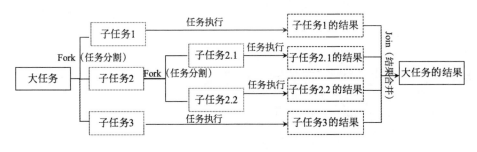

图 2-11

2.11.1　工作窃取算法

Fork/Join 框架为了提高线程调度效率,将大任务分割为多个子任务后保存在不同的任务队列中,然后为每个任务队列都创建一个线程执行队列中的任务。由于线程处理不同任务的耗时是不一样的,因此就存在有些队列中的任务已经执行完了,而其他任务中的队列还在积压的情况。这时为了提高线程使用率，可以让已经执行完自己队列中任务的线程去"窃取"其他队列的任务执行，这就是工作窃取算法。

如图 2-12 所示，有队列 1 和队列 2 两个队列，队列 1 对应的工作线程为线程 1，队列 2 对应的工作线程为线程 2。此时线程 1 已经完成了队列 1 中的三个任务，而在线程 2 对应的队列中还有三个待运行。这时线程 1 会尝试从线程 2 的队尾进行"任务窃取"并执行。最终的结果是线程 2 执行队列 2 的任务 2.1（第 1 个任务），线程 1 执行队列 2 队尾的任务 2.3。这种工作线程从队尾窃取元素的方式主要用于减少和其他工作线程在任务调度上的冲突。因为在默认情况下，其他工作线程会从队头获取自己任务队列中的任务来执行。

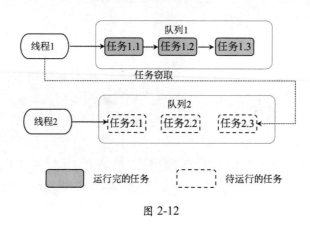

图 2-12

2.11.2　Fork/Join 框架的应用

ForkJoinPool 继承了 AbstractExecutorService，因此是线程池的一种。ForkJoinPool 可以通过 ForkJoinPool() 来初始化，也可以通过 ForkJoinPool(int parallelism) 来指定包含 parallelism 个并行线程的 ForkJoinPool。如果不指定线程的个数，则默认以 JVM 当前可用的线程个数作为 ForkJoinPool 可用的线程个数。当前 JVM 可用的线程个数通过 Runtime.getRuntime().availableProcessors() 获取。

在创建 ForkJoinPool 实例后，可以调用 ForkJoinPool 的 submit(ForkJoinTask task) 或者 invoke(ForkJoinTask task) 来执行指定的任务。其中，ForkJoinTask 代表一个可以并行执行及合并结果的任务。ForkJoinTask 是一个抽象类，它有两个抽象子类：RecursiveAction（没有返回值的任务）和 RecursiveTask（有返回值的任务）。

1．RecursiveAction：没有返回值的任务

RecursiveAction 表示没有返回值的任务，下面通过代码看看如何使用它。

（1）定义 RecursiveActionDemo：

```
//RecursiveAction 为 ForkJoinTask 抽象类的子类，该类定义了一个没有返回值的任务
class RecursiveActionDemo extends RecursiveAction {
    private static final int SPLIT_LENGTH = 2;//每次批处理数据个数的阈值
    private List<String> tasks ;//需要处理的数据
    RecursiveActionDemo(List tasks) {
        this.tasks = tasks;
    }
    @Override
    protected void compute() {
        if (tasks.size() <= SPLIT_LENGTH) {
            //在线程中对每个数据都进行处理
            tasks.stream().forEach(task ->{
                //这里为具体的数据处理逻辑
                System.out.println(Thread.currentThread().getName()
                    + " process task:" + task);
            });
        } else {
            //使用二分法将大任务分割成两个小任务
            int middle = tasks.size() / 2;
            List<String> leftList = tasks.subList(0, middle);
            List<String> rightList = tasks.subList(middle, tasks.size());
            RecursiveActionDemo left = new RecursiveActionDemo(leftList);
            RecursiveActionDemo right = new RecursiveActionDemo(rightList);
            //并行执行两个小任务
            left.fork();
            right.fork();
        }
    }
```

以上代码首先定义了一个 RecursiveAction 抽象类的子类 RecursiveActionDemo，该类通过构造函数接收一个需要其处理的数据集合；然后在 compute 方法中对数据进行多线程处理。具体的处理逻辑：当要处理的数据个数小于每次批处理数据个数的阈值时，将数据放在一个任务中进行处理，进行具体的处理时，ForkJoinPool 会为该任务分配一个线程对其数据进行处理；当要处理的数据个数大于每次批处理数据个数的阈值时，将数据分配到两个子任务中，并调用 fork 方法并行执行两个任务，如果分割后在子任务中要处理的数据

仍然大于每次批处理数据个数的阈值，则继续进行分割。

（2）使用 RecursiveActionDemo：

```
//1.以操作系统可用线程数为大小创建一个 ForkJoinPool 类型的线程池实例 forkJoinPool
ForkJoinPool forkJoinPool = new ForkJoinPool();
//2.定义要处理的数据
List<String> tasks =
Stream.of("task1","task2","task3","task4","task5").collect(Collectors.toList());
//3.提交可分解的无返回值的 RecursiveActionDemo 任务
forkJoinPool.submit(new RecursiveActionDemo(tasks));
//4.阻塞当前线程，直到 ForkJoinPool 中所有的任务都执行结束
forkJoinPool.awaitTermination(2, TimeUnit.SECONDS);
//5.关闭线程池
forkJoinPool.shutdown();
```

2．RecursiveTask：有返回值的任务

RecursiveTask 表示有返回值的任务，下面通过代码看看如何使用它。

（1）定义 RecursiveTaskDemo：

```
//RecursiveTask 为 ForkJoinTask 抽象类的子类，该类定义了一个有返回值的任务
public class RecursiveTaskDemo extends RecursiveTask<List<String>> {
    private static final int SPLIT_LENGTH = 2;//每次批处理数据个数的阈值
    private List<String> tasks ;//需要处理的数据
    public RecursiveTaskDemo(List<String> tasks) {
        this.tasks = tasks;
    }
    @Override
    protected List<String> compute() {
        if (tasks.size() <= SPLIT_LENGTH) {
            List<String> processResult = new ArrayList<>();
            tasks.stream().forEach(task ->{
                //任务的具体处理逻辑：在线程中对每个数据都进行处理，
                //并将每个数据的处理结果都写入名为 processResult 的集合中
                processResult.add(task+";processResult:finish");
            });
            return processResult;
        } else {
            //将大任务分割成两个小任务
            int middle = tasks.size() / 2;
```

```
                List<String> leftList = tasks.subList(0, middle);
                List<String> rightList = tasks.subList(middle, tasks.size());
                RecursiveTaskDemo left = new RecursiveTaskDemo(leftList);
                RecursiveTaskDemo right = new RecursiveTaskDemo(rightList);
                //并行执行两个小任务
                left.fork();
                right.fork();
                //将任务执行结果合并后返回
                List<String> join = left.join();
                join.addAll(right.join());
                return join;
            }
        }
```

以上代码定义了一个 RecursiveTask 抽象类的子类 RecursiveTaskDemo，该类通过构造函数接收一个需要处理的数据集合。然后在 compute 方法中对数据进行多线程处理。具体处理逻辑为当数据个数小于每次批处理数据个数的阈值时，将数据放在一个任务中进行处理，在处理完成后将每个数据的处理结果都写入名为 processResult 的集合中并返回。

在进行具体的处理时，ForkJoinPool 会为该任务分配一个线程对数据进行处理。当要处理的数据个数大于批处理数据个数的阈值时，将数据分配到两个子任务中，并调用 fork 方法并行执行两个任务，然后将两个任务的执行结果合并（Join）后返回。如果分割后子任务中要处理的数据个数仍然大于每次批处理数据个数的阈值，则继续进行分割。

（2）使用 RecursiveTaskDemo：

```
//1.定义 forkJoinPool
ForkJoinPool forkJoinPool = new ForkJoinPool(2);
//2.定义待处理的数据
List<String> tasks =
Stream.of("task1","task2","task3","task4","task5").collect(Collectors.toList());
//3.提交可分解的有返回值的 RecursiveTaskDemo 任务
Future<List<String>> future = forkJoinPool.submit(new RecursiveTaskDemo(tasks));
//4.子任务执行结果汇总
List<String> result = future.get();
System.out.println(Thread.currentThread().getName() + " process task result:"
+ StringUtils.join(result, ","));
//5.关闭线程池
forkJoinPool.shutdown();
```

以上代码首先定义了一个 ForkJoinPool 实例 forkJoinPool，然后定义了要处理的数据

tasks，接着通过 forkJoinPool.submit(new RecursiveTaskDemo (tasks)) 提交可分解的有返回值的 RecursiveTaskDemo 任务，在任务提交后便在子线程中以多任务的形式并行执行，在任务执行完成后通过 future.get()收集任务执行结果，最后调用 forkJoinPool.shutdown()关闭线程池。

2.11.3　Fork/Join 的核心组件

Fork/Join 的核心组件有如下 4 个。

（1）ForkJoinPool：ExecutorService 的实现类，负责工作线程管理、任务队列维护及整个任务调度流程控制，提供了 3 类外部提交任务的方法：invoke（同步有返回结果）、execute（异步无返回结果）、submit（异步有返回结果，返回 Future 实现类，通过 get 获取结果）。它的主要作用如下。

◎ 接受外部任务的提交（外部调用 ForkJoinPool 的 invoke、execute、submit 方法提交任务）。
◎ 接受 ForkJoinTask 自身分割出的子任务的提交。
◎ 任务队列数组（WorkQueue[]）的初始化和管理。
◎ 工作线程（Worker）的创建和管理。

（2）ForkJoinTask：Future 接口的实现类，fork 是其核心方法，用于分解任务并异步执行；而 join 方法在任务结果计算完成之后才会运行，用于合并或返回计算结果。ForkJoinTask 是个抽象类，实现了 Future 接口，是一个异步任务。Fork/Join 框架的线程池内部调度的是 ForkJoinTask 任务。RecursiveAction 和 RecursiveTask 均为 ForkJoinTask 的子类。

（3）ForkJoinWorkerThread：Thread 的子类，作为线程池中的工作线程（Worker）执行任务。ForkJoinWorkerThread 为 ForkJoinPool 中的工作线程，线程池中的每个工作线程（ForkJoinWorkerThread）都有一个自己的任务队列（WorkQueue），工作线程优先处理自身队列中的任务（LIFO 或 FIFO 顺序，由线程池构造时的参数 mode 决定），在自身队列为空时，以 FIFO 的顺序随机窃取其他队列中的任务。

（4）WorkQueue：任务队列，用于保存任务。WorkQueue 是 ForkJoinPool 的内部类，是一个双端队列。当工作线程从自己的队列中获取任务时，在默认情况下总是以栈操作（LIFO）的方式从栈顶取任务；当工作线程尝试窃取其他任务队列中的任务时，则以 FIFO 的方式进行。

2.11.4　Fork/Join 的任务调度流程

Fork/Join 的任务调度流程具体如下。

（1）提交任务：分为提交外部任务和提交工作线程分割（Fork）出的任务。

（2）创建工作线程：ForkJoinPool 并不会为每个任务都创建工作线程，而是根据实际情况确定是唤醒已有的空闲工作线程还是创建新的工作线程。当工作线程数不足时创建一个工作线程，当工作线程数足够时唤醒一个空闲（阻塞）工作线程。

（3）执行任务：工作线程获取到任务后开始执行任务，涉及任务获取、任务窃取、工作线程等待等过程。

（4）获取执行结果：在任务执行完成后通过 ForkJoinTask 的 Join 方法获取执行结果并返回。

相关面试题

（1）如何充分利用多核 CPU 计算很大的 List 中所有整数的和？　★★★☆☆
（2）Fork/Join 的原理是什么？　★★★☆☆
（3）Fork/Join 中 RecursiveTask 和 RecursiveAction 的区别是什么？　★★★☆☆
（4）如何实例化 ForkJoinPool？　★★☆☆☆
（5）Fork/Join 的任务调用流程是什么？　★☆☆☆☆

2.12　Java 中的线程调度

线程调度分为抢占式调度、协同式调度。下面分别介绍抢占式调度和协同式调度的区别，以及在 Java 中是如何实现线程调度的。

2.12.1　抢占式调度

抢占式调度指每个线程都以抢占的方式获取 CPU 资源并快速执行，在执行完毕后立刻释放 CPU 资源，具体哪些线程能抢占到 CPU 资源由操作系统控制，在抢占式调度模式下，每个线程对 CPU 资源的申请地位都是相等的，从概率上讲每个线程都有机会获得同样的 CPU 执行时间片并发执行。抢占式调度适用于多线程并发执行的情况，在这种机制下一个线程的堵塞不会导致整个进程性能下降。具体流程如图 2-13 所示。

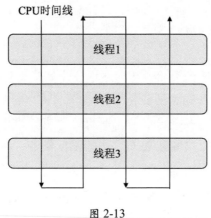

图 2-13

2.12.2　协同式调度

协同式调度指某一个线程在执行完成后主动通知操作系统将 CPU 资源切换到另一个线程上执行。线程对 CPU 的持有时间由线程自身控制，线程切换更加透明，更适合多个线程交替执行某些任务的情况。

协同式调度有一个缺点：如果其中一个线程因为外部原因（可能是磁盘 I/O 阻塞、网络 I/O 阻塞、请求数据库等待）运行阻塞，那么可能导致整个系统阻塞甚至崩溃。具体流程如图 2-14 所示。

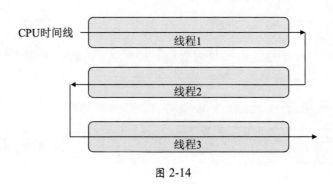

图 2-14

2.12.3　Java 线程调度的实现：抢占式

Java 采用抢占式调度的方式实现内部的线程调度，Java 会为每个线程都按照优先级高低分配不同的 CPU 时间片，且优先级高的线程优先执行。优先级低的线程只是获取 CPU 时间片的优先级被降低，但不会永久分配不到 CPU 时间片。Java 的线程调度在保障效率的前提下尽可能保障线程调度的公平性。

2.12.4　线程让出 CPU 的情况

线程让出 CPU 的情况如下。

◎　当前运行的线程主动放弃 CPU，例如运行中的线程调用 yield() 放弃 CPU 的使用权。
◎　当前运行的线程进入阻塞状态，例如调用文件读取 I/O 操作、锁等待、Socket 等待。
◎　当前线程运行结束，即运行完 run() 里面的任务。

> **相关面试题**
>
> （1）在 Java 中用到的线程调度算法是什么？★★★☆☆
> （2）抢占式调度和协同式调度的区别是什么？分别有什么优缺点？★★☆☆☆

2.13　进程调度算法

进程调度算法包括优先调度算法、高优先权优先调度算法和基于时间片的轮转调度算法。

2.13.1　优先调度算法

优先调度算法包含先来先服务调度算法和短作业（进程）优先调度算法。

1. 先来先服务调度算法

先来先服务调度算法指在每次调度时都从队列中选择一个或多个最早进入该队列的

作业，为其分配资源、创建进程和放入就绪队列。调度算法在获取可用的 CPU 资源时会从就绪队列中选择一个最早进入队列的进程，为其分配 CPU 资源并运行。该算法优先运行最早进入队列的任务，实现简单且相对公平。

2. 短作业优先调度算法

短作业优先调度算法指在每次调度时都从队列中选择一个或若干个预估运行时间最短的作业，为其分配资源、创建进程和放入就绪队列。调度算法在获取可用的 CPU 资源时，会从就绪队列中选出一个预估运行时间最短的进程，为其分配 CPU 资源并运行。该算法优先运行短时间作业，以提高 CPU 整体的利用率和系统运行效率，某些大任务可能会出现长时间得不到调度的情况。

2.13.2 高优先权优先调度算法

高优先权优先调度算法在定义任务时为每个任务都设置不同的优先权，在进行任务调度时优先权最高的任务首先被调度，这样资源的分配将更加灵活，具体包含非抢占式优先调度算法、抢占式优先调度算法和高响应比优先调度算法。

1. 非抢占式优先调度算法

非抢占式优先调度算法在每次调度时都从队列中选择一个或多个优先权最高的作业，为其分配资源、创建进程和放入就绪队列。调度算法在获取可用的 CPU 资源时会从就绪队列中选出一个优先权最高的进程，为其分配 CPU 资源并运行。进程在运行过程中一直持有该 CPU，直到进程执行完毕或发生异常而放弃该 CPU。该算法优先运行优先权高的作业，且一旦将 CPU 分配给某个进程，就不会主动回收 CPU 资源，直到任务主动放弃。

2. 抢占式优先调度算法

抢占式优先调度算法首先把 CPU 资源分配给优先权最高的任务并运行，但如果在运行过程中出现比当前运行任务优先权更高的任务，调度算法就会暂停运行该任务并回收 CPU 资源，为其分配新的优先权更高的任务。该算法真正保障了 CPU 在整个运行过程中完全按照任务的优先权分配资源，这样如果临时有紧急作业，则也可以保障其第一时间被执行。

3. 高响应比优先调度算法

高响应比优先调度算法使用了动态优先权的概念，即任务的执行时间越短，等待时间越长，优先权越高，这样既保障了快速、并发地执行短作业，也保障了优先权低但长时间等待的任务也有被调度的可能性。

该优先权的变化规律如下。

◎ 在作业的等待时间相同时，运行时间越短，优先权越高，在这种情况下遵循的是短作业优先原则。

◎ 在作业的运行时间相同时，等待时间越长，优先权越高，在这种情况下遵循的是先来先服务原则。

◎ 作业的优先权随作业等待时间的增加而不断提高，加大了长作业获取 CPU 资源的可能性。

高响应比优先调度算法在保障效率（短作业优先能在很大程度上提高 CPU 的使用率和系统性能）的基础上尽可能提高了调度的公平性（随着任务等待时间的增加，优先权提高，遵循了先来先到原则）。

2.13.3　时间片的轮转调度算法

时间片的轮转调度算法将 CPU 资源分成不同的时间片，不同的时间片为不同的任务服务，具体包括时间片轮转算法和多级反馈队列调度算法。

1. 时间片轮转算法

时间片轮转算法指按照先来先服务原则从就绪队列中取出一个任务，并为该任务分配一定的 CPU 时间片去运行，在进程使用完 CPU 时间片后由一个时间计时器发出时钟中断请求信号，调度器在收到时钟中断请求信号后停止该进程的运行并将该进程放入就绪队列的队尾，然后从就绪队列的队头取出一个任务并为其分配 CPU 时间片去执行。这样，就绪队列中的任务将轮流获取一定的 CPU 时间片去运行。

2. 多级反馈队列调度算法

多级反馈队列调度算法在时间片轮询算法的基础上设置多个就绪队列，并为每个就绪队列都设置不同的优先权。队列的优先权越高，队列中的任务被分配的时间片就越大。默认第 1 个队列的优先权最高，其他次之。

多级反馈队列调度算法的调度流程：在系统收到新的任务后，首先将其放入第 1 个就绪队列的队尾，按先来先服务调度算法排队等待调度。如果该进程在规定的 CPU 时间片内运行完成或者在运行过程中出现错误，则退出进程并从系统中移除该任务；如果该进程在规定的 CPU 时间片内未运行完成，则将该进程转入第 2 队列的队尾调度执行；如果该进程在第 2 队列中运行一个 CPU 时间片后仍未完成，则将其放入第 3 队列，以此类推，在一个长作业从第 1 队列依次降到第 n 队列后，在第 n 队列中便以时间片轮转的方式运行。

多级反馈队列调度算法遵循如下原则。

◎ 仅在第 1 队列为空时，调度器才调度第 2 队列中的任务。

◎ 仅在第 1～(n-1)队列均为空时，调度器才会调度第 n 队列中的进程。

◎ 如果处理器正在为第 n 队列中的某个进程服务，此时有新进程进入优先权较高的队列（第 1～(n-1) 队列中的任何一个），则此时新进程将抢占正在运行的进程的处理器，即调度器停止正在运行的进程并将其放回第 n 队列的末尾，将处理器分配给新来的高优先权进程。

多级反馈调度算法相对来说比较复杂，它充分考虑了先来先服务调度算法和时间片轮询算法的优势，使得对进程的调度更加合理。

相关面试题

（1）进程与线程的区别是什么？★★★★★

（2）进程调度算法有哪些？★★★☆☆

（3）时间片轮转算法的原理是什么？★★☆☆☆

2.14　CAS

CAS（Compare And Swap）指比较并交换。CAS 算法 CAS(V,E,N)包含 3 个参数，V 表示要更新的变量，E 表示预期的值，N 表示新值。在且仅在 V 值等于 E 值时，才会将 V 值设为 N，如果 V 值和 E 值不同，则说明已经有其他线程做了更新，当前线程什么都不做。最后，CAS 返回当前 V 的真实值。

2.14.1　CAS 的特性：乐观锁

CAS 操作采用了乐观锁的思想，总是认为自己可以成功完成操作。在有多个线程同时使用 CAS 操作一个变量时，只有一个会胜出并成功更新，其余均会失败。失败的线程不会被挂起，仅被告知失败，并且允许再次尝试，当然，也允许失败的线程放弃操作。基于这样的原理，CAS 操作即使没有锁，也可以发现其他线程对当前线程的干扰，并进行恰当的处理。

2.14.2　CAS 自旋等待

在 JDK 的原子包 java.util.concurrent.atomic 里面提供了一组原子类，这些原子类的基本特性就是在多线程环境下，在有多个线程同时执行这些类的实例包含的方法时，会有排他性。其内部便是基于 CAS 算法实现的，即在某个线程进入方法中执行其中的指令时，不会被其他线程打断；而别的线程就像自旋锁一样，一直等到该方法执行完成才由 JVM 从等待的队列中选择另一个线程进入。

相对于 synchronized 的阻塞算法，CAS 是非阻塞算法的一种常见实现。由于 CPU 上下文的切换比 CPU 指令集的操作更加耗时，所以 CAS 的自旋操作在性能上有了很大的提升。JDK 具体的实现源码如下：

```java
public class AtomicInteger extends Number implements java.io.Serializable {
    private volatile int value;
public final int get() {
        return value;
    }
    public final int getAndIncrement() {
      for (;;) {  //CAS 自旋：一直尝试，直到成功
        int current = get();
         int next = current + 1;
         if (compareAndSet(current, next))
            return current;
      }
    }
    public final boolean compareAndSet(int expect, int update) {
      return unsafe.compareAndSwapInt(this, valueOffset, expect, update);
    }
}
```

在以上代码中，getAndIncrement 采用了 CAS 操作，每次都从内存中读取数据然后将此数据和加 1 后的结果进行 CAS 操作，如果成功，则返回结果，否则重试直到成功为止。

相关面试题

（1）什么是 CAS？★★★★☆
（2）Java 的 CAS 有什么优点和缺点？★★★☆☆

2.15　ABA 问题

对 CAS 算法的实现有一个重要的前提：需要取出内存中某时刻的数据，然后在下一时刻进行比较、替换，在这个时间差内可能数据已经发生了变化，导致产生 ABA 问题。

ABA 问题指第 1 个线程从内存的 V 位置取出 A，这时第 2 个线程也从内存中取出 A，并将 V 位置的数据首先修改为 B，接着又将 V 位置的数据修改为 A，这时第 1 个线程在进行 CAS 操作时会发现在内存中仍然是 A，然后第 1 个线程操作成功。尽管从第 1 个线程的角度来说，CAS 操作是成功的，但在该过程中其实 V 位置的数据发生了变化，只是第 1 个线程没有感知到罢了，这在某些应用场景下可能出现过程数据不一致的问题。

部分乐观锁是通过版本号（version）来解决 ABA 问题的，具体的操作是乐观锁每次在执行数据的修改操作时都会带上一个版本号，在预期的版本号和数据的版本号一致时就可以执行修改操作，并对版本号执行加 1 操作，否则执行失败。因为每次操作的版本号都会随之增加，所以不会出现 ABA 问题，因为版本号只会增加，不会减少。

相关面试题

（1）什么是 ABA 问题？★★★☆☆
（2）如何解决 ABA 问题？★★☆☆☆

2.16　AQS

AQS（Abstract Queued Synchronizer）是一个抽象的队列同步器，通过维护一个共享资源状态（Volatile Int State）和一个先进先出（FIFO）的线程等待队列来实现一个多线程访问共享资源的同步框架。

2.16.1　AQS 的原理

AQS 为每个共享资源都设置一个共享资源锁,线程在需要访问共享资源时首先需要获取共享资源锁,如果获取到了共享资源锁,便可以在当前线程中使用该共享资源,如果获取不到,则将该线程放入线程等待队列,等待下一次资源调度,具体的流程如图 2-15 所示。许多同步类的实现都依赖于 AQS,例如常用的 ReentrantLock、Semaphore 和 CountDownLatch。

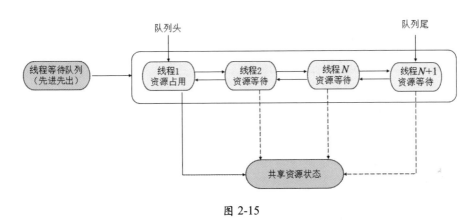

图 2-15

2.16.2　state:状态

AQS 维护了一个 volatile int 类型的变量,用于表示当前的同步状态。volatile 虽然不能保证操作的原子性,但是能保证当前变量 state 的可见性。

state 的访问方式有三种:getState()、setState()和 compareAndSetState(),均是原子操作,其中,compareAndSetState 的实现依赖于 Unsafe 的 compareAndSwapInt()。具体的 JDK 代码实现如下:

```
//返回共享资源状态, 此操作的内存语义为 volatile 修饰的原子读操作
protected final int getState() {
    return state;
}
//设置共享资源状态, 此操作的内存语义为 volatile 修饰的原子写操作
```

```
protected final void setState(int newState) {
    state = newState;
}
//自动将同步状态设置为指定的更新状态值（如果当前状态值等于预期值）
//此操作的内存语义为 volatile 修饰的原子读写操作
protected final boolean compareAndSetState(int expect, int update) {
    return unsafe.compareAndSwapInt(this, stateOffset, expect, update);
}
```

2.16.3　AQS 共享资源的方式：独占式和共享式

AQS 定义了两种资源共享方式：独占式（Exclusive）和共享式（Share）。

◎ 独占式：只有一个线程能执行，具体的 Java 实现有 ReentrantLock。

◎ 共享式：多个线程可同时执行，具体的 Java 实现有 Semaphore 和 CountDownLatch。

AQS 只是一个框架，只定义了一个接口，具体资源的获取、释放都交由自定义同步器去实现。不同的自定义同步器争用共享资源的方式也不同，自定义同步器在实现时只需实现共享资源 state 的获取与释放方式即可，至于具体线程等待队列的维护，如获取资源失败入队、唤醒出队等，AQS 已经在顶层实现好，不需要具体的同步器再做处理。自定义同步器的主要方法如表 2-4 所示。

表 2-4

序　号	方 法 名	资源共享方式	说　　明
1	isHeldExclusively()	无	查询该线程是否正在独占资源，只有用到 condition 才需要去实现该方法
2	tryAcquire(int)	独占方式	尝试获取资源：成功则返回 true，失败则返回 false
3	tryRelease(int)	独占方式	尝试释放资源：成功则返回 true，失败则返回 false
4	tryAcquireShared(int)	共享方式	尝试获取资源：负数表示失败；0 表示成功，但没有剩余可用资源；正数表示成功，且有剩余可用资源
5	tryReleaseShared(int)	共享方式	尝试释放资源：如果在释放资源后允许唤醒后续的等待线程，则返回 true，否则返回 false

同步器的实现是 AQS 的核心内容。ReentrantLock 对 AQS 的独占方式实现：ReentrantLock 中的 state 初始值为 0 时表示无锁状态，在线程执行 tryAcquire() 获取该锁后 ReentrantLock 中的 state+1，这时该线程独占 ReentrantLock 锁，其他线程在通过 tryAcquire() 获取锁时均会失败，直到该线程释放锁后 state 再次为 0，其他线程才有机会获取该锁。该

线程在释放锁之前可以重复获取该锁，每获取一次便会执行一次 state+1，因此 ReentrantLock 也属于可重入锁。但获取多少次锁就要释放多少次锁，这样才能保证 state 最终为 0。如果获取锁的次数多于释放锁的次数，则会出现该线程一直持有该锁的情况；如果获取锁的次数少于释放锁的次数，则运行中的程序会抛出锁异常。

CountDownLatch 对 AQS 的共享方式实现：CountDownLatch 将任务分为 N 个子线程去执行，将 state 也初始化为 N，N 与线程的个数一致，N 个子线程是并行执行的，每个子线程都在执行完成后 countDown() 一次，state 会执行 CAS 操作并减 1。在所有子线程都执行完成（此时 state=0）时会 unpark() 主线程，然后主线程会从 await() 返回，继续执行后续的动作。

一般来说，自定义同步器要么采用独占方式，要么采用共享方式，实现类只需实现 tryAcquire、tryRelease 或 tryAcquireShared、tryReleaseShared 中的一组即可。但 AQS 也支持自定义同步器同时实现独占和共享两种方式，例如 ReentrantReadWriteLock 在读取时采用了共享方式，在写入时采用了独占方式。

相关面试题

（1）聊聊你对 AQS 的理解。★★★☆☆
（2）AQS 有什么特性？★★☆☆☆
（3）AQS 的资源共享方式有哪些？★☆☆☆☆

2.17　Java 8 中的流

流（Stream）是对数据集操作的定义，支持两种类型的操作：中间操作（如 filter 或 map）和终端操作（如 count、findFirst、forEach 和 reduce）。中间操作会将一个流转换为另一个流，其目的是建立一个流水线，该操作是惰性化的（lazy），并不会立刻触发计算。在执行终端操作时会触发函数计算，产生一个最终结果并返回（例如返回流中的最大元素）。

流的出现为高效的聚合操作（Aggregate Operation）和大批量数据操作提供了方便。流可分为串行流和并行流。并行流能充分利用处理器多核的优势并提高数据处理效率，通过 fork/join 并行方式来拆分任务和加速处理过程。

流由数据源（Source）、中间操作（数据转换）、终端操作组成。如图 2-16 所示，在进行每次转换时，原有的流对象都不改变，并返回一个新的流对象（可以有多次转换），最终由终端操作触发计算且将计算结果返回。

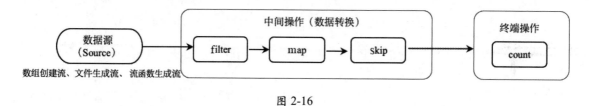

图 2-16

2.17.1　并行流和串行流的原理

流可分为串行流（Stream）和并行流（ParallelStream），以处理数据是否在多个线程上执行来区分。串行流上的数据在计算过程中是在一个线程上以串行的方式逐个被处理的。而并行流可以将数据分割为多组，然后为每个组都分别分配一个线程来处理组内的数据，这样数据的处理任务便以多线程的方式在多核上并行执行了。

如下代码为一个串行流的实现：

```
Arrays.asList(1,5,10).stream().filter(data -> data>7).count();
```

具体逻辑如图 2-17 所示，其中 Arrays.asList(1,5,10)为要处理的数据源。在调用 stream() 后会将集合转换为一个流，然后调用 filter(data -> data>7)对流中的数据进行过滤操作，返回大于 7 的数据。该操作属于中间操作（数据转换），返回的结果也是一个流。最终调用 count()统计数据个数，count()属于终端操作，会触发计算并将所有执行结果都汇总并返回。

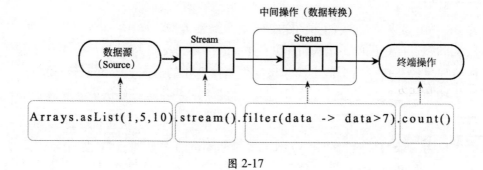

图 2-17

并行流采用了"分而治之"的思想，与串行流的区别是在进行数据处理时，并行流会将流中的数据分割为多批数据以多个流的形式在多线程上执行。也就是将流划分为多个子流在多线程上并行处理：

```
Arrays.asList(1,5,10).stream().parallel().filter(data -> data>7).count();
```

如图 2-18 所示，并行流在 CPU 密集型的计算中可以很好地展现其优势，但是如果数据量大、计算简单，则将流拆分到过多的子流上运行，进行 CPU 上下文切换的耗时可能大于计算本身的耗时，反而导致性能下降，所以需要结合实际使用场景来使用。

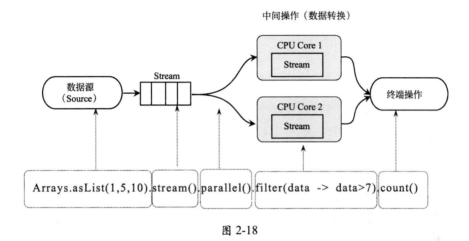

图 2-18

在使用并行流时需要注意应用程序中所有并行流都是通过线程池调度执行的，整个应用程序都共享这个线程池。由于任务的执行存在很多不确定性，假如某个任务运行时间较长，导致线程池资源长期被占用，阻塞其他线程，就会阻止其他并行流任务的正常执行，这时需要通过线程池隔离技术来实现：

```
ForkJoinPool customThreadPool = new ForkJoinPool(4);
Integer total = customThreadPool.submit
(() -> Arrays.asList(1, 5, 10).parallelStream().reduce(0, Integer::sum)).get();
```

以上代码通过 new ForkJoinPool(4)定义了一个拥有 4 个线程的线程池，然后使用该线程池提交并行流任务。

并行流任务是异步执行的，使用的是 ForkJoinPool.common 中的线程池资源，在使用时可以通过在 JVM 启动时添加如下参数设置线程池的大小：

```
-Djava.util.concurrent.ForkJoinPool.common.parallelism = N
```

2.17.2　流的常用函数

Java API 将要处理的元素集合看作一种流，流在管道中传输，并且可以在管道的节点上进行处理（例如筛选、排序、聚合等）。流的常用函数包含中间操作函数和终端操作函数。流不但能提高编写程序的效率，也能让代码变得更简洁、优雅。

1．中间操作函数

中间操作是流的转化，返回的是另一个流，多个中间操作可以连接起来形成一个数据处理流程。但是中间操作不会触发计算，真正的计算在终端操作上触发。这是因为多个中间操作一般都可以合并起来，在终端上操作时一次性全部处理完毕。常见的中间操作函数如下。

◎　map：通过函数将每个元素都映射到新的元素上。
◎　filter：通过 Lambda 对流中的某些元素进行过滤。
◎　distinct：通过流中元素的 hashCode() 和 equals() 去除重复的元素。
◎　limit：截取指定数量的元素的流。
◎　skip(n)：跳过元素，返回一个丢掉了前 n 个元素的流。如果流中的元素不足 n 个，则返回一个空的流。
◎　sorted：对流进行自然排序。
◎　sorted(Comparator com)：对流按照传入的比较器进行数据排序。

2．终端操作函数

终端操作会触发流的计算并收集最终的结果，其结果是任何非流的值，比如 List、Integer、void（无返回值）。常见的终端操作函数如下。

◎　collect(Collector c)：接收一个 Collector 接口的实现，将 Stream 中的元素汇总并返回。
◎　count：返回流中元素的总数。
◎　max：返回流中元素的最大值。
◎　min：返回流中元素的最小值。
◎　forEach：对流中的元素进行迭代处理。
◎　forEachOrdered：对流中的元素按顺序进行迭代处理。
◎　toArray：将流中的元素转为数组。

◎ reduce：根据指定的计算模型计算 Stream 中的值并得到一个最终结果。

◎ allMatch：检查是否匹配所有元素。

◎ anyMatch：检查是否至少匹配一个元素。

◎ noneMatch：检查是否没有匹配所有元素。

◎ findFirst：返回第 1 个元素。

◎ findAny：返回当前流中的任意元素。

2.17.3　流的创建方式

流的创建方式如下。

（1）由 Stream.of 函数创建流。可以使用静态方法 Stream.of 通过显式值创建一个流，它可以接收任意数量的参数。例如，如下代码直接使用 Stream.of 创建了一个字符串流：

```
Stream<String> stream = Stream.of("Java", "Pthon", "Go");
```

（2）由数组或集合创建流。可以使用静态方法 Arrays.stream 通过数组创建一个流，也可以通过集合创建一个流：

```
//数组创建流
int[] numbers = {2, 3, 5, 7, 11, 13};
int sum = Arrays.stream(numbers).sum();
//集合创建流
Arrays.asList(1,5,10).stream()
```

（3）由文件创建流。Java 中用于处理文件等的 I/O 操作也对流 API 进行了支持。例如，如下代码通过 Files 的 lines 方法将指定目录下文件中的数据读取为字符串流，然后对字符流按照空格分割并执行去重与统计：

```
Stream<String> lines = Files.lines(Paths.get("/your_file_path/data.txt"));
long total = lines.flatMap(line -> Arrays.stream(line.split(" ")))
            .distinct()
            .count();
```

（4）由函数创建无限流。可以通过 Stream.iterate()创建一个无限流：

```
Stream.iterate(0, n -> n + 2)
    .limit(10)
    .forEach(System.out::println);
```

2.17.4　流和集合的区别

流和集合的区别如下。

（1）集合是数据结构，主要用于以特定的时间复杂度或空间复杂度存储和访问元素（如 ArrayList 与 LinkedList）。流的目的在于表达计算，例如对数据执行 filter、sorted、map 等计算。

（2）流只能遍历一次，在遍历完成后则认为流已被消费。

（3）集合中数据的迭代被称为外部迭代，而 Streams API 使用内部迭代。

相关面试题

（1）在 Java 8 中创建流有哪几种方式？★★★★★

（2）介绍下你对 Java 8 中流的理解？★★★★☆

（3）Java 8 中的流 API 有哪些终止操作？★★★☆☆

（4）能说几个 Java 中对列表去重的方法吗？★★★★☆

（5）Java 8 中的流是如何实现并发处理的？★★★★☆

（6）Java 中的 Stream、InputStream 和 OutputStream 分别是什么？★★☆☆☆

（7）Java 中流和集合的区别是什么？★☆☆☆☆

3

第 3 章

JVM

　　JVM 的结构、内存模型、垃圾回收与算法及 JVM 参数调优是 Java 中高级程序员面试的必考题，也是我们遇到性能瓶颈时解决问题的关键。可以说，要想成为一名优秀的 Java 程序员，JVM 是我们必须掌握的知识点。本章将对 JVM 涉及的核心知识点进行介绍。

3.1　JVM 结构规范（Java SE 8）

　　JVM（Java Virtual Machine）是用于运行 Java 字节码的虚拟机。如图 3-1 所示，JVM 包括一个类加载器子系统、运行时数据区、执行引擎和本地接口库。其中，运行时数据区包括程序计数器、Java 虚拟机栈、Java 堆、方法区和本地方法栈。执行引擎包括即时编译器和垃圾回收器。本地接口库通过调用本地方法库与操作系统交互。JVM 运行在操作系统之上，不与硬件设备直接交互。

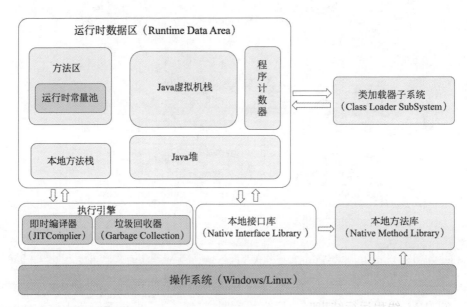

图 3-1

　　Java 源文件在通过编译器之后被编译成相应的.Class 文件（字节码文件），.Class 文件又被 JVM 中的解释器编译成机器码在不同的操作系统（Windows、Linux、macOS）上运行。每种操作系统的解释器都是不同的，但基于解释器实现的虚拟机是相同的，这也是 Java 能够跨平台的原因。在一个 Java 进程开始运行后，虚拟机就开始实例化了，有多个进程启动就会实例化多个虚拟机实例。如果进程退出或者关闭，则虚拟机实例消亡，在多个虚拟机实例之间不能共享数据。

Java 程序的具体运行过程如下。

（1）Java 源文件被编译器编译成字节码文件。

（2）JVM 将字节码文件编译成相应操作系统的机器码。

（3）机器码调用相应操作系统的本地方法库执行相应的方法。

其中：

◎ 类加载器子系统用于将编译好的 .Class 文件加载到 JVM 中。

◎ 运行时数据区用于存储在 JVM 运行过程中产生的数据。

◎ 执行引擎包括即时编译器和垃圾回收器，即时编译器用于将 Java 字节码编译成具体的机器码，垃圾回收器用于回收在运行过程中不再使用的对象。

◎ 本地接口库用于调用操作系统的本地方法库完成具体的指令操作。

相关面试题

（1）请介绍 JVM 的结构。★★★★★

（2）什么是 JVM？它有什么作用？★★★★☆

（3）JVM 是如何工作的？★★★★☆

3.2　多线程

在多核操作系统上，JVM 允许在一个进程内同时并发执行多个线程。JVM 中的线程与操作系统中的线程是相互对应的，在 JVM 线程的本地存储、缓冲区分配、同步对象、栈、程序寄存器等准备工作都完成时，JVM 会调用操作系统的接口创建一个与之对应的原生线程；在 JVM 线程运行结束时，原生线程随之被回收。操作系统负责调度所有线程，并为其分配 CPU 时间片，在原生线程初始化完毕时，就会调用 Java 线程的 run() 执行该线程；在线程结束时，会释放原生线程和 Java 线程所对应的资源。

在 JVM 后台运行的线程主要有如下几个。

◎ 虚拟机线程（JVM Thread）：虚拟机线程在 JVM 到达安全点（SafePoint）时出现。

◎ 周期性任务线程：通过定时器调度线程来实现周期性任务的执行。

◎ GC 线程：GC 线程支持 JVM 中不同的垃圾回收活动。

◎ 编译器线程：编译器线程在运行时将字节码动态编译成本地平台机器码，是 JVM 跨平台的具体实现。

◎ 信号分发线程：接收发送到 JVM 的信号并调用 JVM 方法。

相关面试题

（1）Java 中的多线程是如何实现的？ ★★★☆☆

3.3　HotSpot JVM 内存模型

基于 JVM 结构的规范有不同的 JVM 实现，比如 HotSpot JVM、J9 JVM。其中，HotSpot JVM 是使用最广泛的虚拟机，Oracle/Sun JDK、OpenJDK 等都是以 HotSpot JVM 为核心实现的。J9 JVM 是 IBM 开发的一个高度模块化的 JVM，在微软的微服务中使用的是 OpenJ9 JVM。这里需要注意，不同 JVM 的实现和 JVM 结构的规范会有部分差异，HotSpot JVM 结构图和 JVM 结构规范图也会有部分差异。

下面介绍最常用的 HotSpot JVM 的 JVM 结构。如图 3-2 所示，HotSpot JVM 包括程序计数寄存器、Java 虚拟机栈、本地方法栈、Java 堆、直接内存和元空间。

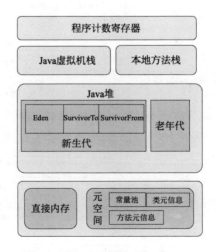

图 3-2

HotSpot JVM 的内存区域分为线程私有区域（程序计数寄存器、Java 虚拟机栈、本地方法栈）、线程共享区域（Java 堆、元空间）和直接内存，如图 3-3 所示。

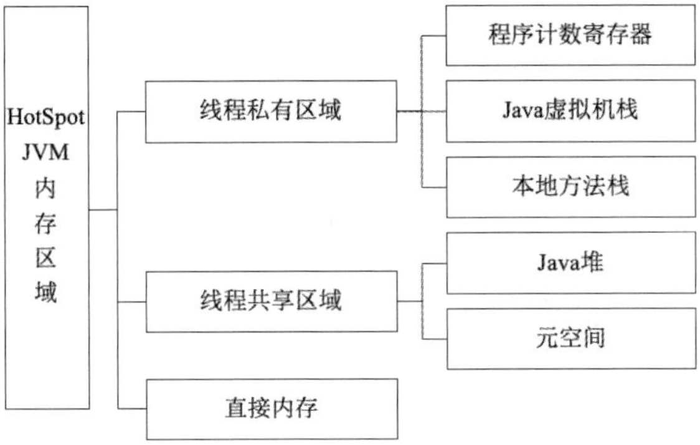

图 3-3

线程私有区域的生命周期与线程相同，随线程的启动而创建，随线程的结束而销毁。在 JVM 内部，每个线程都与操作系统的本地线程直接映射，因此线程私有内存区域的存在与否和本地线程的启动和销毁对应。

线程共享区域随虚拟机的启动而创建，随虚拟机的关闭而销毁。

3.3.1　程序计数器：线程私有，无内存溢出问题

程序计数器是一块很小的内存空间，用于存储当前运行的线程所执行的字节码的行号指示器。一个线程在某一时刻只会执行一个方法，这个正在被线程执行的方法成为当前方法。每个运行中的线程都有一个独立的程序计数器，在方法正被执行时，该方法的程序计数寄存器记录的是实时虚拟机字节码指令的地址；如果该方法执行的是 Native 方法，则程序计数器的值为空（Undefined）。

程序计数器属于“线程私有”的内存区域，它是唯一没有内存溢出（Out Of Memory）的区域。

3.3.2　Java 虚拟机栈：线程私有，描述 Java 方法的执行过程

Java 虚拟机栈是描述 Java 方法的执行过程的内存模型，它在当前栈帧（Current Stack Frame）中存储了局部变量表、操作数栈、动态链接、方法出口等信息。同时，栈帧用于存储部分运行时数据及其数据结构，处理动态链接（Dynamic Linking）方法的返回值和异

常分派（Dispatch Exception）。

　　栈帧用于记录方法的执行过程，在方法被执行时，Java 虚拟机会为其创建一个栈帧，方法的运行和返回与栈帧在 Java 虚拟机栈中的入栈和出栈相对应。无论方法是正常运行完成还是异常完成（抛出了在方法内未被捕获的异常），都视为方法运行结束。图 1-3 展示了线程运行及栈帧变化的过程。线程 1 在 CPU1 上运行，线程 2 在 CPU2 上运行，在 CPU 资源不足时其他线程将处于等待状态（例如图 3-4 等待中的线程 N），等待获取 CPU 时间片。而在线程内部，每个方法的执行和返回都与一个栈帧的入栈和出栈相对应，每个运行中的线程当前都只有一个栈帧处于活动状态。

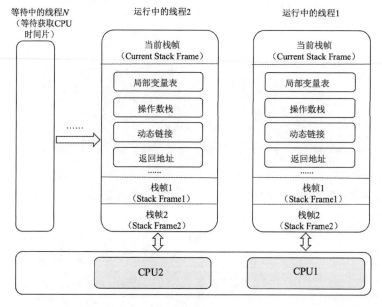

图 3-4

3.3.3　本地方法栈：线程私有

　　本地方法栈与 Java 虚拟机栈的作用类似，唯一不同的就是本地方法栈执行的是 Native 方法，而虚拟机栈是为 JVM 执行 Java 方法服务的。JVM 通过本地方法栈来支持 Native 方法，以调用其他语言（如 C 语言）实现指令集解释器。

　　与 Java 虚拟机栈一样，本地方法栈也会抛出 StackOverflowError 和 OutOfMemoryError 异常。

3.3.4　Java 堆：线程共享

在 JVM 运行过程中创建的对象和产生的数据都被存储在堆中，堆在虚拟机启动时创建，包含了所有垃圾回收器所管理的对象。堆是被线程共享的内存区域，也是垃圾回收器进行垃圾回收的最主要的内存区域。由于现代 JVM 采用**分代回收算法**，因此 Java 堆从 GC（Garbage Collection，垃圾回收）的角度还可以细分为：**新生代、老年代**。

3.3.5　元空间：方法区在 HotSpot JVM 中的实现，线程共享

元空间是方法区在 HotSpot JVM 中的实现。方法区与传统语言的编译代码存储区类似，存储了类的结构信息，具体包括：运行时常量、字段、方法和方法的数据、构造函数、初始化类信息（包括普通方法字节码和初始化类时用到的一些特殊方法），如图 3-5 所示。

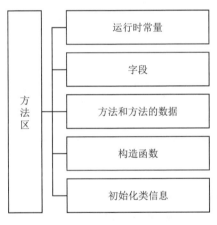

图 3-5

注意，元空间使用的内存并不在虚拟机中，而是直接使用本地内存，其大小取决于操作系统可使用的内存大小。我们可以通过 MetaspaceSize 设置初始化的元空间大小，MetaspaceSize 的默认值为 12MB ~ 20MB（对应不同的平台）。

3.3.6　直接内存

直接内存也叫作堆外内存，并不是 JVM 运行时数据区的一部分，但在并发编程过程中被频繁使用。JDK 的 NIO 模块提供的基于 Channel 与 Buffer 的 I/O 操作方式就是基于堆外内存实现的，NIO 模块通过调用 Native 函数库直接在操作系统上分配堆外内存，然后使

用 DirectByteBuffer 对象作为这块内存的引用对内存进行操作，Java 进程可以通过堆外内存技术避免在 Java 堆和 Native 堆中来回复制数据带来的资源浪费和性能损耗，因此堆外内存在高并发应用场景下被广泛使用（Netty、Flink、HBase、Hadoop 都有用到堆外内存）。

相关面试题

（1）JVM 的内存布局是怎样的？★★★★★

（2）什么是 Java 直接内存？它有何优势？★★★★★

（3）JVM 的元空间存储什么？★★★★☆

（4）Java 方法的执行过程是怎样的？★★★☆☆

（5）Java 虚拟机栈有哪些数据？★★☆☆☆

（6）程序计数器是什么？★★☆☆☆

3.4　HotSpot JVM 堆

从 GC 的角度可以将 HotSpot JVM 堆分为新生代、老年代。其中新生代默认占 1/3 堆空间，老年代默认占 2/3 堆空间。新生代又分为 Eden 区、SurvivorFrom 区和 SurvivorTo 区，Eden 区默认占 8/10 新生代空间，SurvivorFrom 区和 SurvivorTo 区默认分别占 1/10 新生代空间，如图 3-6 所示。

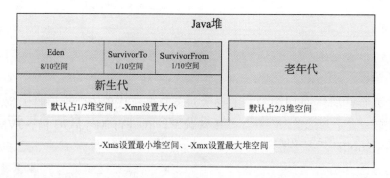

图 3-6

3.4.1　新生代：Eden 区、SurvivorTo 区和 SurvivorFrom 区

JVM 新创建的对象（除大对象外）会被存放在新生代，默认占 1/3 堆内存空间。由于

JVM 会频繁创建对象，所以新生代会频繁触发 MinorGC 进行垃圾回收。新生代又分为 Eden 区、SurvivorTo 区和 SurvivorFrom 区，如下所述。

（1）Eden 区：Java 新创建的对象首先会被存放在 Eden 区，如果新创建的对象属于大对象，则直接将其分配到老年代。大对象的定义与具体的 JVM 版本、堆大小和垃圾回收策略有关，一般为 2KB ~ 128KB，可通过 XX:PretenureSizeThreshold 设置其大小。在 Eden 区的内存空间不足时会触发 MinorGC，对新生代进行一次垃圾回收。

（2）SurvivorTo 区：保留上次 MinorGC 时的幸存者。

（3）SurvivorFrom 区：将上次 MinorGC 时的幸存者作为这次 MinorGC 的被扫描者。

新生代的 GC 过程叫作 MinorGC，采用复制算法实现，具体过程如下。

（1）把在 Eden 区和 SurvivorFrom 区中存活的对象复制到 SurvivorTo 区。如果某对象的年龄达到老年代的标准（对象晋升老年代的标准由 XX:MaxTenuringThreshold 设置，默认为 15），则将其复制到老年代，同时把这些对象的年龄加 1；如果 SurvivorTo 区的内存空间不够，则也直接将其复制到老年代；如果对象属于大对象（大小为 2KB ~ 128KB 的对象属于大对象，例如通过 XX:PretenureSizeThreshold=2097152 设置大对象为 2MB，1024 × 1024 × 2byte=2097152byte=2MB），则也直接将其复制到老年代。

（2）清空 Eden 区和 SurvivorFrom 区中的对象。

（3）将 SurvivorTo 区和 SurvivorFrom 区互换，原来的 SurvivorTo 区成为下一次 GC 时的 SurvivorFrom 区。

3.4.2　老年代

老年代主要存放长生命周期的对象和大对象。老年代的 GC 过程叫作 MajorGC。在老年代，对象比较稳定，MajorGC 不会被频繁触发。在进行 MajorGC 前，JVM 会进行一次 MinorGC，在 MinorGC 后对象仍然出现在老年代且当老年代空间不足或无法找到足够大的连续内存空间分配给新创建的大对象时，会触发 MajorGC 进行垃圾回收，释放 JVM 的内存空间。

MajorGC 采用标记清除算法，该算法首先会扫描所有对象并标记存活的对象，然后回收未被标记的对象，并释放内存空间。因为要先扫描老年代的所有对象再回收，所以 MajorGC 的耗时较长。MajorGC 的标记清除算法容易产生内存碎片。在老年代没有内存空间可分配时，会抛出 Out Of Memory 异常。

（1）JVM 的堆内存结构由哪几部分组成？★★★★★

（2）MinorGC 的过程是怎样的？★★★★★

（3）请描述在什么情况下，对象会从新生代进入老年代？★★★★☆

（4）Minor GC 和 Major GC 的区别是什么？★★★☆☆

3.5 垃圾回收的原理与算法

JVM 采用垃圾回收机制对不再使用的对象所占用的内存空间进行清理，以保障 JVM 有足够的空间持续存放新创建的对象。

3.5.1 如何确定垃圾

Java 采用引用计数法和可达性分析来确定对象是否应该被回收，其中，引用计数法容易产生循环引用的问题，可达性分析通过根搜索算法（GC Roots Tracing）来实现。根搜索算法以一系列 GC Roots 的点作为起点向下搜索，在一个对象到任何 GC Roots 都没有引用链相连时，说明其已经死亡。根搜索算法主要针对栈中的引用、方法区中的静态引用和 JNI 中的引用展开分析，如图 3-7 所示。

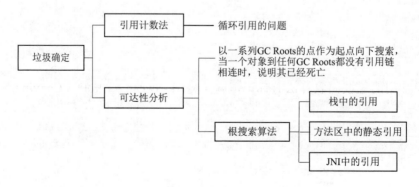

图 3-7

1. 引用计数法

在 Java 中如果要操作对象，就必须先获取该对象的引用，因此可以通过引用计数法来判断一个对象是否可被回收。在为对象添加一个引用时，引用计数加 1；在为对象删除一个引用时，引进计数减 1；如果一个对象的引用计数为 0，则表示此刻该对象没有被引用，可被回收。

引用计数法容易产生循环引用问题。循环引用指两个对象相互引用，导致它们的引用一直存在，而不能被回收，如图 3-8 所示，Object1 与 Object2 互为引用，如果采用引用计数法，则 Object1 和 Object2 由于互为引用，其引用计数一直为 1，因而无法被回收。

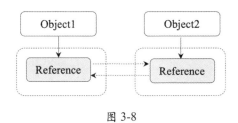

图 3-8

2. 可达性分析

为了解决引用计数法的循环引用问题，Java 还采用了可达性分析来判断对象是否可被回收。具体做法是首先定义一些 GC Roots 对象，然后以这些 GC Roots 对象作为起点向下搜索，如果在 GC Roots 和一个对象之间没有可达路径，则称该对象是不可达的。不可达对象要经过至少两次标记才能判定其是否可被回收，如果在两次标记后该对象仍然是不可达的，则将被垃圾回收器回收。

3.5.2　如何回收垃圾

Java 中常用的垃圾回收算法有标记清除（Mark-Sweep）、复制（Copying）、标记整理（Mark-Compact）和分代回收（Generational Collecting）这 4 种，如图 3-9 所示。

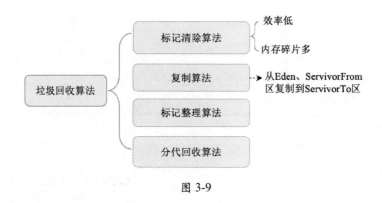

图 3-9

1. 标记清除算法

标记清除算法是基础的垃圾回收算法，其过程分为标记和清除两个阶段。在标记阶段标记所有需要回收的对象，在清除阶段清除可回收的对象并释放其所占用的内存空间，如图 3-10 所示。

由于标记清除算法在清理对象所占用的内存空间后并没有重新整理可用的内存空间，因此如果内存中可被回收的小对象过多，则会引起内存碎片化的问题，继而引起大对象无法获得连续的可用内存空间的问题。

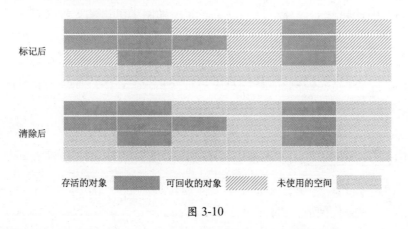

图 3-10

2. 复制算法

复制算法是为了解决标记清除算法内存碎片化的问题而设计的。复制算法首先将内存划分为两块大小相等的内存区域，即区域 1 和区域 2，新生成的对象都被存放在区域 1 中，在区域 1 内的对象存储满后会对区域 1 进行一次标记，并将标记后仍然存活的对象全部复制到区域 2 中，这时区域 1 将不存在任何存活的对象，直接清理整个区域 1 的内存即可，如图 3-11 所示。

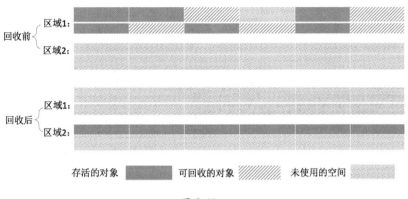

图 3-11

复制算法的内存清理效率高且易于实现，但由于同一时刻只有一个内存区域可用，即可用的内存空间被压缩到原来的一半，因此存在大量的内存浪费。同时，在系统中有大量长时间存活的对象时，这些对象将在内存区域 1 和内存区域 2 之间来回复制而影响系统的运行效率。因此，该算法只在对象为"朝生夕死"状态时运行效率较高。

3. 标记整理算法

标记整理算法结合了标记清除算法和复制算法的优点，其标记阶段和标记清除算法的标记阶段相同，在标记完成后将存活的对象移到内存的另一端，然后清除该端的对象并释放内存，如图 3-12 所示。

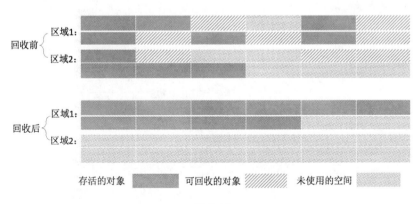

图 3-12

4. 分代回收算法

无论是标记清除算法、复制算法还是标记整理算法，都无法对所有类型（长生命周期、短生命周期、大对象、小对象）的对象都进行垃圾回收。因此，针对不同的对象类型，JVM 采用了不同的垃圾回收算法，该算法被称为分代回收算法。

分代回收算法根据对象的不同类型将内存划分为不同的区域，JVM 将堆划分为新生代和老年代。新生代主要存放新生成的对象，其特性是对象数量多但是生命周期短，在每次进行垃圾回收时都有大量的对象被回收；老年代主要存放大对象和长生命周期的对象，可回收的对象相对较少。因此，JVM 根据不同的区域对象的特性选择了不同的算法。

目前，大部分 JVM 在新生代都采用了复制算法，因为在新生代中每次进行垃圾回收时都有大量的对象被回收，需要复制的对象（存活的对象）较少，不存在大量的对象在内存中被来回复制的问题，因此采用复制算法能安全、高效地回收新生代大量的短生命周期的对象并释放内存。

JVM 将新生代进一步划分为一块较大的 Eden 区和两块较小的 Survivor 区，Survivor 区又分为 SurvivorFrom 区和 SurvivorTo 区。JVM 在运行过程中主要使用 Eden 区和 SurvivorFrom 区，进行垃圾回收时将在 Eden 区和 SurvivorFrom 区中存活的对象复制到 SurvivorTo 区，然后清理 Eden 区和 SurvivorFrom 区的内存空间，如图 3-13 所示。

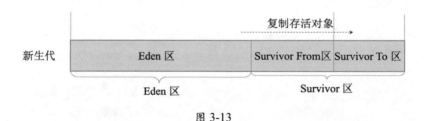

图 3-13

老年代主要存放生命周期较长的对象和大对象，每次只有少量非存活的对象被回收，因此在老年代采用标记清除算法。

在 HotSpot JVM 中还有一个区域，即用于实现 JVM 规范中方法区功能的元空间。在创建一个类对象时，这个类首先会被类加载器加载，在发生类加载时，对应类的元数据会被存入元空间。元数据分为两部分存入元空间，一部分存入了元空间的类空间，另一部分存入了元空间的非类空间。在类加载器加载的所有类都没有任何实例，并且没有任何指向这些类对象（java.lang.Class）的引用，也没有指向这个类加载器的引用时，如果发生了GC，这个类加载器使用的元空间就会被释放。

JVM 内存中的对象主要被分配到新生代的 Eden 区和 SurvivorFrom 区，在少数情况下会被直接分配到老年代。在新生代的 Eden 区和 SurvivorFrom 区的内存空间不足时会触发一次 GC，该过程被称为 MinorGC。在 MinorGC 后，在 Eden 区和 SurvivorFrom 区中存活的对象会被复制到 SurvivorTo 区，然后 Eden 区和 SurvivorFrom 区被清理。如果此时在 SurvivorTo 区无法找到连续的内存空间存储某个对象，则将这个对象直接存储到老年代。如果 Survivor 区的对象经过一次 GC 后仍然存活，则其年龄加 1。在默认情况下，对象在年龄达到 15 时，将被移到老年代。

3.6　Java 中的 4 种引用类型

在 Java 中一切皆对象，对象的操作是通过该对象的引用（Reference）实现的，Java 中的引用类型有 4 种，分别为强引用、软引用、弱引用和虚引用，如图 3-14 所示。

（1）强引用：在 Java 中最常见的就是强引用。在把一个对象赋给一个引用变量时，这个引用变量就是一个强引用。有强引用的对象一定为可达性状态，所以不会被垃圾回收机制回收。因此，强引用是造成 Java 内存泄漏（Memory Leak）的主要原因。

（2）软引用：软引用通过 SoftReference 类实现。如果一个对象只有软引用，则在系统内存空间不足时该对象将被回收。

（3）弱引用：弱引用通过 WeakReference 类实现，如果一个对象只有弱引用，则在垃圾回收过程中一定会被回收。

（4）虚引用：虚引用通过 PhantomReference 类实现，虚引用和引用队列联合使用，主要用于跟踪对象的垃圾回收状态。

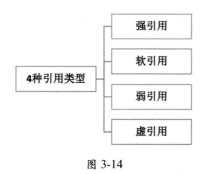

图 3-14

相关面试题

（1）JVM 有哪些垃圾回收算法？★★★★★

（2）JVM 如何判断一个对象是否应该被回收？★★★★☆

（3）标记清除算法的原理是什么？有何优缺点？★★★★☆

（4）标记整理算法的原理是什么？有何优缺点？★★★★☆

（5）分代回收算法的原理是什么？有何优缺点？★★★★☆

（6）在 Java 中都有哪些引用类型？★★★☆☆

（7）强引用、软引用、弱引用、虚引用是什么？有什么区别？★★★☆☆

3.7　分代回收算法和分区回收算法

JVM 的垃圾回收算法分为分代回收算法和分区回收算法，下面一一进行讲解。

3.7.1　分代回收算法

JVM 根据对象存活周期的不同将内存划分为新生代、老年代，并根据各年代的特性分别采用不同的 GC 算法。

1. 新生代与复制算法

新生代主要存储短生命周期的对象，在垃圾回收的标记阶段会标记大量已死亡的对象及少量存活的对象，因此只需选用复制算法将少量存活的对象复制到内存的另一端并清理原区域的内存即可。

2. 老年代与标记整理算法

老年代主要存放长生命周期的对象和大对象，可回收的对象一般较少，因此 JVM 采用标记整理算法进行垃圾回收，直接释放死亡状态的对象所占用的内存空间。

3.7.2　分区回收算法

分区回收算法将整个堆空间划分为连续的大小不同的小区域，在每个小区域内单独进行内存使用和垃圾回收，这样可以根据每个小区域内存的大小灵活使用和释放内存。

分区回收算法可以根据系统可接受的停顿时间，每次都快速回收若干个小区域中的内存，以缩短垃圾回收时系统停顿的时间，最后以多次并行累加的方式逐步完成整个内存区域的垃圾回收。如果垃圾回收机制一次回收整个堆内存，则需要更长的系统停顿时间，长时间的系统停顿将影响系统运行的稳定性。

相关面试题

（1）垃圾分代回收的过程是怎样的？★★★★☆

（2）分区回收算法的原理是什么？★★★☆☆

3.8　垃圾回收器

JVM 针对新生代和老年代分别提供了多种不同的垃圾回收器，针对新生代提供的垃圾回收器有 Serial、ParNew、Parallel Scavenge，针对老年代提供的垃圾回收器有 Serial Old、Parallel Old、CMS，还有针对不同区域的 G1 分区回收算法，如图 3-15 所示。

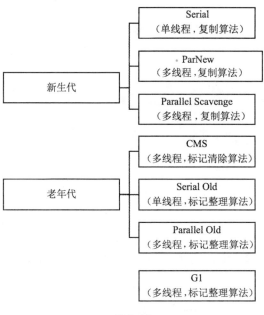

图 3-15

3.8.1　Serial 垃圾回收器：单线程，复制算法

Serial 垃圾回收器基于复制算法实现，它是一个单线程回收器，在它正在进行垃圾回收时，必须暂停其他所有工作线程，直到垃圾回收结束。

Serial 垃圾回收器采用了复制算法，其特性是：简单、高效，对于单 CPU 运行环境来说，没有线程交互开销，可以获得最高的单线程垃圾回收效率，因此 Serial 垃圾回收器是 Java 虚拟机运行在客户端模式下的新生代的默认垃圾回收器。

3.8.2　ParNew 垃圾回收器：多线程，复制算法

ParNew 垃圾回收器是 Serial 垃圾回收器的多线程实现，同样采用了复制算法，它采用多线程模式工作，除此之外和 Serial 垃圾回收器几乎一样。ParNew 垃圾回收器在垃圾回收过程中会暂停所有其他工作线程，是 Java 虚拟机运行在 Server 模式下的新生代的默认垃圾回收器。

ParNew 垃圾回收器默认开启与 CPU 同等数量的线程进行垃圾回收，在 Java 应用启动时可通过-XX:ParallelGCThreads 参数调节 ParNew 垃圾回收器的工作线程数。

3.8.3　Parallel Scavenge 垃圾回收器：多线程，复制算法

Parallel Scavenge 垃圾回收器是为提高新生代垃圾回收效率而设计的垃圾回收器，基于多线程复制算法实现，在系统吞吐量上有很大的优化，可以更高效地利用 CPU 尽快完成垃圾回收任务。

Parallel Scavenge 通过自适应调节策略提高系统吞吐量，提供了三个参数用于调节、控制垃圾回收的停顿时间及吞吐量，分别是控制最大垃圾回收停顿时间的-XX:MaxGCPauseMillis 参数，控制吞吐量大小的-XX:GCTimeRatio 参数和控制自适应调节策略开启与否的 UseAdaptiveSizePolicy 参数。

3.8.4　Serial Old 垃圾回收器：单线程，标记整理算法

Serial Old 垃圾回收器是 Serial 垃圾回收器的老年代实现，同 Serial 一样采用单线程执行，不同的是，Serial Old 针对老年代长生命周期的特性基于标记整理算法实现。Serial Old

垃圾回收器是 JVM 运行在客户端模式下的老年代的默认垃圾回收器。

　　新生代的 Serial 垃圾回收器和老年代的 Serial Old 垃圾回收器可搭配使用,分别针对 JVM 的新生代和老年代进行垃圾回收,其垃圾回收过程如图 3-16 所示。在新生代采用 Serial 垃圾回收器基于复制算法进行垃圾回收,未被其回收的对象在老年代被 Serial Old 垃圾回收器基于标记整理算法进行垃圾回收。

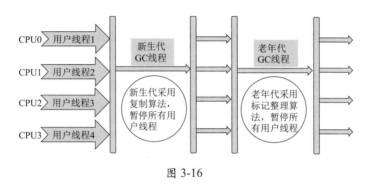

图 3-16

3.8.5　Parallel Old 垃圾回收器:多线程,标记整理算法

　　Parallel Old 垃圾回收器采用多线程并发进行垃圾回收,它根据老年代长生命周期的特性,基于多线程的标记整理算法实现。Parallel Old 垃圾回收器在设计上优先考虑系统吞吐量,其次考虑停顿时间等因素,如果系统对吞吐量的要求较高,则可以优先考虑新生代的 Parallel Scavenge 垃圾回收器和老年代的 Parallel Old 垃圾回收器的搭配使用。

　　新生代的 Parallel Scavenge 垃圾回收器和老年代的 Parallel Old 垃圾回收器的搭配运行过程如图 3-17 所示。新生代基于 Parallel Scavenge 垃圾回收器的复制算法进行垃圾回收,老年代基于 Parallel Old 垃圾回收器的标记整理算法进行垃圾回收。

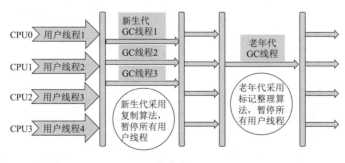

图 3-17

3.8.6　CMS 垃圾回收器

CMS（Concurrent Mark Sweep）垃圾回收器是为老年代设计的垃圾回收器，其主要目的是用最短的垃圾回收停顿时间完成垃圾回收，基于多线程的标记清除算法实现，以便在多线程并发环境下以最短的垃圾回收停顿时间提高系统的稳定性。

CMS 的工作机制相对复杂，垃圾回收过程包含如下 4 个步骤。

（1）初始标记：只标记和 GC Roots 直接关联的对象，速度很快，需要暂停所有工作线程。

（2）并发标记：和用户线程一起工作，执行 GC Roots 跟踪标记过程，不需要暂停工作线程。

（3）重新标记：在并发标记过程中用户线程继续运行，导致在垃圾回收过程中部分对象的状态发生变化，为了确保这部分对象的状态正确，需要对其重新标记并暂停工作线程。

（4）并发清除：和用户线程一起工作，执行清除 GC Roots 不可达对象的任务，不需要暂停工作线程。

CMS 垃圾回收器在和用户线程一起工作时（并发标记和并发清除）不需要暂停用户线程，有效缩短了垃圾回收时系统的停顿时间，同时由于 CMS 垃圾回收器和用户线程一起工作，因此其并行度和效率也有很大提升。CMS 垃圾回收器的工作流程如图 3-18 所示。

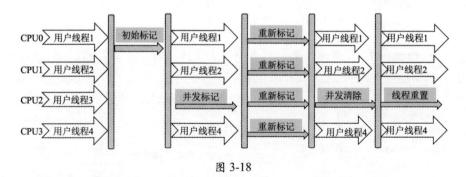

图 3-18

3.8.7　G1 垃圾回收器

G1（Garbage First）垃圾回收器为了避免全区域垃圾回收引起的系统停顿，将堆内存划分为大小固定的几个独立区域，独立使用这些区域的内存资源并且跟踪这些区域的垃圾回收进度，同时在后台维护一个优先级列表，在垃圾回收过程中根据系统允许的最长垃圾回收时间，优先回收垃圾最多的区域。G1 垃圾回收器通过内存区域独立划分使用和根据不同优先级回收各区域垃圾的机制，确保了 G1 垃圾回收器在有限时间内获得最高的垃圾回收效率。相对于 CMS 垃圾回收器，G1 垃圾回收器有以下两个突出的改进。

◎ 基于标记整理算法，不产生内存碎片。

◎ 可以精确地控制停顿时间，在不牺牲吞吐量的前提下实现最短停顿垃圾回收。

相关面试题

（1）你知道哪些垃圾回收器？★★★★☆

（2）CMS 垃圾回收器的工作机制是什么？★★★★☆

（3）G1 垃圾回收器是什么？有何特性？★★★★☆

3.9　JVM 的参数配置

程序运行中的数据处理是在内存中完成的，应用程序在运行中可用内存的多少将直接影响到程序运行的效率，甚至有时因为内存设置不足，会导致 OOM 问题，由此可见 JVM 内存设置的重要性。

3.9.1　JVM 参数设置入门案例

JVM 的内存参数众多，但是在实际应用中主要关注堆内存的大小设置及堆内存中新生代和老年代的大小设置。下面看一个简单的 JVM 启动参数设置案例：

```
java -server
 -Xms3g -Xmx3g
 -XX:NewSize=1g
 -XX:MetaspaceSize=128m
 -XX:NewRatio=3
 -XX:SurvivorRatio=8
 -XX:+UseParNewGC -XX:+UseConcMarkSweepGC
 -XX:+HeapDumpOnOutOfMemoryError
 -XX:HeapDumpPath=dump.log -jar start.jar
```

在以上代码中执行 Java 命令启动了一个名称为 start 的 JAR 程序，并在启动时设置了一些常用的 JVM 参数。接下来介绍下各个参数的含义。

（1）-Xms -Xmx：-Xms 表示初始堆大小；-Xmx 表示最大堆大小。一般将 Xms 和 Xmx 设置为相同的值，避免垃圾回收后 JVM 重新分配堆内存大小而引起内存震荡，影响性能。可将堆内存的大小简单理解为 JVM 在运行过程中可用到的总内存大小。

（2）-XX:NewSize："-XX:NewSize=1g"表示设置新生代的大小为 1GB，一般建议设置为总堆内存的 1/3。

（3）-XX: MetaspaceSize："-XX: MetaspaceSize =128M"表示元空间的大小为 128MB，当要加载的类库过多时，可以适当调高这个值。

（4）-XX:NewRatio："-XX:NewRatio=3"表示设置新生代与老年代的比值为 1：3，因此新生代占整个堆栈的 1/4，老年代占整个堆内存的 3/4。

（5）-XX:SurvivorRatio："-XX:SurvivorRatio=8"表示 Eden 区和两个 Survivor 区（SurvivorTo 区、SurvivorFrom 区）的比值为 8：1，即 Eden：SurvivorTo = 8：1、Eden：SurvivorFrom= 8：1。最终的结果是 Eden：SurvivorTo：SurvivorFrom=8：1：1，如图 3-19 所示。

Eden 8/10空间	SurvivorTo 1/10空间	SurvivorFrom 1/10空间

图 3-19

（6）-XX:+UseParNewGC -XX:+UseConcMarkSweepGC：垃圾回收器设置，"-XX:+UseParNewGC"表示设置年轻代垃圾回收器为 ParNew 垃圾回收器。"-XX:+UseConcMarkSweepGC"表示设置老年代垃圾回收器为 CMS 垃圾回收器。

（7）OOM 异常诊断设置："XX:HeapDumpOnOutOfMemoryError"表示当发生 OOM 时转储堆到文件，"XX:HeapDumpPath"表示堆的转储文件路径地址。这两个参数结合起来，可以在程序出现 OOM 时及时将堆信息打印出来，方便后续分析故障。

3.9.2　JVM 参数设置实战

在进行 JVM 参数设置时需要重点关注垃圾回收器的设置和 JVM 内存的设置。接下来以在一个 8GB 的服务器上独立运行一个名为 start.jar 的 Netty 应用服务为例，介绍内存设置的流程。

（1）预留操作系统内存：首先确定操作系统的总内存为 8GB，为操作系统预留 2GB 内存，保障操作系统运行流畅，将剩余的 6GB 内存分配给应用程序。

（2）确定直接内存：由于我们的应用程序为 Netty 服务端，Netty 服务在运行过程中会使用直接内存来提高性能，因此应用程序在运行过程中会有大量直接内存的使用。为了保障应用程序既有足够的直接内存保障服务高效运行，又不至于占用过多堆外内存导致系统内存不足而产生 OOM 问题，我们将 2GB（应用程序可用内存的 1/3）内存预留给直接内存，通过 "-XX:MaxDirectMemorySize=2g" 设置可用的最大堆外内存为 2GB。在使用过程中会按需分配足够的内存给直接内存，但最大不超过 2GB。

（3）确定 Java 堆的大小：剩余的 4GB 内存，将 3GB 分配给 Java 堆，这样就可以确定 "-Xm3g -Xmx3g"。

（4）确定新生代和老年代的大小：由于没有特殊的大对象和过多长生命周期的对象，所以可以将堆内存的 1/3 分配给新生代，也就是-XX:NewSize=1g，将其他剩余的 2GB 内存分配给老年代。同时，由于我们的程序为一般的 Java 引用程序，所以 Survivor 区和 Eden 区的配置可以采用官网建议的值，这里不做特殊设置。

（5）确定元空间区：接下来还剩余 1GB 内存可供应用程序使用，由于应用程序及其依赖的 JAR 包不大，所以可通过 "-XX:MetaspaceSize=128m" 设置元空间大小为 128MB。将剩余的少部分内存留给操作系统或者其他应用程序使用。

（6）配置 GC：最后设置垃圾回收器、OOM 异常数据转储路径和 GC 日志。

使用 "-XX:+UserConcMarkSweepGC" 可设置老年代使用 CMS 垃圾回收器，新生代使用默认的 ParNew 垃圾回收器。使用 "-XX:+UseG1GC" 可设置使用 G1 垃圾回收器。注意：在高并发应用中（例如 HBase、Kafka），G1 垃圾回收器的设置一般都有很大的优化效果。

具体配置如下：

```
java -server
-XX:MaxDirectMemorySize=2g #直接内存的大小为2GB
-Xms3g -Xmx3g #Java 堆内存的大小为3GB
-XX:NewSize=1g #新生代的大小为1GB
-XX:MetaspaceSize=128m #元空间为128MB
-XX:+UseParNewGC -XX:+UseConcMarkSweepGC #新时代使用 ParNewGC，老年代使用 CMS
-XX:+HeapDumpOnOutOfMemoryError #在发生 OOM 时打印日志
```

```
-XX:HeapDumpPath=dump.log #OOM 日志存储地址
-XX:+PrintGC #输出 GC 日志
-XX:+PrintGCDetails #输出 GC 的详细日志
-XX:+PrintGCDateStamps #输出 GC 的时间戳
-XX:+PrintHeapAtGC #JVM 在执行 GC 操作的前后打印堆的信息
-Xloggc:../gc/gc.log #GC 日志的输出地址
-jar start.jar
```

另外，需要注意不同 JVM 版本的配置参数不同，比如 -XX:PermSize 和 -XX:MaxPermSize 分别表示永久代的初始化大小和永久代的最大大小。但是在 JVM 8 中已经没有永久代了，因此也不存在该配置参数。

JVM 参数的设置需要根据实际应用程序的运行和内存的使用情况不断调整，不是一个一蹴而就的过程。

相关面试题

（1）JVM 的内存配置参数有哪些？★★★★☆

（2）你一般是如何为一个 Java 应用程序配置内存的？★★★★★

（3）如何将 JVM 的垃圾回收器设置为 CMS？★★★★☆

（4）如何将 JVM 的垃圾回收器修改为 C1？★★★☆☆

（5）如何开启和查看 GC 日志？★★☆☆☆

3.10　JVM 的类加载机制

JVM 的类加载机制指的是 JVM 把编译好的 Class 文件以加载、验证、准备、解析、初始化的步骤加载到内存中，使其能够直接被 JVM 使用。

3.10.1　JVM 的类加载阶段

JVM 的类加载分为 5 个阶段：加载、验证、准备、解析、初始化。在类初始化完成后就可以使用该类的信息，在一个类不再被需要时可以从 JVM 中卸载，如图 3-20 所示。

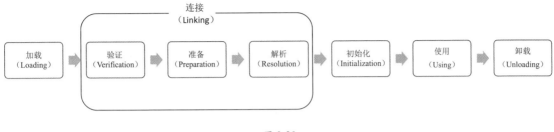

图 3-20

1. 加载

加载指 JVM 读取 Class 文件，并且根据 Class 文件描述创建 java.lang.Class 对象的过程。类加载过程主要包含将 Class 文件读取到运行时区域的方法区内，在堆中创建 java.lang.Class 对象，并封装类在方法区的数据结构的过程，在读取 Class 文件时既可以通过文件的形式读取，也可以通过 JAR 包、WAR 包读取，还可以通过代理自动生成 Class 或其他方式读取。

2. 验证

主要用于确保 Class 文件符合当前虚拟机的要求，保障虚拟机自身的安全，只有通过验证的 Class 文件才能被 JVM 加载。

3. 准备

主要工作是在方法区中为类变量分配内存空间并设置类中变量的初始值。初始值指不同数据类型的默认值，这里需要注意 final 类型的变量和非 final 类型的变量在准备阶段的数据初始化过程不同。比如一个成员变量的定义如下：

```
public static long value = 1000;
```

在以上代码中，静态变量 value 在准备阶段的初始值是 0，将 value 设置为 1000 的动作是在对象初始化时完成的，因为 JVM 在编译阶段会将静态变量的初始化操作定义在构造器中。但是，如果将变量 value 声明为 final 类型：

```
public static final int value = 1000;
```

则 JVM 在编译阶段后会为 final 类型的变量 value 生成其对应的 ConstantValue 属性，虚拟机在准备阶段会根据 ConstantValue 属性将 value 赋值为 1000。

4. 解析

JVM 会将常量池中的符号引用替换为直接引用。

5. 初始化

主要通过执行类构造器的<clinit>方法将类初始化。<clinit>方法是在编译阶段由编译器自动收集类中静态语句块和变量的赋值操作组成的。在 JVM 中规定，只有在父类的<clinit>方法都执行成功后，子类中的<clinit>方法才可被执行。在一个类中既没有静态变量赋值操作也没有静态语句块时，编译器不会为该类生成<clinit>方法。

在发生如下几种情况时，JVM 不会执行类的初始化流程。

◎ 常量在编译时会将其常量值存入使用该常量的类的常量池中，该过程不需要调用常量所在的类，因此不会触发该常量类的初始化。

◎ 在子类引用父类的静态字段时，不会触发子类的初始化，只会触发父类的初始化。

◎ 定义对象数组，不会触发该类的初始化。

◎ 在使用类名获取 Class 对象时不会触发类的初始化。

◎ 在使用 Class.forName 加载指定的类时，可以通过 initialize 参数设置是否需要对类进行初始化。

◎ 在使用 ClassLoader 默认的 loadClass 方法加载类时不会触发该类的初始化。

3.10.2　类加载器

JVM 提供了 3 种类加载器，分别是启动类加载器、扩展类加载器和应用程序类加载器，如图 3-21 所示。

（1）启动类加载器：负责加载 Java_HOME/lib 目录下的类库，或通过-Xbootclasspath 参数指定路径下被虚拟机认可的类库。

（2）扩展类加载器：负责加载 Java_HOME/lib/ext 目录下的类库，或通过 java.ext.dirs 系统变量加载指定路径下的类库。

（3）应用程序类加载器：负责加载用户路径（classpath）下的类库。

除了上述 3 种类加载器，我们也可以通过继承 java.lang.ClassLoader 实现自定义类加载器。

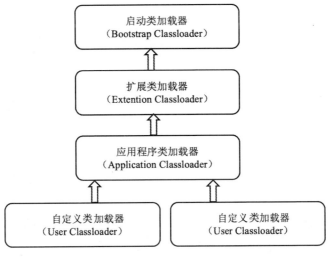

图 3-21

3.10.3　双亲委派机制

JVM 通过双亲委派机制对类进行加载。双亲委派机制指一个类在收到类加载请求后不会尝试自己加载这个类，而是把该类加载请求向上委派给其父类去完成，其父类在接收到该类加载请求后又会将其委派给自己的父类，以此类推，这样所有的类加载请求都被向上委派到启动类加载器中。如果父类加载器在接收到类加载请求后发现自己也无法加载该类（通常原因是该类的 Class 文件在父类的类加载路径下不存在），则父类会将该信息反馈给子类并向下委派子类加载器加载该类，直到该类被成功加载，如果找不到该类，则 JVM 会抛出 ClassNotFoud 异常。

双亲委派类加载机制的类加载流程如下，如图 3-22 所示。

（1）将自定义类加载器挂载到应用程序类加载器。

（2）应用程序类加载器将类加载请求委托给扩展类加载器。

（3）扩展类加载器将类加载请求委托给启动类加载器。

（4）启动类加载器在加载路径下查找并加载 Class 文件，如果未找到目标 Class 文件，则交由扩展类加载器加载。

（5）扩展类加载器在加载路径下查找并加载 Class 文件，如果未找到目标 Class 文件，则交由应用程序类加载器加载。

（6）应用程序类加载器在加载路径下查找并加载 Class 文件，如果未找到目标 Class 文件，则交由自定义类加载器加载。

（7）自定义类加载器在自定义加载路径下查找并加载用户指定目录下的 Class 文件，如果未找到目标 Class 文件，则抛出 ClassNotFoud 异常。

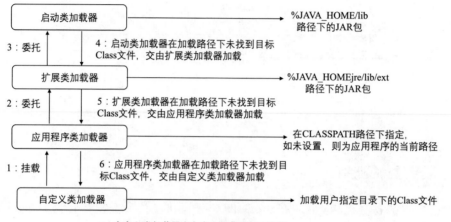

图 3-22

双亲委派机制的核心是保障类的唯一性和安全性。例如在加载 rt.jar 包中的 java.lang.Object 类时，无论是哪个类加载器加载这个类，最终都将类加载请求委托给启动类加载器加载，这样就保证了类加载的唯一性。如果在 JVM 中存在包名和类名相同的两个类，则该类将无法被加载，JVM 也无法完成类加载流程。

3.10.4　OSGI

OSGI（Open Service Gateway Initiative）是 Java 动态化模块化系统的一系列规范，旨在为实现 Java 程序的模块化编程提供基础条件。基于 OSGI 的程序可以实现模块级的热插拔功能，在程序升级时，可以只针对需要更新的程序进行停用和重新安装，极大提高了系统升级的安全性和便捷性。

OSGI 提供了一种面向服务的架构，该架构为组件提供了动态发现其他组件的功能，这样无论是加入组件还是卸载组件，都能被系统的其他组件感知，以便各个组件之间更好地协调工作。

OSGI 不但定义了模块化开发的规范，还定义了实现这些规范所依赖的服务与架构，市场上也有成熟的框架对其进行实现和应用，但只有部分应用适合采用 OSGI 方式，因为它为了实现动态模块，不再遵循 JVM 类加载双亲委派机制和其他 JVM 规范，在安全性上有所牺牲。

相关面试题

（1）Java 类加载的过程是怎样的？★★★★☆

（2）有哪些类加载器？★★★☆☆

（3）Java 类加载（双亲委派）的机制是什么？★★★☆☆

（4）OSGI 的概念是什么？★★☆☆☆

3.11　JVM 的性能监控与分析工具

当应用程序在线上运行过程中突然出现问题时，我们常常需要使用工具对其问题进行分析和定位。问题可能刚好在线上的某个特殊环境下才触发，在测试环境下很难复现，这时就需要使用 JVM 的性能监控与分析工具对其进行分析。常用的工具有 jps、jinfo、jstat、jmap 等，下面分别进行介绍。

3.11.1　jps

jps 用于查看正在运行的 Java 程序及相关信息，当未指定 hostid 时，默认查看本机的 Java 程序。其主要参数如下。

◎　jps -m：显示运行时传入主类的参数。

◎　jps -v：显示虚拟机参数。

◎　jps -l：显示运行的主类全名或者 JAR 包名称。

也可以在本机上执行"jsp –mlv"命令，可以看到如下输出：

```
6 scheduler-0.1-exec.jar --server.port=8080 --spring.profiles.active=prod
-Djava.awt.headless=true -Xms2g -Xmx5g
```

可以看出当前运行的 Java 进程号为 6，JAR 包名称为 scheduler-0.1-exec.jar，运行参数有 server.port=8080、spring.profiles. active=prod、Djava.awt.headless=true、-Xms2g、-Xmx5g。这对我们快速了解不熟悉的服务有很大帮助。

3.11.2　jinfo

jinfo 用于输出并修改运行时的 Java 进程的参数。如图 3-23 所示，在执行 jinfo 6（6 为 Java 进程号）时会打印该进程的所有信息。在 JVM 中有一个很关键的配置，即 RocketMQClientPassword 参数，它表示连接到 RocketMQ 时用到的密码，这可以帮助我们在系统有很多复杂参数时快速找到 JVM 参数并分析问题，避免在项目源码中翻找。

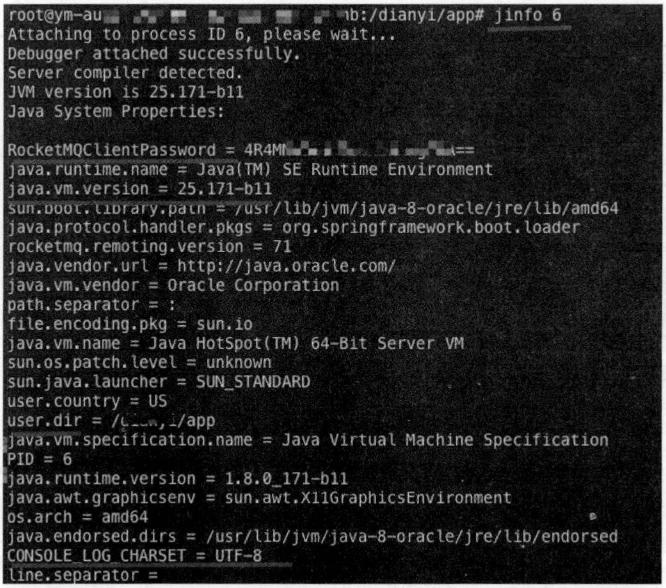

图 3-23

3.11.3　jstat

jstat 用于监控 JVM 内存使用和垃圾回收的情况，是使用最广泛的 Java 性能监控工具。例如，"jstat -gcutil 6 1000 10" 命令表示每隔 1000ms（1s）打印一次 Java 进程号为 6 的内存和垃圾回收情况，一共打印 10 次，结果如图 3-24 所示。

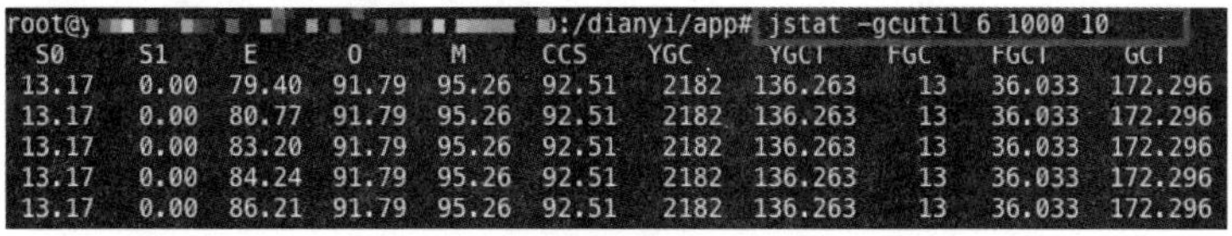

图 3-24

这里对执行"jstat -gcutil"命令打印出的参数解释如下。

◎ S0：新生代中 SurvivorFrom 区已使用空间的百分比。

◎ S1：新生代中 SurvivorTo 区已使用空间的百分比。

◎ E：Eden 区已使用空间的百分比。

◎ O：老年代已使用空间的百分比。

◎ M：元空间（MetaspaceSize）已使用空间的百分比。

◎ CCS：压缩使用比例。

◎ YGC（Young GC）：从进程启动到现在新生代垃圾回收的次数，也代表 Minor GC 的次数。

◎ YGCT：从进程启动到现在新生代垃圾回收的总耗时。

◎ FGC：从进程启动到现在 Full GC 的次数。

◎ FGCT：从进程启动到现在 Full GC 的总耗时。

◎ GCT：从进程启动到现在垃圾回收的总耗时。

在具体使用过程中，我们主要关注进程是否频繁发生 Full GC（通过多次观察 FGC 数字的变化进行判断）及每次的 Full GC 耗时（通过多次观察 FGCT 数字的变化进行判断），如果进程的 Full GC 正常，则会进一步分析新生代和老年代的内存使用情况。

3.11.4　jstack

jstack 是堆栈跟踪工具，一般用于查看某个进程内线程的情况。比较典型的应用是分析占用 CPU 时间最多的代码块，具体步骤如下。

（1）查询进程号，执行"jps -lmvV |grep java"命令查询该 Java 应用进程号，假设查询结果为 2435。

（2）查看进程内线程的情况，执行"top -Hp 2435"命令查看进程号为 2435 的进程上占用 CPU 时间最多的 top 线程，假设 1255 号线程占用 CPU 的时间最长。

（3）得到线程号的十六进制数，在终端执行"printf '%x\n' 1255"（输出为 4e7）命令。

（4）使用 jstack 定位问题，执行"jstack 2435| grep 4e7"命令过滤出进程 2435 上线程 4e7 中的线程调用栈情况，这样便快能定位到占用 CPU 时间最长的代码块。

3.11.5 jmap

jmap 用于查看堆内对象的统计信息，也可用于生成 Java 进程的 dump 文件，dump 文件保存了可以输出的所有内存对象。

（1）执行"jmap –heap"命令可以查看堆内存使用情况。如图 3-25 所示，通过"jmap -heap 6"命令打印出了 Java 进程号为 6 的堆内各个区内存的使用情况，其中需要重点关注每个区内存的配额（capacity）、使用量（used）和可用量（free）。

```
root@■■■■■■■■■■■■■■■■■■■■■■■■■# jmap -heap 6
Attaching to process ID 6, please wait...
Debugger attached successfully.
Server compiler detected.
JVM version is 25.171-b11

using thread-local object allocation.
Parallel GC with 4 thread(s)

Heap Configuration:
   MinHeapFreeRatio         = 0
   MaxHeapFreeRatio         = 100
   MaxHeapSize              = 5368709120 (5120.0MB)
   NewSize                  = 715653120 (682.5MB)
   MaxNewSize               = 1789394944 (1706.5MB)
   OldSize                  = 1431830528 (1365.5MB)
   NewRatio                 = 2
   SurvivorRatio            = 8
   MetaspaceSize            = 21807104 (20.796875MB)
   CompressedClassSpaceSize = 1073741824 (1024.0MB)
   MaxMetaspaceSize         = 17592186044415 MB
   G1HeapRegionSize         = 0 (0.0MB)

Heap Usage:
PS Young Generation
Eden Space:
   capacity = 903348224 (861.5MB)
   used     = 524156344 (499.8744430541992MB)
   free     = 379191880 (361.6255569458008MB)
   58.023731056784584% used
From Space:
   capacity = 429916160 (410.0MB)
   used     = 4161760 (3.968963623046875MB)
   free     = 425754400 (406.0310363769531MB)
   0.9680399080602134% used
To Space:
   capacity = 435159040 (415.0MB)
   used     = 0 (0.0MB)
   free     = 435159040 (415.0MB)
   0.0% used
PS Old Generation
   capacity = 3579314176 (3413.5MB)
   used     = 1950042352 (1859.705307006836MB)
   free     = 1629271824 (1553.794692993164MB)
   54.4808937163274% used

40167 interned Strings occupying 3920704 bytes.
```

图 3-25

（2）执行"jmap -histo:live"命令可以查看堆内对象的统计信息。执行"jmap -histo:

live 6"命令可以查看进程号为 6 的应用上对象的大小，如图 3-26 所示，可以看到 ConcurrentHashMap 对象的个数和占用的内存都很大，其中对象有 4 837 229 个，占用的内存空间为 154 791 328 字节。

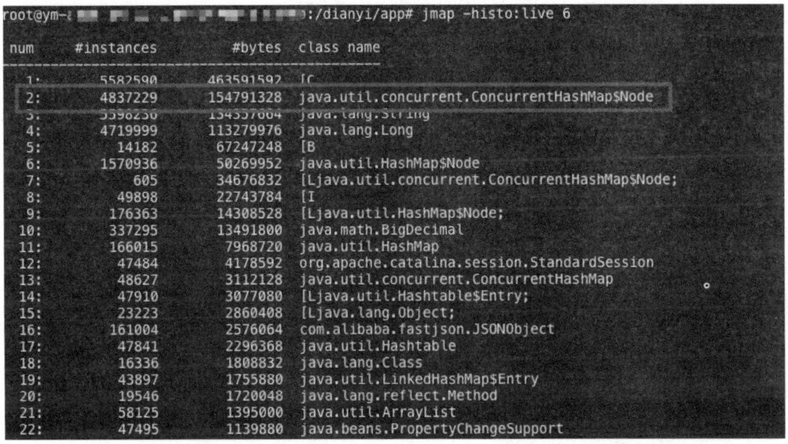

图 3-26

（3）执行"jmap –dump"命令以 hprof 二进制格式转储 Java 堆到指定 filename 的文件中。如果指定了 live 子选项，则堆中只有活动的对象才会被转储。执行"jmap -dump:format=b,file=heapdump.phrof pid"命令可以导出 pid 上的堆转储快照 dump 文件，接着可以使用 Memory Analyzer Tool（MAT）等内存分析工具读取生成的文件，如图 3-27 所示。

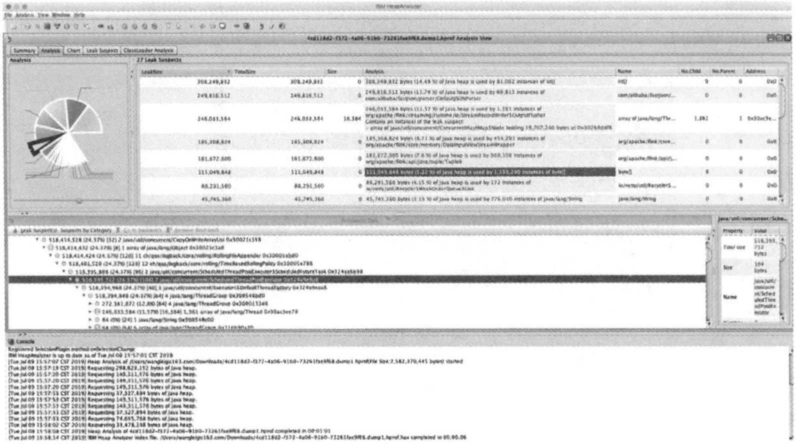

图 3-27

需要注意的是，执行"jmap -dump"命令会将整个堆的信息导出并写入一个文件，在执行过程中为了保证堆的信息是可靠的，会暂停应用，线上系统在执行该命令时需要做好评估，防止引起线上应用长时间停止或崩溃。

3.11.6　GC 日志分析

在应用程序启动时添加如下 GC 日志配置后，JVM 在运行过程中会将日志输出到../gc/gc.log 中，以便分析问题：

```
-XX:+PrintGC #输出 GC 日志
-XX:+PrintGCDetails #输出 GC 的详细日志
-XX:+PrintGCDateStamps #输出 GC 的时间戳
-XX:+PrintHeapAtGC #在进行 GC 的前后打印堆的信息
-Xloggc:../gc/gc.log #GC 日志的输出地址
```

下面看一段关于 Full GC 的 GC 日志（在日志中省略了部分数据，只保留了关键部分）：

```
{Heap before GC invocations=20034 (full 925):
......   the space 176128K,  99% used [0x00000007f0000000, 0x00000007faa62b68,
0x00000007faa62c00, 0x00000007fac00000)
No shared spaces configured.
189074.607: [Full GC 10192M->7271M(10240M)
......
Heap after GC invocations=20035 (full 926):
......
No shared spaces configured.
```

从以上日志可以看出程序发生了 Full GC，如果经常出现这样的日志，则需要考虑是否有程序占用了太多的内存没释放或者应用程序的内存配置不足。

下面再看一段关于 StackFull 的 GC 日志（在日志中省略了部分数据，只保留了关键部分）：

```
   region size 1024K, 67 young (68608K), 3 survivors (3072K)
......   the space 272384K,  99% used [0x0000000240100000, 0x0000000250a072c0,
0x0000000250a07400, 0x0000000250b00000)
No shared spaces configured.
248191.536: [GC pause (young)Mark stack is full.
Setting abort in CSMarkOopClosure because push failed.
Mark stack is full.
Setting abort in CSMarkOopClosure because push failed.
```

```
Mark stack is full.
```

从以上日志可以看出频繁打印 Stack Full 日志，这时应用程序可能运行不正常，需要进一步通过代码分析发生 Stack Full 的原因。

同时，我们可以通过 GCViewer 对 GC 日志进行分析。如图 3-28 所示，可以明显看到在 30s 内发生了 3 次 Full GC，说明系统已经出现了严重内存不足的情况。

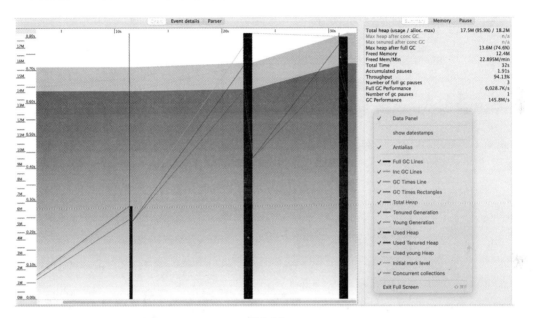

图 3-28

另外，阿里巴巴开源的 Arthas 框架也是一款优秀的 JVM 性能监控工具，具体的使用方法请参照其官网。

> **相关面试题**

（1）JVM 的调优工具有哪些？★★★★★

（2）如何快速定位线上系统是哪个线程引起 CPU 使用率过高的？★★★★☆

（3）如何查看 JVM 的实时内存使用情况？★★★☆☆

（4）jstat、jmap 的常用命令有哪些？★★★☆☆

（5）你分析过 GC 日志吗？说说你的经验。★★☆☆☆

第 4 章

Java 高并发网络编程

4.1　网络

在计算机领域中，网络是信息传输、接收、共享的虚拟平台，它将各个点、面、体的信息联系到一起，从而实现这些资源的共享。在大型分布式系统中，网络起着至关重要的作用，本章对常用的网络 7 层架构，以及 TCP/IP、HTTP 和 CDN 的原理做简单介绍，这是我们构建分布式系统所必须理解的。只有理解这些原理，才能设计出好的系统，并更有针对性地做系统架构调优。

4.1.1　OSI 七层网络模型

网络的七层架构从下到上主要分为：物理层、数据链路层、网络层、传输层、会话层、表示层和应用层，如图 4-1 所示。

◎ 物理层主要定义物理设备标准，它的主要作用是传输比特流，具体做法是在发送端将 1、0 码转化为电流强弱来进行传输，在到达目的地后再将电流根据强弱转化为 1、0 码，也就是我们常说的模数转换与数模转换，这一层的数据叫作比特。

◎ 数据链路层主要用于对数据包中的 MAC 地址进行解析和封装。这一层的数据叫作数据帧。在这一层工作的设备是网卡、网桥、交换机。

◎ 网络层主要用于对数据包中的 IP 地址进行封装和解析，这一层的数据叫作数据包。在这一层工作的设备有路由器、交换机、防火墙等。

◎ 传输层定义了传输数据的协议和端口号，主要用于数据的分段、传输和重组。在这一层工作的协议有 TCP 和 UDP 等。TCP 是传输控制协议，传输效率低，可靠性强，用于传输对可靠性要求高、数据量小的数据，比如进行支付宝转账使用的就是 TCP；UDP 是用户数据报协议，与 TCP 的特性恰恰相反，用于传输对可靠性要求不高、数据量大的数据，例如抖音等视频服务就使用了 UDP。

◎ 会话层在传输层的基础上建立连接并进行访问验证和会话管理，具体包括登录验证、断点续传、数据粘包与分包等。在设备之间需要互相识别的可以是 IP 地址，也可以是 MAC 地址或者主机名。

◎ 表示层主要对接收的数据进行编码、解码、加密、解密、压缩、解压缩等，即把计算机能够识别的内容转换成人能够识别的内容（图片、声音、文字等）。

◎ 应用层基于网络构建具体应用，例如 FTP 文件上传下载服务、Telnet 服务、HTTP 服务、DNS 服务、SNMP 邮件服务等。

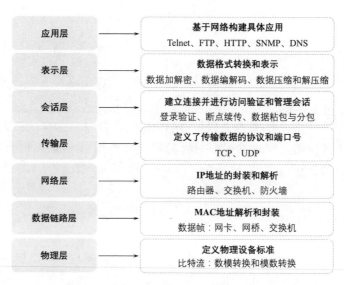

图 4-1

（1）OSI 的七层模型有哪些？★★☆☆☆

4.1.2 TCP/IP 四层网络模型

TCP/IP 不是指 TCP 和 IP 这两个协议的合称，而是指因特网的整个 TCP/IP 协议簇。从协议分层模型方面来讲，TCP/IP 由 4 个层次组成：网络接口层、网络层、传输层和应用层，如图 4-2 所示。

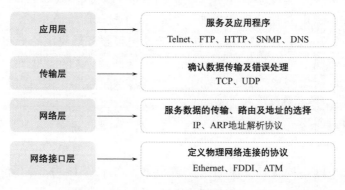

图 4-2

TCP/IP 中网络接口层、网络层、传输层和应用层的具体工作职责如下。

◎ 网络接口层（Network Access Layer）：定义了主机间网络连通的协议，具体包括 Ethernet、FDDI、ATM 等通信协议。

◎ 网络层（Internet Layer）：主要用于数据的传输、路由及地址的解析，以保障主机可以把数据发送给任何网络上的目标。数据经过网络传输，发送的顺序和到达的顺序可能发生变化。在网络层使用 IP（Internet Protocol）和地址解析协议（ARP）。

◎ 传输层（Transport Layer）：使源端和目的端机器上的对等实体可以基于会话相互通信。在这一层定义了两个端到端的协议 TCP 和 UDP。TCP 是面向连接的协议，提供可靠的报文传输和对上层应用的连接服务，除了基本的数据传输，它还有可靠性保证、流量控制、多路复用、优先权和安全性控制等功能。UDP 是面向无连接的不可靠传输的协议，主要用于不需要类似 TCP 的可靠性保障和流量控制等功能的应用程序。

◎ 应用层（Application Layer）：负责具体应用层协议的定义，包括 Telnet（TELecommunications NETwork，虚拟终端协议）、FTP（File Transfer Protocol，文件传输协议）、SMTP（Simple Mail Transfer Protocol，电子邮件传输协议）、DNS（Domain Name Service，域名服务）、NNTP（Net News Transfer Protocol，网上新闻传输协议）和 HTTP（HyperText Transfer Protocol，超文本传输协议）等。

相关面试题

（1）TCP/IP 网络模型分为哪几层？★★☆☆☆

4.1.3　TCP 三次握手/四次挥手

TCP 数据在传输之前首先需要建立连接，建立连接需要进行 3 次通信，一般被称为"三次握手"，在数据传输完成后断开连接时要进行 4 次通信，一般被称为"四次挥手"。

1. TCP 的数据包结构

TCP 的数据包结构如图 4-3 所示。

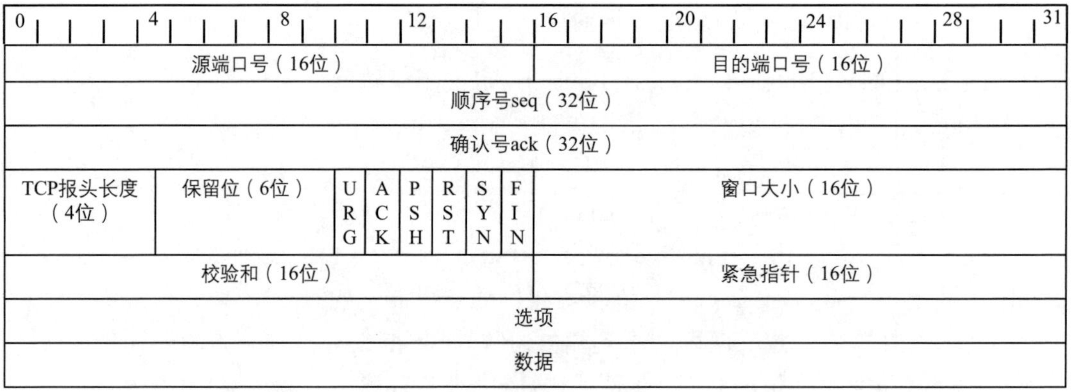

0			4			8			12			16			20			24			28			31

图 4-3

对 TCP 包的数据结构介绍如下。

◎ 源端口号（16 位）：和源主机的 IP 地址一起标识源主机的一个应用进程。

◎ 目的端口号（16 位）：和源主机的 IP 地址一起标识目的主机的一个应用进程。IP 报头中的源主机 IP 地址、目的主机的 IP 地址和源端口、目的端口确定了唯一一条 TCP 连接。

◎ 顺序号 seq（32 位）：标识从 TCP 源端向 TCP 目的端发送的数据字节流，表示这个报文段中的第 1 个数据字节的顺序号。如果将字节流看作在两个应用程序间的单向流动，则 TCP 用顺序号对所有字节都进行计数。顺序号是 32 位的无符号数，序号达到 $2^{32}-1$ 后又从 0 开始。在建立一个新的连接时，SYN 标志变为 1，顺序号字段包含由这个主机选择的该连接的初始顺序号 ISN（Initial Sequence Number）。

◎ 确认号 ack（32 位）：存储发送确认的一端所期望收到的下一个顺序号。确认序号是上次已成功收到的数据字节顺序号加 1。只有 ACK 标志为 1 时确认序号字段才有效。TCP 为应用层提供全双工服务，这意味着数据能在两个方向上独立进行传输。因此，连接的每一端都必须保持每个方向上的传输数据顺序号。

◎ TCP 报头长度（4 位）：存储报头中头部数据的长度，它指明了数据从哪里开始。需要这个值是因为任选字段的长度可变，该字段占 4 位，因此 TCP 最多有 60 字节的头部，但没有任选字段，正常的长度是 20 字节。

◎ 保留位（6 位）：数据保留位，目前必须被设置为 0。

◎ 控制位（control flags：6 位）：在 TCP 报头中有 6 个标志位，它们中的多个可被同时设置为 1，具体含义如表 4-1 所示。

表 4-1

序　号	控 制 位	说　　明
1	URG	为 1 时表示紧急指针有效，为 0 时表示忽略紧急指针的值
2	ACK	为 1 时表示确认号有效，为 0 时表示在报文中不包含确认信息，忽略确认号字段
3	PSH	为 1 时表示是带有 PSH 标志的数据，表示接收方应该尽快将这个报文段交给应用层，而不用等待缓冲区装满
4	RST	用于复位由于主机崩溃或其他原因而出现错误的连接，还可用于拒绝非法的报文段和拒绝连接请求。在一般情况下，如果收到一个 RST 为 1 的报文，那么一定发生了某种问题
5	SYN	同步序号，为 1 时表示连接请求，用于建立连接和使顺序号同步
6	FIN	用于释放连接，为 1 时表示发送方已经没有数据要发送了，即关闭本方数据流

◎ 窗口大小（16 位）：数据字节数，表示从确认号开始本报文的源方可以接收的字节数，即源方接收窗口的大小。窗口大小是 16 位的字段，因而窗口最大为 65535 字节。

◎ 校验和（16 位）：此校验和是对整个 TCP 报文段，包括 TCP 头部和 TCP 数据，以 16 位字符计算所得的。这是一个强制性的字段，一定是由发送端计算和存储的，并由接收端验证。

◎ 紧急指针（16 位）：只有在 URG 标志置为 1 时紧急指针才有效，这时告诉 TCP 该条数据需要紧急发送。

◎ 选项：最常见的可选字段是最长报文大小，又叫作 MSS（Maximum Segment Size）。每个连接方通常都在通信的第 1 个报文段（为建立连接而设置 SYN 标志的那个段）中指明这个选项，表明该 TCP 连接能接收的最大长度的报文段。选项长度不一定是 32 字节的整数倍，因此需要加填充位，使得报头长度成为整数字节。

◎ 数据：TCP 报文段中的数据部分是可选的。在一个连接建立和一个连接终止时，双方交换的报文段仅有 TCP 头部。如果一方没有数据要发送，则也使用没有任何数据的头部确认收到的数据。在处理超时的许多情况下也会发送不带任何数据的报文段。

2. TCP 中的三次握手

TCP 是因特网的传输层协议，使用三次握手协议建立连接。在客户端主动发出 SYN 连接请求后，等待对方回答 SYN+ACK，并最终对对方的 SYN 执行 ACK 确认。这种建立连接的方式可防止产生错误的连接，TCP 使用的流量控制协议是可变大小的滑动窗口协议。

TCP 三次握手的过程如下。

（1）客户端发送 SYN（seq=x）报文给服务端，进入 SYN_SEND 状态。

（2）服务端收到 SYN 报文，回应一个 SYN（seq =y）和 ACK（ack=x+1）报文，进入 SYN_RECV 状态。

（3）客户端收到服务端的 SYN 报文，回应一个 ACK（ack=y+1）报文，进入 Established 状态。

在三次握手完成后，TCP 的客户端和服务端成功建立连接，这时就可以开始传输数据了，具体流程如图 4-4 所示。

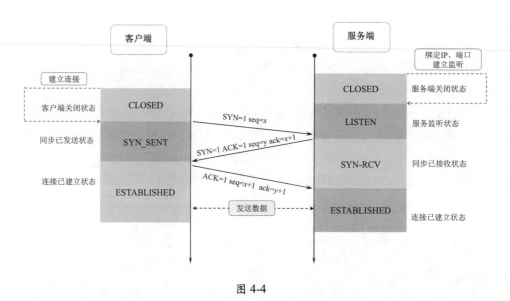

图 4-4

3. TCP 中的四次挥手

TCP 在建立连接时要进行三次握手，在断开连接时要进行四次挥手，这是由于 TCP 的半关闭造成的。因为 TCP 连接是全双工的（即数据可在两个方向上独立传输），所以在进行关闭时对每个方向都要单独进行关闭，这种单方向的关闭叫作半关闭。在一方完成它的数据发送任务时，就发送一个 FIN 来向另一方通告将要终止这个方向的连接。

TCP 断开连接既可以是由客户端发起的，也可以是由服务端发起的；如果由客户端发起断开连接操作，则称客户端主动断开连接；如果由服务端发起断开连接操作，则称服务

端主动断开连接。下面以客户端发起关闭连接请求为例，说明 TCP 四次挥手断开连接的
过程，如图 4-5 所示。

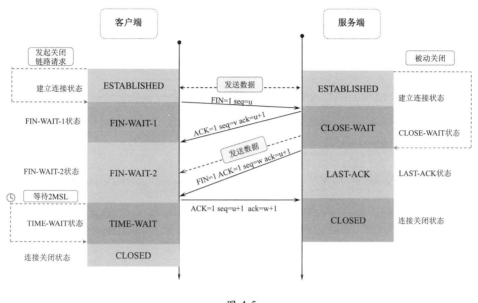

图 4-5

TCP 四次挥手的流程如下。

（1）客户端的应用进程调用断开连接的请求，向服务端发送一个终止标志位
FIN=1,seq=u 的消息，表示在客户端关闭链路前要发送的数据已经发送完毕，可以开始关
闭链路操作，并请求服务端确认关闭客户端到服务端的链路操作。此时客户端处于
FIN-WAIT-1 状态。

（2）服务端在收到这个 FIN 消息后返回一个 ACK=1,ack=u+1,seq=v 的消息给客户端，
表示接收到客户端断开链路的操作请求，这时 TCP 服务端进程通知高层应用进程释放客
户端到服务端的链路，服务端处于 CLOSE-WAIT 状态，即半关闭状态。客户端在收到消
息后处于 FIN-WAIT-2 状态。

（3）服务端在关闭链路前将需要发送给客户端的消息发送给客户端，等待该数据发送
完成后，发送一个终止标志位 FIN=1,ACK=1,seq=w,ack=u+1 的消息给客户端，表示在关闭
链路前服务端需要向客户端发送的消息已经发送完毕，请求客户端确认关闭从服务端到客
户端的链路操作，此时服务端处于 LAST-ACK 状态，等待客户端最终断开链路。

（4）客户端在接收到这个最终 FIN 消息后，发送一个 ACK=1,seq=u+1,ack=w+1 的消息给服务端，表示接收到服务端的断开连接请求并准备断开服务端到客户端的链路。此时客户端处于 TIME-WAIT 状态，TCP 连接还没有释放，然后经过等待计时器（2MSL）设置的超时时间后，客户端将进入 CLOSED 状态。

相关面试题

（1）请简述 TCP/IP 的三次握手过程。★★★★☆

4.1.4 HTTP 的原理

HTTP 是一个无状态的协议，无状态指在客户端（Web 浏览器）和服务端之间不需要建立持久的连接，在一个客户端向服务端发出请求且服务端收到该请求并返回响应（Response）后，本次通信结束，HTTP 连接将被关闭，服务端不保留连接的相关信息。

HTTP 遵循请求（Request）/应答（Response）模型，客户端向服务端发送请求，服务端处理请求并返回适当的应答。

1. HTTP 的请求流程

HTTP 的请求流程包括地址解析、封装 HTTP 数据包、封装 TCP 包、建立 TCP 连接、客户端发送请求、服务端响应、服务端关闭 TCP 连接，流程如下。

（1）地址解析：通过域名系统 DNS 解析服务器域名从而获得主机的 IP 地址。例如，用客户端的浏览器请求 http://localhost.com:8080/index.html，则可从中分解出协议名、主机名、端口、对象路径等部分结果如下。

◎ 协议名：HTTP。
◎ 主机名：localhost.com。
◎ 端口：8080。
◎ 对象路径：/index.html。

（2）封装 HTTP 数据包：解析协议名、主机名、端口、对象路径等并结合本机自己的信息封装成一个 HTTP 请求数据包。

（3）封装 TCP 包：将 HTTP 请求数据包进一步封装成 TCP 数据包。

（4）建立 TCP 连接：基于 TCP 的三次握手机制建立 TCP 连接。

（5）客户端发送请求：在建立连接后，客户端发送一个请求给服务端。

（6）服务端响应：服务端在接收到请求后，结合业务逻辑进行数据处理，然后向客户端返回相应的响应信息。在响应信息中包含状态行、协议版本号、成功或错误的代码、消息体等内容。

（7）服务端关闭 TCP 连接：服务端在向浏览器发送请求响应数据后关闭 TCP 连接。但如果浏览器或者服务端在消息头中加入了 "Connection：keep-alive"，则 TCP 连接在请求响应数据发送后仍然保持连接状态，在下一次请求中浏览器可以继续使用相同的连接发送请求。采用 keep-alive 方式不但减少了请求响应的时间，还节约了网络带宽和系统资源。

2．HTTP 中常见的状态码

在 HTTP 请求中，无论是请求成功还是失败都会有对应的状态码返回。状态码是我们定位错误的主要依据，一般 "20x" 格式的状态码表示成功，"30x" 格式的状态码表示网络重定向，"40x" 格式的状态码表示客户端请求错误，"50x" 格式的状态码表示服务端错误。HTTP 中常见的状态码及其含义如表 4-2 所示。

表 4-2

状 态 码	含 义
消息响应	
100	Continue（继续）
101	Switching Protocol（切换协议）
成功响应	
200	OK（成功）
201	Created（已创建）
202	Accepted（已创建）
203	Non-Authoritative Information（未授权信息）
204	No Content（无内容）
205	Reset Content（重置内容）
206	Partial Content（部分内容）

续表

状 态 码	含　义
网络重定向	
300	Multiple Choice（多种选择）
301	Moved Permanently（永久移动）
302	Found（临时移动）
303	See Other（查看其他位置）
304	Not Modified（未修改）
305	Use Proxy（使用代理）
306	unused（未使用）
307	Temporary Redirect（临时重定向）
308	Permanent Redirect（永久重定向）
客户端错误	
400	Bad Request（错误请求）
401	Unauthorized（未授权）
402	Payment Required（需要付款）
403	Forbidden（禁止访问）
404	Not Found（未找到）
405	Method Not Allowed（不允许使用该方法）
406	Not Acceptable（无法接收）
407	Proxy Authentication Required（要求代理身份验证）
408	Request Timeout（请求超时）
409	Conflict（冲突）
410	Gone（已失效）
411	Length Required（需要内容的长度）
412	Precondition Failed（预处理失败）
413	Request Entity Too Large（请求实体过大）
414	Request-URI Too Long（请求网址过长）
415	Unsupported Media Type（媒体类型不支持）
416	Requested Range Not Satisfiable（请求范围不合要求）
417	Expectation Failed（预期结果失败）

状 态 码	含　　义
服务端错误	
500	Internal Server Error（内部服务错误）
501	Implemented（未实现）
502	Bad Gateway（网关错误）
503	Service Unavailable（服务不可用）
504	Gateway Timeout（网关超时）
505	HTTP Version Not Supported（HTTP 版本不受支持）

3. HTTPS

HTTPS 是以安全为目标的 HTTP 通道，它在 HTTP 中加入 SSL 层以提高数据传输的安全性。HTTP 被用于在 Web 浏览器和网站服务器之间传递信息，但以明文形式发送内容，不提供任何方式的数据加密，如果攻击者截取了 Web 浏览器和网站服务端之间的传输报文，就可以直接读懂其中的信息，因此 HTTP 不适合传输一些敏感信息，比如身份证号码、密码等。为了数据传输的安全性，HTTPS 在 HTTP 的基础上加入了 SSL 协议，SSL 依靠证书来验证客户的身份，并对客户端和服务端之间的通信进行数据加密，以保障数据传输的安全性，其端口一般是 443。

HTTP 的加密流程如下，如图 4-6 所示。

（1）发起请求：客户端在通过 TCP 和服务端建立连接之后（默认使用 443 端口），发出一个请求证书的消息给服务端，在该请求消息里包含自己可实现的算法列表和其他需要的消息。

（2）证书返回：服务端在收到消息后回应客户端并返回证书，在证书中包含服务端的信息、域名、申请证书的公司、公钥、数据加密算法等。

（3）证书验证：客户端在收到证书后，判断证书签发机构是否正确，并使用该签发机构的公钥确认签名是否有效，客户端还会确保在证书中列出的域名为正在连接的域名。如果客户端确认证书有效，则生成对称密钥，并使用公钥将对称密钥加密。

（4）密钥交换：客户端将加密后的对称密钥发送给服务端，服务端在接收到对称密钥后使用私钥解密。

（5）数据传输：经过上述步骤，客户端和服务端就完成了密钥对的交换，在之后的数据传输过程中，客户端和服务端就可以基于对称加密（加解密使用相同密钥的加密算法）将数据加密后在网络上传输，保证了网络数据传输的安全性。

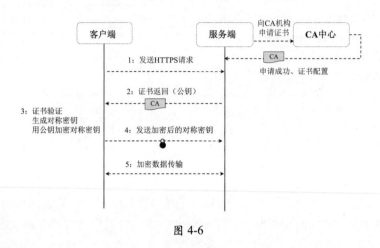

图 4-6

相关面试题

（1）HTTP 与 HTTPS 的区别是什么？★★★★☆

（2）常见的 HTTP 状态码和相应的含义是什么？★★★☆☆

（3）常见的 HTTP 方法有哪些？★★★☆☆

（4）HTTPS 的原理是什么？★★★☆☆

（5）HTTP 的传输流程是什么？★★★☆☆

（6）HTTP 中的 302 状态是怎样的。★★☆☆☆

4.1.5 CDN 的原理

CDN（Content Delivery Network，内容分发网络）指基于部署在各地的机房服务器，通过中心平台的负载均衡、内容分发、调度的能力，使用户就近获取所需内容，降低网络延迟，提升用户访问的响应速度和体验度。

1. CDN 的关键技术

CDN 的关键技术包括内容发布、内容路由、内容交换和性能管理，具体如下。

◎ 内容发布：借助建立索引、缓存、流分裂、组播等技术，将内容发布到网络上距离用户最近的中心机房。

◎ 内容路由：通过内容路由器中的重定向（DNS）机制，在多个中心机房的服务器上负载均衡用户的请求，使用户从最近的中心机房获取数据。

◎ 内容交换：根据内容的可用性、服务器的可用性及用户的背景，在缓存服务器上利用应用层交换、流分裂、重定向等技术，智能地平衡负载流量。

◎ 性能管理：通过内部和外部监控系统，获取网络部件的信息，测量内容发布的端到端性能（包丢失、延时、平均带宽、启动时间、帧速率等），保证网络处于最佳运行状态。

2. CDN 的主要特性

CDN 的主要特性如下。

◎ 本地缓存（Cache）加速：将用户经常访问的数据（尤其静态数据）缓存在本地，以提升系统的响应速度和稳定性。

◎ 镜像服务：消除不同运营商之间的网络差异，实现跨运营商的网络加速，保证不同运营商网络中的用户都能得到良好的网络体验。

◎ 远程加速：利用 DNS 负载均衡技术为用户选择服务质量最优的服务器，加快用户远程访问的速度。

◎ 带宽优化：自动生成服务器的远程镜像缓存服务器，远程用户在访问时从就近的缓存服务器上读取数据，减少远程访问的带宽，分担网络流量，并降低原站点的 Web 服务器负载等。

◎ 集群抗攻击：通过网络安全技术和 CDN 之间的智能冗余机制，可以有效减少网络攻击对网站的影响。

3. 内容分发系统

将用户请求的数据分发到就近的各个中心机房，为用户提供快速、高效的内容服务。缓存内容包括静态图片、视频、文本、用户最近访问的 JSON 数据等，缓存技术包括内存缓存、分布式缓存、本地文件缓存等，缓存策略主要考虑缓存更新、缓存淘汰机制。

4. 负载均衡系统

负载均衡系统是整个 CDN 系统的核心，它根据当前网络的流量分布、各中心机房服务器的负载和用户请求的特性，将用户的请求负载到不同的中心机房或服务器上，以保障用户内容访问的流畅性。负载均衡包括全局负载均衡（GSLB）和本地负载均衡（SLB）。

◎ 全局负载均衡主要指跨机房的负载均衡，通过 DNS 解析或者应用层重定向技术将用户的请求负载到就近的中心机房上。

◎ 本地负载均衡主要指机房内部的负载均衡，一般通过缓存服务器，基于 LVS、Nginx、服务网关等技术实现用户的访问负载。

5. 管理系统

管理系统分为运营管理和网络管理这两个子系统。网络管理系统主要对整个 CDN 网络资源的运行状态进行实时监控和管理。运营管理指对 CDN 日常运维业务的管理，包括用户管理、资源管理、流量计费和流量限流等。

> **相关面试题**
>
> （1）CDN 的原理是什么？ ★☆☆☆☆

4.2　负载均衡

负载均衡建立在现有的网络结构之上，提供了廉价、有效、透明的方式来扩展网络设备和服务器的带宽，增加了吞吐量，加强了网络数据的处理能力，提高了网络的灵活性和可用性。项目中常用的负载均衡有四层负载均衡和七层负载均衡。

4.2.1　四层负载均衡与七层负载均衡的对比

四层负载均衡基于 IP 地址和端口的方式实现网络的负载均衡，具体实现为对外提供一个虚拟 IP 地址和端口接收所有用户的请求，然后根据负载均衡配置和负载均衡策略将请求发送给真实服务器。

七层负载均衡基于 URL 等资源来实现应用层基于内容的负载均衡，具体实现为通过虚拟的 URL 或主机名接收所有用户的请求，然后将请求发送给真实的服务器。

四层负载均衡和七层负载均衡的最大区别是：四层负载均衡只能针对 IP 地址和端口

上的数据做统一的分发，而七层负载均衡能根据消息的内容做更加详细的有针对性的负载均衡。我们通常使用 LVS 等技术实现基于 Socket 的四层负载均衡，使用 Nginx 等技术实现基于内容分发的七层负载均衡，比如将以 "/user/***" 开头的 URL 请求负载到单点登录服务器，而将以 "/business/***" 开头的 URL 请求负载到具体的业务服务器，如图 4-7 所示。

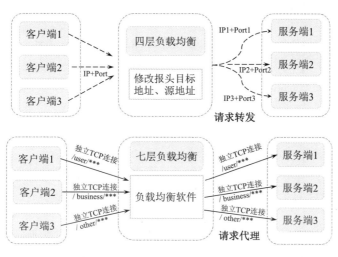

图 4-7

1. 四层负载均衡

四层负载均衡主要通过修改报文中的目标地址和端口来实现报文的分发和负载均衡。以 TCP 为例，负载均衡设备在接收到第 1 个来自客户端的 SYN 请求后，会根据负载均衡配置和负载均衡策略选择一个最佳的服务器，并将报文中的目标 IP 地址修改为该服务器的 IP 地址直接转发给该服务器。TCP 连接的建立（即三次握手过程）是在客户端和服务端之间完成的，负载均衡设备只起到路由器的转发功能。

四层负载均衡常用的软硬件如下。

◎ F5：硬件负载均衡器，功能完备，价格昂贵。

◎ LVS：基于 IP 地址+端口实现的四层负载软件，常和 Keepalive 配合使用。

◎ Nginx：同时实现四层负载均衡和七层负载均衡，带缓存功能，可基于正则表达式灵活转发。

2. 七层负载均衡

七层负载均衡又叫作"内容负载均衡"，主要通过解析报文中真正有意义的应用层内容，并根据负载均衡配置和负载均衡策略选择一个最佳的服务器响应用户的请求。

七层负载均衡可以使整个网络更智能化，它根据不同的数据类型将数据存储在不同的服务器上来提高网络整体的负载能力。比如将客户端的基本信息存储在内存较大的缓存服务器上，将文件信息存储在磁盘空间较大的文件服务器上，将图片视频存储在网络 I/O 能力较强的流媒体服务器上。在接收到不同客户端的请求时从不同的服务器上获取数据并将其返回给客户端，提高客户端的访问效率。

七层负载均衡常用的软件如下。

◎ HAProxy：支持七层代理、会话保持、标记、路径转移等。
◎ Nginx：同时实现四层负载均衡和七层负载均衡，在 HTTP 和 Mail 协议上功能比较好，性能与 HAProxy 相当。
◎ Apache：使用简单，性能较差。

4.2.2　负载均衡算法

常用的负载均衡算法有：轮询均衡（Round Robin）、权重轮询均衡（Weighted Round Robin）、随机均衡（Random）、权重随机均衡（Weighted Random）、响应速度均衡（Response Time）、最少连接数均衡（Least Connection）、处理能力均衡、DNS 响应均衡（Flash DNS）、哈希算法均衡、IP 地址哈希、URL 哈希。不同的负载均衡算法适用于不同的应用场景。

1. 轮询均衡（Round Robin）

轮询均衡指将客户端的请求轮流分配到 1 至 N 台服务器上，每台服务器均被均等地分配一定数量的客户端请求。轮询均衡算法适用于集群中所有服务器都有相同的软硬件配置和服务能力的情况下。

2. 权重轮询均衡（Weighted Round Robin）

权重轮询均衡指根据每台服务器的不同配置及服务能力，为每台服务器都设置不同的权重值，然后按照设置的权重值轮询地将请求分配到不同的服务器上。例如，服务器 A 的权重值被设计成 3，服务器 B 的权重值被设计成 3，服务器 C 的权重值被设计成 4，则服务器 A、B、C 将分别承担 30%、30%、40% 的客户端请求。权重轮询均衡算法主要用于服务器配置不均等的环境下。

3. 随机均衡（Random）

随机均衡指将来自网络的请求随机分配给内部的多台服务器，不考虑服务器的配置和负载情况。

4. 权重随机均衡（Weighted Random）

权重随机均衡算法类似于权重轮询算法，只是在分配请求时不再轮询发送，而是随机选择某个权重的服务器发送。

5. 响应速度均衡（Response Time）

响应速度均衡指根据服务器设备响应速度的不同将客户端请求发送到响应速度最快的服务器上。对响应速度的获取是通过负载均衡设备定时为每台服务器都发出一个探测请求（例如 Ping）实现的。响应速度均衡能够为当前的每台服务器都根据其不同的负载情况分配不同的客户端请求，这有效避免了某台服务器单点负载过高的情况。但需要注意的是，这里探测到的响应速度是负载均衡设备到各台服务器之间的响应速度，并不完全代表客户端到服务器的响应速度，因此存在一定偏差。

6. 最少连接数均衡（Least Connection）

最少连接数均衡指在负载均衡器内部记录当前每台服务器正在处理的连接数量，在有新的请求时，将该请求分配给连接数最少的服务器。这种均衡算法适用于网络连接和带宽有限、CPU 处理任务简单的请求服务，例如 FTP。

7. 处理能力均衡

处理能力均衡算法将服务请求分配给内部负荷最轻的服务器，负荷是根据服务器的CPU 型号、CPU 数量、内存大小及当前连接数等换算而成的。处理能力均衡算法由于考虑到了内部服务器的处理能力及当前网络的运行状况，所以相对来说更加精确，尤其适用于七层负载均衡的场景。

8. DNS 响应均衡（Flash DNS）

DNS 响应均衡算法指在分布在不同中心机房的负载均衡设备都收到同一个客户端的域名解析请求时，所有负载均衡设备均解析此域名并将解析后的服务器 IP 地址返回给客户端，客户端向收到第一个域名解析后的 IP 地址发起请求服务，而忽略其他负载均衡设备的响应。这种均衡算法适用于全局负载均衡的场景。

9. 哈希算法均衡

哈希算法均衡指通过一致性哈希算法和虚拟节点技术将相同参数的请求总是发送到同一台服务器，该服务器将长期、稳定地为某些客户端提供服务。在某台服务器被移除或异常宕机后，该服务器的请求基于虚拟节点技术均摊到其他服务器，而不会影响集群整体的稳定性。

10. IP 地址哈希

IP 地址哈希指在负载均衡器内部维护了不同链接上客户端和服务器的 IP 地址对应关系表，将来自同一客户端的请求统一转发给相同的服务器。该算法能够以会话为单位，保证同一客户端的请求能够一直在同一台服务器上处理，主要适用于客户端和服务器需要保持长连接的场景，比如基于 TCP 长连接的应用。

11. URL 哈希

URL 哈希指通过管理客户端请求 URL 信息的哈希表，将有相同 URL 的请求转发给同一台服务器。该算法主要适用于在七层负载中将不同类型的用户请求转发给不同类型的应用服务器的场景。

4.2.3 LVS 的原理及应用

LVS（Linux Virtual Server）是一个虚拟的服务器集群系统，采用 IP 负载均衡技术将请求均衡地转移到不同的服务器上执行，且通过调度器自动屏蔽故障服务器，从而将一组服务器构成一个高性能、高可用的虚拟服务器。整个服务器集群的结构对用户是透明的，无须修改客户端和服务端的程序，便可实现客户端到服务器的负载均衡。

1. LVS 的原理

LVS 由前端的负载均衡器（Load Balancer，LB）和后端的真实服务器（Real Server，RS）群组成，在真实服务器之间可通过局域网或广域网连接。LVS 的这种结构对用户来说是透明的，用户只需关注作为 LB 的虚拟服务器（Virtual Server），而不需要关注提供服务的真实服务器群。在用户的请求被发送给虚拟服务器后，LB 会根据设定的包转发策略和负载均衡调度算法将用户的请求转发给真实服务器处理，真实服务器在处理完成后再将用户请求的结果返回给用户。

实现 LVS 的核心组件有负载均衡调度器、服务器池和共享存储。

◎ 负载均衡调度器（Load Balancer/Director）：是整个集群对外提供服务的入口，通过对外提供一个虚拟 IP 地址来接收客户端的请求。在客户端将请求发送到该虚拟 IP 地址后，负载均衡调度器会负责将请求按照负载均衡策略发送到一组真实服务器上。

◎ 服务器池（Server Pool）：服务器池是一组真正处理客户端请求的真实服务器，具体执行的服务有 WEB、MAIL、FTP 和 DNS 等。

◎ 共享存储（Shared Storage）：为服务器池提供一个共享的存储区，使得服务器池拥有相同的内容，提供相同的服务。

在接收 LVS 内部数据的转发流程前，这里先以表 4-3 介绍 LVS 技术中常用的一些名词，以让我们更好地理解 LVS 的原理。

表 4-3

序　号	缩　写	名　　　称	说　　　明
1	CIP	客户端 IP 地址（Client IP Address）	用于记录发送给集群的源 IP 地址
2	VIP	虚拟 IP 地址（Virtual IP Address）	Director 用于对外提供服务的 IP 地址
3	DIP	Director IP 地址（Director IP Address）	Director 用于连接内外网络的 IP 地址，即负载均衡器上的 IP 地址
4	RIP	真实 IP 地址（Real Server 的 IP Address）	集群中真实服务器的物理 IP 地址
5	LIP	LVS 内部 IP 地址（Local IP Address）	LVS 集群的内部通信 IP 地址

LVS 的 IP 负载均衡技术是通过 IPVS 模块实现的。IPVS 是 LVS 集群系统的核心软件，被安装在 Director Server 上，同时在 Director Server 上虚拟出一个 IP 地址。用户通过这个虚拟 IP 地址访问服务器。这个虚拟 IP 地址一般被称为 LVS 的 VIP，即 Virtual IP。访问的

请求首先经过 VIP 到达负载调度器，然后由负载调度器从真实服务器列表中选取一个服务节点响应用户的请求。

2. LVS 数据转发

LVS 的数据转发流程是 LVS 设计的核心部分，如下所述，如图 4-8 所示。

（1）PREROUTING 链接收用户的请求：客户端向 PREROUTING 链发送请求。

（2）INPUT 链转发：在 PREROUTING 链通过 RouteTable 列表发现请求数据包的目的地址是本机时，将数据包发送给 INPUT 链。

（3）IPVS 检查：IPVS 检查 INPUT 链上的数据包，如果数据包中的目的地址和端口不在规则列表中，则将该数据包发送到用户空间的 ipvsadm。ipvsadm 主要用于用户定义和管理集群。

（4）POSTROUTING 链转发：如果数据包中的目的地址和端口都在规则里面，则将该数据包中的目的地址修改为事先定义好的真实服务器地址，通过 FORWARD 将数据发送到 POSTROUTING 链。

（5）真实服务器转发：POSTROUTING 链根据数据包中的目的地址将数据包转发到真实服务器。

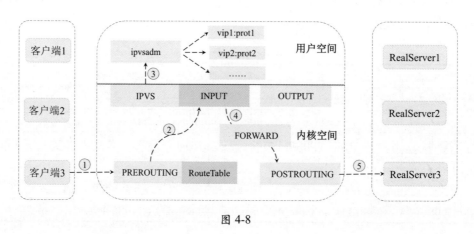

图 4-8

3. LVS 的 NAT 模式

NAT（Network Address Translation）即网络地址转换模式，具体的实现流程如图 4-9 所示。

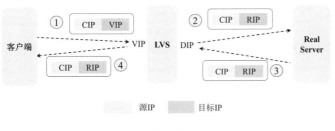

图 4-9

NAT 模式通过对请求报文和响应报文的地址进行改写完成对数据的转发，流程如下。

（1）客户端将请求报文发送到 LVS，请求报文的源地址是 CIP（Client IP Address，客户端 IP 地址），目标地址是 VIP（Virtual IP Address，虚拟 IP 地址）。

（2）LVS 在收到报文后，发现请求的 IP 地址在 LVS 的规则列表中存在，则将客户端请求报文的目标地址 VIP 修改为 RIP（Real Server IP Address，服务器的真实 IP 地址），并将报文发送到具体的真实服务器上。

（3）真实服务器在收到报文后，由于报文的目标地址是自己的 IP 地址，所以会响应该请求，并将响应报文返回给 LVS。

（4）LVS 在收到数据后将此报文的源地址修改为本机 IP 地址，即 VIP，并将报文发送给客户端。

NAT 模式的特性如下。

◎ 请求的报文和响应的报文都需要通过 LVS 进行地址改写，因此在并发访问量较大时 LVS 存在瓶颈问题，一般适用于节点不是很多的情况下。

◎ 只需在 LVS 上配置一个公网 IP 地址即可。

◎ 内部的每台真实服务器的网关地址都必须是 LVS 的内网地址。

◎ NAT 模式支持对 IP 地址和端口进行转换，即用户请求的端口和真实服务器的端口可以不同。

4. LVS 的 DR 模式

DR（Director Routing）模式通过直接路由技术实现，并通过改写请求报文的 MAC 地址将请求发送给真实服务器，具体的实现流程如图 4-10 所示。

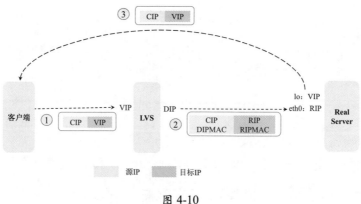

图 4-10

DR 模式是局域网中经常被用到的一种模式，其报文转发流程如下。

（1）客户端将请求发送给 LVS，请求报文的源地址是 CIP，目标地址是 VIP。

（2）LVS 在收到报文后，发现请求在规则中存在，则将客户端请求报文的源 MAC 地址改为自己的 DIP（Director IP Address，内部转发 IP 地址）服务器的 MAC 地址，将目标 MAC 地址改为 RIP 服务器的 MAC 地址，并将此包发送给真实服务器。

（3）真实服务器在收到请求后发现请求报文中的目标 MAC 地址是自己，就会将此报文接收下来并处理报文请求，在处理完报文请求后，将响应报文通过 lo（回环路由）接口发送给 eth0 网卡，并最终发送给客户端。

DR 模式的特性如下。

◎ 通过 LVS 修改数据包的目的 MAC 地址实现转发。注意，源 IP 地址仍然是 CIP，目标 IP 地址仍然是 VIP 地址。

◎ 请求的报文均经过 LVS，而真实服务器在响应报文时无须经过 LVS，因此在并发访问量大时比 NAT 模式的效率高很多。

◎ 因为 DR 模式是通过 MAC 地址改写机制实现转发的，因此所有真实服务器节点和 LVS 都只能被部署在同一个局域网内。

◎ 真实服务器主机需要绑定 VIP 地址在 lo 接口（掩码 32 位）上，并且需要配置 ARP 地址。

◎ 真实服务器节点的默认网关无须被配置为 LVS 网关，只需要被配置为上级路由的网关，能让真实服务器直接出网即可。

◎ DR 模式仅做 MAC 地址的改写，不能改写目标端口，即真实服务器端口和 VIP 端口必须相同。

5. LVS 的 TUN 模式

TUN（IP Tunneling）模式通过 IP 隧道技术实现，具体的实现流程如图 4-11 所示。

TUN 模式常用于跨网段或跨机房的负载均衡，其报文转发流程如下。

（1）客户端将请求发送给前端的 LVS，请求报文的源地址是 CIP，目标地址是 VIP。

（2）LVS 在收到报文后，发现请求在规则里中存在，则将在客户端请求报文的头部再封装一层 IP 报文，将源地址改为 DIP，将目标地址改为 RIP，并将此包发送给真实服务器。

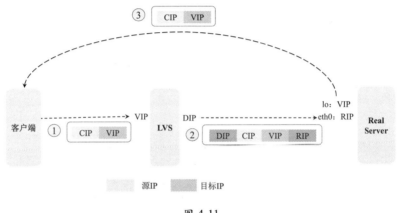

图 4-11

（3）真实服务器在收到请求报文后会先拆开第 1 层封装，因为发现里面还有一层 IP 头部的目标地址是自己 lo 接口上的 VIP，所以会处理该请求报文，并将响应报文通过 lo 接口发送给 eth0 网卡，并最终发送给客户端。

TUN 模式的特性如下。

◎ 需要设置 lo 接口的 VIP 不能在公网上出现。
◎ 必须在所有的真实服务器上都绑定 VIP 的 IP 地址。
◎ VIP 到真实服务器的包通信通过 TUNNEL 隧道技术实现，不管是内网还是外网都能通信，所以不需要 LVS 和真实服务器在同一个网段内。
◎ 真实服务器会把响应报文直接发送给客户端而不经过 LVS，负载能力较强。
◎ 采用的是隧道模式，使用方法相对复杂，一般用于跨机房 LVS 的实现，并且需要所有服务器都支持 TUN 或 IP Encapsulation 协议。

6. LVS 的 FULLNAT 模式

无论是 DR 模式还是 NAT 模式，都要求 LVS 和真实服务器在同一个 VLAN 下，否则 LVS 无法作为真实服务器的网关，因此跨 VLAN 的真实服务器无法接入。同时，在流量增大、真实服务器水平扩容时，单点 LVS 会成为瓶颈。

FULLNAT 模式能够很好地解决 LVS 和真实服务器跨 VLAN 的问题，在跨 VLAN 问题解决后，LVS 和真实服务器将不存在 VLAN 上的从属关系，可以做到多个 LVS 对应多个真实服务器，解决水平扩容的问题。FULLNAT 的原理是在 NAT 的基础上引入 LIP（Local IP Address，内网 IP 地址），将 CIP→VIP 转换为 LIP→RIP，而 LIP 和 RIP 均为 IDC 的内网 IP 地址，可以通过交换机实现跨 VLAN 通信。FULLNAT 模式的具体实现流程如图 4-12 所示。

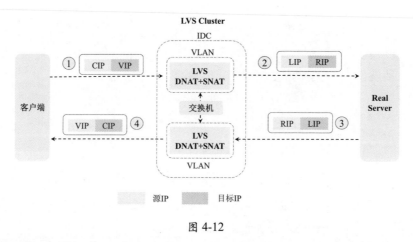

图 4-12

FULLNAT 模式的报文转发流程如下。

（1）客户端将请求发送给 LVS 的 DNAT，请求报文的源地址是 CIP，目标地址是 VIP。

（2）LVS 在收到数据后将源地址 CIP 修改成 LIP，将目标地址 VIP 修改为 RIP，并将数据发送到真实服务器。多个 LIP 在同一个 IDC 数据中心，可以通过交换机跨 VLAN 通信。

（3）真实服务器在收到数据包并处理完成后，将目标地址修改为 LIP，将源地址修改为 RIP，最终将这个数据包返回给 LVS。

（4）LVS 在收到数据包后，将数据包中的目标地址修改为 CIP，将源地址修改为 VIP，并将数据发送给客户端。

4.2.4　Nginx 反向代理与负载均衡

一般的负载均衡软件如 LVS 实现的功能只是对请求数据包的转发和传递,从负载均衡下的节点服务器来看,接收到的请求还是来自访问负载均衡器的客户端的真实用户;而反向代理服务器在接收到用户的访问请求后,会代理用户重新向节点服务器(例如:Web 服务器、文件服务器、视频服务器)发起请求,反向代理服务器和节点服务器进行具体的数据交互,最后把数据返回给客户端用户。从节点服务器来看,访问的节点服务器的客户端就是反向代理服务器,而非真实的网站访问用户,具体原理如图 4-13 所示。

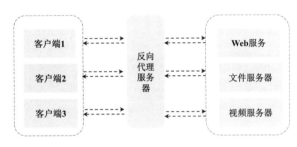

图 4-13

1. upstream_module

ngx_http_upstream_module 是 Nginx 的负载均衡模块,可以实现网站的负载均衡功能即节点的健康检查。upstream 模块允许 Nginx 定义一组或多组节点服务器,在使用时可通过 proxy_pass 代理方式把网站的请求发送到事先定义好的对应 Upstream 组的名称上。具体的 upstream 定义如下:

```
upstream restLVSServer{
  server 191.168.1.10:9000 weight=5 ;
  server 191.168.1.11:9000;
  server example.com:9000 max_fails=2 fail_timeout=10s backup;
}
```

以上代码定义了名为 restLVSServer 的 upstream,并在其中定义了 3 个服务地址,在用户请求 restLVSServer 服务时,Nginx 会根据权重将请求转发到具体的服务器。常用的 upstream 配置如下。

◎ weight:服务器权重。

◎ max_fails:Nginx 尝试连接后端服务器的最大失败次数,如果失败时大于 max_fails,则认为该服务器不可用。

◎ fail_timeout：max_fails 和 fail_timeout 一般会关联使用，如果某台服务器在 fail_timeout 时间内出现了 max_fails 次连接失败，那么 Nginx 会认为其已经挂掉，从而在 fail_timeout 时间后不再去请求它。fail_timeout 默认是 10s，max_fails 默认是 1，即在默认情况下只要发生错误就认为服务器挂了，如果将 max_fails 设置为 0，则表示取消这项检查。

◎ backup：表示当前服务器是备用服务器，只有其他非 backup 后端服务器都挂掉或很忙时，才会分配请求到 backup 服务器。

◎ down：标志服务器永远不可用。

2. proxy_pass

proxy_pass 指令属于 ngx_http_proxy_module 模块，此模块可以将请求转发到另一台服务器。在实际的反向代理工作中，会通过 location 功能匹配指定的 URI，然后把接收到的服务匹配 URI 的请求通过 proxy_pass 抛给定义好的 upstream 节点池。具体的 proxy_pass 定义如下：

```
location /download/ {
 proxy_pass http://192.168.1.13:9000/download/vedio/;
}
```

以上代码定义了一个 download 的反向代理，在客户端请求/download 时，Nginx 会将具体的请求转发给 proxy_pass 配置的地址处理请求。常用的 proxy_pass 配置如表 4-4 所示。

表 4-4

序　号	参数名称	参数说明
1	proxy_next_upstream	在什么情况下将请求传递到下一个 upstream
2	proxy_limite_rate	限制从后端服务器读取响应的速率
3	proyx_set_header	设置 HTTP 请求 header，后续请求会将 header 传给后端服务器节点
4	client_body_buffer_size	客户端请求 body 缓冲区大小
5	proxy_connect_timeout	代理与后端节点服务器连接的超时时间
6	proxy_send_timeout	后端节点数据回传的超时时间
7	proxy_read_timeout	设置 Nginx 从代理的后端服务器获取信息的时间,表示在连接成功建立后,Nginx 等待后端服务器的响应时间
8	proxy_buffer_size	设置缓冲区的大小
9	proxy_buffers	设置缓冲区的数量和大小

序　号	参数名称	参数说明
10	proyx_busy_buffers_size	用于设置系统很忙时可以使用的 proxy_buffers 大小，推荐为 proxy_buffers×2
11	proxy_temp_file_write_size	指定缓存临时文件的大小

相关面试题

（1）什么是负载均衡？★★★☆☆

（2）常用的负载均衡算法有哪些？★★★☆☆

（3）负载均衡有哪几种实现方式？★★★☆☆

（4）Nginx 负载均衡算法的原理是什么？★★☆☆☆

（5）LVS 的原理是什么？★☆☆☆☆

4.3　Java 的网络编程模型

随着分布式系统的应用越来越广泛，Java 网络编程也变得越来越重要。下面对网络编程中常常被提及的阻塞 I/O 模型、非阻塞 I/O 模型、多路复用 I/O 模型、信号驱动 I/O 模型、异步 I/O 模型、Java I/O 模型、Java NIO 模型一一进行介绍。

4.3.1　阻塞 I/O 模型

阻塞 I/O 模型是常见的 I/O 模型，在读写数据时客户端会发生阻塞。阻塞 I/O 模型的工作流程：在用户线程发出 I/O 请求之后，内核会检查数据是否就绪，此时用户线程一直阻塞等待内存数据就绪；在内存数据就绪后，内核将数据复制到用户线程中，并返回 I/O 执行结果到用户线程，此时用户线程将解除阻塞状态并开始处理数据。典型的阻塞 I/O 模型的例子为 data = socket.read()，如果内核数据没有就绪，Socket 线程就会一直阻塞在 read() 中等待内核数据就绪。

4.3.2　非阻塞 I/O 模型

非阻塞 I/O 模型指用户线程在发起一个 I/O 操作后，无须阻塞便可以马上得到内核返回的一个结果。如果内核返回的结果为 false，则表示内核数据还没准备好，需要稍后再发起 I/O 操作。一旦内核中的数据准备好了，并且再次收到用户线程的请求，内核就会立刻将数据复制到用户线程中并将复制的结果通知用户线程。

在非阻塞 I/O 模型中，用户线程需要不断询问内核数据是否就绪，在内存数据还未就绪时，用户线程可以处理其他任务，在内核数据就绪后可以立即获取数据并执行相应的操作。典型的非阻塞 I/O 模型一般如下：

```
while(true){
    data = socket.read();
        if(data == true){//1：内核数据就绪
            //获取并处理内核数据
            break;
        }else{    //2：内核数据未就绪，用户线程处理其他任务
    }
}
```

4.3.3 多路复用 I/O 模型

多路复用 I/O 模型是多线程并发编程用得较多的模型，Java NIO 模型就是基于多路复用 I/O 模型实现的。在多路复用 I/O 模型中会有一个被称为 Selector 的线程不断轮询多个 Socket 的状态，只有在 Socket 有读写事件时，才会通知用户线程进行 I/O 读写操作。

因为在多路复用 I/O 模型中只需一个线程就可以管理多个 Socket（阻塞 I/O 模型和非阻塞 I/O 模型需要为每个 Socket 都建立一个单独的线程处理该 Socket 上的数据），并且在真正有 Socket 读写事件时才会使用操作系统的 I/O 资源，大大节约了系统资源。

Java NIO 模型在用户的每个线程中都通过 selector.select()查询当前通道是否有事件到达，如果没有，则用户线程会一直阻塞。而多路复用 I/O 模型通过一个线程管理多个 Socket 通道，在 Socket 有读写事件触发时才会通知用户线程进行 I/O 读写操作。因此，多路复用 I/O 模型在连接数众多且消息体不大的情况下有很大的优势。尤其在物联网领域比如车载设备实时位置、智能家电状态等定时上报状态且字节数较少的情况下优势更加明显，一般一个经过优化的 16 核 32GB 服务器能承载约 10 万台设备连接。

非阻塞 I/O 模型在每个用户线程中都进行 Socket 状态检查，而在多路复用 I/O 模型中是在系统内核中进行 Socket 状态检查的，这也是多路复用 I/O 模型比非阻塞 I/O 模型效率高的原因。

多路复用 I/O 模型通过在一个 Selector 线程上以轮询方式检测在多个 Socket 上是否有

事件到达，并逐个进行事件处理和响应。因此，对于多路复用 I/O 模型来说，在事件响应体（消息体）很大时，Selector 线程就会成为性能瓶颈，导致后续的事件迟迟得不到处理，影响下一轮的事件轮询。在实际应用中，在多路复用方法体内一般不建议做复杂逻辑运算，只做数据的接收和转发，将具体的业务操作转发给后面的业务线程处理。

4.3.4　信号驱动 I/O 模型

在信号驱动 I/O 模型中，在用户线程发起一个 I/O 请求操作后，系统会为该请求对应的 Socket 注册一个信号函数，然后用户线程可以继续执行其他业务逻辑；在内核数据就绪时，系统会发送一个信号到用户线程，用户线程在接收到该信号后，会在信号函数中调用对应的 I/O 读写操作完成实际的 I/O 请求操作。

4.3.5　异步 I/O 模型

在异步 I/O 模型中，用户线程会发起一个 Asynchronous 读请求到内核，内核在接收到 Asynchronous 读请求后会立刻返回一个状态，来说明请求是否成功发起，在此过程中用户线程不会发生任何阻塞。接着，内核会等待数据准备完成并将数据复制到用户线程中，在数据复制完成后内核会发送一个信号到用户线程，通知用户线程 Asynchronous 读操作已完成。在异步 I/O 模型中，用户线程不需要关心整个 I/O 操作是如何进行的，只需发起一个请求，在接收到内核返回的成功或失败信号时说明 I/O 操作已经完成，直接使用数据即可。

在异步 I/O 模型中，I/O 操作的两个阶段（请求的发起、数据的读取）都是在内核中自动完成的，最终发送一个信号告知用户线程 I/O 操作已经完成，用户直接使用内存写好的数据即可，不需要再次调用 I/O 函数进行具体的读写操作，因此在整个过程中用户线程不会发生阻塞。

在信号驱动模型中，用户线程接收到信号便表示数据已经就绪，需要用户线程调用 I/O 函数进行实际的 I/O 读写操作，将数据读取到用户线程；而在异步 I/O 模型中，用户线程接收到信号便表示 I/O 操作已经完成（数据已被复制到用户线程中），用户可以开始使用该数据了。

异步 I/O 模型需要操作系统的底层支持，在 Java 7 中提供了 Asynchronous I/O 操作。

4.3.6 Java I/O 模型与 Java NIO 模型

在整个 Java I/O 模型中最重要的是 5 个类和 1 个接口，这 5 个类指 File、OutputStream、InputStream、Writer、Reader，这 1 个接口指 Serializable。具体的使用方法请参考 JDK API。

Java NIO 模型的实现主要涉及三大核心内容：Selector（选择器）、Channel（通道）和 Buffer（缓冲区）。Selector 用于监听多个 Channel 的事件，比如连接打开或数据到达，因此，一个线程可以实现对多个数据 Channel 的管理。传统 I/O 模型基于数据流进行 I/O 读写操作；而 Java NIO 模型基于 Channel 和 Buffer 进行 I/O 读写操作，并且数据总是被从 Channel 读取到 Buffer，或者从 Buffer 写入 Channel。

Java NIO 模型和传统 I/O 模型的最大区别如下。

（1）传统 I/O 模型是面向流的，Java NIO 模型是面向缓冲区的：在面向流的操作中，数据只能在一个流中连续进行读写，数据没有缓冲，因此字节流无法前后移动。而在 Java NIO 模型中每次都是将数据从一个 Channel 读取到一个 Buffer，再从 Buffer 写入 Channel，因此可以方便地在缓冲区中进行数据的前后移动等操作。该功能在应用层主要用于数据包的重组、粘包、拆包等操作，在网络不可靠的环境下尤为重要。

（2）传统 I/O 模型的流操作是阻塞模式的，Java NIO 模型的流操作是非阻塞模式的。在传统 I/O 模型中，用户线程在调用 read()或 write()进行 I/O 读写操作时，该线程将一直被阻塞，直到数据被读取或完全写入。Java NIO 模型通过 Selector 监听 Channel 上事件的变化，在 Channel 上有数据发生变化时通知该线程进行读写操作。对于读请求而言，在通道上有可用的数据时，线程将进行 Buffer 的读操作，在没有数据时，线程可以执行其他业务逻辑操作。对于写操作而言，在使用一个线程执行写操作将一些数据写入某通道时，只需将 Channel 上的数据异步写入 Buffer 即可，Buffer 中的数据会被异步写入目标 Channel，用户线程不需要等待整个数据完全被写入目标 Channel 就可以继续执行其他业务逻辑。

非阻塞 I/O 模型中的 Selector 线程通常将 CPU 等待网络数据传输的空闲时间用于执行其他通道上的 I/O 操作，因此一个 Selector 线程可以管理多个输入和输出通道，如图 4-14 所示。

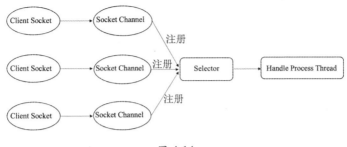

图 4-14

1. Channel

Channel 和传统 I/O 模型中的 Stream（流）类似，只不过 Stream 是单向的（例如 InputStream、OutputStream），而 Channel 是双向的，既可用于读操作，也可用于写操作。

Java NIO 模型中 Channel 的主要实现有：FileChannel、DatagramChannel、SocketChannel、ServerSocketChannel，分别对应文件的 I/O、UDP、TCP I/O 的 Socket Client 和 Socker Server 操作。

2. Buffer

Buffer 实际上是一个容器,其内部通过一个连续的字节数组存储 I/O 上的数据。在 Java NIO 模型中，Channel 在文件、网络上对数据的读取或写入都必须经过 Buffer。

如图 4-15 所示，客户端在向服务端发送数据时，必须先将数据写入 Buffer，然后将 Buffer 中的数据写到服务端对应的 Channel。服务端在接收数据时必须通过 Channel 将数据读入 Buffer，然后从 Buffer 中读取数据并处理。

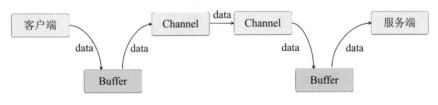

图 4-15

在 Java NIO 模型中，Buffer 是一个抽象类，对不同的数据类型有不同的 Buffer 实现类。常用的 Buffer 实现类有：ByteBuffer、IntBuffer、CharBuffer、LongBuffer、DoubleBuffer、FloatBuffer、ShortBuffer。

3. Selector

Selector 用于检测在多个注册的 Channel 上是否有 I/O 事件发生，并对检测到的 I/O 事件进行相应的响应和处理。因此通过一个 Selector 线程就可以实现对多个 Channel 的管理，不必为每个连接都创建一个线程，避免线程资源的浪费和多线程之间的上下文切换导致的开销。同时，Selector 只有在 Channel 上有读写事件发生时，才会调用 I/O 函数进行读写操作，可极大减少系统开销，提高系统的并发量。

4. Java NIO 模型的使用

要实现 Java NIO 模型，就需要分别实现 Server 和 Client。具体的 Server 实现代码如下：

```java
public class MyServer {
    private int size = 1024;
    private ServerSocketChannel serverSocketChannel;
    private ByteBuffer byteBuffer;
    private Selector selector;
    private int remoteClientNum = 0;
    public MyServer(int port) {
        try {
            //在构造函数中初始化 Channel 监听
            initChannel(port);
        } catch (IOException e) {
            e.printStackTrace();
            System.exit(-1);
        }
    }
    //Channel 的初始化
    public void initChannel(int port) throws IOException {
        //打开 Channel
        serverSocketChannel = ServerSocketChannel.open();
        //设置为非阻塞模式
        serverSocketChannel.configureBlocking(false);
        //绑定端口
        serverSocketChannel.bind(new InetSocketAddress(port));
        System.out.println("listener on port: " + port);
        //创建选择器
        selector = Selector.open();
        //向选择器注册通道
```

```java
        serverSocketChannel.register(selector, SelectionKey.OP_ACCEPT);
        //分配缓冲区的大小
        byteBuffer = ByteBuffer.allocate(size);
}
//监听器，用于监听 Channel 上的数据变化
private void listener() throws Exception {
    while (true) {
        //返回的 int 类型的数值表示有多少个 Channel 处于就绪状态
        int n = selector.select();
        if (n == 0) {
            continue;
        }
        //一个 selector 对应多个 SelectionKey，一个 SelectionKey 对应一个 Channel
        Iterator<SelectionKey> iterator =
                            selector.selectedKeys().iterator();
        while (iterator.hasNext()) {
            SelectionKey key = iterator.next();
            //如果 SelectionKey 处于连接就绪状态，则开始接收客户端的连接
            if (key.isAcceptable()) {
                //获取 Channel
        ServerSocketChannel server = (ServerSocketChannel) key.channel();
                //Channel 接收连接
                SocketChannel channel = server.accept();
                //Channel 注册
                registerChannel(selector, channel, SelectionKey.OP_READ);
                //远程客户端的连接数统计
                remoteClientNum++;
                System.out.println("online client num="+remoteClientNum);
                write(channel,"hello client".getBytes());
            }
            //如果通道已经处于读就绪状态，则读取通道上的数据
            if (key.isReadable()) {
                read(key);
            }
            iterator.remove();
        }
    }
}
private void read(SelectionKey key) throws IOException {
    SocketChannel socketChannel = (SocketChannel) key.channel();
    int count;
```

```
        byteBuffer.clear();
        //从通道中读取数据到缓冲区
        while ((count = socketChannel.read(byteBuffer)) > 0) {
            //byteBuffer 从写模式变为读模式
            byteBuffer.flip();
            while (byteBuffer.hasRemaining()) {
                System.out.print((char)byteBuffer.get());
            }
            byteBuffer.clear();
        }
        if (count < 0) {
            socketChannel.close();
        }
    }
    private void write(SocketChannel channel,byte[] writeData) throws
IOException {
        byteBuffer.clear();
        byteBuffer.put(writeData);
        //byteBuffer 从写模式变成读模式
        byteBuffer.flip();
        //将缓冲区的数据写入通道
        channel.write(byteBuffer);
    }
    private void registerChannel(Selector selector, SocketChannel channel, int
opRead) throws IOException {
        if (channel == null) {
            return;
        }
        channel.configureBlocking(false);
        channel.register(selector, opRead);
    }
    public static void main(String[] args) {
        try {
            MyServer myServer = new MyServer(9999);
            myServer.listener();
        } catch (Exception e) {
            e.printStackTrace();
        }
    }

}
```

在以上代码中定义了名为 MyServer 的服务端实现类，在该类中定义了 serverSocketChannel 用于 ServerSocketChannel 的建立和端口的绑定；byteBuffer 用于不同 Channel 之间的数据交互；selector 用于监听服务器各个 Channel 上数据的变化并做出响应。同时，在类构造函数中调用了初始化 ServerSocketChannel 的操作，定义了 listener 方法来监听 Channel 上的数据变化，解析客户端的数据并对客户端的请求做出响应。

具体的 Client 实现代码如下：

```java
public class MyClient {
    private int size = 1024;
    private ByteBuffer byteBuffer;
    private SocketChannel socketChannel;
    public void connectServer() throws IOException {
        socketChannel = socketChannel.open();
        socketChannel.connect(new InetSocketAddress("127.0.0.1", 9999));
        socketChannel.configureBlocking(false);
        byteBuffer = ByteBuffer.allocate(size);
        receive();
    }
    private void receive() throws IOException {
        while (true) {
            byteBuffer.clear();
            int count;
            //如果没有数据可读,则 read 方法一直阻塞,直到读取到新的数据
            while ((count = socketChannel.read(byteBuffer)) > 0) {
                byteBuffer.flip();
                while (byteBuffer.hasRemaining()) {
                    System.out.print((char)byteBuffer.get());
                }
                send2Server("say hi".getBytes());
                byteBuffer.clear();
            }
        }
    }
    private void send2Server(byte[] bytes) throws IOException {
        byteBuffer.clear();
        byteBuffer.put(bytes);
        byteBuffer.flip();
        socketChannel.write(byteBuffer);
    }
    public static void main(String[] args) throws IOException {
```

```
            new MyClient().connectServer();
    }
}
```

在以上代码中定义了 MyClient 类来实现客户端的 Channel 逻辑，其中，connectServer 方法用于和服务端建立连接，receive 方法用于接收服务端发来的数据，send2Server 方法用于向服务端发送数据。

> **相关面试题**
>
> （1）常见的 I/O 模型有哪些？ ★★★☆☆
>
> （2）Java NIO 模型和传统 I/O 模型的原理是什么？ ★★★☆☆
>
> （3）多路复用 I/O 模型的原理和优势是什么？ ★★★☆☆
>
> （4）Java NIO 模型和传统 I/O 模型的区别有哪些？ ★★☆☆☆
>
> （5）Selector 是阻塞 I/O 模型吗？ ★☆☆☆☆
>
> （6）阻塞 I/O 模型和非阻塞 I/O 模型分别指什么？ ★☆☆☆☆

4.4 Reactor 线程模型

Reactor 是一种并发处理客户端请求与响应的事件驱动模型。服务端在接收到客户端请求后采用多路复用策略，通过一个非阻塞的线程来异步接收所有的客户端请求，并将这些请求转发到相关的工作线程组进行处理。

Reactor 模型常常基于异步线程实现，常用的 Reactor 线程模型有 3 种：Reactor 单线程模型、Reactor 多线程模型和 Reactor 主备多线程模型。

4.4.1 Reactor 单线程模型

Reactor 单线程模型指所有的客户端 I/O 请求都在同一个线程（Thread）上完成。Reactor 单线程模型的各模块组成及职责如图 4-16 所示。

（1）Client：NIO 客户端，向服务端发起 TCP 连接，并发送数据。

（2）Acceptor：NIO 服务端，通过 Acceptor 接收客户端的 TCP 连接。

（3）Dispatcher：接收客户端的数据并将数据以 ByteBuffer 的形式发送到对应的编解码器。

（4）DecoderHandler：解码器，读取客户端的数据并进行数据解码及处理和消息应答。

（5）EncoderHandler：编码器，将向客户端发送的数据（消息请求或消息应答）进行统一的编码处理，并写入通道。

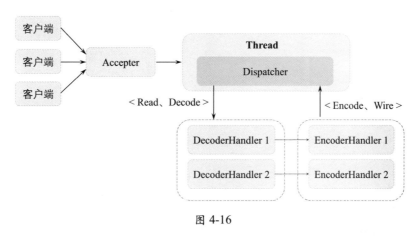

图 4-16

由于 Reactor 模式使用的是异步非阻塞 I/O，因此一个线程可以独立处理多个 I/O 相关的操作。Reactor 单线程模型将所有 I/O 操作都集中在一个线程中处理，其处理流程如下。

（1）Acceptor 接收客户端的 TCP 连接请求消息。

（2）在链路建立成功后通过 Dispatcher 将接收到的消息写入 ByteBuffer，并派发到对应的 DecoderHandler 进行消息解码和处理。

（3）在消息处理完成后调用对应的 EncoderHandler 将该请求对应的响应消息进行编码和下发。

4.4.2　Reactor 多线程模型

Reactor 多线程模型与单线程模型最大的区别在于，它由一组线程（Thread Poll）处理客户端的 I/O 请求。Reactor 多线程模型将 Acceptor 的操作封装在一组线程池中，通过线程池进行监听服务端端口、接收客户端的 TCP 连接请求、处理网络 I/O 读写等操作。线程池一般使用标准的 JDK 线程池，在该线程池中包含一个任务队列和一系列 NIO 线程，这些 NIO 线程负责具体的消息读取、解码、编码和发送。Reactor 多线程模型如图 4-17 所示。

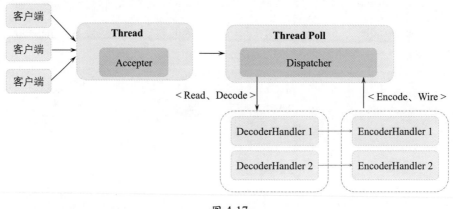

图 4-17

4.4.3 Reactor 主备多线程模型

在 Reactor 主备多线程模型中，服务端用于接收客户端连接的不再是一个 NIO 线程，而是一个独立的 NIO 线程池。主线程 Acceptor 在接收到客户端的 TCP 连接请求并建立完成连接后（可能要经过鉴权、登录等过程），将新创建的 SocketChannel 注册到子 I/O 线程池（Sub Reactor Pool）的某个 I/O 线程上，由它负责具体的 SocketChannel 读写和编解码工作。

Reactor 主备多线程模型中的 Acceptor 线程池（Acceptor Thread Pool）只用于客户端的鉴权、登录、握手和安全认证，一旦链路建立成功，就将链路注册到后端 Sub Reactor 线程池的 I/O 线程上，由 I/O 线程负责后续的 I/O 操作。这样就将客户端连接的建立和消息的响应都以异步线程的方式来实现，大大提高了系统的吞吐量。Reactor 主备多线程模型如图 4-18 所示。

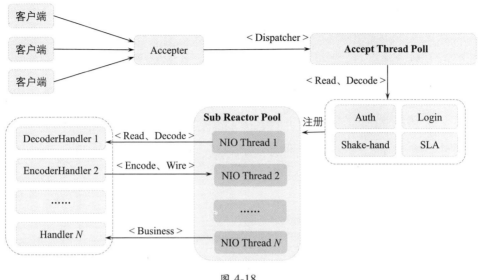

图 4-18

（1）Reactor 是什么？★★★☆☆

（2）Reactor 的线程模型有哪些？★★☆☆☆

（3）Reactor 主备多线程模型的原理是什么？★☆☆☆☆

4.5 Netty 的架构

Netty 是一个高性能、异步事件驱动的 NIO 框架，它基于 Java NIO 提供的 API 实现，提供了对 TCP、UDP 和文件传输的支持。Netty 的所有 I/O 操作都是异步非阻塞的，通过 Future-Listener 机制，用户可以主动或者通过通知机制获取 I/O 操作结果。

4.5.1 Netty 的架构设计

Netty 主要用于客户端和服务端网络应用程序的快速搭建和开发。基于 Netty API 可以非常快速、方便地构建一个高性能的 TCP 或 UDP 的网络应用，不但极大地简化了网络编程的复杂度，还提高了网络应用程序的性能和稳定性。Netty 支持多种网络通信协议，包括 TCP、UDP、FTP、HTTP、SMTP 等。Netty 优秀的架构设计使其能够简单、快速地构建网络应用程序。Netty 的架构设计如图 4-19 所示。

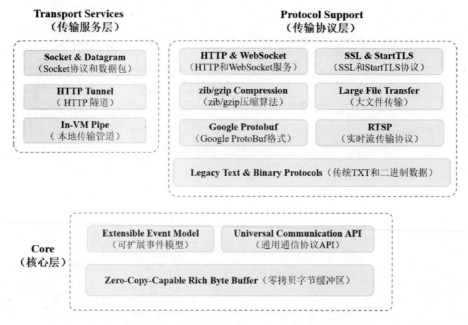

图 4-19

Netty 的整体架构分为 Transport Services（传输服务层）、Protocol Support（传输协议层）和 Core（核心层）3 部分。

1. Transport Services

Transport Services 主要定义数据的传输和通信方式，包括 Socket And Datagram（Socket 协议和数据包）、HTTP Tunnel（HTTP 隧道）、In-VM Pipe（本地传输管道）。

基于 Socket 的协议有 TCP、UDP 等。其中，TCP 基于报文应答机制实现，主要用于可靠数据的传输，比如移动设备状态信息的传输。UDP 发出的数据不需要对方应答，主要用于对数据安全性要求不是很高但是对数据传输吞吐量要求较高的场景，比如实时视频流传输。HTTP Tunnel 定义了 HTTP 的传输方式，In-VM Pipe 定义了本地数据的传输方式。

2. Protocol Support

Protocol Support 主要定义数据传输过程中的服务类型、数据安全、数据压缩等。具体包括 HTTP And WebSocket(HTTP 和 WebSocket 服务)、SSL And StartTLS(SSL 和 StartTLS

协议）、zlib/gzip Compression（zlib/gzip 压缩算法）、Large File Transfer（大文件传输）、ProtoBuf（Google ProtoBuf 格式）、RTSP（实时流传输协议）、Legacy Text And Binary Protocols（传统 TXT 和二进制数据）。

HTTP 和 WebSocket 服务定义了客户端和服务端的数据通信方式。HTTP 服务基于 HTTP 实现，主要用于客户端主动向服务端发起数据包请求。WebSocket 主要用于服务端基于消息推送的机制将数据包实时推送到客户端。

SSL（Secure Sockets Layer，安全套接层）主要用于传输层与应用层之间的直接网络数据的加密，是为网络通信提供安全及数据完整性的一种安全协议。SSL 包含记录层（Record Layer）和传输层（Transport Layer）。记录层的安全协议确定传输层数据的封装格式。传输层的安全协议使用 X.509 认证，之后使用非对称加密的演算对通信方进行身份认证，最后交换对称密钥作为此次会话的密钥，并基于该会话密钥来实现通信双方数据的加密，保证两个应用程序之间通信的保密性和可靠性，使客户端与服务端的应用程序之间的通信不被攻击者窃听。

StartTLS 是一种明文通信协议的扩展，能够让明文连线直接成为加密连线（使用 SSL 或 TLS 加密），而不需要使用另一个特别的端口进行加密通信，属于机会性加密。StartTLS 本身是一个与应用层无关的协议，可以搭配许多应用层协议一同使用。

zlib/gzip Compression 定义了消息传递过程中数据的压缩和解压缩算法，主要用于提高批量数据传输过程中网络的吞吐量。zlib 是一种数据压缩格式，其使用抽象化的 DEFLATE 算法实现，应用十分广泛。在 Linux 内核中通过 zlib 实现网络协议及文件系统的压缩。OpenSSH、OpenSSL 通过 zlib 达到最优化的加密网络传输。gzip 的基础也是 DEFLATE 算法，是一种数据压缩格式。

Large File Transfer 定义了大文件传输过程中数据的拆包和分发策略。

ProtoBuf 是 Google 发布的一款开源的数据传输格式和序列化框架。它是一种语言中立、平台无关、可扩展的序列化数据的格式，可用于通信协议、数据存储等。在序列化数据方面，它提供了灵活、高效的序列化实现。ProtoBuf 很适合用于数据存储或 RPC 数据交换格式。

RTSP（Real Time Streaming Protocol）为实时流传输协议，是一种网络应用协议，专为娱乐和通信系统使用，以控制流媒体服务器。该协议用于创建和控制终端之间的媒体会话。媒体服务器的客户端发布 VCR 命令，例如播放、录制和暂停，以便实时控制从服务器到客户端（视频点播）或从客户端到服务器（语音录音）的媒体流。

Legacy Text And Binary Protocols 提供了传统文本数据格式和二进制数据格式的传输支持。

3. Core

Core 封装了 Netty 框架的核心服务和 API，具体包括 Extensible Event Model（可扩展事件模型）、Universal Communication API（通用通信协议 API）、Zero-Copy-Capable Rich Byte Buffer（零拷贝字节缓冲区）等。可扩展事件模型为 Netty 灵活的事件通信提供了基础；通用通信协议 API 为上层提供了统一的 API 访问入口，提高了 Netty 框架的易用性；零拷贝字节缓冲区为数据的快速读取和写入提供了保障。

4.5.2 Netty 的核心组件

Netty 的核心组件包括 Bootstrap、ServerBootstrap、NioEventLoop、NioEventLoopGroup、Future、ChannelFuture、Channel、Selector、ChannelHandlerContext、ChannelHandler 和 ChannelPipeline。

（1）Bootstrap/ServerBootstrap：Bootstrap 用于客户端服务的启动引导，ServerBootstrap 用于服务端服务的启动引导。

（2）NioEventLoop：基于线程队列的方式执行事件操作，具体要执行的事件操作包括连接注册、端口绑定和 I/O 数据读写等。每个 NioEventLoop 线程都负责多个 Channel 的事件处理。

（3）NioEventLoopGroup：NioEventLoop 生命周期的管理。

（4）Future/ChannelFuture：Future 和 ChannelFuture 用于异步通信的实现，基于异步通信方式可以在 I/O 操作触发后注册一个监听事件，在 I/O 操作（数据读写完成或失败）完成后自动触发监听事件并完成后续操作。

（5）Channel：Channel 是 Netty 中的网络通信组件，用于执行具体的 I/O 操作。Netty 中所有的数据通信都基于 Channel 读取或者将数据写入对应的 Channel。Channel 的主要功能包括网络连接的建立、连接状态的管理（网络连接的打开和关闭）、网络连接参数的配置（每次接收数据的大小）、基于异步 NIO 的网络数据操作（数据读取、数据写出）等。

（6）Selector：Selector 用于多路复用中 Channel 的管理。在 Netty 中，一个 Selector 可以管理多个 Channel，在 Channel 连接建立后将连接注册到 Selector，Selector 在内部监

听每个 Channel 上 I/O 事件的变化，当 Channel 有网络 I/O 事件发生时通知 ChannelHandler 执行具体的 I/O 操作（读取字节流或字节流写入完成）。

（7）ChannelHandlerContext：Channel 上下文信息的管理。每个 ChannelHandler 都对应一个 ChannelHandlerContext。

（8）ChannelHandler：I/O 事件的拦截和处理。其中，ChannelInboundHandler 用于处理数据接收的 I/O 操作，ChannelOutboundHandler 用于处理数据发送的 I/O 操作。

（9）ChannelPipeline：基于拦截器设计模式实现的事件拦截处理和转发。Netty 中的每个 Channel 都对应一个 ChannelPipeline，在 ChannelPipeline 中维护了一个由 ChannelHandlerContext 组成的双向链表，每个 ChannelHandlerContext 都对应一个 ChannelHandler，以完成对具体 Channel 事件的拦截和处理。其中，数据入站由 Head 向 Tail 依次传递和处理，数据出站由 Tail 向 Head 依次传递和处理，具体流程如图 4-20 所示。

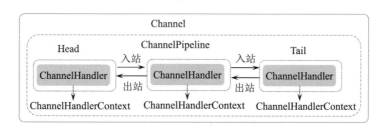

图 4-20

4.5.3　Netty 的原理

Netty 的运行核心包含两个 NioEventLoopGroup 工作组，一个是 BossGroup，用于接收客户端连接、接收客户端数据和进行数据转发；另一个是 WorkerGroup，用于具体 I/O 事件的触发和数据处理。

1.　Netty Server 的初始化过程

Netty Server 的初始化过程如下。

（1）初始化 BossGroup 和 WorkerGroup。

（2）基于 ServerBootstrap 配置 EventLoopGroup，包括连接参数设置、Channel 类型设置、编解码 Handler 设置等。

（3）绑定端口和服务启动。

具体代码实现如下：

```
publicstaticvoidmain(String[] args) {
        //1：创建 BossGroup 和 WorkerGroup
        NioEventLoopGroup bossGroup = newNioEventLoopGroup();
        NioEventLoopGroup workerGroup = newNioEventLoopGroup();
        finalServerBootstrap serverBootstrap = newServerBootstrap();
        //2：配置 NioEventLoopGroup
        serverBootstrap
          .group(bossGroup, workerGroup)
          .channel(NioServerSocketChannel.class) //设置 Channel 的类型为 NIO
          .option(ChannelOption.SO_BACKLOG, 1024)  //设置 BACKLOG 的大小为 1024
          .childOption(ChannelOption.SO_KEEPALIVE, true)//启用心跳检测机制
          .childOption(ChannelOption.TCP_NODELAY, true)//设置数据包无延迟
          //设置 Channel 的类型为 NioSocketChannel
          .childHandler(newChannelInitializer<NioSocketChannel>() {
                  @Override
                  protectedvoidinitChannel(NioSocketChannel ch) {
                    //配置解码器为 MessageDecoder 类
                     ch.pipeline().addLast("decoder",new MessageDecoder());
                    //配置编码器为 MessageEncoder 类
                     ch.pipeline().addLast("encoder",new MessageEncoder());
                  }});
        //3：绑定端口和服务启动
        int port = 9000;
        serverBootstrap.bind(port).addListener(future -> {
           if(future.isSuccess()) {
              System.out.println("server start up on port:"+ port);
           } else{
              System.err.println("server start up failed");
           }
        });
}
```

2．BossGroup 的功能

BossGroup 为一个事件循环组，其中包含多个事件循环（NioEventLoop），每个 NioEventLoop 都包含一个 Selector 和一个 TaskQueue（事件循环线程）。每个 Boss NioEventLoop 循环都执行如下 3 个步骤。

（1）轮询监听 Accept 事件。

（2）接收和处理 Accept 事件，包括和客户端建立连接并生成 NioSocketChannel，将 NioSocketChannel 注册到某个 Worker NioEventLoop 的 Selector 上。

（3）处理 runAllTasks 的任务。

3．WorkerGroup 的功能

WorkerGroup 为一个事件循环组，其中包含多个事件循环（NioEventLoop），每个 Worker 的事件循环都执行如下 3 个步骤。

（1）轮询监听 NioSocketChannel 上的 I/O 事件（I/O 读写事件）。

（2）当 NioSocketChannel 有 I/O 事件触发时执行具体的 I/O 操作。

（3）处理任务队列中的任务。

BossGroup 和 WorkerGroup 的工作流程如图 4-21 所示。

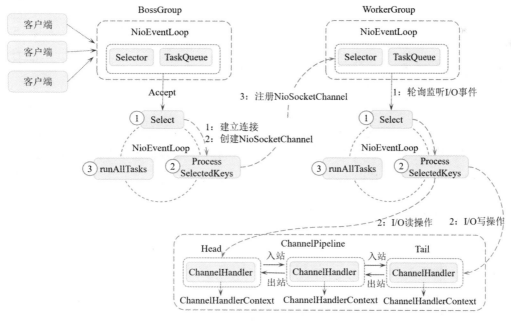

图 4-21

4.5.4　Netty 的特性

Netty 之所以能在高并发的分布式网络环境下实现对数据的快速处理和分发，得益于其优秀的架构设计。Netty 架构设计的主要特性有 I/O 多路复用模型、数据零拷贝、内存重用机制、无锁化设计和高性能的序列化框架。

1. I/O 多路复用模型

在高并发的 I/O 编程模型中，一个服务端往往要同时处理成千上万个客户端请求。传统的 I/O 模型会为每个 Socket 链路都建立一个线程专门处理该链路上数据的接收和发送。该方案的特性是，当客户端较少时，服务端的数据处理速度很快，但是当客户端的数量较多时，服务端会出现没有足够的线程资源为每个 Socket 链路都分配一个线程的情况，服务端会出现大量的线程资源争抢和调度，性能急速下降。因此，该方案不适用于高并发场景。

当有大量客户端并发请求时，可以采用 I/O 多路复用模型处理该问题。I/O 多路复用模型将 I/O 的处理分为 Selector 和 Channel。Selector 负责多个 Channel 的监控和管理操作，Channel 负责真正的 I/O 读写操作。当 Selector 监控到 Channel 上有数据发生变化时会通知对应的 Channel，Channel 在接收到对应的通知后处理对应的数据即可。这样一个 Selector 线程便可以同时处理多个客户端请求。与传统的多线程 I/O 模型相比，I/O 多路复用模型的最大优势是系统开销小，系统不需要为每个客户端连接都建立一个新的线程，也不需要维护这些线程的运行，减少了系统的维护工作量，节省了系统资源。

Netty 通过在 NioEventLoop（事件轮询机制）内封装 Selector 来实现 I/O 的多路复用，在一个 NioEventLoop 上服务端可以同时并发处理成千上万个客户端请求，同时由于 Netty 的 I/O 读写操作都是基于 ByteBuffer 异步非阻塞的，因此大大提高了 I/O 线程的运行效率，避免由于频繁 I/O 阻塞导致的线程挂起和系统资源的浪费。

2. 数据零拷贝

Linux 为了实现操作系统程序和应用程序的资源隔离，将系统分为内核态和用户态。操作系统的程序运行在内核态，具体包括进程管理、存储管理、文件系统、网络通信和模块机制；应用程序运行在用户态并且不能访问内核态的地址空间，如果应用程序需要访问系统内核态的资源，则需要通过系统调用接口或本地函数库（Libc）来完成，Linux 的内核结构如 4-22 所示。具体流程：用户程序调用系统应用接口或本地函数库，系统应用接口或本地函数库调用系统进程获取资源，并将其分配到对应的用户程序，用户程序在资源使用完成后通过系统调用接口或本地函数库释放资源。

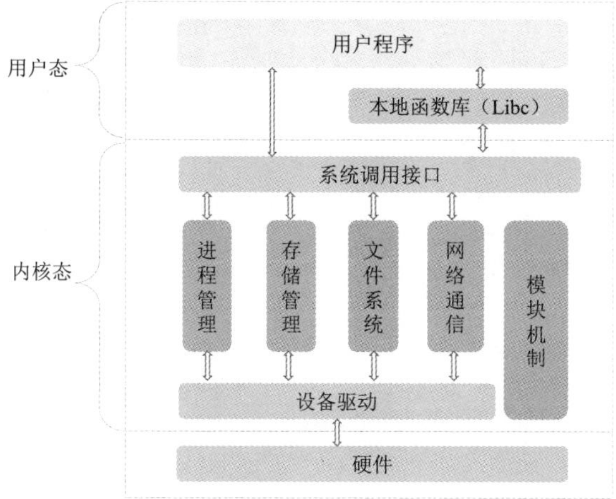

图 4-22

传统的 Socket 服务基于 JVM 堆内存进行 Socket 读写，也就是说，在申请内存资源时，需要通过 JVM 向操作系统申请堆内存，然后 JVM 将堆内存复制一份到直接内存中，基于直接内存进行 Socket 读写。这样就存在频繁的 JVM 内存数据和 Socket 线程内存数据来回复制的问题，影响系统性能。

Netty 的数据接收和发送均采用堆外直接内存进行 Socket 读写，堆外直接内存可以直接操作系统内存，不需要来回进行字节缓冲区的二次复制，大大提高了系统的性能。

同时，Netty 提供了组合 Buffer 对象，基于该对象可以聚合多个 ByteBuffer 对象，使得用户操作多个 Buffer 与操作一个 Buffer 一样方便，避免了传统的通过内存复制的方式将多个小 Buffer 合并为一个大 Buffer 带来的不便和性能损耗。

Netty 的文件传输采用 transferTo 方法。transferTo 方法可以直接将文件缓冲区的数据基于内存映射技术发送到目标 Channel，避免了采用循环写方式导致的内存复制问题。

3. 内存重用机制

JVM 对于对象内存的分配和回收耗时很小，但 Netty 数据的接收和发送均采用堆外直接内存缓存的方式实现，而堆外直接内存缓存的分配和回收是一种耗时的操作。为了尽量重用缓冲区，Netty 提供了基于内存池的缓冲区重用机制。

4. 无锁化设计

对于一般程序来说，多线程会提高系统的并发度，但是线程数并不是越多越好，过多的线程会引起 CPU 的频繁切换而增加系统的负载。Netty 内部采用串行无锁化设计的思想对 I/O 进行操作，避免多线程竞争 CPU 和资源锁定导致的性能下降。在具体使用过程中，可以调整 NIO 线程池的线程参数，同时启动多个串行化的线程并行运行，这种局部无锁化的串行多线程设计比一个队列结合多个工作线程模型的性能更佳。

Netty 的 NioEventLoop 的设计思路是 Channel 在读取消息后，直接调用 ChannelPipeline 的 fireChannelRead(Object msg)进行消息的处理，如果在运行过程中用户不主动切换线程，Netty 的 NioEventLoop 则一直在该线程上进行消息的处理，这种线程绑定 CPU 持续执行的方式可以有效减少系统资源的竞争和切换，对于持续高并发的操作来说性能有很大的提升。

5. 高性能的序列化框架

Netty 默认基于 ProtoBuf 实现数据的序列化，通过扩展 Netty 的编解码接口，用户可以实现自定义的序列化框架，例如 Thrift 的压缩二进制编解码框架。在使用 ProtoBuf 序列化时需要注意如下几点。

（1）SO_RCVBUF 和 SO_SNDBUF 的设置：SO_RCVBUF 为接收数据的 Buffer 大小，SO_SNDBUF 为发送数据的 Buffer 大小，通常建议设置其值为 128KB 或者 256KB。

（2）SO_TCPNODELAY 的设置：将 SO_TCPNODELAY 设置为 true，表示开启自动粘包操作，该操作采用 Nagle 算法将缓冲区内字节较少的包前后相连组成一个大包一起发送，防止大量小包频繁发送造成网络的阻塞，从而提高网络的吞吐量。该算法对单条数据延迟的要求不高，但在传输数据量大的情况下能显著提高性能。

（3）软中断：在开启软中断后，Netty 会根据数据包的源地址、源端口、目的地址、目的端口计算一个哈希值，根据该哈希值选择对应的 CPU 执行软中断。即 Netty 将每个连接都与 CPU 绑定，并通过哈希值在多个 CPU 上均衡软中断，以提高 CPU 的性能。

4.5.5　Netty 实战

Netty 的使用分为客户端和服务端两部分。客户端用于连接服务端上报数据，并接收服务端下发的请求指令等。服务端主要用于接收客户端的数据，并根据协议的规定对客户端的消息进行响应。一般 Netty 的性能优化主要在服务端，因为服务端需要同时承载成千上万的客户端并发连接。下面介绍一个简单的 Netty 服务的实现。

（1）定义通用消息格式 BaseMessage：

```
public class BaseMessage {
    //消息创建的时间
    private Date createTime;
    //消息接收的时间
    private Date receiveTime;
    //消息内容
    private String messageContent;
    //消息 id/消息-流水号
    private int messageId;
    public BaseMessage(int messageId,String messageContent,Date createTime) {
        this.messageId = messageId;
        this.messageContent = messageContent;
        this.createTime = createTime;
    }
  //get、set 方法省略
}
```

以上代码定义了客户端和服务端交互的基本消息格式 BaseMessage，具体包括创建消息的流水号 messageId、消息创建的时间 createTime、消息接收的时间 receiveTime 和消息体 messageContent。

（2）定义消息处理工具类 MessageUtils：

```
public class MessageUtils {
    //将 BaseMessage 消息写入 ByteBuf
    public static ByteBuf getByteBuf(BaseMessage baseMessage)
        throws UnsupportedEncodingException {
        byte[] req = JSON.toJSONString(baseMessage).getBytes("UTF-8");
        ByteBuf byteBuf = Unpooled.buffer();
        byteBuf.writeBytes(req);
        return byteBuf;
    }
    //从 ByteBuf 中获取信息，使用 UTF-8 编码后解析为 BaseMessage 的系统消息格式
    public static BaseMessage getBaseMessage(ByteBuf buf) {
        byte[] con = new byte[buf.readableBytes()];
        buf.readBytes(con);
        try {
```

```
            String message = new String(con, "UTF8");
            BaseMessage baseMessage =   JSON.parseObject(message,
                                        BaseMessage.class);
            baseMessage.setReceiveTime(new Date());
            return  baseMessage;
        } catch (UnsupportedEncodingException e) {
            e.printStackTrace();
            return null;
        }
    }
}
```

以上代码定义了消息处理工具类 MessageUtils，在该类中定义了 getBaseMessage 方法，用于将从 Channel 中获取的 ByteBuf 转换成标准的消息格式，这里的 ByteBuf 是 Netty 自己封装的字节流存储格式，客户端上报的数据和服务端下发的数据均被写入 ByteBuf。因为该程序中客户端上报的是 JSON 字符串，所以将接收到的字节数组转换为字符串，并使用 JSON 进行消息格式的解析；定义了 getByteBuf 方法，用于将定义的标准消息转换为 ByteBuf 并写入 Channel。

（3）定义 NettyServer：

```
public class NettyServer {
    private final static Log logger = LogFactory.getLog(NettyServer.class);
    private int port;
    public NettyServer(int port) {
        this.port = port;
        bind();
    }
    private void bind() {
        //1: 创建 BossGroup 和 WorkerGroup
        EventLoopGroup boss = new NioEventLoopGroup();
        EventLoopGroup worker = new NioEventLoopGroup();
        try {
            //2: 创建 ServerBootstrap
            ServerBootstrap bootstrap = new ServerBootstrap();
            bootstrap.group(boss, worker);
            //3: 设置 Channel 和 Option
            bootstrap.channel(NioServerSocketChannel.class);
            bootstrap.option(ChannelOption.SO_BACKLOG, 1024);
            bootstrap.option(ChannelOption.TCP_NODELAY, true);
            bootstrap.childOption(ChannelOption.SO_KEEPALIVE, true);
```

```
        bootstrap.childHandler(new ChannelInitializer<SocketChannel>() {
            @Override
            protected void initChannel(SocketChannel socketChannel)
                    throws Exception {
                ChannelPipeline p = socketChannel.pipeline();
                //定义 MessageDecoder，用于解码 Server 接收的消息并处理
                p.addLast("decoder",new MessageDecoder());
            }
        });
        //4：设置绑定端口号并启动
        ChannelFuture channelFuture = bootstrap.bind(port).sync();
        if (channelFuture.isSuccess()) {
            logger.info("NettyServer start success,port: " + this.port);
        }
        //5：设置异步关闭连接
        channelFuture.channel().closeFuture().sync();
    } catch (Exception e) {
        logger.error("NettyServer start fail，exception: " +
                e.getMessage());
        e.printStackTrace();
    } finally {
        //6：优雅退出函数设置
        boss.shutdownGracefully();
        worker.shutdownGracefully();
    }
}
public static void main(String[] args) throws InterruptedException {
    new NettyServer(9000);
}
}
```

以上代码定义了服务器类 NettyServer，该类的核心方法是 bind 方法，在该方法中定义了 ServerBootstrap，并通过 bootstrap.bind(port).sync()启动一个 Netty 服务，这里的核心部分是通过 bootstrap.childHandler()定义编解码器，在服务端收到消息后，Netty 会调用对应的编解码器中的方法，以完成数据的接收、解码、编码和发送工作。

（4）定义 MessageDecoder 解码器：

```
public class MessageDecoder extends ChannelHandlerAdapter {
    private final static Log logger =
        LogFactory.getLog(MessageDecoder.class);
```

```java
@Override //覆写 channelRead 方法并接收客户端上报的消息
public void channelRead(ChannelHandlerContext ctx, Object msg) {
    //1：接收到客户端发送的消息 msg
    ByteBuf buf = (ByteBuf) msg;
    BaseMessage message = MessageUtils.getBaseMessage(buf);
    //2：消息解码
    logger.info("received message form
            client:"+JSON.toJSONString(message));
    try {
        //3：定义回复消息体
        BaseMessage responseMessage = new BaseMessage
            (message.getMessageID()+1,"response from server",new Date());
        logger.info("send response message for
          client:"+JSON.toJSONString(responseMessage));
        //4：消息编码
        ByteBuf byteBuf = MessageUtils.getByteBuf(responseMessage);
        //5：消息发送，将消息通过 ChannelHandlerContext 写入 Channel
        ctx.writeAndFlush(byteBuf);
    } catch (UnsupportedEncodingException e) {
        e.printStackTrace();
    }
}
@Override//连接断开触发事件
public void handlerRemoved(ChannelHandlerContext ctx) throws Exception {
    logger.error("channel removed");
    super.handlerRemoved(ctx);
}
@Override//连接异常触发事件
public void exceptionCaught(ChannelHandlerContext ctx, Throwable cause)
throws Exception {
    logger.error("channel exception");
    super.exceptionCaught(ctx, cause);
}
@Override//连接注册触发事件
public void channelRegistered(ChannelHandlerContext ctx) throws Exception
{
    logger.error("channel registered");
    super.channelRegistered(ctx);
}
}
```

以上代码定义了解码器 MessageDecoder，它继承了 ChannelHandlerAdapter，并实现了其 channelRead 方法，该方法主要用于接收客户端发送的数据。当 Netty 通道检测到数据变化时，会将数据写入相应的 ByteBuf，并调用 channelRead 方法完成消息的接收，服务端在接收到消息后，将其解码转化成标准的消息格式并进行业务处理，在处理完成后对消息进行回复。

同时，MessageDecoder 实现了 channelRegistered 方法，该方法在服务端接收到新的通道连接后会被调用；还实现了 handlerRemoved 方法，该方法在 Netty 检测到链路断开后会被调用，以便服务端将失效的连接从 Session 管理中剔除；还实现了 exceptionCaught 方法，该方法在 Netty 检测到链路异常时会被调用，一般引起异常的原因有网络异常、服务端资源不足等。

（5）定义 NettyClient：

```java
public class NettyClient {
    private final static Log logger = LogFactory.getLog(NettyClient.class);
    //服务端的端口号
    private int port = 9000;
    //服务端的 IP 地址
    private String host = "localhost";
    public NettyClient( String host,int port) throws InterruptedException {
        this.port = port;
        this.host = host;
        start();
    }
    private void start() throws InterruptedException {
    EventLoopGroup eventLoopGroup = new NioEventLoopGroup();
    try {
        Bootstrap bootstrap = new Bootstrap();
        bootstrap.channel(NioSocketChannel.class);
        bootstrap.option(ChannelOption.SO_KEEPALIVE, true);
        bootstrap.group(eventLoopGroup);
        bootstrap.remoteAddress(host, port);
        bootstrap.handler(new ChannelInitializer<SocketChannel>() {
            @Override
            protected void initChannel(SocketChannel socketChannel)
                    throws Exception {
                socketChannel.pipeline().addLast(new NettyClientHandler());
            }
        });
```

```
            ChannelFuture channelFuture = bootstrap.connect(host,
                                        port).sync();
            if (channelFuture.isSuccess()) {
                logger.info("connect server success,ip:localhost port:"+9000);
            }
            channelFuture.channel().closeFuture().sync();
        } finally {
            eventLoopGroup.shutdownGracefully();
        }
    }
    public static void main(String[] args) throws InterruptedException {
        new NettyClient("localhost", 9000);
    }
}
```

以上代码定义了 NettyClient 类，该类在 start() 中实现了对客户端的定义。对客户端的定义和服务端基本相同，也有编码器、解码器和一些网络参数，主要的不同是客户端通过 bootstrap.remoteAddress(host,port) 来定义要连接的远程服务端的地址，并通过 bootstrap.connect(host,port).sync() 实现服务端的连接。

（6）定义 NettyClientHandler 消息处理器：

```
public class NettyClientHandler extends ChannelHandlerAdapter {
    private final static Log logger =
                            LogFactory.getLog(NettyClientHandler.class);
    @Override//连接创建后，Netty 会自动调用 channelActive 方法
    public void channelActive(ChannelHandlerContext ctx) throws Exception {
        //创建一条消息，发送给服务端
        BaseMessage message = new BaseMessage(0,
            "message from client",new Date());
        ByteBuf byteBuf = MessageUtils.getByteBuf(message);
        ctx.writeAndFlush(byteBuf);
        logger.info("send a message for server:"+ JSON.toJSONString(message));
    }
    @Override//读取服务端的消息
    public void channelRead(ChannelHandlerContext ctx, Object msg)
        throws Exception {
        ByteBuf buf = (ByteBuf) msg;
        BaseMessage message = MessageUtils.getBaseMessage(buf);
        logger.info("received message form
                server:"+JSON.toJSONString(message));
```

```
        }
    }
```

以上代码定义了客户端消息的处理类 NettyClientHandler，该类继承了 ChannelHandlerAdapter，并实现了其 channelActive 方法，用于在客户端激活后向服务端发送数据；实现了 channelRead 方法，用于接收服务端下发的消息。

（7）Netty 的使用。分别执行 main 方法启动 NettyServer 和 NettyClient，NettyClient 在启动后会向服务端发送消息，服务端在收到消息后会做出消息回应。NettyServer 启动后的日志如下：

```
[INFO] NettyServer - NettyServer start success,port: 9000
[ERROR] MessageDecoder - channel registered
[INFO] MessageDecoder - received message form
client:{"createTime":1557560347107,"messageContent":"message from
client","messageId":0,"receiveTime":1557560347360}
[INFO] MessageDecoder - send response message for
client:{"createTime":1557560347377,"messageContent":"response from
server","messageId":1}
```

从上述日志可以看到，服务端在启动后监听了 9000 端口，在客户端发送数据后，服务端接收到了 id 为 0 的消息，并响应了一条 id 为 1 的消息。

NettyClient 启动后的日志如下：

```
[INFO] NettyClient - connect server success,ip:localhost port:9000
[INFO] NettyClientHandler - send a message for
server:{"createTime":1557560347107,"messageContent":"message from
client","messageId":0}
[INFO] NettyClientHandler - received message form
server:{"createTime":1557560347377,"messageContent":"response from
server","messageId":1,"receiveTime":1557560347402}
```

从上述日志可以看到，客户端在启动后成功连接上了 IP 地址为 localhost、端口为 9000 的服务器，并发送了一条 id 为 0 的消息给服务端，随后收到了服务端反馈回来的 id 为 1 的消息。

相关面试题

（1）Netty 是什么？★★★☆☆
（2）Netty 的高性能体现在哪些方面？★★★☆☆

（3）Netty 的执行流程是怎样的？★★★☆☆

（4）Netty 的零拷贝体现在哪里？与操作系统上的有什么区别？★★★☆☆

（5）Netty 跟 Java NIO 有什么不同，为什么不直接使用 JDK NIO 类库？★★☆☆☆

（6）Netty 组件有哪些，分别有什么关联？★★☆☆☆

4.6　租约机制

目前租约机制已被应用在各种分布式系统中。例如，著名的微服务治理框架 Eureka 采用了租约机制来实现服务注册与发现；HDFS 采用了租约机制来控制数据的并发更新问题；HBase 采用了租约机制来保障 Scan 操作的安全性。

4.6.1　租约机制的概念

租约机制指在租约期限内，拥有租约的节点有权利操作一些预设好的对象，具体描述如下。

（1）租约是由授权者授予的一段时间内的承诺。

（2）授权者一旦发出租约，则无论接受方是否收到，也无论后续接收方处于何种状态，只要租约不过期，授权者就得遵守承诺，按承诺的时间和内容执行。

（3）接收方在有效期内可以使用授权者的租约，如果租约过期，那么授权者将不再对租约的承诺负责。如果要继续使用租约，则需要重新申请。

（4）可以通过版本号、时间周期或者某个固定的时间点判断租约是否有效。

可以把租约机制和公司的权利下放做类比来帮助理解。如图 4-23 所示，公司有董事会、CEO、CTO 和 CFO，董事会把公司不同的管理权限在一定时间内分别授权 CEO、CTO、CFO，在固定的时间段内如果有相关事宜，则直接找 CEO、CTO、CFO 处理，不必所有事情都要经过董事会，因为董事会已经授权了 CEO、CTO、CFO 在部分时间段内拥有相关事宜的执行权限，而在该时间段内董事会不能违约，因此 CEO、CTO、CFO 可以按照约定执行相关权利，在约定的时间到期后，CEO、CTO、CFO 需要考虑是续约还是解约。

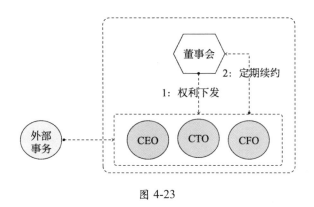

图 4-23

4.6.2　租约机制解决的问题

租约机制解决了分布式系统中的脑裂问题、分布式系统缓存一致性问题，以及数据权限下发后的数据一致性问题等。

1．分布式系统节点的状态变化

目前，大部分分布式系统都是采用主备的方式来实现的，一般主节点负责集群的管理工作，同时负责数据的写入操作并将数据同步到各个备节点；备节点接收用户的读操作，当主节点发生宕机时，从备节点中选举出一个主节点，继续为系统服务，如图 4-24 所示。

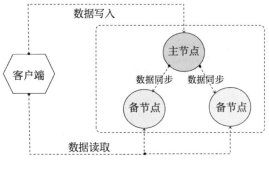

图 4-24

那么集群中的各个节点是如何确定其他节点状态的呢？答案是通过心跳机制。如图 4-25 所示，假设有三个节点，分别为 Server-1、Server-2、Server-3，它们之间互为副本，其中 Server-1 为主节点，Server-2、Server-3 为备节点。另一个节点 Server-Electer 负责判断节点状态，在发现主节点异常后，会从备节点重新选出一个主节点继续为集群服务。

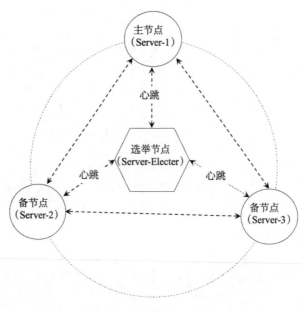

图 4-25

Server-Electer 通过心跳机制定时与其他节点通信，如果超过一段时间收不到某个节点的心跳，则认为该节点异常。这种机制在集群中各个节点之间网络正常的情况下运行良好，但是在发生网络分区（集群中各个节点网络通信异常）时会出现问题。比如 Server-Electer 节点收不到主节点的心跳，除了可能是因为主节点本身发生异常，还有可能是因为 Server-Electer 和主节点之间的网络通信发生异常。这种网络通信异常可能是网络大面积阻塞引起的，也有可能是出现网络闪断、DNS 解析异常等引起的。这时，如果 Server-Electer 和 Server-2、Server-3 之间的通信正常，则 Server-Electer 会从两个备节点中选出一个主节点，这里假定选举 Server-2 为主节点，则集群出现两个主节点，我们称之为双主问题，如图 4-26 所示。

如果集群出现双主问题，则在 Server-1 的网络恢复后，备节点 Server-3 将收到 Server-1 和 Server-2 两个主节点的数据同步请求，Server-3 的数据也会出现不一致的情况，如图 4-27 所示。

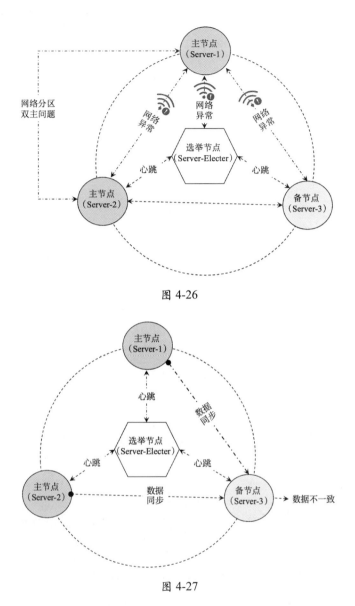

图 4-26

图 4-27

那么在出现双主问题时该如何处理呢？租约机制给了我们很好的解决方案。在租约机制的实现中，由选举节点向其他节点发送租约，如果该节点持有有效的租约，则认为该节点可以正常提供服务。例如三个工作节点 Server-1、Server-2、Server-3 仍然通过心跳机制向选举节点 Server-Electer 汇报自己的状态，选举节点在收到心跳后发送一个租约给三个工作节点，表示确认节点的状态，并允许在有效期内使用该租约的权力并对外提供服务，如图 4-28 所示。

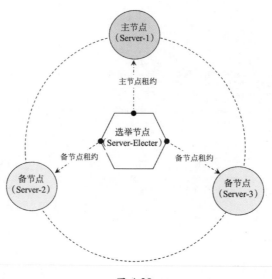

图 4-28

这时可以让选举节点 Server-Electer 给主节点 Server-1 一个特殊的租约，表示该节点为主节点，一旦发生网络分区或者其他问题，选举节点需要切换主节点，则只需等待之前主节点的租约到期，再重新给新选举出的主节点颁发新的租约即可；即使之前的主节点网络恢复，其他节点发现其租约已经到期，也不会将其认定为主节点，如图 4-29 所示。

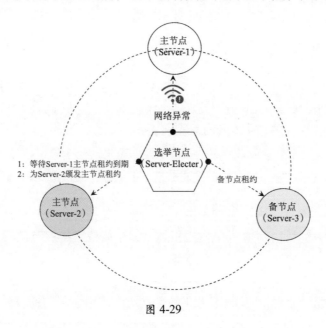

图 4-29

2. 分布式缓存

在分布式系统中，为了加快用户读取数据的速度，我们常常将客户端经常被访问的数据缓存在客户端，这样在用户读取数据时，会先从本地缓存中读取，如果在缓存中没有数据，则从服务端获取最新的数据并更新本地缓存，如图 4-30 所示。

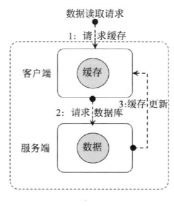

图 4-30

但是这种方案存在缓存一致性（Consistency）问题，针对该问题有两种常见的解决方案，一种方案是轮询（Polling），即客户端在每次读取数据时，都先询问服务器缓存中的数据是不是最新的，如果不是，就从服务端获取最新的数据。采用这种方案时，每次读取数据都要与服务端通信，会增加服务端的压力，降低缓存的效果，如图 4-31 所示。

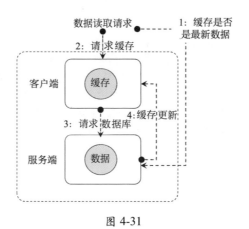

图 4-31

另一种方案就是无效化（Invalidation），由于服务器记住了哪些客户端读取了数据，所以对数据做修改时，会首先通知这些客户端数据已经失效，让客户端重新加载最新的数据。这种做法的问题在于：服务器需要维护所有客户端的状态，并且每次进行数据更新都需要通知所有客户端。这不但增加了服务端的复杂度和运行的负担，更严重的是，一旦有客户端联系不上或者丢失了客户端的信息，则修改操作将无法顺利通知到客户端，这样就存在有些客户端出现数据不一致的情况，如图 4-32 所示。

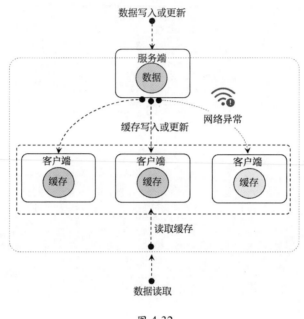

图 4-32

那我们如何利用租约机制来解决缓存一致性问题呢？我们可以让服务器给缓存客户端颁发一个租约，在租约有效期内，客户从客户端读取数据，如果服务器要更改数据，则首先征求有这块数据租约的客户端的同意，之后才可以修改数据。客户端在从服务器中读取数据时获取租约，在租约有效期内，如果没有收到服务器的修改请求，就可以保证当前缓存中的内容是最新的。如果在租约期限内收到了数据修改请求，并且同意了，就需要清空缓存并重新加载缓存。在租约过期以后，客户端如果还要从缓存中读取数据，就必须重新获取租约，我们称这个过程为续约，如图 4-33 所示。

这样在租约期限内，客户端可以保证其缓存中的数据是最新的。同时，租约可以容忍网络分割问题。如果发生客户端崩溃或者网络中断，则服务器只需等待其租约过期就可以进行修改操作。如果服务器出错，丢失了所有客户端的信息，则它只需知道租约的最长期限，就可以在这个期限之后安全地修改数据。与无效化的方式相比，服务器只需记住还拥有租约的客户端即可。

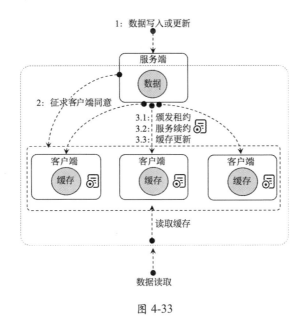

图 4-33

3. 缓解主节点的压力

下面讲解租约机制如何通过数据下发来缓解主节点的压力。在分布式系统中，元数据的信息都在主节点上维护，用户在访问一个数据时，首先需要在主节点上访问元数据的信息，来定位数据所在的数据节点，然后到数据节点上访问数据，这样所有客户端的请求就都要先从主节点上获取源数据的信息，导致主节点压力过大且成为系统瓶颈，如图 4-34 所示。

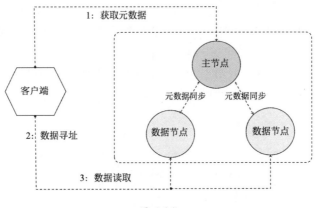

图 4-34

为了解决这个问题，我们可以将元数据的信息缓存在客户端，并通过租约机制保障在租约有效期内主节点的数据和客户端一致。客户端在访问数据时，会先从本地缓存中查找，如果在本地缓存中没有，则再到主节点上查找，并更新缓存和租约信息，这样可大大降低主节点的压力，提高系统的吞吐量，如图 4-35 所示。

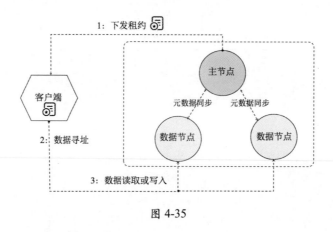

图 4-35

4.6.3　租约机制的时钟同步问题

因为租约机制通过时间控制租约的有效期，所以对各台服务器之间的时钟同步要求较高。这里有两种情况，第 1 种是颁发者的时钟比接收者的时钟慢，第 2 种是颁发者的时钟比接收者的时钟快。

1.　颁发者的时钟比接收者的时钟快

如果颁发者的时钟比接收者的时钟快，那么在颁发者认为租约已经过期时，接收者却依旧认为租约有效，这时颁发者可以将租约颁发给其他节点，导致承诺失效，进而影响系统的正确性。对于这种时钟不同步的问题，通常做法是将颁发者的有效期限设置得比接收者的略大，只要大过时钟误差，就可以避免对租约有效性产生影响，如图 4-36 所示。

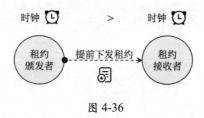

图 4-36

2. 颁发者的时钟比接收者的时钟慢

如果颁发者的时钟比接收者的时钟慢，则当接收者认为租约已经过期时，颁发者依旧认为租约有效，接收者就可以在租约到期前，以再次申请租约的方式解决这个问题，如图 4-37 所示。

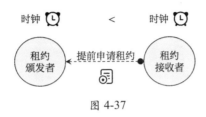

图 4-37

4.6.4　租约机制在 HDFS、HBase、Eureka 及 Ethd 中的应用

接下来让我们看看在 HDFS 、HBase、Eureka、Ethd 中是如何使用租约机制的。

1. HDFS 中的租约机制

在 HDFS 中，当客户端用户向某个文件中写入数据时，为了保障数据的一致性，其他客户端程序是不允许向此文件写入数据的。那么 HDFS 是如何做到这一点的呢？答案是租约机制。当客户端要写某一个 HDFS 文件时，它会首先从 HDFS 服务端获取一个写该文件的租约，只有持有该租约的客户端才允许对该文件进行写操作，否则客户端对该文件的写请求将被驳回，客户端在对文件写操作完成时释放租约，如图 4-38 所示。

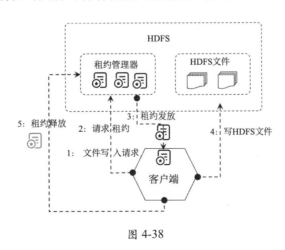

图 4-38

2. HBase 中的租约机制

我们在使用 HBase 的 Scan（HDFS）操作时，会发现 RegionServer 有时抛出 leaseException 异常。通过该异常的名称，我们一定能够知道这是一个租约异常。那么 HBase 在 Scan 查询的过程中，为何会抛出租约异常呢？

在 HBase Scan 的过程中，HBase 通常会将一次完整的 Scan 拆分为多个 RPC 请求，RegionServer 在接收到第一次 RPC 请求之后，会为该 Scan 操作生成一个全局 id，称之为 ScanId。除此之外，RegionServer 还需要进行一些准备工作，比如构建整个 Scan 体系要用到的所有对象，后续的 RPC 请求只需携带相同的 ScanId 作为标示，就可以直接利用这些已经构建好的资源进行检索，如图 4-39 所示。

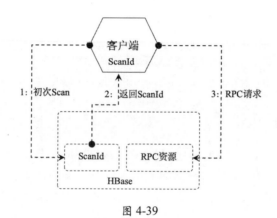

图 4-39

也就是说，在整个 Scan 的过程中，客户端其实都占着服务端的资源，如果此时客户端发生意外宕机，就意味着这些资源永远得不到释放，如图 4-40 所示。

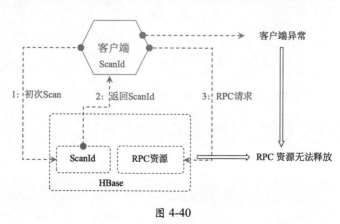

图 4-40

租约机制很好地解决了以上问题。RegionServer 在接收到第一次 RPC 请求后，除了会生成全局的 ScanId，还会生成一个携带超时时间的租约。超时时间可以通过参数 hbase.regionserver.lease.period 配置，一旦超时时间到期，后续 RPC 请求没有到来，比如客户端处理太慢，RegionServer 就认为客户端出现异常并将该租约销毁，还将整个 Scan 所持有的资源全部释放。客户端在处理完毕之后，会再次发送后续的 RPC 过来，如果检查到对应的租约已不存在，就会抛出 leaseExcption。在 Scan 操作完成后，客户端会释放租约及其 RPC 资源。以上过程如图 4-41 所示。

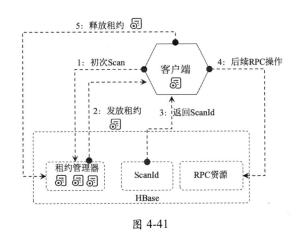

图 4-41

3. Eureka 中的租约机制

Eureka 实现了服务注册和服务发现的功能。Eureka 的角色分为服务端 Eureka Server 和客户端 Eureka Client。客户端指注册到注册中心的服务实例，又分为服务提供者和服务消费者。服务提供者主要将自己的服务注册到服务中心，供服务消费者使用；服务消费者从注册中心获取服务提供者的服务地址，并调用该服务。Eureka 中的服务提供者在启动时，首先会将自己的信息注册到 Eureka Server，服务提供者 Service Provider 在注册中心完成注册后，会维护一个续约请求，持续发送信息给 Eureka Server 来表示其正常运行，如图 4-42 所示。Eureka Server 在长时间收不到续约请求时，会将该服务实例从服务列表中剔除。以上就是 Eureka 中租约机制的应用过程，如图 4-43 所示。

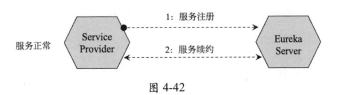

图 4-42

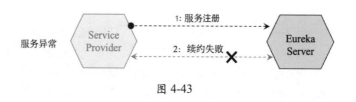

图 4-43

4.6.5　租约机制的特性

租约机制的特性如下。

（1）在租约机制的颁发过程中只要求网络可以单向通信，同一个租约颁发者可以不断地重复向接受方发送租约，颁发者即使偶尔发送租约失败，也可以简单地通过重发租约来解决问题。

（2）机器宕机对租约机制的影响不大。如果租约颁发者发生宕机，则宕机的颁发者通常无法改变之前的承诺，不会影响租约的正确性。在颁发者宕机恢复后，如果颁发者恢复了之前的租约信息，则颁发者可以继续遵守租约的承诺。如果颁发者无法恢复租约信息，则只需等待一个最大的租约超时时间，就可以使所有租约都失效，从而不破坏租约机制。

（3）租约机制依赖于有效期，这就要求颁发者和接收者是时钟同步的。

（4）在实际的工程实现中，我们还需要考虑租约失效后租约颁发者或主节点资源释放的问题。

所以，租约机制被广泛地应用在分布式系统中。

相关面试题

（1）什么是租约机制？★★★☆☆
（2）租约机制是用于解决哪些问题的？★★☆☆☆
（3）在使用租约机制时应该注意什么？★★☆☆☆
（4）在哪些开源组件中用到了租约机制？★★☆☆☆

4.7　流控算法：固定容器算法、漏桶算法和令牌桶算法

在互联网行业中，流量具有不确定性和不稳定性：不确定性指我们无法预测系统突发

流量在什么时间到来；不稳定性指流量本身存在有规律的波动，例如社交类 App 用户的使用高峰一般在 8～11 点、12～14 点和 18～22 点，系统的流量在这三个时段内处于波峰，在其他时间段处于波谷。

　　系统常常需要面对不确定性和不稳定性流量的冲击，在兼顾成本和系统稳定性的情况下，目前最常用的办法是进行流量控制（简称流控）。如果不进行流控，则在流量到来时，系统很可能被流量打垮，程度轻时系统临时不可用，程度重时会导致系统瘫痪。可以说，流控和系统保护已经成为互联网系统设计的必要条件，如图 4-44 所示。

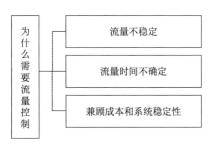

图 4-44

　　流控指通过调节系统数据流量的平均速度来达到系统自我保护的目的。我们在进行流控时，一般会为系统设置一个阈值，如果流量超过这个阈值，我们就会对超出阈值部分的流量进行拒绝或者直接丢弃操作，保障系统不被冲量冲垮；对系统处理范围内的流量则进行正常处理，如图 4-45 所示。

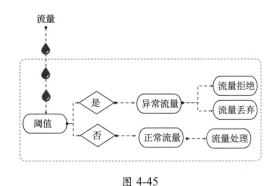

图 4-45

　　那么在什么情况下需要关注流控设计呢？一个简单的原则就是，当我们无法控制流量的入口时，就一定要想到流量控制。比如在开放的 API 接口中，当有很多用户同时具备接口的访问权限时，我们就无法控制用户的访问频次和次数，当有一个用户突然对一个接口发起成千上万次请求时，将给系统带来一定的冲击，甚至会严重影响系统运行的稳定性，如图 4-46 所示。

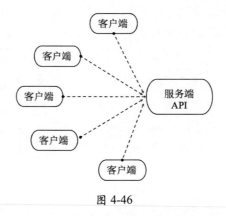

图 4-46

这时，我们必须通过流控算法来对用户的请求进行流量控制，以保障系统的安全性。同时，当系统存在多个租户时，我们也可以针对每一个租户都进行流量限制，以保障其他用户的使用不受影响，如图 4-47 所示。

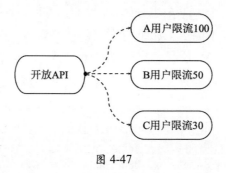

图 4-47

工作中常用的流控算法有固定窗口算法、漏桶算法和令牌桶算法，如图 4-48 所示。

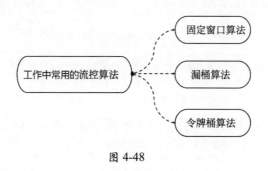

图 4-48

1. 固定窗口算法（fixed Window）

固定窗口算法指设定一个时间窗口 TimeWindow，给这个时间窗口设定一个阈值 counter，同时实时统计用户在这个时间窗口上的流量，当用户的流量达到阈值时对用户的流量进行限流，在时间窗口到期后重新创建一个时间窗口重新统计，如图 4-49 所示。

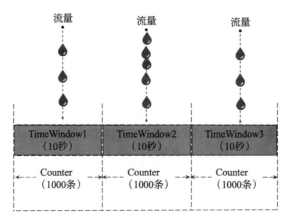

图 4-49

对固定窗口算法的理解和实现相对简单，但它存在一定的漏洞：当有很多用户请求都调用失败，等待窗口到期或者归零时，一旦窗口到期或归零，则大量的用户请求都将涌入系统进而形成"消息踩踏"事件。比如图 4-50 中 TimeWindow1 的时间窗口为 10s，窗口大小为 1000 条，在 5s 左右时客户端使用完了所有请求流量，即请求量已经达到阈值，这时所有客户端请求都将处于 Block 状态，客户端 API 都会限流等待。在 TimeWindow1 到期后，系统会重新创建一个 TimeWindow2，由于新创建的 TimeWindow2 的流量从零开始统计，所以刚才处于 Block 状态的客户端请求立即"涌入"系统，形成了我们常说的"流量踩踏"事件。

所以，时间窗口能够保障各个窗口上的流量均等，但是对于窗口内部的某个时刻突发流量上涨的情况，时间窗口算法不能很好地限流。这其实和 Flink 等流式计算的翻滚窗口有异曲同工之妙。

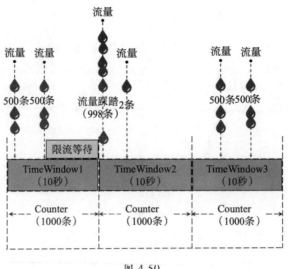

图 4-50

2. 漏桶算法

漏桶算法主要用于控制数据注入网络的速度，平滑网络上的突发流量。当用户的请求进入系统时，会首先将用户的请求放在一个漏桶中；处理器从漏桶中以一定的速度获取数据并处理请求，当请求量过大且超过漏桶容量时，漏桶内的流量会直接溢出，丢弃超出漏桶容量的流量，如图 4-51 所示。

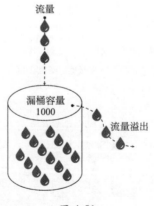

图 4-51

从概念上不难看出，漏桶算法强行限制数据的输入速度，但是输出速度保持不变。这里的输入指用户的流量，输出指我们对用户流量的处理和反馈。

我们可以将漏桶算法简单理解为一个先进先出的消息队列，当队列填满数据时，请求将被抛弃，队列不保证某个时间点内的请求一定会得到处理，往往是在系统一段时间内的处理能力有限时，可以通过消息队列起到削峰填谷的作用。

这里总结一下漏桶算法的特性：可强行限制输入速度，保障输出速率或者说保障数据处理速度不变，起到削峰填谷的作用，但其缺点是会直接丢弃超额流量。

3．令牌桶算法（Token Bucket）

令牌桶算法首先会创建一个桶用于存放令牌，每秒会有 x 个令牌被放入桶中；桶中最多存放 n 个令牌，如果桶满了，那么新到来的令牌会被丢弃；同时每收到一个请求，就从令牌桶中获取一个令牌，如果获取到令牌就对请求进行处理；如果在令牌桶中没有可用的令牌，就把这些请求丢弃，如图 4-52 所示。

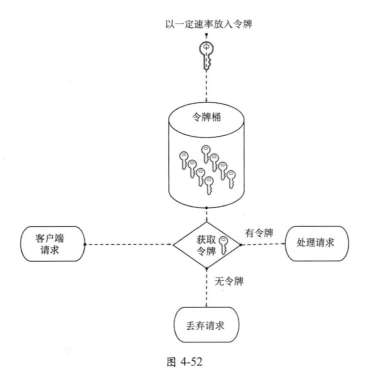

图 4-52

在令牌桶算法中，只要在令牌桶中存在可用的令牌，就允许突发流量的到来，直到流量达到用户配置的限额，所以采用令牌桶算法能应对突发流量的情况。

漏桶算法和令牌桶算法的区别如表 4-5 所示。

表 4-5

比较的角度	漏桶算法	令牌桶算法
令牌	不依赖和保存令牌	依赖令牌
桶满的情况	如果桶满，则丢弃数据	如果桶满，则丢弃令牌
流量突发的情况	输出速率恒定，不能应对突发流量的情况	能应对突发流量的情况

4. 流控算法的使用

常用的流控算法实现有 Sentinel 和 Guava 等。Sentinel 为阿里巴巴的开源项目，用于实现流控。Guava 的 RateLimiter 也实现了常用的流控算法。

接下来以 Java 中最常用的 RateLimiter 为例，介绍如何使用流控算法。

（1）加入 Guava 依赖包。在使用 RateLimiter 前，首先需要加入 Guava 的依赖包：

```
<dependency>
    <groupId>com.google.guava</groupId>
    <artifactId>guava</artifactId>
    <version>29.0-jre</version>
</dependency>
```

（2）使用限流 API。我们通过 RateLimiter.create(1);创建一个限流器，其中参数 1 代表每秒生成的令牌数，通过 limiter.acquire(i)以阻塞的方式获取令牌。当有令牌可用时，我们就可以处理到来的请求：

```
RateLimiter limiter = RateLimiter.create(1);
 for(int i = 1; i < 10; i = i + 2 ) {
    double waitTime = limiter.acquire(i);
    System.out.println( "acq:" + i + " waitTime:" + waitTime);
    //在这里实现处理数据的逻辑
 }
```

流控算法使用起来相对简单，仅是不同 API 的实现不一样，我们需要根据业务场景选择合适的流控算法。比如当我们的应用比较简单，只需对单位时间内的流量进行统计和拦截时，选择时间窗口算法即可。又如在一些社交 App 中，当我们无法预估自己的应用场景中用户的行为和流量的多少时，建议使用令牌桶算法，它不但能够起到限流的作用，还能应对突发流量的到来。

相关面试题

（1）为什么需要流控？★★★☆☆

（2）你在项目中是如何实现流控的？★★★☆☆

（3）你了解哪些流控算法？★★☆☆☆

4.8　gRPC 简介

gRPC 是 Google 开源的一款优秀的 RPC 框架，由于其卓越的性能和跨语言的优势而被广泛使用。

4.8.1　RPC 的原理

RPC（Remote Procedure Call）指远程过程调用，主要用于异构的分布式系统之间的通信。随着系统复杂度的增加，我们不得不将一个大的应用拆分为多个服务，这种拆分既包括水平方向拆分（按照功能模块拆分），也包括垂直方向拆分（按照应用所处的层拆分）。进行服务拆分后，由于服务分布在多台服务器上，所以相互之间的调用需要通过网络来进行。

RPC 的主要目标是在尽量保证提供类似本地调用的简洁语义的基础上，让分布式应用之间的通信变得更加方便和高效。RPC 框架需要提供一种透明调用机制，使得调用者无须显式地区分本地调用和远程调用，同时基于 RPC 使得服务治理（服务限流、服务熔断等）更加方便。

RPC 被广泛使用主要有如下原因。

（1）随着业务复杂化和系统拆分，微服务构建和分布式部署已经成为常态，而分布式系统之间的通信需要使用 RPC 框架实现。

（2）随着公司规模的增长，不同的团队和项目使用不同的语言开发，跨语言的接口调用需求不断增加。

（3）分布式系统之间的服务治理可以通过 RPC 框架解决。

（4）要实现高并发的网络服务访问，传统的 HTTP2 在每次调用时都要建立连接，对资源消耗多且效率低下。

RPC 的调用分为异步和同步两种方式，异步调用不用等待调用结果，而同步调用需要等待调用结果的返回。

RPC 架构包含 4 个核心组件：客户端（Client）、客户端存根（Client Stub）、服务端（Server）及服务端存根（Server Stub）。

（1）客户端：服务的调用者。

（2）客户端存根：存放服务端的服务列表，将客户端请求打包并通过网络发送到服务端。

（3）服务端：服务提供者。

（4）服务端存根：接收客户端消息并解包，然后调用本地的方法。

RPC 的调用过程主要包括：建立通信、服务寻址、网络传输、服务调用和返回。一个典型的 RPC 调用的详细流程如图 4-53 所示。

（1）客户端以本地调用的方式发起调用，这时调用的其实是客户端存根。

（2）服务端存根在收到调用后，负责将被调用的方法名、参数等打包并编码成特定格式的能进行网络传输的消息体。

（3）客户端存根将消息体通过网络发送给服务端。

（4）服务端存根通过网络接收到消息，按照相应的格式进行拆包、解码，获取方法名和参数。

（5）服务端存根根据方法名和参数进行本地调用，这时调用的是真正的服务提供者。

（6）服务提供者调用本地服务，然后将结果返回给服务端存根。

（7）服务端存根将返回值打包并编码成消息。

（8）服务端存根通过网络将消息发送给客户端。

（9）服务端存根在收到消息后，进行拆包、解码并返回给客户端。

（10）服务端存根得到本次 RPC 调用的最终结果。

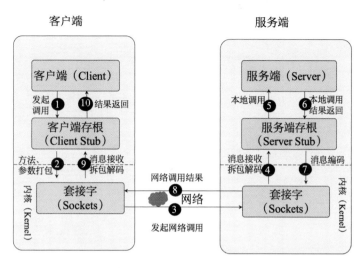

图 4-53

在 RPC 中一般会用到动态代理、序列化反序列化、NIO 网络通信、服务注册和发现等技术。

4.8.2　gRPC 的原理

gRPC 是由 Google 开发的一款语言中立、平台中立、开源的远程过程调用（RPC）系统。在 gRPC 中，客户端应用可以像调用本地方法一样直接调用另一台不同机器上的服务端应用的方法，使得能够更容易地创建分布式应用和服务。

gRPC 无论是客户端还是服务端都可以在多种语言环境中运行。如图 4-54 所示，gRPC 的服务端是 C++提供的服务，而客户端一个是 Ruby 客户端，一个是 Java 客户端。客户端和服务端之间通过 Proto 的请求和响应完成跨网络和跨语言的访问。

gRPC 中的角色包括客户端和服务端，其服务调用过程如下。

（1）客户端调用远程方法发起 RPC 调用，对调用的请求信息使用 ProtoBuf 进行对象序列化压缩。

（2）服务端（gRPC Server）在接收到请求后，解码请求体，进行业务逻辑处理并返回。

（3）对响应结果使用 ProtoBuf 进行对象序列化压缩。

（4）客户端接收到服务端的响应结果，解码请求体，回调被调用的方法，唤醒正在等待响应（阻塞）的客户端调用并返回响应结果。

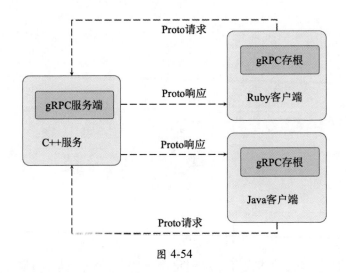

图 4-54

gRPC 的特性如下。

（1）语言中立，支持多种语言。

（2）通信协议基于标准的 HTTP2 来设计，支持双向流、消息头压缩、单 TCP 的多路复用、服务端推送等特性。这些特性使得 gRPC 在移动端设备上更加省电和节省网络流量。同时 HTTP2 协议让 gRPC 的网络兼容能力更好。

（3）序列化支持 ProtoBuf 和 JSON。ProtoBuf 是一种语言无关的高性能序列化框架，基于 HTTP2 和 ProtoBuf，保障了 RPC 调用的高性能。

gRPC 服务端的创建流程如下。

（1）创建 Netty HTTP2 服务端。

（2）将需要调用的服务端接口实现类注册到内部的 Registry 中，当客户端发起 RPC 调用时，可以根据 RPC 请求消息中的服务定义信息查询到服务接口实现类。

（3）创建 gRPC Server。gRPC Server 是 gRPC 服务端的抽象，聚合了各种 Listener，用于 RPC 消息的统一调度和处理。gRPC Server 在接收到 gRPC 请求消息后会先对 gRPC 消息头和消息体进行解析和处理，然后经过内部的服务路由和调用，最后返回响应消息。

相关面试题

（1）什么是 RPC？★★★★☆

（2）RPC 框架的原理是怎样的？★★★★☆

（3）RPC 的调用流程是怎样的？★★★☆☆

（4）主流的 RPC 框架有哪些？★★★☆☆

（5）我们为什么要用 RPC？★★☆☆☆

（6）如何实现一个 RPC 框架？★★☆☆☆

（7）gRPC 的特性是什么？★★☆☆☆

4.9　高并发知识

系统中的三高一般指：高并发、高吞吐、高可用。高并发指在某个时间点上能够接收多少并发访问；高吞吐主要关注处理的数据量；高可用指在部分服务出现故障后仍能对外提供服务。

4.9.1　高并发的核心指标

高并发的核心指标如下。

（1）QPS（Query Per Second）：每秒的请求或查询数量，在互联网领域指每秒响应的请求数量。

（2）TPS（Transactions Per Second）：每秒处理的事务数量。

（3）RT（Response Time）：响应时间，从请求发出到收到响应所需要的时间，例如一个系统处理一个 HTTP 请求需要 100ms，这 100ms 就是系统的响应时间。

（4）并发用户数：指系统可以同时承载的正常使用系统功能的用户数量。

4.9.2　高并发系统的设计原则

高并发系统的设计原则如下。

（1）服务拆分：根据系统维度、功能维度、读写维度、AOP 维度、模块维度等对系统进行拆分。良好的系统模块拆分对系统的开发和维护都有好处。

（2）无状态设计：如果应用无状态，则可以进行多副本部署，随时扩缩容以灵活应对流量高峰。但是配置文件需要有状态，这样便可以跟踪历史配置文件的变化情况。

（3）服务治理：当系统变得复杂时，需要进行服务治理，比如自动注册和发现服务、服务分组、服务隔离、服务路由、服务限流、黑名单配置等。

（4）消息队列：用于实现服务解耦、异步处理、流量削峰、流量缓冲等。

（5）幂等设计：幂等设计在编程中的特性是其任意多次执行所产生的影响均与一次执行所产生的影响相同。当程序符合幂等设计的特性时，便可安全地使用错误重试。

（6）异步编程：可以提高系统的并发度，在可能的情况下尽量使用异步调用。具体实现有 Future 和 Callback 等。

（7）数据治理：对于数据层采用读写分离、分库分表、数据分层等技术实现数据层的高并发和数据的高可用性。

（8）缓存：主要用于提高数据的访问速度，具体包括如下几种。

◎ 浏览器缓存：例如对网站图片进行缓存来提高访问速度。
◎ App 客户端缓存：例如将配置信息缓存到客户端。
◎ CDN 缓存：具体做法是把资源推送到离用户最近的 CDN 节点。
◎ 接入层缓存：例如使用 Nginx 搭建一层接入层，在 Nginx 上进行缓存处理。
◎ 应用层缓存：例如在应用内使用 Redis 对常用数据进行缓存。
◎ 分布式缓存：当数据量太多以致单机存储不下时，用分片机制将缓存数据存储在多台服务器上。

（9）计算与存储分离：在计算与存储分离后计算层和存储层均可自由伸缩，以应对灵活的业务需求。

（10）弹性设计：在云上采用弹性设计思想，在高峰时弹出更多的资源以应对流量高峰，在低峰时缩减资源以降低成本。

（11）限流设计：互联网上用户的流量是不可预知的，为了保障系统的稳定性，需要根据系统的并发量进行合理的限流配置。

（12）超时重试：当调用错误时需要考虑多次重试以保障最终调用成功，但是可重试的业务需要符合幂等性要求。

（13）可扩展设计：良好的可扩展性为需求的增加和变更带来很大方便。

（14）可维护设计：系统要易于维护，比如一个长期不敢重启的系统，其维护性就不强。另外，合理的日志存储和分析手段也是可维护性设计需要考虑的一个方面。

（15）可监控性设计：可监控性设计一般从系统日志、监控指标、调用链三方面来实现。

◎ 系统日志记录了系统在运行过程中某一时刻的状态，通过对日志中错误日志的实时监控能及时发现系统运行过程中的问题。

◎ 监控指标分为流量监控指标（例如 QPS）、系统资源监控指标（例如 CPU、内存、磁盘使用率）、业务监控指标（例如日流水变化）等多个维度。通过监控指标不但能及时发现当前系统可能出现的问题，还能根据系统资源监控的历史指标来评估资源需求是否合理。

◎ 调用链指服务之间相互调用关系的展示，能帮助我们快速分析出某个功能的调用逻辑和依赖关系，从而快速分析和解决问题。

（16）告警系统：当系统发生故障（例如进程宕机、错误日志过多、流量异常等）时能及时告警并通知维护人员处理，可以是多级告警，比如邮件、微信、短信、电话等。

（17）状态机：可以通过状态轨迹方便地追溯问题，同时解决并发状态修改、状态变更有序、状态变更消息先到或后到等问题。

4.9.3　高可用系统的设计原则

高可用系统的设计原则如下。

（1）多副本部署：将服务以多副本形式部署在多台服务器上，当某台服务器出现故障时可以自动将请求切换到其他服务。

（2）服务降级：当高并发流量到来时可优先保障核心服务的可用性，非核心服务直接返回错误码或者调用 Cache 数据（Cache 数据可能不是实时数据，所以数据的正确性可能存在问题）保证数据最终一致即可。同时可以将同步改异步，优先处理高优先级数据。服务降级可分为自动降级和人工降级，自动降级指系统根据调用失败的次数进行自动故障降级，人工降级指在系统发生故障后人工修改配置信息或者控制开关进行服务降级。

（3）限流：当高并发流量到来时可以用限流手段保障核心系统整体的稳定性，主要用于防御恶意请求。限流分接入层（例如网关）限流、应用（例如应用上的部分接口限流）限流等。

（4）负载均衡和分流：可以利用负载均衡技术将部分流量切到备用服务上缓解服务的压力。

（5）服务隔离：机房隔离（将服务跨机房部署）、资源隔离（例如每个项目都使用单独的数据库或者 Kafka 集群，以防止一个项目将基础服务打跨导致整个系统发生故障）、进程隔离（将服务拆分为多个微服务在不同的容器上运行）、线程隔离（不同的任务使用预分配好的线程池，防止某个任务把线程资源耗尽）。

（6）超时重试：当发生服务调用错误时，需要考虑多次重试以保障最终调用成功。

（7）可回滚：也就是版本化，具体包括代码库回滚、部署版本回滚、数据版本回滚、静态资源版本回滚等。

4.9.4 Linux 操作系统优化

要实现高并发，进行操作系统优化是前提条件。常见的系统优化方法如下。

（1）设置文件句柄：Linux 中的每个进程默认打开的最大文件句柄数量都是 1024，对于服务器进程来说该值太小，可以通过修改/etc/security/limits.conf 来增加打开的最大文件句柄数量，一般建议将其设置为 65 535。设置命令如下：

```
echo "* soft nofile 65535" >> /etc/security/limits.conf
echo "* hard nofile 65535" >> /etc/security/limits.conf
```

（2）设置虚拟内存：max_map_count 定义了进程能拥有的最多内存区域，一般建议将其设置为 102 400。设置命令如下：

```
sysctl -w vm.max_map_count=102400
```

（3）添加 Swap：Swap 空间是一块磁盘空间，操作系统使用这块空间保存从内存中交互换出的操作系统不常用的 Page 数据，这样可以分配更多的内存做 Page Cache。通过 Swap 可以提升系统的吞吐量和 I/O 性能。设置命令如下：

```
mkswap /dev/sdb1
swapon /dev/sdb1
```

操作系统还有很多可以优化的参数，在具体使用过程中需要根据情况进行调整。除此之外，JVM 参数调优也是决定应用程序性能的一个重要因素，具体参见 3.9 节。

相关面试题

（1）高并发系统的设计原则有哪些？★★★★☆

（2）高可用系统的设计原则有哪些？★★★★☆

（3）如何测试并发量？★★★★☆

（4）QPS 和 TPS 的区别是什么？★★★☆☆

（5）高并发和高吞吐分别指什么？★★★☆☆

（6）提高系统并发度有哪些方法？★★★☆☆

第 5 章

Spring 基础

5.1　Spring 的原理

　　Spring 是一个企业级 J2EE 应用开发一站式解决方案，其提供的功能贯穿了项目开发的表现层、业务层和持久化层，同时，Spring 可以和其他应用框架无缝整合。大部分 Java 开发人员在项目中均使用到了 Spring 技术，但是在使用过程中，有很多开发人员认为"程序运行起来就可以了"，容易忽略其原理，本章将详细介绍其原理。

5.2　Spring 的特性

　　Spring 基于 J2EE 技术实现了一套轻量级的 Java Web Service 系统应用框架，有很多优秀的特性，很多公司都选择把它作为产品或项目的基础开发架构。Spring 的特性包括轻量、控制反转（Inversion of Control，IoC）、面向容器、面向切面（Aspect Oriented Programming，AOP）和框架灵活，如图 5-1 所示。

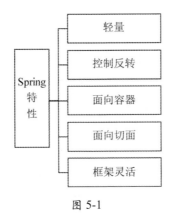

图 5-1

1. 轻量

　　从 JAR 包的大小上来说，Spring 是一个轻量级的框架，其核心 JAR 包 spring-web-5.2.0.RELEASE.jar 和 spring-core-5.2.0.RELEASE.jar 的大小均为 1.4MB 左右；从系统的资源使用上来说，Spring 也是一个轻量级的框架，在其运行期间只需少量的操作系统资源（内存和 CPU）便能稳定运行。除此之外，Spring 还是模块化的，应用程序在使用过程中可以根据需求引入模块（以 JAR 包依赖方式引入）来实现不同的功能，使其应用更加灵活。

2. 控制反转

Spring 的控制反转指一个对象依赖的其他对象将会在容器的初始化完成后主动将其依赖的对象传递给它，而不需要这个对象自己创建或者查找其依赖的对象。Spring 基于控制反转技术实现系统对象之间依赖的解耦。

3. 面向容器

Spring 实现了对象的配置化生成和对象的生命周期管理，因此，可以理解为其是面向容器的。通过 Spring 的 XML 文件或者注解方式，应用程序可以配置每个 Bean 对象被创建和销毁的时间，以及 Bean 对象被创建的先后顺序和依赖关系。Spring 中的实例对象可以是全局唯一的单例模式，也可以在每次需要时都重新生成一个新的实例，具体以哪种方式创建 Bean 对象由 Bean 的生命周期决定，通过 prototype 属性来定义。

4. 面向切面

Spring 提供了面向切面的编程支持，面向切面技术通过分离系统逻辑和业务逻辑来提高系统的内聚性。在具体的使用过程中，业务层只需关注并实现和业务相关的代码逻辑，而不需要关注系统功能（例如系统日志、事务支持）和业务功能的复杂关系，Spring 通过面向切面技术将系统功能自动植入业务逻辑的关键点。

5. 框架灵活

基于容器化的对象管理技术，Spring 中的对象可被声明式地创建，例如通过 XML 文件或注解的方式定义对象和对象之间的依赖关系。Spring 作为一个轻量级的 J2EE Web 框架，具有事务管理、持久化框架集成和 Java Web 服务等功能，应用程序可以根据需求引入相应的模块，以实现不同的功能。

5.3 Spring 的核心 JAR 包

Spring 基于模块化实现，每个模块都对应不同的 JAR 包。要全面了解 Spring，首先应从 JAR 包开始，但是 Spring 的 JAR 包众多，在每个包中又都含有复杂的技术原理。鉴于篇幅有限，表 5-1 对 Spring 的核心 JAR 包及其功能做了简单介绍，以便读者整体了解 Spring 的核心技术架构。

表 5-1

序　号	包 名 称	包 说 明
1	Spring Core	Spring 的核心工具包
2	Spring Beans	Spring IoC 的实现，通过 XML 配置文件或注解的方式实现对 Spring Bean 的管理
3	Spring Context	Spring 上下文环境，用于对 Bean 关系的管理和维护等
4	Spring Aspects	Spring 对 AspectJ 框架的整合和支持
5	Spring Context Support	Spring Context 的扩展支持，用于支持 MVC 方面的功能
6	Spring Expression Language	Spring 的表达式语言
7	Spring Framework Bom	处理不同的项目依赖不同版本的 Spring 引起的版本冲突问题
8	Spring Instrument	Spring 针对服务器的代理接口
9	Spring Instrument Tomcat	Spring 针对 Tomcat 的集成
10	Spring JDBC	Spring 针对 JDBC 的封装
11	Spring JMS	Spring 为简化 JMS API 的使用而做的封装
12	Spring Messaging	Spring 集成 Messaging API 和消息协议
13	Spring ORM	Spring 整合第三方 ORM 的实现，例如 Hibernate、MyBatis、JDO 及 Spring 的 JPA
14	Spring OXM	Spring 对 Object/XML 映射的支持，可以让 Spring 在 Java 与 XML 之间方便地切换
15	Spring Test	Spring 对 JUnit 等测试框架的支持
16	Spring TX	Spring 为 JDBC、Hibernate、JDO、JPA 等提供的一致的声明式事务管理和编程式事务管理
17	Spring Web	基于 Spring 构建 Web 应用开发所需的核心类，包括自动载入 WebApplicationContext、Struts 与 JSF 集成、文件上传、Filter 类和其他辅助工具类
18	Spring WebMVC	包含 Spring MVC 框架相关的所有类，例如国际化、标签、Theme、视图展现的 FreeMarker、JasperReports、Tiles、Velocity、XSLT 相关类。当然，如果你的应用使用了独立的 MVC 框架，则不需要使用这个 JAR 包里的任何类
19	Spring WebMVC Portlet	基于 Portlet 环境的 Spring MVC 的增强

5.4　Spring 的注解

　　Spring 的注解将应用程序中 Bean 的定义和 Bean 之间复杂的依赖关系的配置从 XML 配置中解放出来，应用程序只需在需要某些服务或者功能时使用注解依赖注入即可，Bean 具体的定义和依赖关系由 Spring 的自动装配来完成。这使得 Spring 的使用更加方便。

Spring 的注解在开发中无处不在，常用注解如表 5-2 所示。

表 5-2

类　　别	注　　解	说　　明
Bean 声明	@Component	定义基础层的通用组件，没有明确的角色
	@Service	定义业务逻辑层的服务组件
	@Repository	在数据访问层定义数据资源服务
	@Controller	在展现层使用，用于定义控制器
Bean 注入	@Autowired	服务依赖注入，一般用于注入@Component、@Service 定义的组件
	@Resource	服务依赖注入，一般用于注入@Repository 定义的组件
配置类注解	@Configuration	声明该类为配置类，其中@Value 属性可以直接和配置文件属性映射
	@Bean	注解在方法上，声明该方法的返回值为一个 Bean 实例
	@ComponentScan	用于对 Component 进行扫描配置
AOP 注解	@EnableAspectJAutoProxy	开启 Spring 对 AspectJ 代理的支持
	@Aspect	声明一个切面，使用@After、@Before、@Around 定义通知（Advice），可直接将拦截规则（切点）作为参数
	@After	在方法执行之后执行
	@Before	在方法执行之前执行
	@Around	在方法执行之前和之后都执行
	@PointCut	声明一个切点
@Bean 属性支持注解	@Scope	设置 Spring 容器 Bean 实例的生命周期，取值有 singleton、prototype、request、session 和 global session
	@PostConstruct	声明方法在构造函数执行完成之后开始执行
	@PreDestroy	声明方法在 Bean 销毁之前执行
	@Value	为属性注入值
	@PropertySource	声明和加载配置文件
异步操作注解	@EnableAsync	声明在类上，开启对异步任务的支持
	@Async	声明方法是一个异步任务，Spring 后台基于线程池异步执行该方法
定时任务相关	@EnableScheduling	声明在调度类上，开启对任务调度的支持
	@Scheduled	声明一个定时任务，包括 cron、fixDelay、fixRate 等参数

续表

类　别	注　解	说　明
开启功能支持	@EnableAspectJAutoProxy	开启对 AspectJ 自动代理的支持
	@EnableAsync	开启对异步方法的支持
	@EnableScheduling	开启对计划任务的支持
	@EnableWebMVC	开启对 Web MVC 的配置支持
	@EnableConfigurationProperties	开启对@ConfigurationProperties 注解配置 Bean 的支持
	@EnableJpaRepositories	开启对 SpringData JPA Repository 的支持
	@EnableTransactionManagement	开启对事务的支持
	@EnableCaching	开启对缓存的支持
测试相关注解	@RunWith	运行器，在 Spring 中通常用于对 JUnit 的支持
	@ContextConfiguration	用于加载配置 ApplicationContext，其中 classes 属性用于加载配置类
Spring MVC 注解	@Controller	声明该类为 Spring MVC 中的控制器
	@RequestMapping	用于声明映射 Web 请求的地址和参数，包括访问路径和参数
	@ResponseBody	支持将返回值放在 Response Body 体中返回，通常用于返回 JSON 数据到前端
	@RequestBody	允许 Request 的参数在 Request Body 中
	@PathVariable	用于接收基于路径的参数，通常作为 RESTful 接口的实现
	@RestController	组合注解，相当于@Controller 和@ResponseBody 的组合
	@ExceptionHandler	用于全局控制器的异常处理
	@InitBinder	WebDataBinder 用于自动绑定前台请求的参数到模型（Model）中

5.5　Spring IoC 的原理

Spring IoC（Inversion of Control）即"控制反转"，是一种设计思想，将对象的创建和对象之间依赖关系的维护交给容器来负责，以实现对象与对象之间松耦合的目的。

5.5.1　Spring IoC 简介

Spring 通过一个配置文件描述 Bean 和 Bean 之间的依赖关系，利用 Java 的反射功能实例化 Bean 并建立 Bean 之间的依赖关系。Spring 的 IoC 容器在完成这些底层工作的基础上，还提供了 Bean 实例缓存管理、Bean 生命周期管理、Bean 实例代理、事件发布和资源装载等高级服务。

5.5.2　Spring Bean 的装配流程

Spring 在启动时会从 XML 配置文件或注解中读取应用程序提供的 Bean 配置信息，并在 Spring Bean 容器中生成一份相应的 Bean 配置注册表；然后根据这张注册表实例化 Bean，装配好 Bean 之间的依赖关系，为上层业务提供基础的运行环境。其中 Bean 缓存池采用 HashMap 实现。Spring Bean 的装配流程如图 5-2 所示。

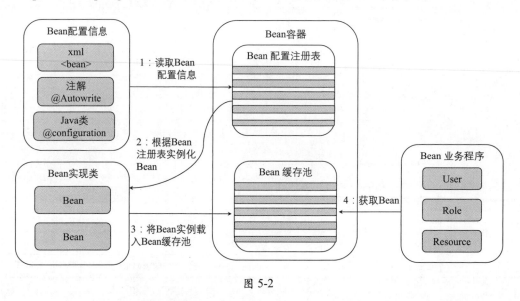

图 5-2

5.5.3　Spring Bean 的作用域

Spring 为 Bean 定义了 5 种作用域，分别为 Singleton（单例）、Prototype（原型）、Request（请求级别）、Session（会话级别）和 Global Session（全局会话）。

1. Singleton

Singleton 是单例模式，当实例类型为单例模式时，在 Spring IoC 容器中只会存在一个共享的 Bean 实例，无论有多少个 Bean 引用它，都始终指向同一个 Bean 对象。该模式在多线程下是不安全的。Singleton 作用域是 Spring 中的默认作用域，也可以通过配置将 Bean

定义为 Singleton 模式。具体配置如下：

```
<bean id="userDao" class="com.alex.UserDaoImpl" scope="singleton"/>
```

2. Prototype

Prototype 是原型模式，每次通过 Spring 容器获取 Prototype 定义的 Bean 时，容器都将创建一个新的 Bean 实例，每个 Bean 实例都有自己的属性和状态，而 Singleton 全局只有一个对象。因此，对有状态的 Bean 经常使用 Prototype 作用域，而对无状态的 Bean 则使用 Singleton 作用域。具体配置如下：

```
<bean id="userService" class="com.alex.UserService" scope="prototype"/>
```

3. Request

Request 指在一次 HTTP 请求中容器会返回该 Bean 的同一个实例，对不同的 HTTP 请求则会创建新的 Bean 实例，并且该 Bean 实例仅在当前 HTTP 请求内有效，在当前 HTTP 请求结束后，该 Bean 实例也将随之销毁。具体配置如下：

```
<bean id="loginAction" class="com.alex.Login" scope="request"/>
```

4. Session

Session 指在一次 HTTP Session 中，容器会返回该 Bean 的同一个实例，对不同的 Session 请求则会创建新的 Bean 实例，该 Bean 实例仅在当前 Session 内有效。和 HTTP 请求相同，Session 每一次都会创建新的 Bean 实例，而不同的 Bean 实例之间不共享数据，且 Bean 实例仅在自己的 Session 内有效，若请求结束，则 Bean 实例将随之销毁。具体配置如下：

```
<bean id="userSession " class="com.alex.UserSession" scope="session"/>
```

5. Global Session

Global Session 指在一个全局的 HTTP Session 中容器会返回该 Bean 的同一个实例，且仅在使用 Portlet Context 时有效。

5.5.4　Spring Bean 的生命周期

Spring Bean 的生命周期如图 5-3 所示。

图 5-3

具体过程如下。

（1）实例化一个 Bean。

（2）按照 Spring 上下文对实例化的 Bean 进行配置。

（3）如果这个 Bean 实现了 BeanNameAware 接口，则会执行它实现的 setBeanName (String)方法，该方法传递的参数是 Spring 配置文件中 Bean 的 id 值。

（4）如果这个 Bean 实现了 BeanFactoryAware 接口，则会执行它实现的 setBeanFactory (BeanFactory)方法，该方法传递的参数是 Spring 工厂自身。

（5）如果这个 Bean 实现了 ApplicationContextAware 接口，则会执行 setApplication Context(ApplicationContext)方法，该方法传入的参数是 Spring 上下文。

（6）如果该 Bean 关联了 BeanPostProcessor 接口，则会执行 postProcessBefore Initialization(Object obj, String s)方法，该方法在 Bean 初始化前调用，常用于定义初始化 Bean 的前置工作，比如系统缓存的初始化。

（7）如果 Bean 在 Spring 配置文件中配置了 init-method 属性，则会自动执行其配置的初始化方法。

（8）如果某个 Bean 关联了 BeanPostProcessor 接口，将会执行 postProcessAfter Initialization(Object obj, String s)方法。至此，Bean 的初始化工作就完成了，应用程序可以

开始使用 Bean 实例了。

（9）当 Bean 不再被需要时，会在清理阶段被清理掉。如果 Bean 实现了 DisposableBean 接口，则 Spring 会在退出前调用实现类的 destroy 方法。

（10）如果在某个 Bean 的 Spring 配置文件中配置了 destroy-method 属性，则在 Bean 被销毁前会自动调用其配置的销毁方法。

5.6　Spring AOP 的原理

Spring AOP 通过面向切面技术将与业务无关却为业务模块所共用的逻辑代码封装起来，以提高代码的复用率，降低模块之间的耦合度。

Spring AOP 将应用分为核心关注点和横切关注点两部分。业务处理流程为核心关注点，被业务所依赖的公共部分为横切关注点。横切关注点的特性是其行为经常发生在核心关注点的多处，而多处操作基本相似，比如权限认证、日志、事务。AOP 的核心思想是将核心关注点和横切关注点分离开来，以降低模块耦合度。Spring AOP 的主要应用场景如表 5-3 所示。

表 5-3

序　号	应　用	说　明
1	Authentication	权限统一管理和授权
2	Caching	缓存统一维护
3	Context Passing	内容传递
4	Error Handling	系统统一错误处理
5	Lazy Loading	数据懒加载
6	Debugging	系统调试
7	Logging	系统日志记录和存储
8	Performance Optimization	性能优化
9	Resource Pooling	资源池统一管理和申请
10	Synchronization	操作同步
11	Transactions	统一事务管理

5.6.1　Spring AOP 的核心概念

◎ 横切关注点：定义对哪些方法进行拦截，以及在拦截后执行哪些操作。

◎ 切面（Aspect）：横切关注点的抽象。

◎ 连接点（Joinpoint）：在 Spring 中，连接点指被拦截到的方法，但是从广义上来说，连接点还可以是字段或者构造器。

◎ 切入点（Pointcut）：对连接点进行拦截的定义。

◎ 通知（Advice）：拦截到连接点之后要执行的具体操作，分为前置通知、后置通知、成功通知、异常通知和环绕通知 5 类。

◎ 目标对象：代理的目标对象。

◎ 织入（Weave）：将切面应用到目标对象并执行代理对象创建的过程。

◎ 引入（Introduction）：在运行期为类动态地添加一些方法或字段而不用修改类的代码。

5.6.2　Spring AOP 的两种代理方式

Spring 提供了 JDK 和 CGLib 两种方式来生成代理对象，具体生成方式由 AopProxyFactory 根据 AdvisedSupport 对象的配置来决定。Spring 默认的代理对象生成策略：如果是目标类接口，则使用 JDK 动态代理技术，否则使用 CGLib 动态代理技术。

◎ JDK 动态代理：JDK 动态代理主要通过 java.lang.reflect 包中 Proxy 类和 InvocationHandler 接口来实现。InvocationHandler 是一个接口，不同的实现类定义不同的横切逻辑，并通过反射机制调用目标类的代码，动态地将横切逻辑和业务逻辑编制在一起。Proxy 类利用 InvocationHandler 动态创建一个符合某一接口的实例，生成目标类的代理对象。JDK 1.8 中 Proxy 类的定义如下：

```
public class Proxy implements java.io.Serializable {
    private static final long serialVersionUID = -2222568056686623797L;
    //1: 在构造方法参数中定义不同的InvocationHandler实现类
    private static final Class<?>[] constructorParams =
      { InvocationHandler.class };
    //2: Proxy类缓存列表
    private static final WeakCache<ClassLoader, Class<?>[], Class<?>>
      proxyClassCache = new WeakCache<>(new KeyFactory(), new
      ProxyClassFactory());
    //3: 当前代理需要调用的Handler实例对象（该对象需要经过序列化）
```

```
protected InvocationHandler h;
//此处忽略部分实现
//4: Proxy 类构造函数，参数 InvocationHandler 为当前代理的对象
protected Proxy(InvocationHandler h) {
    Objects.requireNonNull(h);
    this.h = h;
}
    ......
}
```

◎ CGLib 动态代理：CGLib 即 Code Generation Library，是一个高性能的代码生成类库，可以在运行期间扩展 Java 类和实现 Java 接口。CGLib 包的底层通过字节码处理框架 ASM 来实现，通过转换字节码生成新的类。

CGLib 动态代理和 JDK 动态代理的区别：JDK 只能为接口创建代理实例，而对于没有通过接口定义业务方法的类，则只能通过 CGLib 创建动态代理来实现。

5.6.3　Spring AOP 的 5 种通知类型

Spring AOP 有 5 种通知类型，具体如表 5-4 所示。

表 5-4

序　号	通　知	描　述
1	前置通知	在一个方法执行之前执行通知
2	后置通知	在一个方法执行之后执行通知（无论方法执行成功还是失败，通知都会被执行）
3	成功通知	在一个方法执行成功之后执行通知（只有在方法执行成功时才执行通知）
4	异常通知	在一个方法抛出异常退出时才执行该通知
5	环绕通知	在拦截方法调用之前和之后分别执行通知

5.6.4　Spring AOP 的代码实现

在 Spring 中，AOP 的使用比较简单，如下代码通过@Aspect 注解声明一个切面，通过@Pointcut 定义需要拦截的方法，然后用@Before、@AfterReturning、@Around 分别实现前置通知、后置通知和环绕通知要执行的方法：

```
@Aspect//1: 定义切面
public class TransactionDemo {
```

```
//2：定义要拦截的方法
@Pointcut(value="execution(* com.alex.core.service.*.*.*(..))")
public void point(){
  }
 @Before(value="point()")//3：定义前置通知
public void before(){
    System.out.println("transaction begin");
}
@AfterReturning(value = "point()")//4：定义后置通知
public void after(){
    System.out.println("transaction commit");
}
 @Around("point()")//5：定义环绕通知
public void around(ProceedingJoinPoint joinPoint) throws Throwable{
    System.out.println("transaction begin");
    joinPoint.proceed();
    System.out.println("transaction commit");
}
}
```

5.7 Spring MVC 的原理

　　Spring MVC 中的 MVC 即模型-视图-控制器，该框架围绕一个 DispatcherServlet 设计而成，DispatcherServlet 会把请求分发给各个处理器，并支持可配置的处理器映射和视图渲染等功能。Spring MVC 的工作流程如图 5-4 所示。

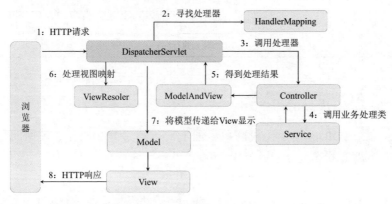

图 5-4

具体流程如下。

（1）客户端发起 HTTP 请求：客户端将请求提交到 DispatcherServlet。

（2）寻找处理器：由 DispatcherServlet 控制器查询一个或多个 HandlerMapping，找到处理该请求的 Controller。

（3）调用处理器：DispatcherServlet 将请求提交到 Controller。

（4）调用业务处理逻辑并返回结果：Controller 在调用业务处理逻辑后，返回 ModelAndView。

（5）处理视图映射并返回模型：DispatcherServlet 查询一个或多个 ViewResoler 视图解析器，找到 ModelAndView 指定的视图。

（6）HTTP 响应：视图负责将结果在客户端浏览器上渲染和展示。

5.8　MyBatis 的缓存

MyBatis 的缓存分为一级缓存和二级缓存，如图 5-5 所示。在默认情况下，一级缓存是开启的，而且不能被关闭。

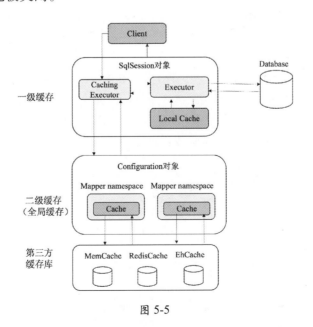

图 5-5

◎ 一级缓存：指 SqlSession 级别的缓存，当在同一个 SqlSession 中执行相同的 SQL 语句查询时将查询结果集缓存，第二次以后的查询不会从数据库中查询，而是直接从缓存中获取，一级缓存最多能缓存 1024 条 SQL 语句。

◎ 二级缓存：指跨 SqlSession 的缓存，即 Mapper 级别的缓存。在 Mapper 级别的缓存中，不同的 SqlSession 缓存可以共享。

5.8.1 MyBatis 的一级缓存原理

当客户端第一次发出一个 SQL 查询语句时，MyBatis 执行 SQL 查询并将查询结果写入 SqlSession 的一级缓存，当第二次有相同的 SQL 查询语句时，则直接从缓存中获取数据，具体过程如图 5-5 所示。在缓存中使用的数据结构是 Map，其中，Key 为 MapperId+Offset+Limit+SQL+所有的入参。

当同一个 SqlSession 多次发出相同的 SQL 查询语句时，MyBatis 直接从缓存中获取数据。如果在两次查询中间出现 Commit 操作（修改、添加、删除），则认为数据发生了变化，MyBatis 会把该 SqlSession 中的一级缓存区域全部清空，当下次再到缓存中查询时将找不到对应的缓存数据，因此要再次从数据库中查询数据并将查询的结果写入缓存。

5.8.2 MyBatis 的二级缓存原理

MyBatis 二级缓存的范围是 Mapper 级别的，Mapper 以命名空间为单位创建缓存数据结构，数据结构是 Map 类型，Map 中的 Key 为 MapperId+Offset+Limit+SQL+所有的入参。MyBatis 的二级缓存是通过 CacheExecutor 实现的。CacheExecutor 是 Executor 的代理对象。当 MyBatis 接收到用户的查询请求时，首先会根据 Map 的 Key 在 CacheExecutor 缓存中查询数据是否存在，如果不存在则在数据库中查询。

开启二级缓存需要做如下配置。

（1）在 MyBatis 全局配置中启用二级缓存配置。

（2）在对应的 Mapper.xml 中配置 Cache 节点。

（3）在对应的 Select 查询节点中添加 useCache=true。

相关面试题

（1）什么是 Spring 框架？Spring 框架有哪些主要模块？★★★★★

（2）Spring 常用的注解有哪些？★★★★☆

（3）什么是 IoC？什么是依赖注入？★★★☆☆

（4）Spring 框架中 IoC 的原理是什么？★★★☆☆

（5）Spring 框架中 AOP 的原理是什么？使用场景有哪些？★★★☆☆

（6）Spring Bean 的装配流程是怎样的？★★★☆☆

（7）MyBatis 的缓存原理是怎样的？如何配置 MyBatis 缓存？★★☆☆☆

（8）请解释 Spring Bean 的生命周期。★★☆☆☆

（9）如何使用 @Autowired 注解？★★☆☆☆

（10）使用 Spring 框架能带来哪些好处？★★☆☆☆

（11）在 Spring 框架中都用到了哪些设计模式？★★☆☆☆

（12）Spring Bean 的作用域之间有什么区别？★★☆☆☆

第 6 章

Netflix 的原理及应用

6.1　微服务架构的优缺点及组成

微服务架构是演化而来的：单体架构→垂直方向的集群架构→面向服务的架构（SOA）→微服务架构。

◎ 单体架构：一般由一个 Tomcat 服务和一个数据库服务一起完成一个项目。

◎ 垂直方向的集群架构：根据项目的模块进行垂直拆分，组成一个分布式服务。例如将系统分为用户管理、账单管理、统计分析等模块，每个模块都使用独立的数据库。

◎ 面向服务的架构：将一些被上层频繁访问的功能、服务、组件抽取为公共的服务，以 ESB（企业服务总线）的方式来为系统上层应用提供服务。

◎ 微服务架构：围绕业务来构建一系列可以独立开发、自动部署、智能维护的最终对内或者对外提供服务的架构方式，结合敏捷开发、DevOps、云原生架构一起为企业提供一套完整的可以快速应用的复杂多变的业务的解决方案。

微服务架构的优点如下。

◎ 简单、灵活：相对于传统的庞大单体架构，微服务架构一般在设计上比较精小，完成某一部分功能即可，因此部署更简单，组织更灵活。

◎ 敏捷性高：一般一个微服务由某个人或者某个小团队对需求、开发、测试完全负责。因此省去了很多沟通成本，在项目发布上无论是新功能还是 Bug 修改的迭代速度都很快，敏捷性高。

◎ 高内聚、低耦合：微服务之间是松耦合的，微服务内部是高内聚的，每个微服务都很容易按需扩展。

◎ 跨语言：微服务是和语言无关的，在设计中可以按需选择最合适的语言和工具。只要各个服务之间的相互调用符合规则即可。调用方式一般是 HTTP、HTTPS 或者 RPC 框架。

◎ 容错性强：在微服务架构中，在某个服务出现故障时可以快速通过服务降级的方式进行处理，影响的只是该服务对应的部分功能，对系统整体的服务不会有大的影响。

微服务架构的缺点如下。

◎ 服务调用复杂：微服务架构中各个服务之间依赖关系复杂，很难用文档描述清楚各个服务之间的关系，一般使用微服务调用链工具解决。

◎ 服务监控复杂：一个业务往往可能会调用多个服务最终才能完成，服务调用链变得复杂，不易于跟踪，一般使用服务治理工具解决。

◎ 运维复杂：如果说单体应用运维人员只需关心一个服务，那么微服务运维人员需要关心的可能就是几十上百个服务，需要维护的服务数量也会陡增。

◎ 分布式架构问题被放大：微服务将分布式架构中的分布式事务等问题放大，这就需要各个组件之间在设计上时刻考虑其依赖的服务在发生故障时应该如何处理，在服务临时不可用时如何进行失败重试等。

微服务架构由服务网关、配置中心、服务注册和发现、服务治理模型组成，如图 6-1 所示。

（1）服务网关：是外部服务调用的入口，封装了权限认证、熔断和降级、服务追踪、缓存、负载均衡、流量控制、路由转发等功能。

◎ 权限认证：为系统提供统一的权限服务，其功能和 OOS（单点登录）功能类似。

◎ 熔断和降级：用于当某个服务出现故障时对该服务执行熔断操作，以保障服务整体的稳定性。

◎ 服务追踪：用于记录用户访问的调用链信息。

◎ 缓存：用于将用户经常访问的信息缓存起来，减少后端的压力和提高服务的效率。

◎ 负载均衡：主要根据用户的访问量和后端服务的承载能力将请求路由到不同的服务上，当某个节点压力大时少分配一些请求，当某个节点压力小时多分配一些请求，以达到整体请求的稳定。

◎ 流量控制：用于根据访问量对服务进行控制，例如在突然有大量异常流量攻击时，可以对服务进行限流以保障整体服务的稳定。

◎ 路由转发：将外部流量根据每个服务的负载能力转发到多个服务上。

（2）配置中心：用于为整个集群提供统一的配置服务，解决配置管理混乱和配置自动更新的问题。配置中心需要有配置管理、配置变更记录（版本）、配置下发的功能。配置一般分为基础配置、业务配置、告警规则等。配置中心很重要的一点是在配置发生变化后能自动将配置下发到服务调用方，以实现配置修改热生效。

（3）服务注册和发现：由注册中心、服务提供者和服务消费者组成。其核心流程为服务提供者启动时将自己的服务注册到服务中心，服务消费者在需要调用服务时从注册中心获取可用的服务列表并执行 RPC 调用。服务提供者和注册中心保持心跳，注册中心在长时间收不到某个服务的心跳消息后便认为该服务出现故障，将其从服务列表中移除，并同时通知服务调用方。

（4）服务治理：是一个很大的方向，包括日志中心、监控中心、调度中心、报警中心等。其中，日志中心用于统一进行日志收集和分析，监控中心用于监控服务中的异常日志和流量信息等，调用中心用于为服务提供统一的调度平台，同时解决各个服务之间的调度依赖问题，报警中心用于及时发现告警信息并通知服务负责方进行处理。

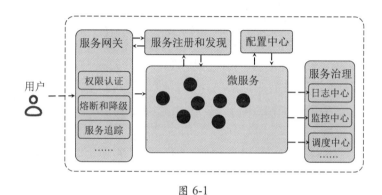

图 6-1

相关面试题

（1）说说你对微服务的理解？★★★★☆

（2）微服务有哪些特性？★★★★☆

（3）微服务架构的优缺点是什么？★★★★☆

（4）微服务架构如何运作？★★★★☆

（5）在使用微服务架构时面临过哪些挑战？★★★☆☆

（6）SOA 和微服务架构的主要区别是什么？★★★☆☆

6.2　Netflix 技术栈

Spring Cloud 为企业级分布式 Web 系统的构建提供了一站式的解决方案。为了简化分布式系统的开发流程和降低开发难度，Spring Cloud 以组件化的形式提供了配置管理、服务发现、断路器、智能路由、负载均衡和消息总线等模块，应用程序只需根据需求引入模块，便可方便地实现对应的功能。

◎ Config：Spring Cloud 的配置中心，用于将配置存储到服务器中进行集中化管理，支持本地存储、Git 和 Subversion 这 3 种存储方式。配置中心除了 Spring Cloud Config，还有 Apollo 配置中心和基于 ZooKeeper 等方式实现的配置中心。

◎ **Spring Cloud Bus**：Spring Cloud 的事件消息总线，用于监听和传播集群中事件状态的变化，例如集群中配置的变化检测和广播等。

◎ **Eureka**：Netflix 提供的服务注册和发现组件，集群中的各个服务以 REST 的方式将服务注册到注册中心，并与注册中心保持心跳连接，主要用于服务发现和自动故障转移。

◎ **Hystrix**：Netflix 提供的服务熔断器，主要提供了服务负载过高或服务发生故障时的容错处理机制，以便集群在出现故障时依然能够对外提供服务，防止服务雪崩。

◎ **Zuul**：Zuul 为集群提供通用网关的功能，前端服务访问后端服务时均需要通过 Zuul 的动态路由来实现。同时，可以在 Zuul 上实现服务的弹性扩展、安全监测、统一权限认证等功能。

◎ **Archaius**：Netflix 提供的配置管理库，用于实现动态化属性配置和验证、线程安全配置操作、轮询框架、回调机制等功能。

◎ **Consul**：Consul 是基于 Golang 开发的一个服务注册、发现和配置工具，其功能与 Eureka 类似。

◎ **Spring Cloud for Cloud Foundry**：通过 OAuth 2.0 协议绑定服务到 Cloud Foundry，Cloud Foundry 是 VMware 推出的开源 PaaS 云平台。

◎ **Spring Cloud Sleuth**：Spring 的日志收集工具包，封装了 Dapper 和 Log-based 追踪及 Zipkin 和 HTrace 操作，为 Spring Cloud 的应用实现了一种分布式链路追踪解决方案。

◎ **Spring Cloud Data Flow**：一个混合计算模型，结合了流式数据与批量数据的处理方式，为 Spring Cloud 处理大数据提供了可能。

◎ **Spring Cloud Security**：基于 Spring Security 工具包实现的安全管理组件，主要用于应用程序的安全访问和控制。

◎ **Spring Cloud ZooKeeper**：封装了操作 ZooKeeper 的 API，用于方便地操作 ZooKeeper 并实现服务发现和配置管理功能。

◎ **Spring Cloud Stream**：Spring 的流式数据处理工具包，封装了 Redis、RabbitMQ、Kafka 等消息接收和发送的功能，用于快速实现流式数据分析功能。

◎ **Spring Cloud CLI**：基于 Spring Boot CLI，Spring 可以让用户通过命令行方式快速建立云组件。

◎ **Ribbon**：用于分布式系统 API 调用的负载均衡，提供随机负载、轮询负载等多种负载均衡策略，常配合服务发现和断路器使用。

◎ Turbine：是实时消息或事件流的聚合工具，常用于监控集群中 Hystrix 的健康指标数据。

◎ Feign：一种声明式、模板化的 HTTP 访问客户端。

◎ Spring Cloud Task：Spring Cloud 提供的分布式环境下集群任务的统一管理和调度工具。

◎ Spring Cloud Connectors：为在云平台上运行的基于 JVM 的应用程序提供了一个简单的抽象，可以在 JVM 运行时发现绑定的服务和部署信息，并且支持将发现的服务注册为 Spring Bean。

◎ Spring Cloud Cluster：提供 LeaderShip（选举）功能，例如 ZooKeeper、Redis、Hazelcast、Consul 等常见状态模式的抽象和实现。

◎ Spring Cloud Starters：Spring Boot 式的启动项目，为 Spring Cloud 提供开箱即用的依赖管理。

相关面试题

（1）什么是 Netflix？ ★★★★☆

（2）Netflix 的常用服务有哪些 ？ ★★★★☆

6.3　Spring Boot

Spring Boot 是由 Pivotal 团队开发的全新的 Spring 开发框架，其设计的初衷是简化 Spring 应用复杂的搭建及开发流程。该框架提供了一套简单的 Spring 模块依赖和管理工具，从而避免了开发人员处理复杂的模块依赖和版本冲突问题，同时提供打包即可用的 Web 服务，成为快速应用开发领域（Rapid Application Development）的领导者。

Spring Boot 采用"约定优于配置"的思想设计，其特性如下。

（1）快速创建独立的 Spring 应用程序。

（2）嵌入 Tomcat 和 Undertow 等 Web 容器，实现快速部署。

（3）自动配置 JAR 包依赖和版本控制，简化 Maven 配置。

（4）自动装配 Spring 实例，不需要 XML 配置。Spring Boot 可以实现自动装配的原因是其封装好的 Starter 是按照 Spring Boot 的约定来实现的。只要符合相关约定，Spring Boot 便会对其目录下的文件进行扫描，完成 Bean 的自动装配。

（5）提供诸如性能指标、健康检查、外部配置等线上监控和配置功能。

（6）通过一系列的 Starter 提供开箱即用的组件。

Spring Boot 把传统的 Spring 项目从繁杂的 XML 配置中解放出来，应用只需用注解自动扫描即可。同时，Spring Boot 为应用提供了统一的 JAR 包管理和维护，不需要应用程序管理复杂的 JAR 包依赖和处理多版本冲突问题，只需在 pom.xml 文件中加入对应模块的 Starter 即可。对内部的 JAR 包依赖的管理，Spring Boot 会自动维护。

Spring Boot Application Starters（简称 Starters）是一组资源依赖描述，用于为不同的 Spring Boot 应用提供一站式服务，而不必像传统的 Spring 项目那样，需要开发人员处理服务和服务之间的复杂依赖关系。例如，如果要使用 Spring 的 JPA 功能进行数据库访问，则只需应用程序在项目中加入 spring-boot-starter-data-jpa 依赖即可，具体的依赖细节由 Starters 统一处理，不需要应用程序分别处理各个 JAR 包的依赖关系。常用的 Starters 如表 6-1 所示。

表 6-1

名　　称	描　　述
spring-boot-starter	Spring Boot 的核心 Starter，包括 Auto-Configuration Support、Logging 和 YAML
spring-boot-starter-activemq	构建 ActiveMQ 的 JMS Messaging Starter
spring-boot-starter-amqp	构建 RabbitMQ 的 JMS Messaging Starter
spring-boot-starter-aop	集成了 Spring AOP 和 AspectJ
spring-boot-starter-artemis	构建 Apache Artemis 的 JMS Messaging Starter
spring-boot-starter-batch	构建 Spring Batch 的 Starter
spring-boot-starter-cache	构建 Spring Framework Caching 的 Starter
spring-boot-starter-cloud-connectors	基于 Spring Cloud Connectors 的连接器，简化了与云平台（例如 Cloud Foundry 和 Heroku）中服务的连接
spring-boot-starter-data-cassandra	构建 Cassandra 分布式数据库和 Spring Data Cassandra 的 Starter
spring-boot-starter-data-cassandra-reactive	构建 Cassandra 分布式数据库和 Spring Data Cassandra Reactive 的 Starter
spring-boot-starter-data-couchbase	构建 CouchBase 数据库和 Spring Data CouchBase 的 Starter
spring-boot-starter-data-elasticsearch	构建 Elasticsearch 查询分析引擎和 Spring Data Elasticsearch 的 Starter
spring-boot-starter-data-jpa	构建 Spring Data JPA 的 Starter

名　　称	描　　述
spring-boot-starter-data-ldap	构建 Spring Data LDAP 的 Starter
spring-boot-starter-data-mongodb	构建 MongoDB 文档数据库和 Spring Data MongoDB 的 Starter
spring-boot-starter-data-neo4j	构建 Neo4j 图数据库和 Spring Data Neo4j 的 Starter
spring-boot-starter-data-redis	构建 Spring Data Redis 和 Lettuce Client 的 Redis 键值对数据库的 Starter
spring-boot-starter-data-rest	构建 Spring Data REST 的 Starter
spring-boot-starter-data-solr	构建 Apache Solr 的 Starter
spring-boot-starter-freemarker	FreeMarker Views 集成的 Starter
spring-boot-starter-groovy-templates	构建 Groovy Templates Views 的 Starter
spring-boot-starter-hateoas	基于 Spring MVC 和 Spring HATEOAS 构建 RESTful 应用的 Starter
spring-boot-starter-jdbc	构建 HikariCP Connection Pool 实现的 JDBC Starter
spring-boot-starter-jersey	构建 JAX-RS 和 Jersey 的 Starter
spring-boot-starter-json	支持 JSON 读写操作的 Starter
spring-boot-starter-jta-atomikos	构建 Atomikos 实现的 JTA Transactions
spring-boot-starter-jta-bitronix	构建 Bitronix 实现的 JTA Transactions
spring-boot-starter-jta-narayana	构建 Narayana 实现的 JTA Transactions
spring-boot-starter-mail	支持邮件发送的 Starter
spring-boot-starter-mustache	构建 Mustache Views 实现 Web 应用的 Starter
spring-boot-starter-quartz	构建 Quartz Scheduler 的任务调度 Starter
spring-boot-starter-security	构建 Spring Security 的安全框架 Starter
spring-boot-starter-test	集成了 JUnit、Hamcrest 和 Mockito 的 Starter
spring-boot-starter-thymeleaf	构建 Thymeleaf Views 实现 Web 应用的 Starter
spring-boot-starter-validation	构建 Hibernate Validator 统一验证的 Starter
spring-boot-starter-web	提供标准的 Web 应用，包含 RESTful 的支持和嵌入 Tomcat 等其他 Web 容器的 Starter
spring-boot-starter-web-services	基于 Spring Web Services 的 Starter
spring-boot-starter-webflux	构建 WebFlux 应用的 Starter
spring-boot-starter-websocket	支持 WebSocket 的 Starter

（1）你对 Spring Boot 有什么了解？★★★★☆

（2）说说你了解的 Spring Boot Application Starters。★★★☆☆

（3）什么是 Spring Boot Application Starters？★★☆☆☆

6.4　Config

随着项目复杂度的增加和微服务开发组件的细化，散落在服务器各个角落的微服务组件需要一套在线的配置服务；一方面为整个服务提供统一的配置，避免在每个微服务中修改配置带来的不便和易出错的问题；另一方面保证微服务配置能自动化更新到各个组件中，避免在修改配置后重启时出现服务不稳定的情况。

Config 为分布式系统提供统一的配置管理工具，应用程序在使用过程中可以像使用本地配置一样方便地添加、访问、修改配置中心的配置。Config 将 Environment 的 PropertySource 抽象和配置中心的配置进行映射，以便应用程序在任何场景下获取和修改配置。

6.4.1　Config 的原理

Config 支持将配置存储在配置中心的本地服务器、Git 仓库或 Subversion 中。在 Config 的线上环境中，通常将配置文件集中放置在一个 Git 仓库里，然后通过配置中心服务端（Config Server）来管理所有的配置文件；当某个服务实例需要添加或更新配置时，只要将该服务实例的本地将配置文件进行修改，然后推送到 Git 仓库，其他服务实例通过配置中心就可以从 Git 服务端获取最新的配置信息。对于配置中心来说，每个服务实例都相当于客户端（Config Client）。

为了保证系统的稳定，配置中心服务端可以进行多副本集群部署，前端使用负载均衡实现服务之间的请求转发。Config 的架构如图 6-2 所示。

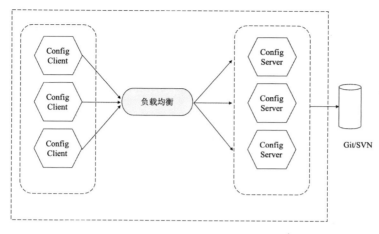

图 6-2

6.4.2　Config Server 的定义及应用

Config 服务为外部配置（键值对或 YAML）提供了基于 HTTP 的远程资源访问接口。服务端可以使用@EnableConfigServer 注释开启配置中心的功能，声明该应用程序是一个配置中心服务。

创建一个 Config Server 分为以下 4 步。

（1）在 pom.xml 文件中加入依赖：

```
<dependencies>
<!-- starter-config 依赖-->
    <dependency>
        <groupId>org.springframework.cloud</groupId>
        <artifactId>spring-cloud-starter-config</artifactId>
    </dependency>
    <!-- spring-boot-starter-web 表示项目为 Web 工程-->
    <dependency>
        <groupId>org.springframework.boot</groupId>
        <artifactId>spring-boot-starter-web</artifactId>
    </dependency>
    <!--系统运维监控组件 -->
    <dependency>
        <groupId>org.springframework.boot</groupId>
        <artifactId>spring-boot-starter-actuator</artifactId>
```

```
        </dependency>
    <!-- config-server 依赖-->
     <dependency>
            <groupId>org.springframework.cloud</groupId>
          <artifactId>spring-cloud-config-server</artifactId>
        </dependency>
    </dependencies>
```

在以上代码中加入了 Config Server 需要的 JAR 包依赖，其中，<artifactId>spring-cloud-starter-config</artifactId>为 Spring Cloud 的应用依赖，<artifactId>spring-cloud-config-server</artifactId>为 Config 的服务端依赖。

（2）添加@EnableConfigServer。@EnableConfigServer 用于开启 Spring Boot 项目对分布式配置中心的支持功能：

```
@SpringBootApplication
@EnableConfigServer
public class BootApplication {
    public static void main(String[] args) {
        SpringApplication.run(BootApplication.class, args);
    }
}
```

（3）配置 application.properties 文件。Config 将分布式配置文件的数据存放在 Git 仓库中，因此需要设置 Git 仓库的基本信息，具体配置如下：

```
#设置配置中心的端口号
server.port=9000
#设置配置中心的名称
spring.cloud.config.server.default-application-name=config-server
#设置 Git 仓库的地址
spring.cloud.config.server.git.uri=https://github.com/LOVEGISER/SpringCloud
#设置仓库的路径
spring.cloud.config.server.git.search-paths=SpringCloudConfig
#设置仓库的分支
spring.cloud.config.label=master
#访问 Git 仓库的用户名
spring.cloud.config.server.git.username=username
#访问 Git 仓库的用户密码，如果 Git 仓库为公开仓库，则可以不填写用户名和密码
spring.cloud.config.server.git.password=password
```

（4）访问服务地址。启动应用程序，在浏览器地址栏中输入"http://localhost:

9000/*/dev"，返回如下配置信息：

```json
{
    "name": "*",
    "profiles": ["dev"],
    "label": null,
    "version": "0475f398ee0617a327749ba1d69e6a1c0a03abfd",
    "state": null,
    "propertySources": [{
        "name": "https://github.com/LOVEGISER/SpringCloud/SpringCloudConfig/
application.properties",
        "source": {
            "spring.datasource.url": "jdbc:mysql://localhost/test",
            "spring.datasource.username": "dbuser",
            "spring.datasource.password": "dbpass",
            "spring.datasource.driver-class-name": "com.mysql.jdbc.Driver"
        }
    }]
}
```

从返回信息可以看到，Git 仓库的地址为 https://github.com/LOVEGISER/SpringCloud/
SpringCloudConfig，在该仓库中有一个配置文件 application.properties，具体的配置信息在
Source 属性中存储。

6.4.3　Config Client 的定义及应用

配置中心的使用分为以下 3 步。

（1）在 pom.xml 文件中加入依赖：

```xml
<dependency>
        <groupId>org.springframework.boot</groupId>
        <artifactId>spring-boot-starter-web</artifactId>
    </dependency>
    <dependency>
        <groupId>org.springframework.boot</groupId>
        <artifactId>spring-boot-starter-actuator</artifactId>
    </dependency>
    < !-- spring-cloud-starter-config配置 -->
    <dependency>
        <groupId>org.springframework.cloud</groupId>
```

```
        <artifactId>spring-cloud-starter-config</artifactId>
    </dependency>
```

（2）配置 bootstrap.properties 文件。bootstrap.properties 文件中的 spring.cloud.config.uri 参数用于设置应用程序从哪个服务地址上获取配置信息，并且可以通过 spring.cloud.config.profile 指定运行环境，例如开发环境（dev）、测试环境（test）、正式运行环境（pro）等，具体配置如下：

```
#项目名称，一般与 Git 仓库中的文件名对应
spring.application.name=config-client
#远程仓库的分支
spring.cloud.config.label=master
#运行环境：dev 为开发环境，test 为测试环境，pro 为正式运行环境
spring.cloud.config.profile=dev
#设置服务中心的地址
spring.cloud.config.uri= http://localhost:9000/
#服务端的端口号
server.port=9001
```

（3）使用配置信息。配置信息的使用简单、方便，Spring Cloud Config 将配置文件和 PropertySource 做了映射，对于应用程序来说，就像使用本地配置文件一样使用 Config Server 上的配置文件，具体使用如下：

```
//将 Key 为 spring.datasource.urlValue 的值映射到 springDatasourceURL 变量上
//其中 spring.datasource.url 为 Git 配置文件中的 Key
@Value("${spring.datasource.url}")
String springDatasourceURL;
```

相关面试题

（1）Spring Cloud Config 解决了什么问题？★★★★☆

（2）Spring Cloud Config 的原理是什么？★★★☆☆

（3）请简述 Spring Cloud Config 的核心用法。★★☆☆☆

6.5　Eureka

Eureka 是 Netflix 微服务套件中的一部分，它基于 netflix-eureka 做了二次封装，主要负责微服务架构中的服务治理。

服务治理必须实现服务注册和服务发现的功能。服务注册和发现指每个微服务都向注册中心汇报自己的服务地址、服务内容、端口和服务状态等信息。当有服务依赖此服务时，从注册中心获取可用的服务列表并发起请求，服务消费者不用关心服务所处的位置和状态，具体用哪个实例对外提供服务则由注册中心决定。

6.5.1　Eureka 的原理

Eureka 实现了服务注册和服务发现的功能。Eureka 的角色分为注册中心（Eureka Server）和客户端（Eureka Client）。客户端指注册到注册中心的具体的服务实例，又可抽象分为服务提供者和服务消费者。服务提供者将自己的服务注册到服务中心供服务消费者调用，服务消费者从注册中心获取相应的服务提供者对应的服务地址并调用该服务。Spring Cloud Eureka 的原理如图 6-3 所示。

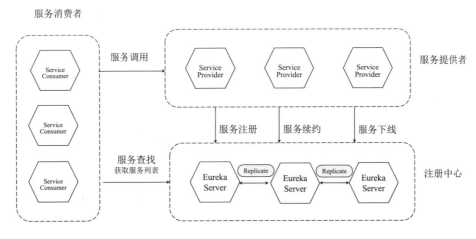

图 6-3

在 Eureka 中，同一个实例可能既是服务提供者，也是服务消费者。Eureka 服务端也会向另一个服务端实例注册自己的信息，从而实现 Eureka Server 集群。其核心概念有服务注册、服务发现、服务同步和服务续约等。

1. 服务注册

在服务启动时，服务提供者会将自己的信息注册到 Eureka Server，Eureka Server 在收到信息后，会将数据信息存储在一个双层结构的 Map 中，其中，第 1 层存储的 Key 是服务的名称，第 2 层存储的 Key 是具体服务实例的名称：

```
//将注册表的数据存储到 InstanceInfo 中
private final ConcurrentHashMap<String, Map<String, Lease<InstanceInfo>>>
registry= new ConcurrentHashMap<String, Map<String, Lease<InstanceInfo>>>();
//双层嵌套的 HashMap
//第 1 层存储的 Key 是 AppName 应用的名称（同一微服务节点可能会有多个实例）
//第 2 层存储的 Key 是 InstanceName 实例的名称
```

2. 服务同步

在 Eureka Server 集群中，当一个服务提供者向其中一个 Eureka Server 注册服务时，该 Eureka Server 会向集群中的其他 Eureka Server 转发这个服务提供者的注册信息，从而实现 Eureka Server 之间的服务同步。

3. 服务续约

服务提供者在注册中心完成注册时，会维护一个续约请求来持续发送信息给该 Eureka Server 表示其正常运行，当 Eureka Server 长时间收不到续约请求时，会将该服务实例从服务列表中剔除。

4. 服务启动

当一个 Eureka Server 初始化或重启时，本地注册服务为空。Eureka Server 首先调用 syncUp()从别的服务节点获取所有的注册服务，然后执行 Register 操作，完成初始化，从而同步所有服务信息。

5. 服务下线

当服务实例正常关闭时，服务提供者会给注册中心发送一个服务下线的消息，注册中心在收到信息后，会将该服务实例的状态设置为下线，并将该服务下线的信息传播给其他服务实例。

6. 服务发现

当一个服务实例依赖另一个服务时，这个服务实例作为服务消费者会发送一个信息给注册中心，请求获取注册的服务清单，注册中心会维护一份只读服务清单返回给服务消费者。

7. 失效剔除

注册中心为每个服务都设定一个服务失效的时间。当服务提供者无法正常提供服务，而注册中心又没有收到服务下线的信息时，注册中心会创建一个定时任务，将超过一定时间没有收到服务续约消息的服务实例从服务清单中剔除。失效时间可以通过 eureka.instance.leaseExpirationDurationInSeconds 进行配置，定期扫描时间可以通过 eureka.server.evictionIntervalTimerInMs 进行配置。

6.5.2　Eureka 的应用

1. 注册中心的定义

Eureka Server 是服务的注册中心，维护了集群中的服务列表和状态，服务提供者在启动时会将服务信息注册到注册中心。要实现一个注册中心，分为以下 4 步。

（1）在 pom.xml 文件中加入依赖。这里需要注意 spring-cloud-starter-eureka-server 1.4.6 依赖 spring-boot-starter-parent 2.0.x，高版本会存在包冲突问题：

```
<dependency>
        <groupId>org.springframework.cloud</groupId>
        <artifactId>spring-cloud-starter-eureka-server</artifactId>
        <version>1.4.6.RELEASE</version>
  </dependency>
```

（2）通过@EnableEurekaServer 注解开启服务注册、发现功能：

```
@SpringBootApplication
@EnableEurekaServer
public class EurekaserverApplication {
    public static void main(String[] args) {
        SpringApplication.run(EurekaserverApplication.class, args);
    }
}
```

（3）配置 application.properties 文件。配置 Eureka Server 的服务名称、端口和服务地址。在默认情况下，服务注册中心会将自己也作为客户端来尝试注册，因此，应用程序需要禁用其注册行为，具体参数为 eureka.client.register-with-eureka=false 和 eureka.client. fetch- registry=false：

```
    spring.application.name=eureka-server
```

```
server.port=9001
eureka.instance.hostname=localhost
eureka.client.register-with-eureka=false
eureka.client.fetch-registry=false
spring.main.allow-bean-definition-overriding=true
```

Eureka Server 的常用配置如表 6-2 所示。

表 6-2

配 置 项	描 述
eureka.instance.prefer-ip-address	将指定的 IP 地址注册到 Eureka Server 上，如果不配置，则默认为机器的主机名
eureka.server.enable-self-preservation	设置开启或关闭自我保护
eureka.server.renewal-percent-threshold	设置自我保护系数，默认为 0.85
eureka.client.register-with-eureka	设置是否将自己注册到 Eureka Server，默认为 true
eureka.client.fetch-registry	设置是否从 Eureka Server 中获取注册信息，默认为 true
eureka.server.eviction-interval-timer-in-ms	检测服务状态的间隔时间，默认为 60 000ms，即 60s
eureka.server.wait-time-in-ms-when-sync-empty	设置同步为空的等待时间，默认为 5min，在同步等待期间，注册中心暂停向客户端提供服务的注册信息
eureka.server.number-of-replication-retries	设置 Eureka Server 服务的注册信息同步失败的重试次数，默认为 5 次

（4）访问服务地址。启动应用程序，在浏览器地址栏中输入"http://localhost:9001"访问注册中心，如图 6-4 所示。这时，注册中心已经搭建完成。

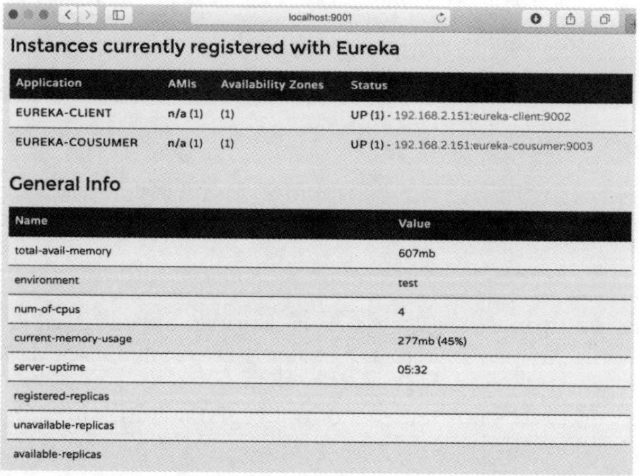

图 6-4

2. 服务提供者的定义

服务提供者（Service Provider）即 Eureka Client，是服务的定义者。服务提供者在启动时会将自身的服务注册到注册中心，服务消费者从注册中心请求到服务列表后，便会调用具体的服务提供者的服务接口，实现远程过程调用。要实现一个服务提供者，分为以下 5 步。

（1）在 pom.xml 文件中加入依赖。这里需要注意 spring-cloud-starter-eureka 1.4.6 依赖 spring-boot-starter-parent 2.0.*x*，高版本会存在包冲突问题：

```
<dependency>
        <groupId>org.springframework.cloud</groupId>
        <artifactId>spring-cloud-starter-eureka</artifactId>
        <version>1.4.6.RELEASE</version>
</dependency>
```

（2）通过@EnableEurekaClient 注解开启服务发现的功能：

```
@SpringBootApplication
@EnableEurekaClient
public class EurekaclientApplication {
    public static void main(String[] args) {
        SpringApplication.run(EurekaclientApplication.class, args);
    }
}
```

（3）配置 application.properties 文件。配置 Eureka Server 的服务名称、端口和注册中心的地址：

```
spring.application.name=eureka-client
server.port=9002
eureka.client.serviceUrl.defaultZone=http://localhost:9001/eureka/
```

Eureka 客户端的常用配置如表 6-3 所示。

表 6-3

配　　　置	默 认 值	描　　　述
service-url		配置服务注册中心的地址，如果服务注册中心为高可用集群，则将多个注册中心的地址用逗号分隔。如果服务注册中心加入了安全验证，则在 IP 地址前加上域名密码：http://<username>:<password>@localhost:8761/eureka

续表

配　　置	默认值	描　　述
fetch-registry	true	是否从 Eureka Server 中获取注册信息
register-with-eureka	true	是否要将自身的实例信息注册到 Eureka Server
eureka-connection-idle-timeout-seconds	30	Eureka Server 连接空闲的关闭时间，单位为 s
eureka-server-connect-timeout-seconds	5	连接 Eureka Server 的超时时间，单位为 s
eureka-server-read-timeout-seconds	8	读取 Eureka Server 信息的超时时间，单位为 s
eureka-server-total-connections	200	从 Eureka Client 到所有 Eureka Server 的连接总数
eureka-server-total-connections-per-host	50	从 Eureka Client 到每个 Eureka Server 的连接总数
eureka-service-url-poll-interval-seconds	300	轮询 Eureka Server 地址更改的间隔时间，单位为 s
initial-instance-info-replication-interval-seconds	40	初始化实例信息到 Eureka Server 的间隔时间，单位为 s
instance-info-replication-interval-seconds	30	更新实例信息的变化到 Eureka Server 的间隔时间，单位为 s
registry-fetch-interval-seconds	30	从 Eureka Server 获取注册信息的间隔时间，单位为 s

（4）定义服务：

```java
@RestController
public class DiscoveryController {
    @Autowired
    private DiscoveryClient discoveryClient;
    @Value("${server.port}")
    private String port;
    @GetMapping("/serviceProducer")
    public Map serviceProducer() {
        //1：服务提供者的信息
        String services = "Services:" +
                        discoveryClient.getServices()+" port :"+port;
        //2：服务提供者返回的数据
        Map result = new HashMap();
        result.put("serviceProducer",services);
        result.put("time",System.currentTimeMillis());
        return result;
    }
}
```

以上代码定义了一个名为 serviceProducer 的服务，服务地址为 "/serviceProducer"，其中通过 DiscoveryClient 获取服务列表中可用的服务地址。

（5）调用服务。在浏览器地址栏中输入"http://localhost:9002/serviceProducer"访问服务，如图 6-5 所示。

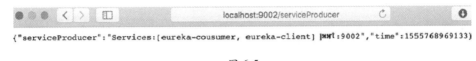

{"serviceProducer":"Services:[eureka-cousumer, eureka-client] 端口:9002","time":1555768969133}

图 6-5

3. 服务消费者的定义

服务消费者（Service Consumer）即 Eureka Consumer，是服务的具体使用者，一个服务实例常常既是服务消费者也是服务提供者。要实现一个服务消费者，分为以下 7 步。

（1）在 pom.xml 文件中加入依赖：

```
<dependency>
        <groupId>org.springframework.cloud</groupId>
        <artifactId>spring-cloud-starter-eureka</artifactId>
        <version>1.4.6.RELEASE</version>
    </dependency>
<dependency>
        <groupId>org.springframework.cloud</groupId>
        <artifactId>spring-cloud-starter-feign</artifactId>
        <version>1.4.6.RELEASE</version>
</dependency>
```

（2）通过@EnableEurekaClient 注解开启服务发现的功能。如果通过 Feign 远程调用，则需要通过@EnableFeignClients 开启对 Feign 的支持；如果通过 RestTemplate 调用，则需要定义 RestTemplate 实例：

```
@SpringBootApplication
@EnableEurekaClient
@EnableFeignClients
public class EurekaconsumerApplication {
    public static void main(String[] args) {
        SpringApplication.run(EurekaconsumerApplication.class, args);
    }
    @Bean
    @LoadBalanced//开启负载均衡
    RestTemplate restTemplate(){
        return new RestTemplate();
```

```
        }
    }
```

（3）配置 application.properties 文件。配置服务名称、端口和注册中心的地址：

```
#服务消费者的名称
spring.application.name=eureka-consumer
#服务消费者的端口
server.port=9003
#注册中心的地址
eureka.client.serviceUrl.defaultZone=http://localhost:9001/eureka/
#修改缓存清理的时间间隔，以确保不会调用已出现异常的服务提供者
eureka.client.registry-fetch-interval-seconds=30
```

（4）调用 RestTemplate 服务：

```
@RestController
@Autowired
private RestTemplate restTemplate;
@RequestMapping(value = "/consume/remote",method = RequestMethod.GET)
public String service(){
    return restTemplate.getForEntity("http://EUREKACLIENT/serviceProducer",
                    String.class).getBody();
}
```

以上代码定义了一个名为 service 的服务，服务地址为"/consume/remote"，通过 RestTemplate 调用远程服务。其中，"/EUREKA-CLIENT"为服务提供者的实例名称，serviceProducer 为服务@RequestMapping 映射后的地址。

（5）调用服务。在浏览器地址栏中输入"http://localhost:9003/consume/remote"访问服务，如图 6-6 所示。

{ "serviceProducer": "Services:[eureka-consumer, eureka-client]port:9002", "time": 1555768891037 }

图 6-6

（6）定义基于 Feign 接口的服务。基于 Feign 接口的服务调用简单、方便，以上代码在 EurekaconsumerApplication 中已经通过加入@EnableFeignClients 开启了对 Feign 的支持，这里只需应用程序定义 Feign 接口便可。定义 Feign 接口分为两步：首先通过@FeignClient("serviceProducerName")定义需要代理的服务实例名（"EUREKA-CLIENT"

即服务提供者的实例名称）；然后定义一个调用远程服务的方法。方法中@RequestMapping 的 value（这里为"/serviceProducer"）需要与服务提供者的地址相对应，这样，Feign 才能知道代理需要具体调用服务提供者的哪个方法。

```
/**
 * @FeignClient 用于通知 Feign 组件对该接口进行代理（不需要编写接口实现），
     使用者可直接通过@Autowired 注入
 * @RequestMapping 表示在调用该方法时需要向/serviceProducer 发送 GET 请求
 */
@FeignClient("EUREKA-CLIENT")
public interface Servers {
    @RequestMapping(value = "/serviceProducer", method = RequestMethod.GET)
    Map serviceProducer();
}
```

（7）调用基于 Feign 接口的服务：

```
@Autowired Servers server;
@RequestMapping(value = "/consume/feign",method = RequestMethod.GET)
public Map serviceFeign(){
    return server.serviceProducer();
}
```

以上代码通过注入 Servers 并调用其 serviceProducer 方法来实现服务的调用。在浏览器地址栏中输入"http://localhost:9003/consume/feign"查看服务的结果，如图 6-7 所示。

图 6-7

相关面试题

（1）服务注册和发现是什么意思？用 Spring Cloud 如何实现？★★★★★

（2）Spring Cloud Eureka 的原理是什么？★★★★☆

（3）在你们的项目中是如何使用 Spring Cloud Eureka 的？★★★☆☆

（4）什么是服务续约？★★★☆☆

（5）客户端是如何知道服务列表的变化情况的？★★★☆☆

（6）Eureka 的服务同步指的是什么？★★☆☆☆

（7）Eureka 是如何判断服务提供者下线了的？★★☆☆☆

6.6　Consul

Consul 是 HashiCorp 公司推出的用于实现分布式系统的服务注册与发现和配置功能的开源工具。和 Eureka 一样，Consul 也是一个一站式的服务注册与发现框架，内置了服务注册与发现、分布式一致性协议实现、健康检查、Key-Value 存储服务和多数据中心方案，因此不需要依赖第三方工具（例如 ZooKeeper）便可完成服务注册与发现，简单易用。

Consul 采用 Go 编写，支持 Linux、Windows 和 macOS 系统，可移植性强。安装包仅为一个可执行文件，方便部署，且与 Docker 配合方便。

6.6.1　Consul 的原理

Consul 采用 Raft 一致性协议算法来保证服务的高可用；使用 Gossip 协议管理成员状态和广播消息，并且支持 ACL 访问控制。

1. Consul 的特性

◎ 高效的 Raft 一致性算法：Consul 采用 Raft 一致性算法来保证集群状态的一致性，在实现上比 Paxos 一致性算法更简单（ZooKeeper 采用 Paxos 一致性算法实现，Etcd 采用 Raft 一致性算法实现）。

◎ 支持多数据中心：Consul 支持多数据中心。多数据中心可以使集群避免单数据中心的单点故障问题，但在部署的过程中需要考虑网络延迟、数据分片等情况。ZooKeeper 和 Etcd 均不支持多数据中心。

◎ 健康检查：Consul 支持健康检查，默认每 10s 做一次健康检查，保证注册中心的服务均可用，Etcd 不提供此功能。

◎ HTTP 和 DNS 支持：Consul 支持 HTTP 和 DNS 协议接口。ZooKeeper 集成了 DNS 协议，实现复杂，Etcd 只支持 HTTP。

除了上面 4 个特性，Consul 还支持其他丰富的功能。Consul 与其他框架的特性对比如表 6-4 所示。

表 6-4

功　能	Eureka	Consul	ZooKeeper	Etcd
服务健康检查	支持 （可配置）	支持 （服务状态、内存、硬盘等）	弱支持 （长连接+ keepalive）	连接心跳
多数据中心	不支持	支持	不支持	不支持
Key-Value 存储服务	不支持	支持	支持	支持
一致性	不支持	以 Raft 算法实现	以 Paxos 算法实现	以 Raft 算法实现
CAP 支持	AP	CA	CP	CP
使用接口	HTTP	HTTP 和 DNS	客户端	HTTP、GRPC
Watch 支持	支持 Long Polling	支持 Long Polling	支持	支持 Long Polling
自身监控	支持	支持	不支持	Metrics
安全	不支持	ACL、HTTPS	ACL	HTTPS
与 Spring Cloud 集成	支持	支持	支持	支持

2. Consul 的角色

Consul 按照功能可分为服务端和客户端。

◎ 服务端：Server，用于保存服务配置信息的高可用集群，在局域网内与本地客户端通信，在广域网内与其他数据中心通信。每个数据中心的 Server 数量都推荐为 3 个以上以保证服务高可用。在集群中，Server 又分为 Server Leader 和 Server。Server Leader 负责同步注册信息和进行各个节点的健康检查，同时负责整个集群的写请求。Server 负责把配置信息持久化并接收读请求。Server 在一个数据中心（Data Center，DC）内使用 LAN Gossip 协议的一致性算法，在跨数据中心内使用 WAN Gossip 协议的一致性算法。

◎ 客户端：Client，是无状态的服务，将 HTTP 和 DNS 协议的接口请求转发给局域网内的服务端集群。

Consul 的服务端和客户端还支持跨数据中心的访问，提供了跨区域的高可用功能。Consul 的架构如图 6-8 所示。

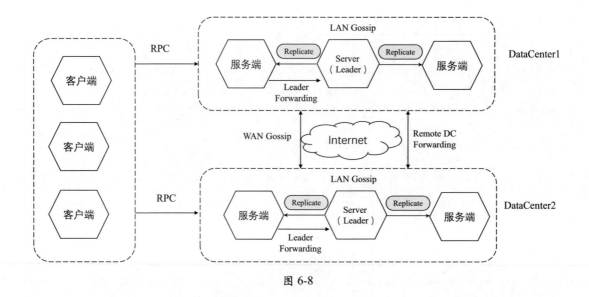

图 6-8

3. Consul 的服务注册与发现流程

（1）服务注册：Producer 在启动时会向 Consul 服务端发送一个 POST 注册请求，在注册请求中包含服务地址和端口等信息。

（2）健康检查：Consul 服务端在接收 Producer 的注册信息后，会每 10s（默认）向 Producer 发送一个健康检查的请求，检验 Producer 是否健康。

（3）服务发现：Consumer 在发起请求（请求格式为 "/api/address"）时，首先会从 Consul 服务端获取一个包含 Producer 的服务地址和端口的临时列表。该表只包含通过了健康检查的 Producer 的可用服务列表。

（4）服务请求：客户端从临时列表中获取一个可用的服务地址，向 Producer 发送请求。Producer 在收到请求后返回请求响应。

Consul 的服务注册与发现流程如图 6-9 所示。

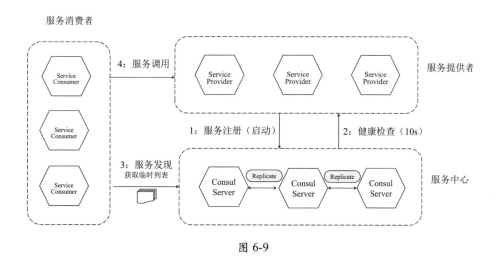

图 6-9

6.6.2　Consul 的应用

1. Consul 的服务启动

Consul 是应用服务的注册中心，服务注册与发现均在 Consul 上完成。Consul 的使用分 3 步：下载安装包、启动服务端、启动客户端。

（1）下载安装包。从官网下载安装包，有 Windows 版、Linux 版、macOS 版、Solaris 版和 FreeBSD 版，如图 6-10 所示。

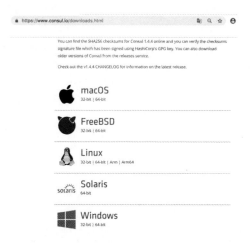

图 6-10

（2）启动服务端。在安装包目录下，执行如下命令启动服务端：

```
./consul agent -server -bind=ip -client=0.0.0.0 -bootstrap-expect=1 -data-
dir=/data/consul_data/ -node=server1 -ui
```

在上述命令中，-server 表示启动服务端，-data-dir 表示数据的存储地址，-node 表示节点名称。除了以上基础配置，Consul 还有很多其他配置。Consul 的服务参数配置如表 6-5 所示。

表 6-5

配　　置	说　　明
-advertise	用于设置服务实例对外暴露的服务地址，在一般情况下，-bind 地址就是服务地址
-bootstrap	控制一个 Server 为 Bootstrap 模式。在一个 Data Center 中只能有一个 Server 处于 Bootstrap 模式。当一个 Server 处于 Bootstrap 模式时，可以将自己选举为 Raft Leader
-bootstrap-expect	一个 Data Center 中期望的 Server 的节点数量，在配置后 Consul 一直等到达到指定的 Server 数量时才会引导整个集群，该参数不能和 Bootstrap 一起使用
-bind	指定绑定的地址，用于设置集群内部的通信地址，默认设置为 0.0.0.0
-client	指定 Consul 绑定在哪个 Client 地址上，这个地址提供 HTTP、DNS、RPC 等服务，默认是 127.0.0.1
-config-file	指定要加载哪个配置文件
-config-dir	指定配置文件所在的目录，目录下所有以.json 结尾的配置文件都会被加载
-data-dir	指定存放 Agent 的状态的数据目录
-dc	指定 Agent 允许的 Data Center 的名称，默认是 dc1
-encrypt	指定 Secret Key 用于加密通信，Key 可以通过 Consul Keygen 生成，同一个集群中的节点必须使用相同的 Secret Key
-join	加入一个已经启动的 Agent 服务，一个服务可以多次指定多个 Agent。如果 Consul 不能加入任何指定的服务中，则 Agent 会启动失败
-retry-join	和 Join 类似，但是允许在第一次失败后进行重试
-retry-interval	两次 Join 之间的时间间隔，默认是 30s
-retry-max	尝试重复 Join 的次数，默认是 0，表示无限次重试
-log-levelConsul Agent	启动后显示的日志信息级别，默认是 info，可选择 trace、debug、info、warn、error
-node	节点名称，一个集群中的节点名称必须是唯一的，默认是该节点的主机名称
-protocol	Consul 使用的协议版本
-rejoin	使 Consul 忽略之前的 Leave，在再次启动后仍旧尝试加入集群中

续表

配　　置	说　　明
-server	定义 Agent 在 Server 模式下运行，每个集群至少都有一个 Server
-syslog	开启系统日志功能，只在 Linux 和 macOS 上有效
-ui-dir	指定提供存放 Web UI 资源的路径
-pid-file	指定一个路径来存放 pid 文件，可以使用该文件进行服务的关闭和更新（SIGINT/SIGHUP）操作
agent	在 Consul 方案中，在每个提供服务的节点上都要部署和运行 Consul Agent，所有运行 Consul Agent 的节点的集合构成 Consul Cluster

在服务端启动后，在浏览器地址栏中输入 "http://localhost:8500/"，可以看到如图 6-11 所示的管理界面。

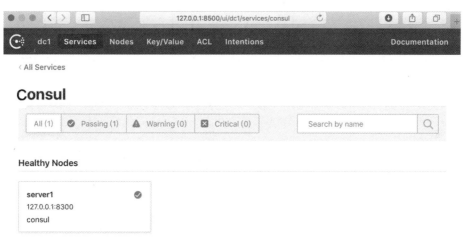

图 6-11

（3）启动客户端。启动客户端只需将 Server 参数去掉即可，启动命令如下：

```
./consul agent -bind=ip -client=0.0.0.0 -bootstrap-expect=1 -data-
dir=/data/consul_data/ -node=server2
```

2. Consul 服务提供者的定义

服务提供者在启动时会将自身的服务地址状态上报 Consul Server，服务消费者在每次发起请求时都要先从 Consul Server 获取可用的临时服务列表（该列表维护了可用的服务提供者的地址），再选择一个可用的服务提供者的地址进行服务调用。实现一个服务提供者分为以下 5 步。

（1）在 pom.xml 文件中加入 spring-cloud-starter-consul- discovery 依赖：

```
<dependency>
    <groupId>org.springframework.cloud</groupId>
    <artifactId>spring-cloud-starter-consul-discovery</artifactId>
    <version>2.0.1.RELEASE</version>
</dependency>
```

（2）通过@EnableDiscoveryClient 注解开启服务发现的功能：

```
@SpringBootApplication
@EnableDiscoveryClient
public class ConsulProducerApplication {
    public static void main(String[] args) {
        SpringApplication.run(ConsulProducerApplication.class, args);
    }
}
```

（3）配置 application.properties 文件。配置服务名称、端口、要连接的 Consul Server 的地址和端口：

```
spring.application.name=spring-cloud-consul-producer
server.port=8501
spring.cloud.consul.host=localhost
spring.cloud.consul.port=8500
#注册到Consul 的服务名称
spring.cloud.consul.discovery.serviceName=service-producer
```

（4）定义服务。如下代码定义了一个名为 hello 的服务，服务地址为 "/hello"：

```
@RestController
public class Controller {
    @RequestMapping("/hello")
    public String hello() {
        return "hello consul";
    }
}
```

（5）访问和使用服务。在浏览器地址栏中输入 "http://127.0.0.1:8501/hello" 访问服务，如图 6-12 所示。

hello consul

图 6-12

3. Consul 服务消费者的定义

服务消费者是具体的服务调用方，它在每次发起请求时都先从 Consul Server 中获取可用的临时服务列表（该列表维护了可用的服务提供者的地址），然后选择一个可用的服务提供者的地址实现服务调用。要实现一个服务消费者，分为以下 5 步。

（1）在 pom.xml 文件中加入 spring-cloud-spring-cloud- starter-consul- discovery 依赖：

```
<dependency>
        <groupId>org.springframework.cloud</groupId>
        <artifactId>spring-cloud-starter-consul-discovery</artifactId>
        <version>2.0.1.RELEASE</version>
</dependency>
```

（2）配置 application.properties 文件。配置服务名称、端口、要连接的 Consul Server 的地址和端口：

```
spring.application.name=spring-cloud-consul-consumer
server.port=8503
spring.cloud.consul.host=127.0.0.1
spring.cloud.consul.port=8500
#设置不需要注册到 Consul 中
spring.cloud.consul.discovery.register=false
```

（3）获取临时服务列表。如下代码通过依赖注入 LoadBalancerClient 来获取临时服务列表，具体是通过 choose 方法来实现的，choose 方法的参数是要获取的服务提供者的服务实例名称：

```
@Autowired//注入负载均衡器
private LoadBalancerClient loadBalancer;
//从负载均衡器获取临时服务列表
ServiceInstance serviceList = loadBalancer.choose("service-producer");
```

（4）调用服务。如下代码通过 loadBalancer.choose("serviceName")获取一个服务实例，然后使用 RestTemplate.getForObject()实现远程服务调用，其中，第 1 个参数是服务实例的地址，第 2 个参数是服务请求的返回值类型：

```
@RestController
public class ConsumerController {
    @Autowired //1：依赖注入负载均衡器
    private LoadBalancerClient loadBalancer;
    @RequestMapping("/call")
  public String call() {
    //2：从负载均衡器中获取临时服务列表
  ServiceInstance serviceList = loadBalancer.choose("service-producer");
        System.out.println("服务地址：" + serviceList.getUri());
        System.out.println("服务名称：" + serviceList.getServiceId());
    //3：通过临时服务列表获取远程服务地址，实现远程过程调用
        String callServiceResult = new RestTemplate().getForObject(
        serviceList.getUri().toString() + "/hello", String.class);
        return callServiceResult;
    }
}
```

（5）验证服务。在浏览器地址栏中输入 "http://127.0.0.1:8503/call" 访问客户端服务，如图 6-13 所示。

hello consul

图 6-13

相关面试题

（1）Consul 的服务注册与发现流程是什么？★★★★☆

（2）Consul 的原理是什么？★★★★★

（3）Consul 的特性是什么？★★★☆☆

（4）Consul 和 Eureka 有哪些区别？★★☆☆☆

（5）Consul 的常用配置有哪些？★★☆☆☆

6.7 Feign

Feign 是一种声明式、模板化的 HTTP Client。它的目标是使编写 Java HTTP Client 变得更简单。Feign 通过使用 Jersey 和 CXF 等工具实现一个 HTTP Client，用于构建 REST

或 SOAP 的服务。Feign 还支持用户基于常用的 HTTP 工具包（OkHTTP、HTTPComponents）
实现自定义的 HTTP Client。

Feign 基于注解的方式将 HTTP 请求模板化。Feign 将 HTTP 请求参数写入 Template，
极大地简化了 HTTP 请求。尽管 Feign 目前只支持基于文本的 HTTP 请求，不适合文件的
上传和下载，但它为 HTTP 请求提供了更多可能性，比如请求回放等。同时，Feign 使 HTTP
单元测试变得更加方便。

6.7.1　Feign 的应用

Feign 提供了声明式接口编程的方式，其应用一般依赖服务发现组件来实现远程接口
调用，在并发要求不高的情况下可以作为 RPC 方案使用，实现服务之间的解耦。Feign 应
用分为服务提供者和服务消费者。

要实现一个服务提供者，分为以下 5 步。

（1）在 pom.xml 文件中加入 spring-cloud-starter-feign 依赖：

```
<dependency>
    <groupId>org.springframework.cloud</groupId>
    <artifactId>spring-cloud-starter-feign</artifactId>
    <version>1.4.6.RELEASE</version>
</dependency>
```

（2）通过@EnableFeignClients 注解开启对 Feign 的支持。注意，Feign 一般和服务发
现配合使用，如下代码使用@EnableEurekaClient 开启了对服务发现客户端的支持：

```
@SpringBootApplication
@EnableEurekaClient
@EnableFeignClients
public class FeignClientApplication {
    public static void main(String[] args) {
        SpringApplication.run(FeignClientApplication.class, args);
    }
}
```

（3）配置 application.properties 文件。配置服务名称、端口和需要连接的服务注册中
心的地址，这里注册中心使用 6.3 节中的 Eureka 服务：

```
#Feign 服务实例的名称
```

```
spring.application.name=feignclient
#Feign 服务实例的端口
server.port=9004
#注册中心的地址
eureka.client.serviceUrl.defaultZone=http://localhost:9001/eureka/
eureka.client.registry-fetch-interval-seconds=30
```

（4）创建接口和定义需要远程调用的方法：

```
@FeignClient("EUREKA-CLIENT")//1：定义服务实例
public interface FeignClientInterface {
    //2：定义服务接口
    @RequestMapping(value = "/serviceProducer", method = RequestMethod.GET)
    Map serviceProducer();
}
```

以上代码首先定义了一个名为 FeignClientInterface 的接口，并通过 FeignClient("EUREKA-CLIENT")来实现注解的配置，这里的参数 EUREKA-CLIENT 为远程服务实例的名称；然后定义了 serviceProducer 方法，该方法通过调用服务实例名为 EUREKA-CLIENT 的/serviceProducer 方法来实现远程调用。

（5）调用服务：

```
@RestController
public class FeignController {
    @Autowired
    FeignClientInterface feignClientInterface;
    @RequestMapping(value = "/consume/feign",method = RequestMethod.GET)
    public Map serviceFeign(){
        return feignClientInterface.serviceProducer();
    }
}
```

以上代码通过注入 FeignClientInterface 依赖，并调用已经定义好的 serviceProducer 方法来实现服务调用。启动服务，在浏览器地址栏中输入"http://127.0.0.1:9004/consume/feign"访问服务，如图 6-14 所示。

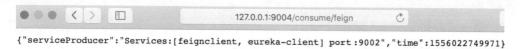

{"serviceProducer":"Services:[feignclient, eureka-client] port:9002","time":1556022749971}

图 6-14

6.7.2　Feign 的常用注解

Feign 通过类似 Spring MVC 的注解来实现对 HTTP 参数的封装和调用, 常用的注解如表 6-6 所示。

表 6-6

注　解	注解目标	说　明
@RequestLine	Method	为 Request 定义一个 HTTPMethod 和 UriTemplate, 使用 {} 进行包装, 并对 @Param 注释参数进行解析
@Param	Parameter	定义一个 HTTP 请求模板, 模板中的参数将根据名称来解析
@Headers	Method, Type	定义一个 HeaderTemplate, 在 UriTemplate 中使用
@QueryMap	Parameter	定义一个基于 Name-Value 的参数列表, 也可以是 Java 实体类, 最终以查询字符串的方式传输
@HeaderMap	Parameter	定义一个基于 Name-Value 的参数列表, 用于扩展 HTTP Headers
@Body	Method	定义一个类似 UriTemplate 或者 HeaderTemplate 的模板, 该模板使用 @Param 注释参数解析相应的表达式

相关面试题

（1）什么是 Feign？Feign 能做什么？★★★★☆

（2）Feign 常用的注解有哪些？★★★☆☆

（3）Feign 和 Ribbon 的区别是什么？★★☆☆☆

6.8　Hystrix

Hystrix 为 SOA（Service Oriented Architecture, 面向服务的架构）和微服务架构提供了一整套服务隔离、服务熔断和服务降级的解决方案。它是熔断器的一种实现, 主要用于解决微服务架构的高可用及服务雪崩等问题。

微服务架构将传统的单体服务根据业务功能和模块的不同, 分解为多个独立的子服务, 每个子服务都独立开发、部署和发布, 子服务通过 RPC 接口实现服务间的接口调用。每个子服务都可以根据自己的需要进行独立的技术选型, 服务之间相互独立, 实现了敏捷开发和部署。

由于业务之间往往具有复杂的依赖和调用关系，因此，微服务中的各个子服务之间的依赖关系也较为复杂。比如上游某个子服务因网络故障或者操作系统资源不足出现接口调用异常，则将导致下游服务也出现服务异常；此时，如果上游服务没有很好的请求拒绝策略，则会导致请求不断增加，大量的请求积压不但可能导致当前服务宕机，还可能导致下游服务宕机，继而引起雪崩效应。

为了避免引起雪崩效应，提高关键业务的可靠性，可使用熔断器对部分非核心、低服务级别的业务进行服务降级。Hystrix 实现了服务熔断器的功能，具体做法是通过监控远程接口调用的状态，统计分析远程接口调用的数据，一旦发现某个服务出现宕机或故障过多的情况，则自动进行服务降级，不再调用远程接口服务，而是直接返回错误状态，避免引起集群雪崩效应，这样既有效保障了集群的安全，也为恢复服务争取了时间。

6.8.1　Hystrix 的特性

1. 服务熔断

Hystrix 熔断器就像家中的安全阀一样，一旦某个服务不可用，熔断器就会直接切断该链路上的请求，避免大量的无效请求影响系统稳定，并且熔断器有自我检测和恢复的功能，在服务状态恢复正常后会自动关闭。

2. 服务降级

Hystrix 通过 fallback 实现服务降级。在需要进行服务降级的类中定义一个 fallback 方法，当请求的远程服务出现异常时，可以直接使用 fallback 方法返回异常信息，而不调用远程服务。fallback 方法的返回值一般是系统默认的错误消息或者来自缓存的数据，用于告知服务消费者当前服务处于不可用状态。Hystrix 通过 HystrixCommand 实现服务降级，熔断器有闭路、开路和半开路 3 种状态。Hystrix 熔断器的状态切换流程如图 6-15 所示。

（1）当调用远程服务请求的失败数量超过一定比例（默认为 50%）时，熔断器会切换到开路状态，这时所有请求都会直接返回失败信息而不调用远程服务。

（2）熔断器保持开路状态一段时间后（默认为 5s），会自动切换到半开路状态。

（3）熔断器判断下一次请求的返回情况，如果请求成功，则熔断器切换回闭路状态，服务进入正常链路调用流程；否则重新切换到开路状态，并保持开路状态。

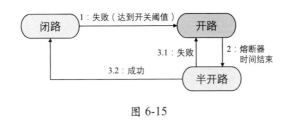

图 6-15

3. 依赖隔离

Hystrix 通过线程池和信号量两种方式实现服务之间的依赖隔离,这样即使其中一个服务出现异常, 资源迟迟不能释放, 也不会影响其他业务线程的正常运行。

(1)线程池的隔离策略。Hystrix 线程池的资源隔离为每个依赖的服务都分配一个线程池, 每个线程池都处理特定的服务, 多个服务之间的线程资源互不影响, 以达到资源隔离的目标。当突然发生流量洪峰、请求增多时, 来不及处理的任务将在线程队列中排队等候, 这样做的好处是不会丢弃客户端请求, 保障所有数据最终都得到处理。

(2)信号量的隔离策略。Hystrix 信号量的隔离策略是为每个依赖的服务都分配一个信号量(原子计数器), 当接收到用户请求时, 先判断该请求依赖的服务所在的信号量值是否超过最大线程设置。如果超过最大线程设置, 则丢弃该类型的请求; 如果不超过, 则在处理请求前执行"信号量+1"的操作, 在请求返回后执行"信号量-1"的操作。当流量洪峰来临, 收到的请求数量超过设置的最大值时, 这种方式会直接将错误状态返回给客户端, 不继续请求依赖的服务。

4. 请求缓存

Hystrix 按照请求参数把请求结果缓存起来,当后面有相同的请求时不会再走完整的调用链流程, 而是把上次缓存的结果直接返回, 以达到服务快速响应和性能优化的目的; 同时, 缓存可作为服务降级的数据源, 当远程服务不可用时, 直接返回缓存数据, 对于消费者来说, 只是可能获取了过期的数据, 这样就优雅地处理了系统异常。

5. 请求合并

当微服务需要调用多个远程服务做结果的汇总时,需要使用请求合并。Hystrix 采用异步消息订阅的方式进行请求合并。当应用程序需要请求多个接口时, 采用异步调用的方式提交请求, 然后订阅返回值, 这时应用程序的业务可以接着执行其他任务而不用阻塞等待, 当所有请求都返回时, 应用程序会得到一个通知, 取出返回值合并即可。

6.8.2　Hystrix 的服务降级流程

Hystrix 的服务降级是依赖 HystrixCommand 指令实现的，如图 6-16 所示。

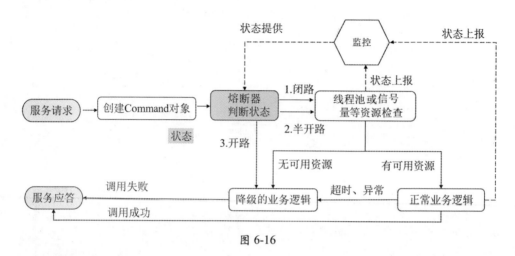

图 6-16

具体流程如下。

（1）当有服务请求时，首先会根据注解创建一个 HystrixCommand 指令对象，该对象设置了服务调用失败的场景（如服务请求超时等）和调用失败后服务降级的业务逻辑方法。

（2）熔断器判断状态，当熔断器处于开路状态时，直接调用服务降级的业务逻辑方法返回调用失败的反馈信息。

（3）当熔断器处于半开路或者闭路状态时，服务会进行线程池和信号量等资源检查，如果有可用资源，则调用正常业务逻辑。如果调用正常业务逻辑成功，则返回成功后的消息；如果失败，则调用降级的业务逻辑，进行服务降级。

（4）当熔断器处于半开路或者闭路状态时，如果在当前服务线程池和信号量中无可用资源，则执行服务降级的业务逻辑，返回调用失败的信息。

（5）当熔断器处于半开路状态并且本次服务执行失败时，熔断器会进入开路状态。

（6）当正常业务逻辑处理超时或者出现错误时，HystrixCommand 会执行服务降级的业务逻辑，返回调用失败的信息。

（7）线程池和信号量的资源检查及正常业务逻辑会将自己的状态和调用结果反馈给监控，监控将服务状态反馈给熔断器，以便熔断器判断熔断状态。

6.8.3　Hystrix 的应用

Hystrix 的使用主要分为服务熔断、服务降级和服务监控 3 个方面，使用流程如下。

（1）在 pom.xml 文件中加入 Hystrix 依赖，其中，spring-cloud-starter-netflix-hystrix 和 hystrix-javanica 为 Hystrix 服务熔断所需的依赖，spring-cloud-netflix-hystrix-dashboard 为 Hystrix 服务监控所需的依赖：

```
    <dependency>
        <groupId>org.springframework.boot</groupId>
        <artifactId>spring-boot-starter-actuator</artifactId>
    </dependency>
    <dependency>
        <groupId>org.springframework.cloud</groupId>
        <artifactId>spring-cloud-starter-eureka</artifactId>
        <version>1.4.6.RELEASE</version>
    </dependency>
    <dependency>
        <groupId>org.springframework.cloud</groupId>
        <artifactId>spring-cloud-starter-netflix-hystrix</artifactId>
        <version>1.4.6.RELEASE</version>
    </dependency>
     <dependency>
        <groupId>com.netflix.hystrix</groupId>
        <artifactId>hystrix-javanica</artifactId>
        <version>RELEASE</version>
    </dependency>
    <dependency>
        <groupId>org.springframework.cloud</groupId>
        <artifactId>spring-cloud-netflix-hystrix-dashboard</artifactId>
        <version>1.4.6.RELEASE</version>
    </dependency>
```

（2）通过@EnableHystrix 注解开启对服务熔断的支持，通过@EnableHystrixDashboard 注解开启对服务监控的支持。注意，Hystrix 一般和服务发现配合使用，这里使用 @EnableEurekaClient 开启了对服务发现客户端的支持：

```
@SpringBootApplication
@EnableEurekaClient
@EnableHystrix
@EnableHystrixDashboard
```

```
public class HystrixServiceApplication {
    public static void main(String[] args) {
        SpringApplication.run(HystrixServiceApplication.class, args);
    }
    @Bean
    public IRule ribbonRule(){
        return new RandomRule();
    }
    @Bean
    @LoadBalanced
    public RestTemplate restTemplate(){
        return new RestTemplate();
    }
}
```

（3）配置 application.properties 文件。配置服务名称、端口和需要连接的注册中心的地址，这里注册中心使用 6.3 节的 Eureka 服务：

```
#服务名
spring.application.name=hystrix
#服务的端口
server.port=9005
#注册中心的地址
eureka.client.serviceUrl.defaultZone=http://localhost:9001/eureka/
eureka.client.registry-fetch-interval-seconds=30
```

（4）服务熔断和降级：

```
@Autowired
private RestTemplate restTemplate;
//step 1: 定义服务降级命令
@HystrixCommand(fallbackMethod = "exceptionHandler")
@RequestMapping(value = "/service/hystrix",method = RequestMethod.GET)
public String hystrixHandler() {
    return restTemplate.getForEntity(
        "http://EUREKA-CLIENT/serviceProducer", String.class).getBody();
}
public String exceptionHandler() {
    return "hystrix ,提供者服务挂了";
}
```

以上代码定义了一个远程调用的方法 hystrixHandler()，并通过 @HystrixCommand

(fallbackMethod="exceptionHandler")在方法上定义了一个服务降级的命令。当远程方法调用失败时，Hystrix 会自动调用 fallbackMethod 来完成服务熔断和降级，这里会调用 exceptionHandler 方法。

（5）服务验证。在浏览器地址栏中输入"http://127.0.0.1:9005//service/hystrix/"，结果如图 6-17 所示。

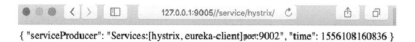

{ "serviceProducer": "Services:[hystrix, eureka-client]port:9002", "time": 1556108160836 }

图 6-17

当关闭 EUREKA-CLIENT 远程服务时，远程服务将不可用，Hystrix 的熔断器打开，程序直接调用 fallbackMethod 方法实现服务降级，结果如图 6-18 所示。

hystrix ,提供者服务挂了

图 6-18

6.8.4　异步请求

上节中的远程调用请求必须等到网络请求 restTemplate.getForEntity("http://EUREKA-CLIENT/serviceProducer",String.class).getBody()返回结果后，才会执行后面的代码，即阻塞运行。而在实际使用过程中，应用程序常常希望使用非阻塞 I/O 来更优雅地实现功能。Hystrix 为非阻塞 I/O 提供了两种实现方式，分别是表示将来式的 Future 和表示回调式的 Callable。

1. Future

当用 Future 去请求一个网络 I/O 的任务时，Future 会以多线程的形式异步实现服务调用，主线程不必阻塞等待，在结果返回后再通过 Future 的 get 方法获取 Future 的返回结果。具体实现如下。

（1）定义 HystrixCommand：

```
public class CommandFuture extends HystrixCommand<String> {
    private String name;
```

```
    private RestTemplate restTemplate;
    public CommandFuture(String name, RestTemplate restTemplate) {
        super(Setter.withGroupKey(HystrixCommandGroupKey.
                                    Factory.asKey("ExampleGroup"))
            //1：通过 HystrixCommandKey 工厂定义依赖的名称
            .andCommandKey(HystrixCommandKey.Factory.asKey("HelloWorld"))
            //2：通过 HystrixThreadPoolKey 工厂定义线程池的名称
            .andThreadPoolKey(HystrixThreadPoolKey.Factory
                            .asKey("HelloWorldPool")));
        this.name = name;
        this.restTemplate = restTemplate;
    }
    //3：定义远程调用的方法体
    @Override
    protected String run() {
        String result = restTemplate.getForEntity("http://EUREKA-CLIENT/
                            serviceProducer",String.class).getBody();
        return result;
    }
    //4：服务降级的处理逻辑
    @Override
    protected String getFallback() {
        return "hystrix:远程服务异常";
    }
}
```

以上代码通过继承 HystrixCommand 定义了一个 CommandFuture 来实现异步请求，其中，正常业务执行的逻辑在覆写的 run()方法体中被执行，服务降级的方法在 getFallback()中被执行。需要注意的是，这里使用 andCommandKey(HystrixCommandKey.Factory.asKey("HelloWorld"))实现了使用 HystrixCommandKey 工厂定义依赖的名称，每个 CommandKey 都代表一个依赖抽象，相同的依赖要使用相同的 CommandKey 名称。依赖隔离的本质就是对相同 CommandKey 的依赖进行隔离。使用 andThreadPoolKey(HystrixThreadPoolKey.Factory.asKey("HelloWorldPool"))实现了基于 HystrixThreadPoolKey 工厂定义线程池的名称。

当对同一业务的依赖进行资源隔离时，使用 CommandGroup 进行区分，但是当对同一依赖进行不同的远程调用时（例如，一个是 Redis 服务，一个是 HTTP 服务），则可以使用 HystrixThreadPoolKey 进行隔离区分，虽然在业务上都是相同的组，但是当需要在资源上进行隔离时，则可以使用 HystrixThreadPoolKey 进行区分。

（2）使用 HystrixCommand：

```
@RequestMapping(value = "/service/hystrix/future", method=RequestMethod.GET)
public String hystrixFutureHandler()
            throws ExecutionException, InterruptedException {
    //定义基于 Future 的异步调用，请求会以队列的形式在线程池中被执行
    Future<String> future = new
                        CommandFuture("future",restTemplate).queue();
    return future.get();
}
```

2. Callable

预定义一个回调任务，Callable 在发出请求后，主线程继续执行，在请求被执行完成并返回结果后，Callable 会自动调用回调任务。具体使用如下。

（1）定义 HystrixObservableCommand：

```
public class CommandObservable extends HystrixObservableCommand<String> {
    private String name;
    private RestTemplate restTemplate;
    public CommandObservable(String name, RestTemplate restTemplate) {
        super(HystrixCommandGroupKey.Factory.asKey("ExampleGroup"));
        this.name = name;
        this.restTemplate = restTemplate;
    }
    //基于观察者模式的请求发布
    @Override
    protected Observable<String> construct() {
        return Observable.create(new Observable.OnSubscribe<String>() {
            @Override
            public void call(Subscriber<? super String> subscriber) {
                try {
                    if (!subscriber.isUnsubscribed()) {
                        //执行远程过程调用
                        String result =
                    restTemplate.getForEntity("http://EUREKA-CLIENT/serviceProducer",
                                    String.class).getBody();
                        //将调用结果传递下去
                        subscriber.onNext(result);
                        subscriber.onCompleted();
                    }
```

```
            } catch (Exception e) {
                e.printStackTrace();
                subscriber.onError(e);
            }
        }
    });
}
//服务降级的处理逻辑
@Override
protected Observable<String> resumeWithFallback() {
    return Observable.create(new Observable.OnSubscribe<String>() {
        @Override
        public void call(Subscriber<? super String> subscriber) {
            try {
                if (!subscriber.isUnsubscribed()) {
                    subscriber.onNext("hystrix:远程服务异常");
                    subscriber.onCompleted();
                }
            } catch (Exception e) {
                subscriber.onError(e);
            }
        }
    });
}
```

以上代码定义了名为 CommandObservable 的类，该类继承自 HystrixObservableCommand 接口，并通过覆写 HystrixObservableCommand 接口中的 construct()实现观察者模式。具体实现为通过 Observable.create()创建并返回一个 Observable<String>对象，在创建对象时，通过 new Observable.OnSubscribe<String>()实现消息的监听和处理。其中，call 方法用于消息的接收和业务的处理，在消息处理完成后通过 subscriber.onNext(result)将调用结果传递下去，当所有任务都执行完成时通过 subscriber.onCompleted()将总体执行结果发布出去。

resumeWithFallback 方法是服务降级的处理逻辑，当服务出现异常时，通过 subscriber.onNext("hystrix:远程服务异常")进行服务熔断和异常消息的发布，实现服务降级处理。

（2）使用 HystrixObservableCommand：

```
public String hystrixCallableHandler() throws ExecutionException,
InterruptedException {
    List<String> list = new ArrayList<>();
```

```
//定义基于消息订阅的异步调用，请求结果会以事件的方式通知
Observable<String> observable = new
        CommandObservable("observer",restTemplate).observe();
//基于观察者模式的请求结果订阅
observable.subscribe(new Observer<String>() {
        //onCompleted 方法在所有请求完成后执行
        @Override
        public void onCompleted() {
            System.out.println("所有请求已经完成...");
        }
        @Override
        public void onError(Throwable throwable) {
            throwable.printStackTrace();
        }
        //订阅调用事件，请求结果汇聚的地方，用集合将返回的结果收集起来
        @Override
        public void onNext(String s) {
            System.out.println("结果来了.....");
            list.add(s);
        }
    });
    return list.toString();
}
```

以上代码通过 new CommandObservable("observer",restTemplate).observe()定义了一个实现服务发布的命令。通过调用 observable.subscribe()来实现基于观察者模式的请求结果订阅，其中，订阅的数据结果在 onNext()中被通知，总体调用结果在 onCompleted()中被通知，服务处理异常结果在 onError()中被通知。

6.8.5　Hystrix 的常用配置

1. 熔断的配置参数

（1）circuitBreakerEnabled：是否允许熔断（默认为 true）。

（2）circuitBreakerRequestVolumeThreshold：最小熔断请求数（默认为 20）。当在一个统计窗口内处理的请求数达到该阈值时，Hystrix 会触发是否需要熔断的判断。

（3）circuitBreakerErrorThresholdPercentage：熔断的阈值百分比（默认为 50）。当在一

个统计窗口内有 50% 的请求处理失败时，Hystrix 会触发熔断。

（4）circuitBreakerForceOpen：是否强制开启熔断器（默认为 false）。如果为 true，则会拒绝所有请求。

（5）circuitBreakerForceClosed：强制熔断器进入 closed 状态（默认为 false）。如果设置为 true，则会忽略错误百分比（circuitBreakerErrorThresholdPercentage），优先级比强制开启熔断器（circuitBreakerForceOpen）低。也就是说，当 circuitBreakerForceOpen 被设置为 true 时，circuitBreakerForceClosed 这个设置是无效的。

（6）circuitBreakerSleepWindowInMilliseconds：熔断时间（默认为 5s）。当满足熔断条件时，熔断器在中断请求 5s 后会自动进入半开路状态，允许部分流量进行重试。

2. 执行的配置参数

（1）executionIsolationSemaphoreMaxConcurrentRequests：当隔离策略为 ExecutionIsolationStrategy.SEMAPHORE 时，允许进入 HystrixCommand.run 方法的最大并发请求数量。

（2）executionIsolationStrategy：隔离策略。HystrixCommand 的默认值为 THREAD，HystrixObservableCommand 的默认值为 SEMAPHORE。

（3）executionIsolationThreadInterruptOnTimeout：在隔离执行超时后是否中断（默认为 true）。

（4）executionTimeoutInMilliseconds：执行超时时间（单位为 ms）。当任务执行超过指定时间时，执行 fallback 函数进行熔断。

（5）executionTimeoutEnabled：是否允许超时执行。

（6）executionIsolationThreadPoolKeyOverride：指定任务执行的线程池。Hystrix 通过线程池的名称判断使用哪个线程池执行，如果没有对应的线程池，则会为其创建一个线程池。

（7）fallbackIsolationSemaphoreMaxConcurrentRequests：HystrixCommand.getFallback() 执行的最大并发数（默认为 10），如果超过该并发数，则直接抛出异常，不执行 fallback 函数。

（8）fallbackEnabled：是否允许 fallback。

（9）metricsRollingStatisticalWindowInMilliseconds：熔断统计时间窗口（默认为 10s），也就是以 10s 为单位统计信息。

（10）metricsRollingStatisticalWindowBuckets：一个熔断统计窗口内的 Bucket 数量（默认为 10）。

（11）metricsRollingPercentileEnabled：是否开启延迟统计功能（默认为 true），如果为 true，则服务的执行延迟会被追踪计算；如果为 false，则关闭服务的延迟统计功能。

（12）metricsRollingPercentileWindowInMilliseconds：执行时间统计窗口（默认为 60s）。

（13）metricsRollingPercentileWindowBuckets：执行时间统计窗口内的 Bucket 数量（默认为 6）。

（14）metricsRollingPercentileBucketSize：在执行时间内保留 Bucket 的最大值。

（15）metricsHealthSnapshotIntervalInMilliseconds：计算服务调用成功或失败的时间间隔（默认为 500ms）。

（16）requestCacheEnabled：是否开启请求缓存（默认为 true）。

（17）requestLogEnabled：是否开启请求日志（默认为 true）。

（18）maxRequestsInBatch：批量执行命令的最大值（默认为 Integer.MAX_VALUE）。

（19）timerDelayInMilliseconds：执行命令延迟时间（默认为 10ms）。

（20）requestCacheEnabled：是否开启请求缓存（默认为 true）。

6.8.6　Hystrix Dashboard

　　Hystrix Dashboard 主要用于实时监控 Hystrix 的各项运行指标。通过 Hystrix Dashboard 可以查询 Hystrix 的实时信息，用于快速定位和发现问题。Hystrix Dashboard 的使用简单、方便，首先在 pom.xml 文件中加入 spring-cloud-netflix-hystrix-dashboard 依赖，然后使用@EnableHystrixDashboard 注解开启 Dashboard 功能即可。由于上一小节的代码中已经实现了该功能，所以这里不再赘述。在服务启动后，在浏览器地址栏中输入 "http://127.0.0.1:9005/hystrix"，可以看到如图 6-19 所示的界面。

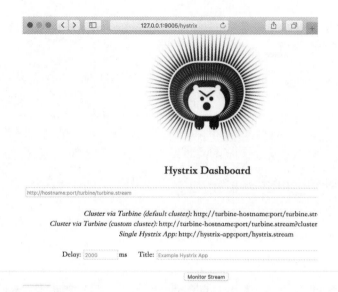

图 6-19

相关面试题

（1）什么是 Hystrix？它如何实现容错？★★★★☆

（2）什么是 Hystrix 断路器？★★★☆☆

（3）Hystrix 的服务降级流程是怎样的？★★★☆☆

（4）Hystrix 服务降级的原理是什么？★★★☆☆

（5）Hystrix 有哪些特性？★★★☆☆

（6）Hystrix 服务熔断的常用配置有哪些？★★★☆☆

（7）如何使用 Hystrix？★★☆☆☆

6.9　Zuul

Zuul 是 Netflix 开源的微服务网关，和 Eureka、Ribbon、Hystrix 等组件配合使用，以完成服务网关的动态路由、负载均衡等功能，其核心特性如下。

（1）资源审查：对每个请求都进行资源验证审查，拒绝非法请求。

（2）身份认证：对每个请求的用户都进行身份认证，拒绝非法用户，身份认证一般基于 HTTP 消息头完成。

（3）资源监控：通过对有意义的数据进行追踪和请求统计，为分析生产环境中接口的调用状态和用户的行为提供依据。

（4）动态路由：对外提供统一的网关服务，动态地将不同类型的请求路由到不同的后端集群，实现对外提供统一的网关服务和对内进行有效的服务拆分。

（5）压力测试：通过配置设置不同集群的负载流量，预估集群的性能。

（6）负载均衡：为每一种负载类型都分配对应的容量，针对不同的请求做更细粒度的负载均衡，并弃用超出限定值的请求，进行服务保护。

（7）多区域弹性：跨越区域进行请求路由，旨在实现 ELB（Elastic Load Balance，弹性负载均衡）使用的多样化，并保证边缘位置与使用者尽可能接近。

6.9.1　Zuul 的原理

Zuul 通过一系列 Filter 将整个 HTTP 的请求过程连成一系列操作来实现对 HTTP 请求的控制。Zuul 提供了一个对 Filter 进行动态加载、编译和运行的框架。Zuul 的各个 Filter 之间不进行直接通信，而是通过一个 RequestContext 静态类进行数据的传递，每个 Web 请求所需传递的参数都通过 ThreadLocal 变量来记录。

Zuul Filter 有 filterType()、filterOrder()、shouldFilter()、run()这 4 种核心方法，具体功能如表 6-7 所示。

表 6-7

方　　法	说　　明
filterType()	用于表示路由过程中的阶段（内置 PRE、ROUTING、POST 和 ERROR）
filterOrder()	表示相同 Type 的 Filter 的执行顺序
shouldFilter()	表示 Filter 的执行条件
run()	表示 Filter 具体要执行的业务逻辑

Zuul 定义了 4 种 Filter Type，这些 Filter Type 分别对应请求的不同生命周期。Zuul Filter 的执行流程如图 6-20 所示。

（1）PRE Filter：PRE Filter 在请求被路由之前调用，一般用于实现身份验证、资源审查、记录调试信息等。

（2）ROUTING Filter：ROUTING Filter 将请求路由到微服务实例，该 Filter 用于构建发送给微服务实例的请求，并使用 Apache HTTPClient 或 Netflix Ribbon 请求微服务实例。

（3）POST Filter：POST Filter 一般用于为响应添加标准的 HTTP Header、收集统计信息和指标，以及将响应从微服务发送到客户端等，该 Filter 在将请求路由到微服务实例后被执行。

（4）ERROR Filter：在其他阶段发生错误时执行 ERROR Filter。

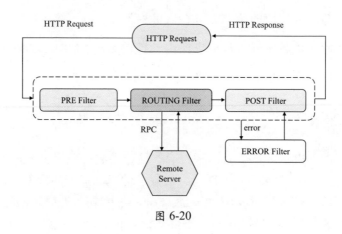

图 6-20

6.9.2 Zuul 的应用

Zuul 主要用于构建微服务网关，主要的使用方式包括定义路由和定义 Filter，具体过程如下。

（1）在 pom.xml 文件中加入 Zuul 依赖，其中，spring-cloud- starter-netflix- eureka-client 为服务发现所需的依赖，spring-cloud-starter-netflix-zuul 为 Zuul 网关服务所需的依赖：

```xml
<dependency>
  <groupId>org.springframework.cloud</groupId>
  <artifactId>spring-cloud-starter-netflix-eureka-client</artifactId>
</dependency>
<!-- Springboot Web 服务器的 JAR 包-->
<dependency>
  <groupId>org.springframework.boot</groupId>
  <artifactId>spring-boot-starter-web</artifactId>
</dependency>
<!-- 分布式路由器 Zuul 的 JAR 包-->
```

```
<dependency>
    <groupId>org.springframework.cloud</groupId>
    <artifactId>spring-cloud-starter-netflix-zuul</artifactId>
</dependency>
```

（2）通过@EnableZuulProxy 注解开启对服务网关的支持。注意，Zuul 一般和服务发现配合使用，这里使用@EnableEurekaClient 开启对服务发现客户端的支持：

```
@SpringBootApplication
@EnableEurekaClient
@EnableZuulProxy
public class ZuulApplication {
    public static void main(String[] args) {
        SpringApplication.run(ZuulApplication.class, args);
    }
}
```

（3）配置 application.properties 文件。配置服务名称、端口，以及需要连接的服务注册中心的地址，这里注册中心使用 6.3 节的 Eureka 服务。路由配置的核心 zuul.routes.route1.path=/proxy/**和 zuul.routes. route1.serviceId=EUREKA-CLIENT 表示定义了一个名为 route1 的网关路由，将所有以 proxy 开头的请求都转发到 EUREKA-CLIENT 服务实例上：

```
#服务实例的名称
spring.application.name=zuul
#服务实例的端口
server.port=9006
#将服务消费者注册到注册中心
eureka.client.serviceUrl.defaultZone=http://localhost:9001/eureka/
eureka.client.registry-fetch-interval-seconds=30
eureka.instance.prefer-ip-address=true
#route1 为服务转发的名称
zuul.routes.route1.path=/proxy/**
#EUREKA-CLIENT 为服务转发的地址
zuul.routes.route1.serviceId=EUREKA-CLIENT
```

（4）路由转发验证。分别启动 eurekaserver（注册中心）、eurekaclient（服务生产者）、zuul（网关服务），在浏览器地址栏中输入"localhost:9006/proxy/serviceProducer/"，可以看到端口 9006 上的网关服务被路由到端口 9002 的 EUREKA-CLIENT 服务上了。

（5）忽略指定的微服务配置。如下配置表示以 api 开头和 xx-service 的请求不参与路由转发：

```
zuul.ignored-services:/api1/**,xx-service
```

（6）指定 Path 和 URL 配置。如下配置将以"http://ZUULHOST:ZUULPORT/api/"开头的请求映射到 http://localhost:9002/，由于不是用 service-id 定位服务的，因此无法使用负载均衡功能：

```
zuul. routes. route-name. url= http://localhost:9002/
zuul. routes. route-name. path = /api/**
```

6.9.3 PreRequestFilter 的定义和注入

Zuul 的 Filter 使用方式包括定义和注入，具体过程如下。

（1）定义 PreRequestFilter。PreRequestFilter 在请求被路由之前调用，一般用于实现身份验证和资源审查等，具体实现如下：

```java
public class PreRequestAuthFilter extends ZuulFilter{
    @Override
    public String filterType() {
        return PRE_TYPE;
    }
    @Override
    public int filterOrder() {
        return 0;
    }
    @Override
    public boolean shouldFilter() {
        return true;
    }
    @Override
    public Object run() {
        RequestContext currentContext = RequestContext.getCurrentContext();
        HttpServletRequest request = currentContext.getRequest();
        String userName = request.getparameter("userName");
        //这里实现基于用户名的资源认证逻辑，如果用户名合法则身份验证通过，否则抛出异常
    }
}
```

以上代码通过继承 ZuulFilter 实现了一个 Filter，该 Filter 的类型为 PRE_Type，表示

在路由之前被执行，在 run() 方法体中对用户名进行验证，如果用户名合法则身份验证通过，否则抛出异常，程序逻辑转到 Error 流程。

（2）注入 PreRequestFilter。要想 PreRequestAuthFilter 生效，还需要将 Filter 注入 Zuul，通过在 ZuulApplication 中定义 Bean 实例即可实现：

```
@Bean
public PreRequestAuthFilter preRequestAuthFilter (){
    return new PreRequestAuthFilter();
}
```

6.9.4　Fallback Provider 的服务容错

应用程序在调用第三方的服务时难免会出错，但是，应用程序通常不会把错误直接抛给用户，而是根据业务定义不同的错误消息，以便用户分析和排查问题，同时可将其作为全局异常处理方案，具体使用过程如下。

（1）定义 DefaultFallbackProvider：

```
@Component
public class DefaultFallbackProvider implements FallbackProvider {
    @Override
    public String getRoute() {
        //匹配微服务名称，*表示匹配所有
        return "*";
    }
    @Override
    public ClientHttpResponse fallbackResponse() {
        return null;
    }
    @Override
    public ClientHttpResponse fallbackResponse(Throwable cause) {
        return new ClientHttpResponse() {
            @Override
            public HttpStatus getStatusCode() throws IOException {
                //当回调时返回给调用者的状态码
                return HttpStatus.OK;
            }
            @Override
            public int getRawStatusCode() throws IOException {
```

```
                return this.getStatusCode().value();
        }
        @Override
        public String getStatusText() throws IOException {
            //状态码的文本形式
            return null;
        }
        @Override
        public void close() {
        }

        @Override
        public InputStream getBody() throws IOException {
            //响应体
        return new ByteArrayInputStream("zuul request error: ".getBytes());
        }
        @Override
        public HttpHeaders getHeaders() {
            //设定 Headers
            HttpHeaders headers = new HttpHeaders();
            headers.setContentType(MediaType.TEXT_HTML);
            return headers;
        }
    };
    }
}
```

（2）注入 DefaultFallbackProvider：

```
@Bean
public DefaultFallbackProvider defaultFallbackProvider (){
    return new DefaultFallbackProvider ();
}
```

相关面试题

（1）什么是 API 网关？★★★★★

（2）API 网关主要解决什么问题？★★★★☆

（3）Zuul 的原理是怎样的？★★★☆☆

（4）Zuul 的概念和特性是怎样的？★★☆☆☆

（5）如何使用 Zuul？★★☆☆☆

6.10　Spring Cloud 的链路监控

微服务架构是一个按业务划分服务实例的分布式架构，一个分布式系统往往有几十个甚至上百个服务实例。由于服务实例数量众多，所以随着业务的复杂度增加，一个请求可能需要调用很多个服务才能完成业务操作，最终形成很长的调用链。而服务的调用又分内部服务间调用、跨部门服务调用和外部服务调用，一旦线上出了问题，则很难快速定位。在微服务架构中，一般通过分布式链路追踪来记录一个请求有哪些服务参与、参与的顺序，以及每个服务的耗时情况，从而达到每个请求的步骤都清晰可见、出现问题能够及时定位问题的目的。

各大厂商和开源组织都在尝试构建稳定的、对代码侵入性小的、便于分析的分布式链路监控框架。Google 在 2010 年发表了论文 *Dapper, a Large-Scale Distributed Systems Tracing Infrastructure*，并开源了 Dapper 链路追踪组件，它是实现链路追踪的理论基础。

目前，比较流行的链路追踪组件有 Google 的 Dapper、Apache 的 Sleuth、Twitter 的 Zipkin、NAVER 的 Pinpoint 和阿里巴巴的 EagleEye 等，它们都是非常优秀的链路追踪开源组件。下面将分别介绍如何通过 Spring Cloud Sleuth+Zipkin 和 Pinpoint 两种方案来实现链路追踪。

6.10.1　Sleuth+Zipkin

Sleuth 是 Spring Cloud 的组成部分之一，为 Spring Cloud 应用提供了一种分布式追踪解决方案，同时结合 Zipkin、HTrace 和 Log 采集服务实现了分布式链路追踪和展示。

1. Sleuth 简介

Sleuth 主要依赖 Span、Trance 和 Annotation 实现分布式链路追踪。

（1）Span：Span 是基本的工作单元，包括一个 64 位的唯一 id、一个 64 位的 Trace 码、服务调用的描述信息、时间戳事件、Key-Value 注解（Tags）和 Span 处理者的 id（通常为 IP 地址）等信息。最初的 Span 被称为根 Span，该 Span 中的 SpanId 与 TraceId 的值相同。

（2）Trance：Trance 由一系列 Span 组成，这些 Span 组成一个树型结构。

（3）Annotation：用于及时记录存在的事件。常用的 Annotation 如下。

◎ cs-Client Sent：客户端发送一个请求到服务端，作为请求的开始，即 Span 的开始。

◎ sr-Server Receive：服务端接收到客户端的请求并开始处理该请求。sr 和 cs 之间的时间间隔为网络的延迟时间。

◎ ss-Server Sent：服务端处理完客户端的请求，开始向客户端返回处理结果。ss 和 sr 之间的时间间隔表示服务端处理请求的执行时间。

◎ cr-Client Received：客户端接收到服务端返回的结果，至此请求结束。cr 和 sr 之间的时间间隔表示客户端接收服务端的数据所使用的时间。

2. 用 Sleuth+Zipkin 实现分布式链路追踪

Sleuth 为分布式链路追踪提供了数据结构基础，但是在使用过程中往往需要一个可视化的集中式的链路数据的存储和展示系统，方便快速定位问题，Zipkin 为应用程序提供了该功能。下面的示例将用 Sleuth+Zipkin 实现一个分布式链路监控系统。

1）构建 Zipkin Server 服务，用于日志的收集

（1）在 pom.xml 文件中加入 Zipkin 依赖，其中，spring-cloud-starter- netflix-eureka-client 为服务发现所需的依赖，zipkin-server 为 Zipkin 服务中心所需的依赖，zipkin-autoconfigure-ui 为监控中心 Web UI 所需的依赖：

```xml
<dependency>
    <groupId>org.springframework.cloud</groupId>
    <artifactId>spring-cloud-starter-netflix-eureka-client</artifactId>
</dependency>
<dependency>
    <groupId>org.springframework.boot</groupId>
    <artifactId>spring-boot-starter-web</artifactId>
</dependency>
<dependency>
    <groupId>io.zipkin.java</groupId>
    <artifactId>zipkin-server</artifactId>
    <version>2.8.0</version>
</dependency>
<dependency>
    <groupId>io.zipkin.java</groupId>
    <artifactId>zipkin-autoconfigure-ui</artifactId>
    <version>2.8.0</version>
</dependency>
```

（2）通过@EnableZipkinServer 注解开启对 Zipkin 服务端的支持。注意，Zipkin 一般和服务发现配合使用，这里使用@EnableEurekaClient 开启对服务发现客户端的支持：

```
@SpringBootApplication
@EnableEurekaClient
@EnableZipkinServer //开始对 Zipkin 服务端的支持
public class ZipkinApplication {
    public static void main(String[] args) {
        SpringApplication.run(ZipkinApplication.class, args);
    }
}
```

（3）配置 application.properties 文件。配置服务名称、端口，以及需要连接的服务注册中心的地址，这里注册中心使用 6.3 节的 Eureka 服务：

```
server.port=9007
spring.application.name=zipkin_dashboard
#Eureka 注册中心的地址
eureka.client.serviceUrl.defaultZone=http://localhost:9001/eureka/
eureka.instance.prefer-ip-address=true
spring.zipkin.enabled=true
```

2）构建 Sleuth+Zipkin 客户端服务，用于日志的上报

（1）在 pom.xml 文件中加入 Zipkin 依赖，其中，spring-cloud-starter-netflix-eureka-client 为服务发现所需的依赖，spring-cloud-starter-zipkin 为 Zipkin 客户端所需的依赖，spring-cloud-starter-sleuth 为 Sleuth 所需的依赖：

```
<dependency>
    <groupId>org.springframework.cloud</groupId>
    <artifactId>spring-cloud-starter-eureka</artifactId>
    <version>1.4.6.RELEASE</version>
</dependency>
<dependency>
    <groupId>org.springframework.cloud</groupId>
    <artifactId>spring-cloud-starter-sleuth</artifactId>
</dependency>
<dependency>
    <groupId>org.springframework.cloud</groupId>
    <artifactId>spring-cloud-starter-zipkin</artifactId>
</dependency>
```

（2）进行 Zipkin 客户端和 Sleuth 的实现只需加入依赖的 JAR 包即可，在入口服务上不需要注解，但若要实现基于整个分布式微服务的监控，则需要实现服务注册，这里使用 @EnableEurekaClient 开启对服务发现客户端的支持：

```
@SpringBootApplication
@EnableEurekaClient
public class SleuthApplication {
    public static void main(String[] args) {
        SpringApplication.run(SleuthApplication.class, args);
    }
    @Bean
    @LoadBalanced
    RestTemplate restTemplate(){
        return new RestTemplate();
    }
}
```

（3）配置 application.properties 文件。配置服务名称、端口，以及要连接的服务注册中心的地址，这里注册中心使用 6.3 节的 Eureka 服务。另一个核心的配置就是 spring.zipkin.base-url，它用于配置将日志汇聚到哪个 Zipkin Server 上存储和展示，spring.sleuth.sampler.percentage 表示监控抽样比例，1 表示对全部请求都监控，0.1 表示只对其中的 10% 做抽样监控，该参数在线上应用时一般会设置得比较小，以尽量减小链路监控对服务器资源的压力：

```
server.port=9008
spring.application.name=sleuth
spring.zipkin.enabled=true
#Zipkin Dashboard 的地址：通过真实 IP 地址访问
spring.zipkin.base-url=http://localhost:9007/
spring.sleuth.sampler.percentage=1
eureka.client.serviceUrl.defaultZone=http://localhost:9001/eureka/
eureka.instance.prefer-ip-address=true
```

（4）定义服务接口。如下代码定义了一个地址为 "/consume/remote" 的服务，该服务通过远程调用实例名为 EUREKA-CLIENT 的服务来实现微服务之间的调用。在浏览器地址栏中输入 "http://127.0.0.1:9008/consume/remote"，如图 6-21 所示。

```
@RestController
public class Controller {
    @Autowired
    private RestTemplate restTemplate;
    @RequestMapping(value = "/consume/remote",method = RequestMethod.GET)
```

```
public String service(){
            return restTemplate.getForEntity("http://EUREKA-
                CLIENT/serviceProducer",String.class).getBody();
    }
}
```

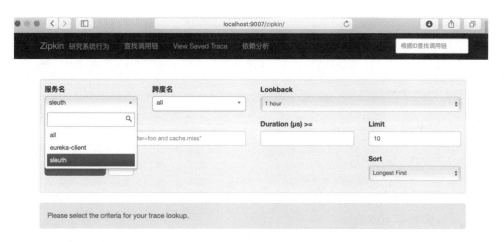

图 6-21

（5）基于 Zipkin Dashboard 进行查询。前 4 步的代码实现了一个远程调用的服务，并对该服务进行了链路监控，那么对该服务调用的链路如何方便地进行查询呢？答案是使用 Zipkin Dashboard。进行 Zipkin Dashboard 的实现只需在 Zipkin Server 的 pom.xml 文件中加入 zipkin-autoconfigure-ui 依赖即可。Zipkin Server 已经加入了该依赖，启动服务，在浏览器地址栏中输入 "http://localhost:9007/zipkin/"，可以看到如图 6-22 所示的 Zipkin Dashboard。

图 6-22

选择 Sleuth，通过单击 Find Traces 按钮便能查到刚刚调用的服务链路列表。通过单击链路列表能看到每次服务调用的信息。Zipkin 服务链路的调用列表如图 6-23 所示。

从图 6-23 可以看到，本次调用首先调用 sleuth 的 "/consume/remote" 服务，请求类型为 get，耗时 5.399ms；接着调用 eureka-client 的 "/serviceproducer" 服务，请求类型为 get，耗时 3.333ms。该过程详细记录了调用的细节信息，方便问题定位。

图 6-23

通过单击服务详情可看到更具体的信息，包括调用的服务名称、服务地址、服务类型、服务耗时，以及 SpanId、TraceId、ParentId 等信息。Zipkin 服务链路的调用详情如图 6-24 所示。

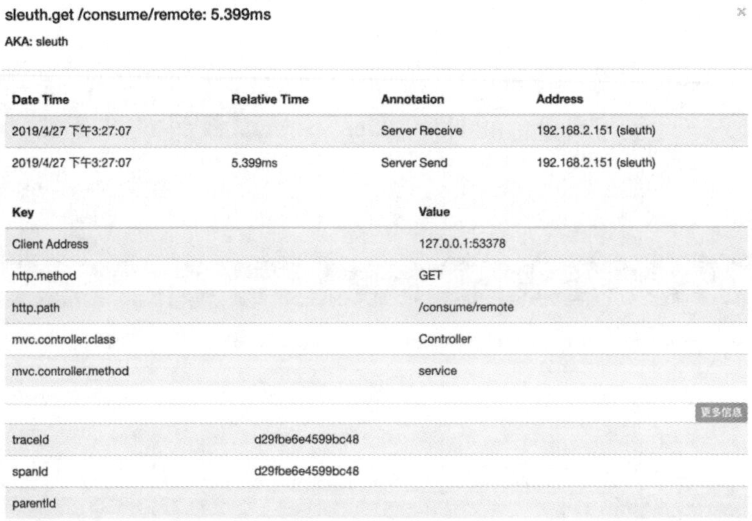

图 6-24

3）Zipkin 的数据持久化

在默认情况下，Zipkin 将记录存储到内存，如果服务重启，则所有记录都丢失。为了保证持久性，Zipkin 支持 MySQL、Elasticsearch、Cassandra 存储。下面演示 Zipkin 基于 MySQL 的数据库配置，其他两种数据库的配置类似。

（1）在 zipkin_dashboard 项目中加入 zipkin-autoconfigure-storage-mysql 依赖，使 Zipkin 支持 MySQL 的持久化，同时需要加入 MySQL 的驱动，具体代码如下：

```
<!-- Zipkin 在将数据存储到数据库时需要加入如下数据库依赖 -->
<dependency>
```

```
        <groupId>io.zipkin.java</groupId>
        <artifactId>zipkin-autoconfigure-storage-mysql</artifactId>
</dependency>
<dependency>
        <groupId>org.springframework.boot</groupId>
        <artifactId>spring-boot-starter-jdbc</artifactId>
</dependency>
<dependency>
        <groupId>mysql</groupId>
        <artifactId>mysql-connector-java</artifactId>
        <version>6.0.6</version>
</dependency>
```

（2）配置 application.properties 文件。加入 MySQL 的数据库配置，并通过 zipkin.storage.type =mysql 配置 Zipkin 的持久化类型为 MySQL，具体代码如下：

```
spring.datasource.schema=classpath:/zipkin.sql
spring.datasource.url: jdbc:mysql://127.0.0.1:3306/zipkin
spring.datasource.username=root
spring.datasource.urlpassword=root
zipkin.storage.type=mysql
```

（3）数据库验证。重启服务，查看数据库，可以看到 Zipkin 自动执行数据库建库脚本 zipkin.sql，并生成了数据库，数据库建库脚本通过 spring.datasource.schema 配置。这样就完成了数据库的配置，所有 Spans 信息都被存储在数据库中，即使重启 Zipkin Server 服务，也不会丢失记录。Zipkin MySQL 的持久化表如图 6-25 所示。

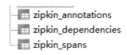

图 6-25

6.10.2　Pinpoint

Pinpoint 是一款无侵入式的全链路分析工具，基于字节码增强技术实现了调用链监控、方法执行详情查看和应用状态信息监控等功能。Pinpoint基于Google Dapper实现，与Zipkin（一款开源的全链路分析工具）的功能类似。与 Zipkin 最大的不同是，Pinpoint 具有无侵入式的、代码维度的监控特性。Pinpoint 功能丰富，如下为常用的几种功能。

（1）服务拓扑图：将系统中服务组件的依赖和调用关系进行可视化展示，单击服务节点，可以查看该节点的详细信息（例如当前节点状态、请求数量等）。Pinpoint 的服务拓扑结构如图 6-26 所示。

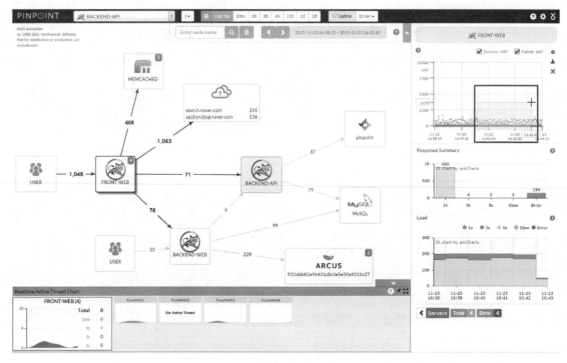

图 6-26

（2）实时活跃线程图：监控服务组件中正在运行的线程的活跃情况，常用于线程性能分析。

（3）响应散点图：将单位时间内的请求数和响应时间以时间轴的方式可视化展示，通过拖动图表可以查看更详细的请求执行情况。

（4）调用栈查看：为每个请求都提供了代码维度的调用栈详情，可以在页面中查看每个请求对应的代码维度的执行详情信息，用于快速定位问题。调用栈如图 6-27 所示。

（5）服务状态、机器状态检查：该功能用于实时统计和显示服务组件对应的系统资源及进程执行等信息，比如 CPU 使用率、内存使用率、系统负载、垃圾回收状态、TPS 和 JVM 信息等，如图 6-28 所示。

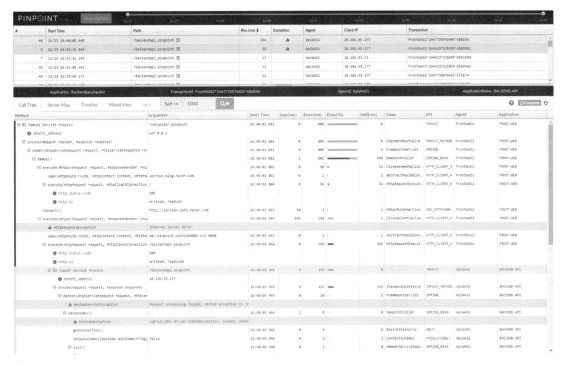

图 6-27

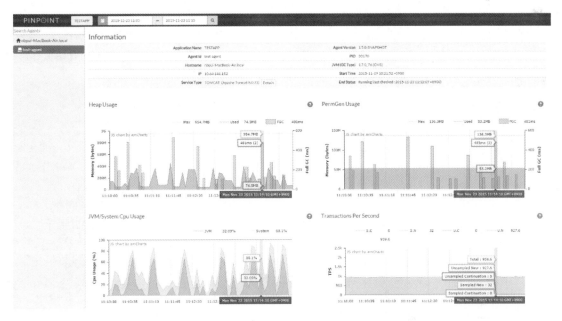

图 6-28

1. Pinpoint 的组件

Pinpoint 主要由 3 个组件和 HBase 组成，3 个组件分别为 Agent、Collector 和 Web UI，它们的功能分别为数据收集、数据存储和数据展示，HBase 为数据的持久化数据库。

（1）Agent：收集应用程序的监控数据，Agent 是无侵入式的，只需在应用程序的启动命令中加入部分参数即可。

（2）Collector：数据收集模块，接收 Agent 上报的监控数据，并将其存储到 HBase 中。

（3）Web UI：链路监控展示模块，用于查看系统的拓扑图、实时活跃线程图、调用栈、服务状态和机器状态等，同时支持告警功能。

2. Pinpoint 的数据结构

在 Pinpoint 中，核心数据结构由 Span、Trace、TraceId 组成。

（1）Span：RPC 跟踪的基本单元，当一个 RPC 调用到达时，表明 RPC 工作已经处理完成，并在返回值中包含了跟踪数据。为了确保代码级别的可见性，Span 用带 SpanEvent 标签的子结构作为数据结构。每个 Span 都包含一个 TraceId。

（2）Trace：多个 Span 的集合，由关联 RPC 的一系列 Span 组成，同一个 Trace 中的 Span 共享相同的 TransactionId。Trace 通过 SpanId 和 ParentSpanId 将调用栈整理为树结构。

（3）TraceId：由 TransactionId、SpanId、ParentSpanId 组成的 Key 的集合，TransactionId 表示消息的 id，SpanId 和 ParentSpanId 表示 RPC 的父子调用关系。

①TransactionId（TxId）：在分布式系统间实现事务唯一性的标识。

②SpanId：当收到 RPC 消息时处理请求的工作 id，在 RPC 请求到达节点后生成。

③ParentSpanId（pSpanId）：发起 RPC 调用的父 Span 的 SpanId，如果节点是事务的起点，则将没有父 Span。对于这种情况，使用-1 来表示这个 Span 是事务的根 Span。

3. Pinpoint 的字节码增强技术

Pinpoint 基于字节码增强技术（又叫动态探针技术）实现无侵入式的调用链数据采集，主要基于 JVM 的 JavaAgent 机制来实现。应用在启动时通过设置 JavaAgent 来指定 Pinpoint Agent 的加载路径，相关代码如下：

```
-javaagent:$AGENT_PATH/pinpoint-bootstrap-$VERSION.jar
```

在启动后，Pinpoint Agent 采用字节码增强技术在加载应用 Class 文件之前拦截并修改字节码，在 Class 的方法调用前后加上链路数据采集逻辑，从而实现链路采集功能。

在 Pinpoint 中，API 拦截部分和数据记录部分是分开的，拦截器被注入应用程序想要追踪的方法中，并调用 before 和 after 方法来处理数据记录。通过字节码增强，Pinpoint Agent 能够只从必要的方法中记录数据，这使得分析数据的大小变得紧凑。同时，应用程序不需要修改任何代码就能做到全链路监控，对应用十分友好。具体过程如图 6-29 所示。

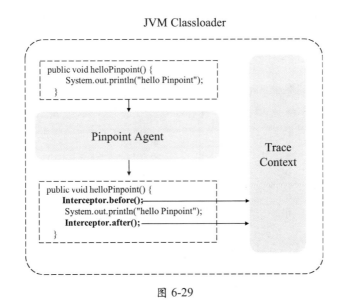

图 6-29

4. Pinpoint 的使用

Pinpoint 的使用包括 pinpoint-collector 的安装、pinpoint-web 的安装、pinpoint-agent 的配置和应用。

鉴于篇幅原因，具体的安装步骤请参照官网。这里强调一下服务的配置和应用，配置如下：

```
CATALINA_OPTS="$CATALINA_OPTS -javaagent:$AGENT_PATH/pinpoint-bootstrap-
$VERSION.jar"
CATALINA_OPTS="$CATALINA_OPTS -Dpinpoint.agentId=$AGENT_ID"
CATALINA_OPTS="$CATALINA_OPTS -Dpinpoint.applicationName=$APPLICATION_NAME"
```

当应用程序需要通过 Pinpoint 实现全链路监控时，不需要修改应用程序的任何代码，只需在启动时加上以上 3 个参数即可。其中，"-javaagent:$AGENT_PATH/ pinpoint-bootstrap-$VERSION.jar"表示要通过 Pinpoint 动态字节码增强技术实现动态探针和全链路监控，"agentId"表示唯一标识该应用的 id，"applicationName"表示服务的名称。

相关面试题

（1）Spring Cloud 的链路监控方案有哪些？ ★★★★☆

（2）Sleuth 是如何实现链路追踪的？ ★★★☆☆

（3）Zipkin 的作用是什么？ ★★★☆☆

（4）Pinpoint 是采用什么原理实现链路追踪的？ ★★★☆☆

（5）Zipkin 和 Pinpoint 的异同点有哪些？ ★★★☆☆

（6）Pinpoint 的组件有哪些？如何使用？ ★★★☆☆

（7）Pinpoint 有哪些特性？ ★★☆☆☆

7

第 7 章

**Spring Cloud
Alibaba 的原理及应用**

7.1　Spring Cloud Alibaba 概览

Spring Cloud Alibaba 致力于提供分布式应用服务开发的一站式解决方案，项目包含开发分布式应用服务的必需组件，方便开发者通过 Spring Cloud 编程模型轻松使用这些组件来开发分布式应用服务。此项目包含的组件主要选自阿里巴巴开源的中间件和阿里云的商业化产品，但也不限定于这些产品。常用产品如下。

◎ Sentinel：由阿里巴巴开源，把流量作为切入点，从流量控制、熔断和降级、系统负载保护等多个维度保护服务的稳定性。

◎ Nacos：由阿里巴巴开源，是一个更易于构建云原生应用的服务发现、配置管理和服务管理平台。

◎ RocketMQ：基于 Java 的高性能、高吞吐量的分布式消息和流计算平台。

◎ Dubbo：一款高性能 Java RPC 框架。

◎ Seata：由阿里巴巴开源，是一个易于使用的高性能的微服务分布式事务解决方案。

◎ Alibaba Cloud OSS：阿里云对象存储服务，是阿里云提供的海量、安全、低成本、高可靠的云存储服务。

◎ Alibaba Cloud SchedulerX：阿里巴巴中间件团队开发的一款分布式任务调度产品，支持周期性触发任务与固定时间点触发任务。

◎ Alibaba Cloud SMS：覆盖全球的短信服务，拥有友好、高效、智能的互联通信能力，可帮助企业迅速搭建客户触达通道。

相关面试题

（1）什么是 Spring Cloud Alibaba？　★★★★☆

（2）在 Spring Cloud Alibaba 中有哪些组件？　★★★★☆

7.2　Dubbo

Dubbo 是阿里巴巴开源的分布式服务框架，也常常用于 RPC 应用，主要提供如下服务。

（1）面向接口代理的高性能 RPC 调用：提供高性能的基于代理的远程调用能力，服务以接口为粒度，为开发者屏蔽远程调用的底层细节。

（2）智能负载均衡：内置多种负载均衡策略，可智能感知下游节点的健康状况，还可显著减少调用延迟并提高系统吞吐量。

（3）服务自动注册与发现：支持多种注册中心，对服务实例上下线可实时感知。

（4）高度可扩展能力：遵循微内核加插件的设计原则，所有核心能力例如 Protocol、Transport、Serialization 都被设计为扩展点，内置实现和第三方实现的优先级相同。

（5）运行期流量调度：内置条件、脚本等路由策略，通过配置不同的路由规则，可轻松实现灰度发布、同机房优先等功能。

（6）可视化的服务治理与运维：提供丰富的服务治理、运维工具，可随时查询服务的元数据、健康状态及调用统计，还可随时下发路由策略及调整配置参数。

7.2.1　角色

Dubbo 主要由如下角色组成。

◎ 提供者（Provider）：提供远程服务的服务提供者。
◎ 消费者（Consumer）：调用远程服务的服务消费者。
◎ 注册中心（Registry）：用于服务注册与发现，Provider 注册地址到注册中心，Consumer 从注册中心读取其订阅 Provider 的地址列表。
◎ 监控中心（Monitor）：对服务指标信息（例如服务调用次数、调用时间）进行统计和监控。
◎ 容器（Container）：服务运行时所在的容器。

具体的服务注册、发现和调用流程如图 7-1 所示。

（1）服务启动：启动容器及容器中的服务提供者。

（2）服务注册：服务提供者在启动时，向注册中心注册自己所提供的服务。

（3）服务订阅：服务消费者在启动时，向注册中心订阅自己所需的服务。

（4）服务通知：注册中心返回服务提供者的地址列表给消费者，如果服务列表有变更，则注册中心会将变更后的服务列表推送给消费者。

（5）服务调用：服务消费者从服务地址列表中选取一个远程服务进行调用，如果调用失败，则寻找另一台服务器上的服务进行调用。在服务选取过程中一般采用负载均衡算法。

（6）指标统计：服务消费者和服务提供者统计服务的调用次数和调用时间，定时将统计数据发送到监控中心。

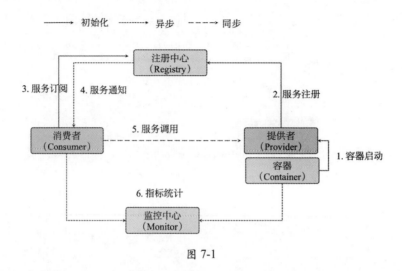

图 7-1

注意：在云原生架构中，微服务在容器化编排和调度过程中便完成了基于基础设施层面的服务注册。因此 Dubbo 3 采用了应用级服务发现技术。

7.2.2 部署架构

作为一个微服务框架，Dubbo SDK 随着微服务组件被部署在分布式集群的各个位置。为实现分布式环境下各个微服务组件间的协作，在 Dubbo 部署架构中定义了如下中心化组件。

（1）注册中心：协调服务消费者与服务提供者之间的地址注册与发现。目前，Dubbo 支持两种粒度的服务发现和服务注册，分别是接口级别和应用级别。注册中心可以按需进行部署。Dubbo 支持多注册中心，即一个接口或者一个应用可被注册到多个注册中心，比如可以同时注册到 ZooKeeper 集群和 Nacos 集群中。

（2）配置中心：存储 Dubbo 启动阶段的全局配置，保证配置的跨环境共享与全局一致性，负责服务治理规则（路由规则、动态配置等）的存储与推送。Dubbo 支持多配置中心，以保证在其中一个配置中心的集群不可用时能够切换到另一个配置中心，使配置中心在部署上能适配各类高可用的部署架构模式。

（3）元数据中心：接收服务提供者上报的服务接口元数据，为管理控制台提供运维能力（如服务测试、接口文档等）。为了让注册中心更加聚焦于地址的发现和推送能力，减轻注册中心的负担，由元数据中心承担所有元数据信息、接口信息、方法级别信息的配置。Dubbo 支持多元数据中心，以在某个元数据中心集群不可用的情况下随时切换到另一个元数据中心，保证元数据中心正常提供元数据管理能力。具体如图 7-2 所示。

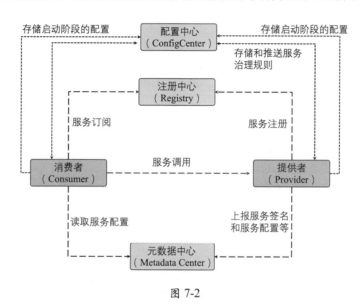

图 7-2

7.2.3　流量管理

流量管理的本质是将请求根据制定好的路由规则分发到应用服务上，如图 7-3 所示。

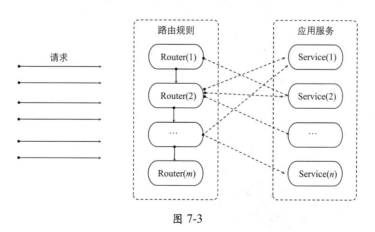

图 7-3

Dubbo 的流量管理遵循如下规则。

（1）路由规则可以有多个，在不同的路由规则之间存在优先级。例如：Router(1)→Router(2) →…→Router(n)的路由规则。

（2）一个路由规则可被路由到多个不同的应用服务。例如：Router(2)既可被路由到Service(1)，也可被路由到 Service(2)。

（3）多个不同的路由规则可被路由到同一个应用服务。例如：Router(1)和 Router(2)都可被路由到 Service(2)。

（4）路由规则也可不被路由到任何应用服务。例如：Router(m)没被路由到任何 Service上，所有命中 Router(m)的请求都会因为没有对应的应用服务处理而返回错误。

（5）应用服务可以是单个实例，也可以是一个应用集群。

7.2.4　总体架构

在 Dubbo 的框架设计中一共划分了 10 层，如图 7-4 所示。Dubbo 对服务提供方和服务消费方，从该框架的 10 层中分别提供了各自需要关心和扩展的接口，以构建整个服务生态系统。

（1）服务接口层（Service）：对服务提供者和服务消费者接口的业务实现。

（2）配置层（Config）：以 ServiceConfig 和 ReferenceConfig 为中心对外提供配置接口。

（3）服务代理层（Proxy）：以 ServiceProxy 为中心，扩展接口为 ProxyFactory，提供服务接口代理。

（4）服务注册层（Registry）：封装服务地址的注册与发现。以服务 URL 为中心，扩展接口为 RegistryFactory、Registry 和 RegistryService。当没有注册中心时，服务提供者会直接暴露服务。

（5）集群层（Cluster）：封装多个提供者的路由及负载均衡，并桥接到注册中心。以Invoker 为中心，扩展接口为 Cluster、Directory、Router 和 LoadBalance。将多个服务提供者的服务进行封装并对外提供统一的服务。

（6）监控层（Monitor）：RPC 调用次数和调用时间监控，以 Statistics 为中心，扩展接口为 MonitorFactory、Monitor 和 MonitorService。

（7）远程调用层（Protocol）：封装 RPC 调用，以 Invocation 和 Result 为中心，扩展接口为 Protocol、Invoker 和 Exporter。

（8）信息交换层（Exchange）：封装请求响应模式，实现同步请求到异步请求的转换，以 Request 和 Response 为中心，扩展接口为 Exchanger、ExchangeChannel、ExchangeClient 和 ExchangeServer。

（9）网络传输层（Transport）：将 Mina 和 Netty 抽象为统一的接口，以 Message 为中心，扩展接口为 Channel、Transporter、Client、Server 和 Codec。

（10）序列化层（Serialize）：负责数据的序列化和反序列化，扩展接口为 Serialization、ObjectInput、ObjectOutput 和 ThreadPool。

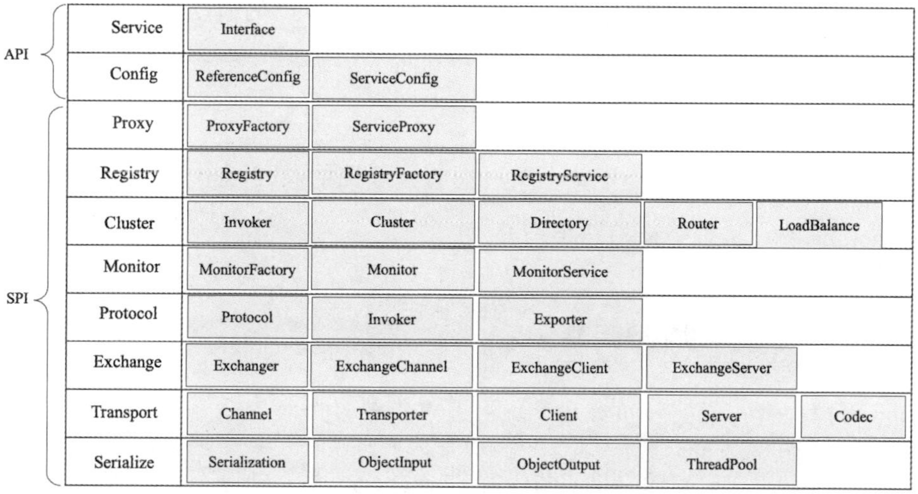

API	Service	Interface				
	Config	ReferenceConfig	ServiceConfig			
SPI	Proxy	ProxyFactory	ServiceProxy			
	Registry	Registry	RegistryFactory	RegistryService		
	Cluster	Invoker	Cluster	Directory	Router	LoadBalance
	Monitor	MonitorFactory	Monitor	MonitorService		
	Protocol	Protocol	Invoker	Exporter		
	Exchange	Exchanger	ExchangeChannel	ExchangeClient	ExchangeServer	
	Transport	Channel	Transporter	Client	Server	Codec
	Serialize	Serialization	ObjectInput	ObjectOutput	ThreadPool	

图 7-4

7.2.5 容错模式

容错模式主要用于定义当服务调用发生错误时采用哪种策略进行处理。Dubbo 支持多种容错模式，下面分别进行介绍。

（1）failover（故障转移）：是 Dubbo 默认的容错模型，其调用过程为当调用某个节点上的服务失败时尝试调用其他节点上可用的服务进行重试。需要注意的是重试的服务需要具有幂等操作。重试次数通过 retries 参数设置，接口调用超时时间通过 timeout 设置。基于注解方式的代码实现如下：

```
@DubboService(cluster = "failsafe",retries=2)
```

（2）failfast（快速失败）：在服务调用失败后立刻返回报错信息，不进行重试和故障转移，常用于对失败比较敏感的情况下。

（3）failsafe（失败保护）：当调用失败时，记录错误日志并返回一个空结果给调用者，常用于对失败不敏感的情况下，返回一个空值让业务正常运行，后续通过分析错误日志及时修复错误即可。

（4）failback（失败回调）：当发生调用失败时记录失败的请求并定时重试。

（5）forking：当发生调用失败时并行发送多个请求到多台服务器，只要有一个返回成功就认为调用成功并将结果返回，常用于对并发要求比较高的情况下。

（6）broadcast：将请求广播到所有服务提供者上，然后收集每个服务提供者的结果，如果有一个返回失败，则认为服务调用失败。

（7）available：在服务列表中找一个可用的服务地址发起调用并返回调用结果。

（8）mergeable：将多个请求结果合并。

7.2.6　客户端的负载均衡策略

Dubbo 可以在客户端实现负载均衡，将请求负载多个服务上。具体的负载均衡策略如下。

（1）random：随机从多台服务器上选择一个服务发起调用。基于注解方式的代码实现如下：

```
@DubboService(cluster = "failsafe", loadbalance = "roundrobin")
```

（2）roundrobin：为每台服务器都设置不同的权限，按照权重将请求轮流分配到每台服务器上。一般会将性能好的服务器的权重设置得较高，其分配的请求数也会较多；会将性能较差的服务器的权重配置得较低。

（3）leastactive：指最少活跃调用负载均衡。Dubbo 会统计每台服务器上服务的调用次数，在每次调用时都从服务列表中获取一个活跃请求量最少的服务来调用。

（4）consistenthash：指一致性哈希负载均衡，采用一致性哈希算法将请求均衡到所有服务器上。

（5）shortestresponse：指最短响应负载均衡，统计每台服务器上的请求次数和成功响应时间，使用请求次数乘以响应时间得到最短响应时间，在发起调用时选取一个响应时间最短的服务器发起调用。

7.2.7　服务降级

服务降级指当系统的访问压力大，无法正常对外提供服务时，对不重要的服务执行服务降级，从而保证主业务正常运行。服务降级根据是否需要人工干预，可分为自动降级、人工降级。

◎ 自动降级：指提前为系统设置阈值，在故障数达到阈值后自动执行降级逻辑。
◎ 人工降级：指在发现故障后通过人工修改配置参数的方式进行服务降级。

Dubbo 提供了服务降级的功能，具体通过 mock 来实现，过程如下。

（1）定义服务降级后的代码执行逻辑：

```java
public class MyServiceMock implements MyService {
    @Override
    public String getName(String name) {
        return "get Name Error,服务降级";
    }
}
```

（2）服务降级定义：

```java
@DubboService
public class RemoteService implements MyService{
    @DubboReference(
            mock = "com.mock.MyServiceMock",
            interfaceClass = MyService.class,
            cluster = "failfast")
    private MyService myService;
    @Override
    public String getName(String name) {
        return myService.getName(name);
    }
}
```

以上代码定义了 MyService 接口的 Mock 实现类 MyServiceMock，并在依赖注入时通过注解 mock="com.mock.MyServiceMock"声明服务调用失败后需要执行的服务降级逻辑。如果由于网络异常或者其他情况导致访问 getName 方法异常，则会直接调用 MyServiceMock 中的 getName 方法并返回错误消息。

7.2.8　Dubbo 实战

下面从实战角度介绍 Dubbo 的用法。

（1）构建项目并在 pom.xml 文件中加入如下包依赖：

```xml
<dependencies>
    <!-- Spring Boot dependencies -->
    <dependency>
        <groupId>org.springframework.boot</groupId>
        <artifactId>spring-boot-actuator</artifactId>
    </dependency>
    <!-- Dubbo Spring Cloud Starter -->
    <dependency>
        <groupId>com.alibaba.cloud</groupId>
        <artifactId>spring-cloud-starter-dubbo</artifactId>
    </dependency>
    <!-- Spring Cloud Nacos Service Discovery -->
    <dependency>
        <groupId>com.alibaba.cloud</groupId>
        <artifactId>spring-cloud-starter-alibaba-nacos-discovery</artifactId>
    </dependency>
</dependencies>
```

（2）定义服务接口。Dubbo 服务接口是服务提供者与消费者的远程通信契约，通常由普通的 Java 接口（interface）声明。按照如下方式定义一个 HelloService 接口：

```java
public interface HelloService {
    String hello(String message);
}
```

（3）定义 Dubbo 服务提供者。按照如下代码定义 HelloService 接口的实现类 HelloServiceImpl。该实现类对服务提供者的服务端处理逻辑进行了具体实现：

```java
org.apache.dubbo.config.annotation.Service
class HelloServiceImpl implements HelloService {
```

```
    @Override
    public String hello(String message) {
        return "Hello, " + message;
    }
}
```

以上代码中的@org.apache.dubbo.config.annotation.Service 是 Dubbo 的服务注解，声明该 Java 服务的实现为 Dubbo 服务。

（4）配置 Dubbo 服务提供者。定义 bootstrap.yaml：

```
dubbo:
  cloud:
    subscribed-services: ${spring.application.name}
  scan:
    base-packages: com.alibaba.cloud.dubbo.bootstrap
  protocol:
    name: dubbo
    port: -1
spring:
  application:
    name: spring-cloud-alibaba-dubbo-server
  main:
    allow-bean-definition-overriding: true
  cloud:
    nacos:
      discovery:
        server-addr: 127.0.0.1:8848
```

对以上配置的核心内容解释如下。

◎ dubbo.protocol：Dubbo 服务暴露的协议配置，其中的子属性 name 为协议的名称，port 为协议的端口（-1 表示系统自动分配一个从 20880 开始的自增端口）。

◎ spring.cloud.nacos.discovery：Nacos 服务发现与注册配置，其中的子属性 server-addr 指定 Nacos 的服务器主机和端口。

（5）定义 Dubbo Spring Cloud 服务提供者的引导类：

```
@EnableDiscoveryClient
@EnableAutoConfiguration
public class DubboSpringCloudServerBootstrap {
    public static void main(String[] args) {
```

```
        SpringApplication.run(DubboSpringCloudServerBootstrap.class);
    }
}
```

（6）启动和注册服务提供者。首先启动 Nacos 服务，接着启动服务提供者 DubboSpringCloudServerBootstrap。

（7）实现 Dubbo 服务消费者：

```
@EnableDiscoveryClient
@EnableAutoConfiguration
@RestController
public class DubboSpringCloudClientBootstrap {
    @Reference
    private HelloService helloService;
    //通过 hello 方法来调用 Dubbo HelloService 定义好的服务
    @GetMapping("/hello")
    public String hello(String message) {
        return helloService.hello(message);
    }
    public static void main(String[] args) {
        //定义应用程序的引导入口
        SpringApplication.run(DubboSpringCloudClientBootstrap.class);
    }
}
```

（8）配置服务消费者。服务消费者的 bootstrap.yaml 配置如下：

```
dubbo:
  cloud:
    subscribed-services: spring-cloud-alibaba-dubbo-server
  protocols:
    dubbo:
      port: -1
spring:
  application:
    name: spring-cloud-alibaba-dubbo-client
  main:
    allow-bean-definition-overriding: true
  cloud:
    nacos:
      discovery:
        username: nacos
```

```
        password: nacos
        server-addr: 127.0.0.1:8848
        namespace: public
server:
  port: 8080
```

（9）启动服务消费者，并在控制台输入" curl http://127.0.0.1:8080/hello?message=hello-alex"，调用定义好的服务。

相关面试题

（1）为什么要用 Dubbo？★★★★★

（2）请画一下 Dubbo 服务注册与发现的流程图。★★★★☆

（3）实现 Dubbo 容错有几种方案？★★★★☆

（4）实现 Dubbo 负载均衡有几种方案？★★★★☆

（5）在 Dubbo 的整体架构设计中有哪些分层？★★★☆☆

（6）Dubbo 是如何实现流量管理的？★★★☆☆

（7）服务提供者是如何实现失效踢出的？★★★☆☆

（8）Dubbo 的核心配置有哪些？★★★☆☆

（9）在 Dubbo 中推荐用什么协议？★★★☆☆

（10）如何实现 Dubbo 的服务降级和失败重试？★★★☆☆

（11）Dubbo 的服务调用是阻塞的吗？★★★☆☆

7.3　Nacos

Nacos 是阿里巴巴开源的一个用于构建云原生应用的配置管理、服务发现、动态 DNS 服务和服务管理平台，主要功能如下。

（1）配置管理：Nacos 提供了类似 Apollo 的配置中心功能，支持配置统一管理、配置自动更新、配置信息版本控制等功能。

（2）服务发现：Nacos 支持 DNS 和 RPC 的服务发现，同时对服务进行监控检查。

（3）动态 DNS 服务：动态 DNS 服务支持权重路由，更容易实现中间层负载均衡、更灵活的路由策略、流量控制及数据中心内网的简单 DNS 解析服务。

（4）服务管理：Nacos 提供了从系统角度管理所有服务的能力，具体包括每个服务的描述、服务状态、生命周期等。

7.3.1 Nacos 的基本架构

Nacos 的基本架构如图 7-5 所示。

◎ 服务提供者（Service Provider）：提供可复用和可调用服务的应用。

◎ 服务消费者（Service Consumer）：发起对某个服务进行调用的应用。

◎ 名字服务（Naming Service）提供分布式系统中所有对象（Object）、实体（Entity）的"名字"到关联的元数据之间的映射管理服务。例如 ServiceName→Endpoints Info、Distributed Lock Name→Lock Owner/Status Info、DNS Domain Name→IP List。服务发现和 DNS 是名字服务的主要应用。

◎ 配置服务（Configuration Service）：在服务或者应用运行过程中提供动态配置。

◎ 控制台：Nacos 对外提供的管理界面、命令行工具等。

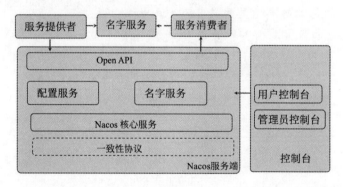

图 7-5

7.3.2 Nacos 的配置中心

Nacos 配置中心的原理如图 7-6 所示，主要调用流程如下。

（1）客户端轮询发起数据请求。

（2）服务端在收到请求以后，先比较服务端缓存中的数据是否相同，如果不同，则直接返回；如果相同，则通过 schedule 延迟 30s 再比较。

（3）为了保证服务端在 30s 内发生数据变化时能够及时通知客户端，服务端采用了事件订阅的方式来监听服务端本地数据变化的事件，一旦收到事件，则触发通知把结果写回到客户端，完成一次数据的推送。

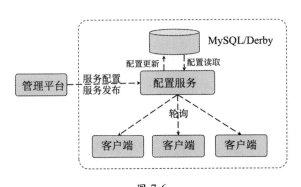

图 7-6

Nacos Config 主要通过 dataId 和 group 来唯一确定一条配置，Nacos Client 在从 Nacos Server 端获取数据时，调用的是 ConfigService.getConfig(String dataId, String group, long timeoutMs) 接口。下面演示如何使用 Nacos Config Starter 完成 Spring Cloud 应用的配置管理。

（1）新建 pom.xml 文件，加入 Nacos Config Starter 依赖：

```
<dependency>
    <groupId>com.alibaba.cloud</groupId>
    <artifactId>spring-cloud-starter-alibaba-nacos-config</artifactId>
</dependency>
```

（2）添加配置信息。在应用的 bootstrap.properties 配置文件中配置 Nacos Config 元数据：

```
spring.application.name=nacos-config-example
spring.cloud.nacos.config.server-addr=127.0.0.1:8848
```

在完成上述两步后，应用会从 Nacos Config 中获取相应的配置并添加到 Spring Environment 的 PropertySources 中。这里，我们使用@Value 注解将对应的配置注入 SampleController 的 userName 和 age 字段，并添加@RefreshScope 开启动态刷新功能。

（3）在应用程序中获取配置信息：

```
@RestController
@RefreshScope
```

```
class SampleController {
  @Autowired
  UserConfig userConfig;
  @Autowired
  private NacosConfigManager nacosConfigManager;
  @Value("${user.name:alex}")
  String userName;
  @Value("${user.age:25}")
  Integer age;
  @RequestMapping("/user")
  public String getUser() {
    return "Hello Nacos Config!" + "Hello " + userName + " " + age + " [UserConfig]:
"    + userConfig + "; " + nacosConfig Manager.getConfigService();
  }
}
```

以上代码中的@RefreshScope 注解表示动态刷新 Bean，Nacos Config Starter 默认为所有获取数据成功的 Nacos 配置项都添加监听功能，当监听到服务端配置发生变化时会实时触发。

（4）启动 Nacos Server 并添加配置。从官网下载并启动 Nacos Server。在控制台执行如下命令，添加配置到配置中心：

```
curl -X POST
"http://127.0.0.1:8848/nacos/v1/cs/configs?dataId=nacos-config-example.propertie
s&group=DEFAULT_GROUP&content=user.id=1%0Auser.name=james%0Auser.age=17"
```

（5）添加配置信息。在应用的 application.properties 中添加基本配置信息：

```
server.port=18084
management.endpoints.web.exposure.include=*
management.endpoint.health.show-details=always
```

（6）启动应用程序，查询配置信息。启动服务，在控制台输入"curl http://127.0.0.1:18084/user"可查看配置。

7.3.3　Nacos 服务注册与发现实战

Nacos 服务注册与发现由服务提供者、服务消费者和 Nacos 服务端三个角色组成，如图 7-7 所示，流程如下。

（1）启动服务提供者，并通过调用 OpenAPI 将自己注册到 Nacos 服务端。

（2）服务提供者在启动后会以心跳的形式和 Nacos 服务端保持通信，在 Nacos 服务端长时间收不到服务提供者的心跳后，则认为服务提供者发生了故障，将其从可用服务列表中移除。

（3）服务消费者需要调用服务时，从 Nacos 服务端查询可用的服务地址并调用服务。

（4）服务消费者会定时从 Nacos 服务端拉取数据到本地。

（5）Nacos 服务端在检查到服务提供者发生异常后，会以 UDP 的方式将服务列表更新并推送给服务消费者。

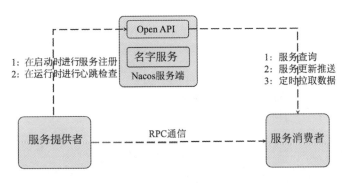

图 7-7

在服务注册上，Spring Cloud Nacos Discovery 遵循了 Spring Cloud Common 标准，实现了 AutoServiceRegistration、ServiceRegistry、Registration 这三个接口。在 Spring Cloud 应用的启动阶段监听了 WebServerInitializedEvent 事件，在 Web 容器初始化完成并接收到 WebServerInitializedEvent 事件后，会触发注册的动作，调用 ServiceRegistry 的 register 方法，将服务注册到 Nacos Server。

在服务发现上，NacosServerList 实现了 com.netflix.loadbalancer.ServerList 接口，并在 @ConditionOnMissingBean 的条件下进行自动注入，默认集成了 Ribbon。Nacos 服务注册与发现的代码实现如下。

1. 服务提供者的实现

（1）修改 pom.xml 文件，加入 Nacos Discovery Starter 依赖：

```
<dependency>
    <groupId>com.alibaba.cloud</groupId>
    <artifactId>spring-cloud-starter-alibaba-nacos-discovery</artifactId>
```

```
</dependency>
```

（2）配置 Nacos Server 的地址。在应用的 application.properties 配置文件中配置 Nacos Server 的地址：

```
spring.cloud.nacos.discovery.server-addr=127.0.0.1:8848
spring.cloud.nacos.username=nacos
spring.cloud.nacos.password=nacos
management.endpoints.web.exposure.include=*
management.endpoint.health.show-details=always
spring.application.name=service-provider
server.port-18082
```

（3）开启服务注册与发现功能。使用@EnableDiscoveryClient 注解开启服务注册与发现功能：

```
@SpringBootApplication
@EnableDiscoveryClient
public class ProviderApplication {
   public static void main(String[] args) {
      SpringApplication.run(ProviderApplication.class, args);
   }
   @RestController
   class HelloController {
     @GetMapping(value = "/hello/{string}")
     public String hello(@PathVariable String string) {
         return string;
     }
   }
}
```

（4）启动服务提供者。启动 Nacos Server，启动服务提供者 ProviderApplication。此时观察 Nacos 服务管理控制台，可以看到服务被注册到了服务列表中。

2. 服务消费者的实现

（1）加入依赖包：

```
<dependency>
    <groupId>com.alibaba.cloud</groupId>
    <artifactId>spring-cloud-starter-alibaba-nacos-discovery</artifactId>
</dependency>
<dependency>
```

```
    <groupId>org.springframework.cloud</groupId>
    <artifactId>spring-cloud-starter-netflix-ribbon</artifactId>
</dependency>
<dependency>
    <groupId>org.springframework.cloud</groupId>
    <artifactId>spring-cloud-starter-openfeign</artifactId>
</dependency>
```

（2）添加@LoadBlanced 注解，使得 RestTemplate 接入 Ribbon：

```
@Bean
@LoadBalanced
public RestTemplate restTemplate() {
    return new RestTemplate();
}
```

（3）配置 FeignClient。FeignClient 已经默认集成了 Ribbon，如下代码实现了对一个 FeignClient 的配置，使用@FeignClient 注解将 HelloService 接口包装成一个 FeignClient，name 属性对应服务名 service-provider。hello 方法上的@RequestMapping 注解将 hello 方法与 URL "/hello/{str}"对应，@PathVariable 注解将 URL 路径下的{str}与 hello 方法的参数 str 对应：

```
@FeignClient(name = "service-provider")
public interface HelloService {
    @GetMapping(value = "/hello/{str}")
    String hello(@PathVariable("str") String str);
}
```

（4）调用服务。在 TestController 中调用服务：

```
@RestController
public class TestController {
    @Autowired
    private RestTemplate restTemplate;
    @Autowired
    private HelloService helloService;
    @GetMapping(value = "/hello-rest/{str}")
    public String rest(@PathVariable String str) {
        return restTemplate.getForObject("http://service-provider/hello/" + str,
String.class);
    }
    @GetMapping(value = "/hello-feign/{str}")
```

```
    public String feign(@PathVariable String str) {
        return helloService.hello(str);
    }
}
```

（5）进行消费端的服务配置。在 application.properties 中添加基本配置信息：

```
spring.application.name=service-consumer
server.port=18083
```

（6）启动消费者，分别执行 "curl http://127.0.0.1:18083/hello-rest/123" 和 "curl http://127.0.0.1:18083/hello-feign/abc" 调用服务。

相关面试题

（1）Nacos 是什么？★★★★☆

（2）Nacos 配置中心的原理是什么？★★★★☆

（3）Nacos 服务注册与发现的流程是怎样的？★★★★☆

（4）Nacos 服务是如何判定服务实例的状态的？★★★★☆

（5）Nacos 配置中心和 Config、Netflix 有什么区别？★★★☆☆

（6）Nacos 服务列表是如何同步到服务消费者的？★★☆☆☆

（7）Nacos 是用了 push 模式还是用了 pull 模式？★★☆☆☆

7.4　Sentinel

Sentinel 是由阿里巴巴开源的分布式系统流量防卫组件，它把流量作为切入点，从流量控制、熔断和降级、系统负载保护等多个维度保护服务的稳定性。

Sentinel 具有如下特性。

（1）丰富的应用场景：Sentinel 承接了阿里巴巴近 10 年的双十一大促流量的核心场景，例如秒杀（将突发流量控制在系统容量可承受的范围内）、消息削峰填谷、集群流量控制、实时熔断下游不可用应用等。

（2）完备的实时监控：Sentinel 提供了实时监控功能。

（3）广泛的开源生态：Sentinel 提供了开箱即用的可与其他开源框架/库整合的模块，例如在进行与 Spring Cloud、Apache Dubbo、gRPC、Quarkus 的整合时，只需加入相应的依赖并进行简单的配置即可快速接入 Sentinel。同时，Sentinel 提供了 Java、Go、C++等多种编程语言的原生实现。

（4）完善的 SPI 扩展机制：Sentinel 提供了简单、易用、完善的 SPI 扩展接口，可以通过实现扩展接口来快速定制逻辑，例如定制规则管理、适配动态数据源等。

Sentinel 的架构如图 7-8 所示。

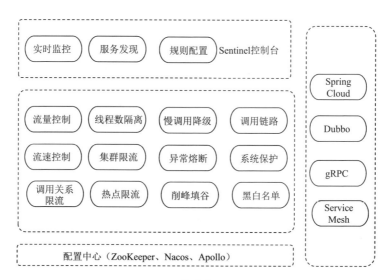

图 7-8

7.4.1　Sentinel 的原理

Sentinel 中的两个核心概念是资源和规则。

◎ 资源：可以是 Java 应用程序中的任何内容。例如，资源可以是由应用程序提供的服务，或者是由应用程序调用的其他应用提供的服务，甚至可以是一段代码。只要是通过 Sentinel API 定义的代码，就是资源，就能够被 Sentinel 保护。

◎ 规则：围绕资源的实时状态设定的规则，可以包括流量控制规则、熔断和降级规则及系统保护规则。所有规则都可以动态实时调整。

1. Sentinel 熔断和降级的设计理念

在资源限制的实现上，Sentinel 和 Hystrix 采用了完全不一样的方法。Hystrix 通过线程池隔离的方式对依赖进行隔离，这样做的好处是资源和资源之间做到了彻底隔离，缺点是除了增加了线程切换的成本（过多的线程池导致线程数量过多），还需要预先对各个资源的线程池大小进行配置。Sentinel 对这个问题采用了如下两种手段。

（1）通过并发线程数进行限制：和资源池隔离的方法不同，Sentinel 通过限制资源并发线程的数量，来减少不稳定资源对其他资源的影响。这样不但没有线程切换的损耗，也不需要预先分配线程池的大小。在某个资源出现不稳定的情况下，例如响应时间变长，对资源的直接影响就是会造成线程数量的逐步堆积。当线程在特定的资源上堆积到一定数量时，对该资源的新请求就会被拒绝。堆积的线程在完成任务后会继续接收请求。

（2）通过响应时间对资源进行降级：除了可以对并发线程的数量进行控制，Sentinel 还可以通过响应时间来快速降级不稳定的资源。在依赖的资源出现响应时间过长的情况时，对该资源的所有访问都会被直接拒绝，直到经过指定的时间窗口后才重新恢复。

2. Sentinel 的工作流程

Sentinel 的工作流程如图 7-9 所示，其每个节点的具体职责如下。

（1）StatisticSlot：记录、统计不同维度的实时指标监控信息。Sentinel 在底层采用了高性能的滑动窗口数据结构 LeapArray 来统计实时的秒级指标数据，可以很好地支撑写多读少的高并发场景。

（2）SystemSlot：通过系统的整体负载控制入口流量。

（3）FlowSlot：用于根据预设的限流规则及 StatisticSlot 统计的状态进行流量控制。

（4）DegradeSlot：通过统计信息及预设的规则进行服务熔断和降级，主要根据资源的平均响应时间（RT）及异常比率，来决定资源是否在接下来的时间被自动熔断。

（5）AuthoritySlot：根据配置的黑白名单和调用者来源信息进行黑白名单控制。

（6）NodeSelectorSlot：负责收集资源的路径，并将这些资源的调用路径以树状结构存储起来，用于根据调用路径来限流、降级。

（7）ClusterBuilderSlot：用于存储资源的统计信息及调用者信息，例如该资源的 RT、QPS、thread count 等，这些信息将作为多维度限流、降级的依据。

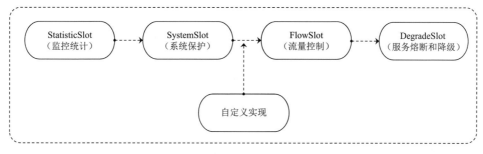

图 7-9

3. Sentinel 流量控制的原理

Sentinel 流量控制的原理是监控应用流量的 QPS 或并发线程数等指标，当达到指定的阈值时对流量进行控制，以免系统被瞬时的流量高峰冲垮，从而保障应用的高可用。Sentinel 的流量控制包括并发线程数量控制、QPS 流量控制，以及基于调用关系的流量控制。

（1）并发线程数量控制：Sentinel 会统计当前请求上下文的线程数量，如果超出阈值，则新的请求会被立即拒绝，效果类似于信号量隔离。对并发数量通常在调用端进行配置。

（2）QPS 流量控制：如果 QPS 超过某个阈值，则采取措施进行流量控制。流量控制的方式包括直接拒绝、Warm Up、匀速排队。

◎ 直接拒绝（RuleConstant.CONTROL_BEHAVIOR_DEFAULT）：默认的流量控制方式，在 QPS 超过任意规则的阈值后，新的请求会被立即拒绝，拒绝方式为抛出 FlowException。这种方式适用于对系统处理能力已知的情况下，比如通过压测确定了系统的准确水位。

◎ Warm Up（RuleConstant.CONTROL_BEHAVIOR_WARM_UP）：Warm Up 在系统长期处于低水位的情况下，如果流量突然增加，则直接把系统拉升到高水位可能瞬间把系统压垮。通过 Warm Up，可让通过的流量缓慢增加，在一定时间内逐渐增加到阈值上限，给系统一个预热的时间，避免系统被压垮。

◎ 匀速排队（RuleConstant.CONTROL_BEHAVIOR_RATE_LIMITER）：匀速排队会严格控制请求通过的间隔时间，也就是让请求匀速通过，具体是通过漏桶算法来实现的。这种方式主要用于处理间隔性的突发流量。

（3）基于调用关系的流量控制：调用关系包括调用方和被调用方。一个方法可能会调用其他方法，形成一个调用链路的层次关系。基于调用链的统计信息可以实现：根据调用方限流、根据调用链路入口限流、关联流量控制。一条限流规则主要由如下几个因素组成。

◎ resource：资源名，即限流规则作用的对象。
◎ count：限流阈值。
◎ grade：限流阈值类型（QPS 或并发线程数量）。
◎ limitApp：流控针对的调用来源如果为 default，则不区分调用来源。
◎ strategy：调用关系限流策略。
◎ controlBehavior：流量控制效果（直接拒绝、Warm Up、匀速排队）。

4. Sentinel 熔断和降级的原理

熔断和降级主要指在某个服务出现异常时，暂时切断不稳定的服务，避免因局部不稳定因素导致系统整体雪崩。熔断降级作为保护自身的手段，通常在客户端进行配置。Sentinel 提供了如下几种熔断策略。

（1）慢调用比例（SLOW_REQUEST_RATIO）：选择以慢调用比例作为阈值，需要设置允许的慢调用 RT（即最大的响应时间），如果请求的响应时间大于该值，则统计为慢调用。如果单位统计时长（statIntervalMs）内的请求数量超过设置的最小请求数量，并且慢调用的比例大于预设的阈值，则接下来的熔断时长内的请求会自动被熔断。在熔断时长到期后，熔断器会进入探测恢复状态（HALF-OPEN 状态）。如果接下来的一个请求响应时间小于设置的慢调用 RT，则结束熔断；如果大于设置的慢调用 RT，则会再次被熔断。

（2）异常比例（ERROR_RATIO）：如果单位统计时长内的请求数量超过设置的最小请求数量，并且异常的比例大于阈值，则接下来的熔断时长内的请求会被自动熔断。在熔断时长到期后，熔断器会进入探测恢复状态（HALF-OPEN 状态）。如果接下来的一个请求成功完成，则结束熔断，否则再次被熔断。异常比例阈值范围[0.0, 1.0]代表 0%~100%。

（3）异常数（ERROR_COUNT）：如果单位统计时长内的异常数量超过阈值，则自动进行熔断。在熔断时长到期后，熔断器会进入探测恢复状态（HALF-OPEN 状态）。如果接下来的一个请求成功完成，则结束熔断，否则会再次熔断。

熔断降级规则的重要属性如表 7-1 所示。

表 7-1

Field	说　明	默认值
resource	资源名，即规则作用的对象	

续表

Field	说　　明	默 认 值
grade	熔断策略，支持慢调用比例、异常比例、异常数策略	慢调用比例
count	在慢调用比例模式下为慢调用临界 RT（若超出该值，则记为慢调用），在异常比例或异常数模式下为异常比例或异常数阈值	
timeWindow	熔断时长，单位为秒	
minRequestAmount	熔断触发的最小请求数，在请求数小于该值时，即使异常比率超出阈值也不会熔断	5
statIntervalMs	统计时长（单位为 ms），例如 60*1000 代表分钟级	1000 ms
slowRatioThreshold	慢调用的比例阈值，仅在慢调用比例模式下有效	

7.4.2　Sentinel 的应用

（1）修改 pom.xml 文件，加入 Sentinel Starter 依赖：

```
<dependency>
    <groupId>com.alibaba.cloud</groupId>
    <artifactId>spring-cloud-starter-alibaba-sentinel</artifactId>
</dependency>
```

（2）接入限流埋点。如果需要对某个特定的方法进行限流或降级，则可以通过 @SentinelResource 注解来完成限流的埋点，示例代码如下：

```
@GetMapping("/hello")
@SentinelResource("resource")
public String hello() {
    return "Hello";
}
```

（3）配置限流规则。Sentinel 提供了两种配置限流规则的方式：通过代码配置和通过控制台配置。本示例使用的方式为通过控制台配置，即打开"新增流控规则"窗口，在"资源名"处填写 @SentinelResource("resource") 注解中的字段值"resource"，在"单机阈值"处选择需要限流的阈值，单击"新增"按钮进行确认，如图 7-10 所示。

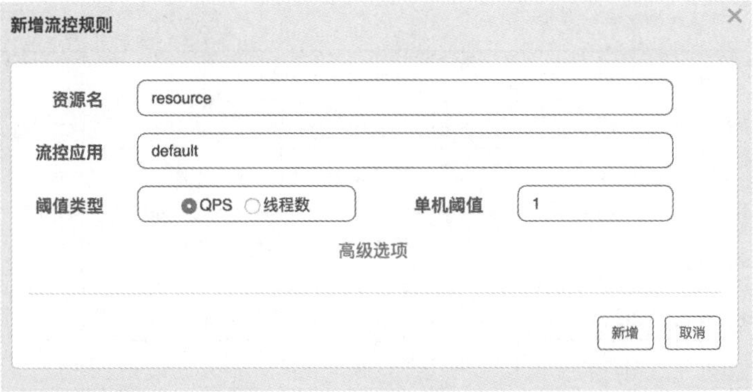

图 7-10

（4）启动 Sentinel 服务：从官网下载 Sentinel 控制台的 JAR 包文件并通过 java -jar sentinel-dashboard.jar 启动服务。

（5）应用配置。在 application.properties 文件中添加如下基本配置信息：

```
spring.application.name=sentinel-example
server.port=18083
management.endpoints.web.exposure.include=*
management.endpoint.health.show-details=always
#we can disable health check, default is enable
management.health.diskspace.enabled=false
#management.health.sentinel.enabled=false
spring.cloud.sentinel.transport.dashboard=localhost:8080
spring.cloud.sentinel.eager=true
spring.cloud.sentinel.web-context-unify=true
```

（6）应用启动和服务调用。启动应用程序，并在控制台输入"curl http://127.0.0.1: 18083/test"，可以看到接口有数据返回，如果并发提交该请求，则会触发限流逻辑。

（7）自定义限流处理逻辑。可以通过在注解中加入 blockHandler 参数自定义触发限流规则后的异常处理逻辑：

```
@GetMapping("/hello")
@SentinelResource(value = "hello", blockHandler = "exceptionHandler")
 //blockHandler 是位于当前类下的 exceptionHandler 方法，需要符合对应的类型限制
 public String hello(long s) {
     return String.format("Hello at %d", s);
 }
 public String exceptionHandler(long s, BlockException ex) {
```

```
        ex.printStackTrace();
        return "Oops, error occurred at " + s;
    }
```

相关面试题

（1）请介绍 Sentinel 的服务保护框架。★★★★★

（2）Sentinel 的工作流程是怎样的？★★★★★

（3）请介绍 Sentinel 的熔断和降级设计理念。★★★★☆

（4）Sentinel 的流量控制方案有哪些？★★★☆☆

（5）Sentinel 的熔断和降级策略有哪些？★★★☆☆

（6）请介绍 Sentinel 与 Hytrix 的区别。★★☆☆☆

8

第 8 章

数据结构

　　数据结构指数据的存储、组织方式。图灵奖获得者尼古拉斯·沃斯认为"数据结构+算法=程序"。因此良好的数据结构对于程序的运行至关重要，尤其是在复杂的系统中，设计优秀的数据结构能够极大提高系统的灵活性和性能。

　　在程序的设计和开发过程中难免需要使用各种各样的数据结构，比如我们常常需要根据产品的特性定义自己的数据结构，因此数据结构对于程序设计至关重要。本章将详细介绍常用的数据结构，具体包括栈、队列、链表、二叉树、红黑树、哈希表和位图。每种数据结构都有其特性，表 8-1 列举了常用的数据结构及其优缺点。

表 8-1

数据结构	优　　点	缺　　点
栈	顶部元素插入和取出快	除顶部元素外，存取其他元素都很慢
队列	顶部元素插入和尾部元素取出快	存取其他元素很慢
链表	插入、删除都快	查找慢
二叉树	插入、删除、查找都快	删除算法复杂
红黑树	插入、删除、查找都快	算法复杂
哈希表	插入、删除、查找都快	数据哈希，浪费存储空间
位图	节省存储空间	不方便描述复杂的数据关系

8.1　栈及其 Java 实现

　　栈（Stack）又名堆栈，是允许在同一端进行插入和删除操作的特殊线性表。其中，允许进行插入和删除操作的一端叫作栈顶（Top），另一端叫作栈底（Bottom），栈底固定，栈顶浮动。在栈中的元素个数为零时，该栈叫作空栈。插入的过程叫作进栈（Push），删除的过程叫作退栈（Pop）。栈也叫作后进先出（FILO-First In Last Out）的线性表。具体的数据结构如图 8-1 所示。

　　要实现一个栈，需要先实现如下核心方法。

◎ push()：向栈中压入一个数据，先入栈的数据在最下边。

◎ pop()：弹出栈顶数据，即移除栈顶数据。

◎ peek()：返回当前的栈顶数据。

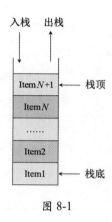

图 8-1

栈的具体实现过程如下。

（1）定义栈的数据结构：

```java
package hello.java.datastructure;
/**
 * 基于数组实现的顺序栈
 * @param <E>
 */
public class Stack<E> {
    private Object[] data = null;
    private int maxSize=0;    //栈的最大容量
    private int top =-1;  //栈顶的指针
    //构造函数：根据指定的size初始化栈
    Stack(){
        this(10);    //默认栈的大小为10
    }
    Stack(int initialSize){
        if(initialSize >=0){
            this.maxSize = initialSize;
            data = new Object[initialSize];
            top = -1;
        }else{
            throw new RuntimeException("初始化大小不能小于 0： " + initialSize);
        }
    }
}
```

以上代码定义了一个 Stack 类，用于存储栈的数据结构；定义了一个数组 data，用于存储栈中的数据；定义了一个变量 maxSize，表示栈的最大容量；定义了一个变量 top，表示栈顶的指针；定义了两个栈的构造函数，在构造函数没有参数时默认构造一个大小为 10 的栈。

（2）数据入栈，向栈顶压入一个数据：

```
//进栈，第1个元素top=0;
public boolean push(E e){
    if(top == maxSize -1){
        throw new RuntimeException("栈已满，无法将元素入栈! ");
    }else{
        data[++top]=e;
        return true;
    }
}
```

以上代码定义了 push 方法来向栈中压入数据，在数据入栈前首先判断栈是否满了，具体的判断依据为栈顶元素的指针位置等于栈的最大容量。注意，这里使用 maxSize-1 是因为栈顶元素的指针是从 0 开始计算的。在栈有可用空间时，使用 data[++top]=e 在栈顶（top 位置）上方新压入一个元素并将 top 加 1。

（3）数据出栈，从栈顶移除一个数据：

```
//弹出栈顶的元素
public E pop(){
    if(top == -1){
        throw new RuntimeException("栈为空! ");
    }else{
        return (E)data[top--];
    }
}
```

以上代码定义了 pop 方法来从栈顶移除一个数据，在移除前先判断栈顶是否有数据，如果有，则通过 data[top--]将栈顶数据移除并将 top 减 1。

（4）数据查询：

```
//查询栈顶元素但不移除
public E peek(){
    if(top == -1){
        throw new RuntimeException("栈为空! ");
    }else{
        return (E)data[top];
    }
}
```

以上代码定义了 peek 方法来取出栈顶的数据，在取出栈顶的数据前先判断栈顶的元素是否存在，如果存在，则直接返回栈顶的元素（注意：这里没有对栈顶的元素进行删除），否则抛出异常。

8.2　队列及其 Java 实现

队列是一种只允许在表的前端进行删除操作且在表的后端进行插入操作的线性表。其中，执行插入操作的端叫作队尾，执行删除操作的端叫作队头。没有元素的队列叫作空队列，在队列中插入一个队列元素叫作入队，从队列中删除一个队列元素叫作出队。因为队列只允许在队尾插入，在队头删除，所以最早进入队列的元素将最先被从队列中删除，所以队列又叫作先进先出（FIFO-first in first out）线性表。具体的数据结构如图 8-2 所示。

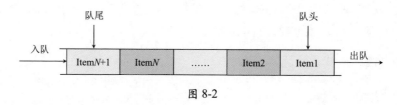

图 8-2

要实现一个队列，需要先实现如下核心方法。

◎　add()：向队尾加入一个元素（入队），先入队列的元素在最前边。
◎　poll()：删除队头的元素（出队）。
◎　peek()：取出队头的元素。

队列的简单实现如下。

（1）定义队列的数据结构：

```
package hello.java.datastructure;
public class Queue<E> {
    private Object[] data=null;
    private int maxSize; //队列的大小
    private int front;    //队头，允许删除
    private int rear;     //队尾，允许插入
    //构造函数，默认队列的大小为10
    public Queue(){
        this(10);
```

```
    }
    public Queue(int initialSize){
        if(initialSize >=0){
            this.maxSize = initialSize;
            data = new Object[initialSize];
            front = rear =0;
        }else{
            throw new RuntimeException("初始化大小不能小于 0: " + initialSize);
        }
    }
}
```

以上代码定义了一个名为 Queue 的队列，并定义了用于存储队列数据的 data 数组、队头位置标记 front、队尾位置标记 rear、队列的容量 maxSize。队列的默认长度为 10，在初始化时，front 的位置等于 rear 的位置，都为 0；在有新的数据加入队列时，front 的值加 1。

（2）向队列中插入数据：

```
//在队尾插入数据
public boolean add(E e){
    if(rear== maxSize){
        throw new RuntimeException("队列已满，无法插入新的元素！");
    }else{
        data[rear++]=e;
        return true;
    }
}
```

以上代码定义了 add 方法来向队列中插入数据，在插入前先判断队列是否满了，如果队列有空间，则通过 data[rear++]=e 向队尾插入数据并将队尾的指针位置加 1。

（3）取走队头的数据：

```
//删除队头的元素：出队
public E poll(){
    if(empty()){
        throw new RuntimeException("空队列异常！");
    }else{
        E value = (E) data[front];    //临时保存队列 front 端的元素的值
        data[front++] = null;          //释放队列 front 端的元素
        return value;
```

```
        }
    }
```

以上代码定义了 poll 方法来取出队头的数据，并将队头的数据设置为 null 以释放队头的位置，最后返回队头的数据。

（4）队列数据查询：

```
//取出队头的元素，但不删除
public E peek(){
    if(empty()){
        throw new RuntimeException("空队列异常！");
    }else{
        return (E) data[front];
    }
}
```

以上代码定义了 peek 方法来访问并返回队头的数据。

相关面试题

（1）栈和队列的区别是什么？★★★★☆
（2）如何用两个栈实现队列？★★★☆☆

8.3　链表

链表是由一系列节点（链表中的每一个元素都叫作一个节点）组成的数据结构，节点可以在运行过程中动态生成。每个节点都包括两部分内容：存储数据的数据域；存储下一个节点地址的指针域。

由于链表是随机存储数据的，因此在链表中插入数据的时间复杂度为 $O(1)$，比在线性表和顺序表中插入的效率要高；但在链表中查找一个节点时需要遍历链表中的所有元素，因此时间复杂度为 $O(n)$，而在线性表和顺序表中查找一个节点的时间复杂度分别为 $O(\log n)$ 和 $O(1)$。

链表有 3 种不同的类型：单向链表、双向链表及循环链表。下面将以 Java 为基础分别介绍这 3 种不同的链表结构。

8.3.1　链表的特性

链表通过一组存储单元存储线性表中的数据元素,这组存储单元可以是连续的,也可以是不连续的。因此,为了表示每个数据元素与其直接后继数据元素之间的逻辑关系,对数据元素来说,除了需要存储其本身的信息,还需要存储其直接后继数据元素的信息(即其直接后继数据元素的存储位置),这两部分信息组成一个"节点"。链表数据结构的优点是插入快,缺点是进行数据查询时需要遍历整个链表,效率低。链表的具体数据结构如图 8-3 所示。

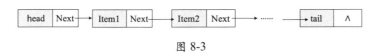

图 8-3

链表根据具体的实现又分为单向链表、双向链表和循环链表。

8.3.2　单向链表及其 Java 实现

单向链表(又称单链表)是链表的一种,其特性:链表的链接方向是单向的,访问链表时要从头部开始顺序读取。单向链表是链表中结构最简单的。一个单向链表的节点(Node)可分为两部分:第 1 部分为数据区(data),用于保存节点的数据信息;第 2 部分为指针区,用于存储下一个节点的地址,最后一个节点的指针指向 null。具体的数据结构如图 8-4 所示。

图 8-4

1. 单向链表的操作

(1)查找:单向链表只可向一个方向遍历,一般在查找一个节点时需要从单向链表的第 1 个节点开始依次访问下一个节点,一直访问到需要的位置。

(2)插入:对于单向链表的插入操作,只需将当前插入的节点设置为头节点,将 Next 指针指向原来的头节点即可,如图 8-5 所示。

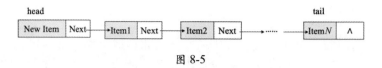

图 8-5

（3）删除：对于单向链表的删除操作，我们只需将该节点的上一个节点的 Next 指针指向该节点的下一个节点，然后删除该节点即可，如图 8-6 所示。

图 8-6

2. 单向链表的 Java 实现

单向链表的 Java 实现如下。

（1）定义单向链表的数据结构：

```java
public class SingleLinkedList {
    private int length;//链表节点的个数
    private Node head;//链表的头节点
    public SingleLinkedList(){
        size = 0;
        head = null;
    }
    //链表的每个节点的数据结构描述类
    private class Node{
        private Object data;//每个节点的数据
        private Node next;  //下一个节点的连接
        public Node(Object data){
            this.data = data;
        }
    }
}
```

以上代码定义了名为 SingleLinkedList 的单向链表，并定义了：length，表示链表节点的个数；head，表示链表的头节点；名为 Node 的内部类，表示链表的节点，在 Node 中有 data 和 next 两个属性，分别表示该链表节点的数据和下一个节点的连接。这样就完成了对链表数据结构的定义。

（2）插入单向链表数据：

```
    //在链表的头部添加元素
    public Object addHead(Object obj){
        Node newHead = new Node(obj);//1：定义一个新节点
        if(length== 0){ //2：如果链表为空，则将该节点设置为头节点
            head = newHead;
        }else{//3：设置当前插入的节点为头节点，并将其下一个节点指向原来的头节点
            newHead.next = head;
            head = newHead;
        }
        length ++;//4：链表的长度+1
        return obj;
    }
```

以上代码定义了 addHead 方法来向链表的头部加入节点。具体操作：首先定义一个新节点；接着判断链表的长度是否为 0，如果为 0，则表示链表为空，直接将该节点设置为链表的头节点；如果节点的长度不为 0，则将当前插入的节点设置为头节点，将当前插入节点的 Next 指针指向原头节点即可；最后将链表的长度加 1。

（3）删除单向链表数据：

```
//删除指定的元素，若删除成功则返回 true
public boolean delete(Object value){
    if(length == 0){
        return false;
    }
    Node current = head;
    Node previous = head;
    while(current.data != value){
        if(current.next == null){
            return false;
        }else{
            previous = current;
            current = current.next;
        }
    }
    //如果删除的节点是头节点
    if(current == head){
        head = current.next;
        length--;
    }else{//删除的节点不是头节点
```

```
        previous.next = current.next;
        length--;
    }
    return true;
}
```

以上代码定义了 delete 方法来删除单向链表中的数据，具体操作：首先判断链表的长度，如果链表的长度为 0，则说明链表为空，即不包含任何元素，直接返回 false；如果链表不为空，则通过 while 循环找到要删除的元素；如果要删除的节点是头节点，则需要把要删除的节点的下一个节点指定为头节点，删除该节点，将节点长度减 1；如果要删除的节点不是头节点，则将该节点的上一个节点的 Next 指针指向该节点的下一个节点，删除该节点，并将节点的长度减 1。

（4）单向链表数据查询：

```
//查找指定的元素，如果找到了，则返回节点 Node；如果找不到，则返回 null
public Node find(Object obj){
    Node current = head;
    int tempSize = length;
    while(tempSize > 0){
        if(obj.equals(current.data)){
            return current;
        }else{
            current = current.next;
        }
        tempSize--;
    }
    return null;
}
```

以上代码定义了名为 find() 的单向链表节点查询方法。该方法很简单：定义一个 while 循环来查找数据，如果当前数据和要查找的数据相同，则返回该数据；如果不同，则将当前节点的下一个节点设置为当前节点，沿着当前节点向前继续寻找。这里将 tempSize 减 1 的目的是控制 while 循环的条件，在 tempSize 为 0 时表示遍历完了整个链表还没找到该数据，这时返回 null。

8.3.3　双向链表及其 Java 实现

在双向链表的每个数据节点上都有两个指针，分别指向其直接后继和直接前驱节点。

所以，从双向链表中的任意一个节点开始，都可以很方便地访问它的直接前驱节点和直接后继节点。具体的数据结构如图 8-7 所示。

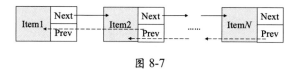

图 8-7

双向链表和单向链表的不同之处在于，单向链表除数据项外只定义了一个 Next 指针指向下一个节点，而双向链表定义了 Prev 和 Next 两个指针分别指向上一个节点和下一个节点，这样我们便可以从两个方向遍历并处理节点的数据了。双向链表的 Java 实现如下。

（1）定义双向链表的数据结构：

```java
public class TwoWayLinkedList {
    private Node head;//表示链表的头部
    private Node tail;//表示链表的尾部
    private int length;//表示链表的长度
    private class Node{
        private Object data;
        private Node next;
        private Node prev;
        public Node(Object data){
            this.data = data;
        }
    }
    public TwoWayLinkedList(){
        size = 0;
        head = null;
        tail = null;
    }
}
```

以上代码定义了一个名为 TwoWayLinkedList 的双向链表的数据结构，其中定义了：head，表示链表的头部；tail，表示链表的尾部；length，表示链表的长度；Node，表示链表的节点，链表的节点包含 data、prev、next，分别表示节点数据、上一个节点和下一个节点。这样双向链表的数据结构就定义好了。

（2）在链表的头部增加节点：

```
//在链表的头部增加节点
public void addHead(Object value){
    Node newNode = new Node(value);
    if(length == 0){
        head = newNode;
        tail = newNode;
        length++;
    }else{
        head.prev = newNode;
        newNode.next = head;
        head = newNode;
        length++;
    }
}
```

以上代码定义了 addHead 方法来向链表的头部加入数据，具体操作：首先新建一个节点；然后，判断链表的长度，如果链表的长度为 0，则说明链表为空，将链表的头部和尾部均设置为当前节点并将链表的长度加 1 即可；如果链表不为空，则将原链表头部的上一个节点设置当前节点，将当前节点的下一个节点设置为原链表头部的节点，将链表的头节点设置为当前节点，这样就完成了双向链表的头节点的插入；最后将链表的长度加 1。

（3）在链表的尾部增加节点：

```
//在链表的尾部增加节点
public void addTail(Object value){
    Node newNode = new Node(value);
    if(length == 0){
        head = newNode;
        tail = newNode;
        length++;
    }else{
        newNode.prev = tail;
        tail.next = newNode;
        tail = newNode;
        length++;
    }
}
```

以上代码定义了 addTail 方法来向链表的尾部加入数据，具体操作：首先新建一个节点；然后判断链表的长度，如果链表的长度为 0，则说明链表为空，将链表的头部和尾部均设置为当前节点并将链表的长度加 1 即可；如果链表不为空，则将当前节点的上一个节点设置为原尾节点，将原来的尾节点的下一个节点设置为当前节点，将尾节点设置为新的节点，这样就完成了双向链表尾节点的插入；最后需要将链表的长度加 1。

（4）删除链表的头节点：

```java
//删除链表的头节点
public Node deleteHead(){
    Node temp = head;
    if(length != 0){
        head = head.next;
        head.prev = null;
        length--;
        return temp;
    }else{ return null }
}
```

以上代码定义了 deleteHead 方法来删除链表的头节点，具体操作：首先定义一个临时节点来存储当前头节点；然后判断节点的长度，如果节点的长度为 0，则直接返回 null；如果节点的长度不为 0，则将当前头节点设置为原头节点的下一个节点，将头节点的上一个节点设置为 null，然后删除该节点；最后，将节点的长度减 1。

（5）删除链表的尾节点：

```java
//删除链表的尾节点
public Node deleteTail(){
    Node temp = tail;
    if(length != 0){
        tail = tail.prev;
        tail.next = null;
        length--;
        return temp;
    }else{ return null }
}
```

以上代码定义了 deleteTail 方法来删除链表的尾节点，具体操作：首先定义一个临时节点来存储当前尾节点；然后判断节点的长度，如果节点的长度为 0，则直接返回 null；如果节点的长度不为 0，则将当前尾节点设置为原尾节点的上一个节点，将尾节点的下一个节点设置为 null，然后删除该节点；最后将节点的长度减 1。

8.3.4 循环链表及其 Java 实现

循环链表的特性：表中尾节点的指针指向头节点，整个链表形成一个环，如图 8-8 所示。

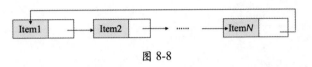

图 8-8

循环节点的实现和单向链表十分相似，只是在链表中，尾节点的 Next 指针不再是 null，而是指向头节点，其他实现和单向链表相同。

相关面试题

（1）如何删除有序链表中重复的元素？ ★★★★☆

（2）如何对单链表实现反转？ ★★★★☆

（3）什么是链表？ ★★★☆☆

（4）链表有哪几种类型？ ★★★☆☆

（5）如何合并两个有序的单链表，使合并之后的链表依然有序？ ★★★☆☆

8.4 跳跃表

跳跃表（Skip List）是链表加多级索引组成的数据结构。链表的数据结构的查询复杂度是 $O(N)$。为了提高查询效率，可以在链表上加多级索引来实现快速查询。跳跃表不仅能提高搜索性能，也能提高插入和删除操作的性能。索引的层数也叫作跳跃表的高度。跳跃表的数据结构如图 8-9 所示。

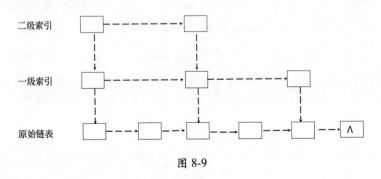

图 8-9

（1）查找：在跳跃表的结构中会首先从顶层开始查找，当顶层不存在时向下一层查找，重复此查找过程直到跳跃到原始链表。如图 8-10 所示，在[1,3,4,10,11,20]的链表中查找 10，首先从二级索引中查找，由于 1 和 4 都比 10 小；因此接着在一级索引查找；由于 10 大于 4，小于 11，因此接着向下查找；原始链表中 4 的下一个节点 10 便是需要查找的数据。

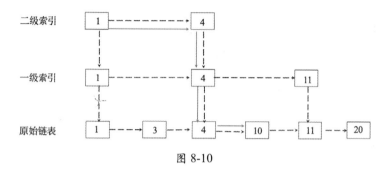

图 8-10

（2）插入：首先按照查找流程找到待插入元素的前驱和后继，然后按照随机算法生成一个高度值 height，最后将待插入的节点按照高度值生成一个垂直节点（这个节点的层数正好等于高度值），并将其插入跳跃表的多条链表中。如果高度值 height 大于插入前跳跃表的高度，那么跳跃表的高度被提升为 height，同时需要更新头节点和尾节点的指针指向。如果 height 小于或等于跳跃表的高度，那么需要更新待插入元素的前驱和后继的指针指向。在[1,3,4,10,11,20]的跳跃表中插入 18 的过程如图 8-11 所示。

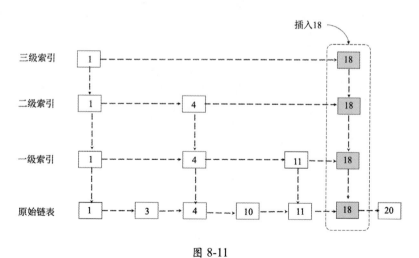

图 8-11

（3）删除：在删除节点时首先需要找到待删除的节点在每一层的前驱和后继，接着将其前驱节点的后继替换为待删除的节点的后继。删除 4 的过程如图 8-12 所示。

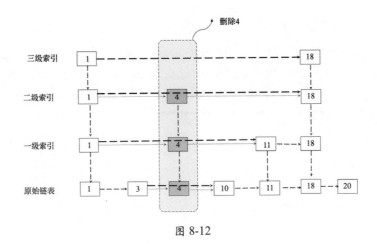

图 8-12

相关面试题

（1）什么是跳跃表？它有什么特性？★★★★☆
（2）跳跃表的查找过程是怎样的？★★☆☆☆

8.5　哈希表

哈希表是根据数据的键值对（Key-Value）对数据进行存取的数据结构，通过映射函数把键值对映射到表中的一个位置来加快查找。这个映射函数叫作哈希函数，存放记录的数组叫作哈希表。

给定表 M，存在函数 f(key)，对任意给定的关键字 key，在代入函数后如果能得到包含该关键字的记录在表中的地址，则称表 M 为哈希表，称函数 f(key)为哈希函数。具体的数据结构如图 8-13 所示。

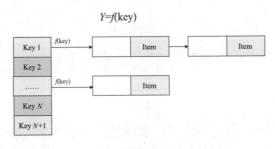

图 8-13

哈希算法通过在数据元素的存储位置和它的关键字之间建立一个确定的对应关系，使每个关键字和哈希表中唯一的存储位置相对应。在查找时只需根据这个对应关系找到给定的关键字在哈希表中的位置即可，真正做到一次查找即可命中。

8.5.1　常用的构造哈希函数

常用的构造哈希函数如下。

◎ 直接定址法：取关键字或关键字的某个线性函数值为哈希地址，即 $h(\text{key})=\text{key}$ 或 $h(\text{key})=a \times \text{key}+b$，其中 a 和 b 为常数。

◎ 平方取值法：取关键字哈希值平方后的中间几位为哈希地址。

◎ 折叠法：将关键字拆分成位数相同的几部分，然后取这几部分的叠加和作为哈希地址。

◎ 除留余数法：取关键字被某个不大于哈希表长度 m 的数 p 除后所得的余数为哈希地址，即 $h(\text{key})=\text{key}/p(p \leqslant m)$。

◎ 随机数法：选择一个随机函数，取关键字的随机函数值作为其哈希地址，即 $h(\text{key})=\text{random}(\text{key})$。

◎ Java HashCode 的实现：在 Java 中计算 HashCode 的公式为 $f(\text{key})=s[0] \times 31^{n-1} +s[1] \times 31^{n-2} + \cdots + s[n-1]$。具体实现如下：

```java
public int hashCode() {
    int h = hash;
    if (h == 0 && value.length > 0) {
        char val[] = value;
        for (int i = 0; i < value.length; i++) {
            h = 31 * h + val[i];
        }
        hash = h;
    }
    return h;
}
```

8.5.2　哈希表的应用

哈希表主要应用于用信息安全加密和快速查询的场景中。

◎ 信息安全：哈希表主要被用于信息安全领域的加密算法中，它把一些不同长度的信息转化成杂乱的 128 位编码，这些编码的值叫作哈希值。也可以说，哈希表就是找到一种数据内容和数据存放地址之间的映射关系。

◎ 快速查找：基于集合查找的一般做法是从集合中拿出一个元素，看它是否与当前数据相等，如果不相等，则缩小范围继续查找。而哈希表完全是另外一种思路，在知道 key 的值以后，就可以直接计算这个元素在集合中的位置，不需要进行一次又一次的遍历查找。

相关面试题

（1）哈希表的数据结构是怎样的？ ★★☆☆☆

（2）哈希函数有哪些？它们的特性是什么？ ★★☆☆☆

8.6　二叉排序树

二叉排序树（Binary Sort Tree），又称二叉查找树（Binary Search Tree）或二叉搜索树，为满足如下条件的树：

◎ 如果左子树不为空，则左子树上所有节点的值均小于它的根节点的值；

◎ 如果右子树不为空，则右子树上所有节点的值均大于或等于它的根节点的值；

◎ 左、右子树也分别为二叉排序树。

如图 8-14 所示便是一个二叉排序树。

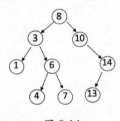

图 8-14

8.6.1　插入操作

在二叉排序树中进行插入操作时只需找到待插入的父节点，将数据插入即可，流程如下。

（1）将待插入的新节点与当前节点进行比较，如果两个节点的值相同，则表示新节点已经存在于二叉排序树中，直接返回 false。

（2）将待插入的新节点与当前节点进行比较，如果待插入的新节点的值小于当前节点的值，则在当前节点的左子树中寻找，直到左子树为空，当前节点为要找的父节点，将新节点插入当前节点的左子树中即可。

（3）将待插入的新节点与当前节点进行比较，如果待插入的新节点的值大于当前节点的值，则在当前节点的右子树中寻找，直到右子树为空，当前节点为要找的父节点，将新节点插入当前节点的右子树中即可。

具体的插入流程如图 8-15 所示。

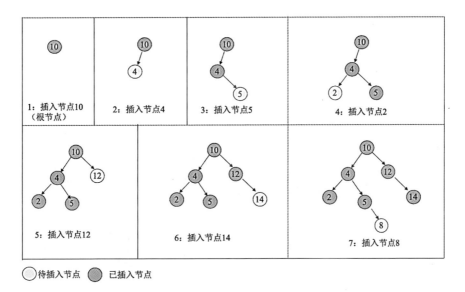

图 8-15

8.6.2　删除操作

二叉排序树的删除操作主要分为三种情况：待删除的节点没有子节点；待删除的节点只有一个子节点；待删除的节点有两个子节点。具体情况如下。

（1）在待删除的节点没有子节点时，直接删除该节点，即在其父节点中将其对应的子节点置空即可。如图 8-16 所示，待删除的节点 14 没有子节点，直接将其删除即可。

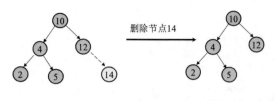

图 8-16

（2）在待删除的节点只有一个子节点时，使用子节点替换当前节点，然后删除该节点即可。如图 8-17 所示，待删除的节点 5 有一个子节点 8，则使用子节点 8 替换需要删除的节点 5，然后删除节点 5 的数据即可。

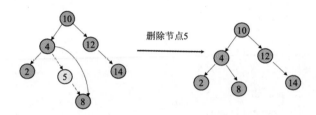

图 8-17

（3）在待删除的节点有两个子节点时，首先查找该节点的替换节点（替换节点为左子树中的最大节点或者右子树中的最小节点），然后替换待删除的节点为替换节点，最后删除替换节点。如图 8-18 所示，待删除的节点 4 有两个子节点，其左子树最大的节点为 2，其右子树最小的节点为 5，因此有两种结果。

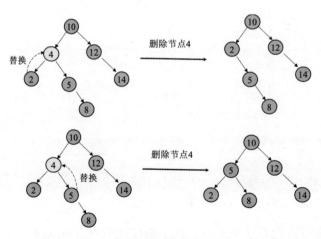

图 8-18

8.6.3 查找操作

二叉排序树的查找方式和效率接近二分查找法，因此可以很容易获取最大值（最右最深子节点）和最小值（最左最深子节点），具体的查找流程：将要查找的数据与根节点的值进行比较，如果相等就返回，如果小于根节点的值，就到左子树中递归查找；如果大于根节点的值，就到右子树中递归查找。

8.6.4 用 Java 实现二叉排序树

（1）定义二叉排序树的数据结构：

```java
public class Node {
    private int value;
    private Node left;
    private Node right;
    public Node(){
    }
    public Node(Node left, Node right, int value){
        this.left = left;
        this.right = right;
        this.value = value;
    }
    public Node(int value){
        this(null, null, value);
    }
    public Node getLeft(){
        return this.left;
    }
    public void setLeft(Node left){
        this.left = left;
    }
    public Node getRight(){
        return this.right;
    }
    public void setRight(Node right){
        this.right = right;
    }
    public int getValue(){
        return this.value;
```

```
    }
    public void setValue(int value){
        this.value = value;
    }
}
```

以上代码定义了二叉排序树的数据结构 Node，在 Node 中包含的 value、left、right 分别表示二叉排序树的值、左子节点、右子节点。

（2）定义二叉排序树的插入方法：

```
/**向二叉排序树中插入节点*/
public void insertBST(int key){
    Node p = root;
    /**记录查找节点的前一个节点*/
    Node prev = null;
    /**一直查找下去，直到到达满足条件的节点位置*/
    while(p != null){
        prev = p;
        if(key < p.getValue())
            p = p.getLeft();
        else if(key > p.getValue())
            p = p.getRight();
        else
            return;
    }
    /**prev 是待插入节点的父节点，根据节点值的大小，新建节点并将其插入相应的位置*/
    if(root == null)
        root = new Node(key);
    else if(key < prev.getValue())
        prev.setLeft(new Node(key));
    else prev.setRight(new Node(key));
}
```

以上代码定义了 insertBST() 来向二叉排序树中插入节点，具体操作分 4 步：①循环查找需要插入的节点 prev；②如果二叉树的根节点为 null，则说明二叉树是空树，直接将该节点设置为根节点；③如果待插入的数据小于该节点的值，则将其插入该节点的左节点；④如果待插入的数据大于该节点的值，则将其插入该节点的右节点。

（3）定义二叉排序树的删除方法：

```
    /**
```

```
 * 删除二叉排序树中的节点
 * 分为三种情况：（删除节点为*p，其父节点为*f）
 * （1）待删除的*p 节点是叶节点，只需修改它的双亲节点的指针为空
 * （2）如果*p 只有左子树或者只有右子树，则直接让左子树或右子树代替*p
 * （3）如果*p 既有左子树，又有右子树，则用 p 左子树中最大的值（即最右端 S）代替 P，删除 s，
重接其左子树
 * */
public void deleteBST(int key){
    deleteBST(root, key);
}
private boolean deleteBST(Node node, int key) {
    if(node == null) return false;
    else{
        if(key == node.getValue()){
            return delete(node);
        }
        else if(key < node.getValue()){
            return deleteBST(node.getLeft(), key);
        }
        else{
            return deleteBST(node.getRight(), key);
        }
    }
}
private boolean delete(Node node) {
    Node temp = null;
    /**右子树为空，只需重接它的左子树
     * 如果是叶节点，则在这里也把叶节点删除
     * */
    if(node.getRight() == null){
        temp = node;
        node = node.getLeft();
    }
    /**左子树为空，重接它的右子树*/
    else if(node.getLeft() == null){
        temp = node;
        node = node.getRight();
    }
    /**左右子树均不为空*/
    else{
        temp = node;
```

```
        Node s = node;
        /**转向左子树，然后向右走到"尽头"*/
        s = s.getLeft();
        while(s.getRight() != null){
            temp = s;
            s = s.getRight();
        }
        node.setValue(s.getValue());
        if(temp != node){
            temp.setRight(s.getLeft());
        }
        else{
            temp.setLeft(s.getLeft());
        }
    }
    return true;
}
```

以上代码通过三种方法实现了二叉树的删除，deleteBST(int key)是提供给用户的删除方法，会调用 deleteBST(Node node, int key)，其中 Node 参数为根节点，表示从根节点开始递归查找和删除；deleteBST(Node node, int key)通过递归查找找到要删除的节点。查找待删除的节点的具体做法如下。

◎ 如果 key 和当前节点的值相等，则说明找到了待删除的节点。

◎ 如果 key 小于当前节点的值，则在左子树中查找。

◎ 如果 key 大于当前节点的值，则在右子树中查找。

在找到待删除的节点后，调用 delete(Node node)删除该节点，这里的删除分 3 种情况。

◎ 如果右子树为空，则只需将它的左子树接到该节点。

◎ 如果左子树为空，则只需将它的右子树接到该节点。

◎ 如果左右子树均不为空，则需要在左子树中寻找最大的节点，并将左子树中最大的节点接到当前节点。

（4）定义二叉排序树的查询方法：

```
/**查找在二叉排序树中是否有 key 值*/
public boolean searchBST(int key){
    Node current = root;
    while(current != null){
        //等于当前值则查找成功，返回
```

```
        if(key == current.getValue())
            return true;
            //比当前值小，进入左子树中查找
        else if(key < current.getValue())
            current = current.getLeft();
        else  //比当前值大，进入右子树中查找
            current = current.getRight();
    }
    return false;
}
```

以上代码定义了 searchBST() 用于查询二叉排序树，具体做法如下。

◎ 如果 key 与当前节点的值相等，则说明找到了该节点。

◎ 如果 key 小于当前节点的值，则在左子树中查找。

◎ 如果 key 大于当前节点的值，则在右子树中查找。

相关面试题

（1）什么是二叉排序树？★★★★☆

（2）如何实现二叉排序树的先序、中序和后序遍历？★★★★☆

（3）如何求给定的二叉排序树的最大深度？★★★★☆

（4）如何求二叉排序树从根节点到叶节点的所有路径和？★★★☆☆

（5）如何进行二叉排序树的层序遍历？★★☆☆☆

（6）如何求二叉排序树的最小深度？★★☆☆☆

8.7　红黑树

红黑树（Red-Black Tree，R-B Tree）是一种自平衡的二叉查找树。在红黑树的每个节点上都多出一个存储位表示节点的颜色，颜色只能是红（Red）或者黑（Black）。

8.7.1　红黑树的特性

红黑树的特性如下。

◎ 每个节点或者是黑色的，或者是红色的。

◎ 根节点是黑色的。

◎ 每个叶节点（NIL）都是黑色的。

◎ 如果一个节点是红色的，则它的子节点必须是黑色的。

◎ 在从一个节点到该节点的子孙节点的所有路径下都包含相同数量的黑色节点。

具体的数据结构如图 8-19 所示。

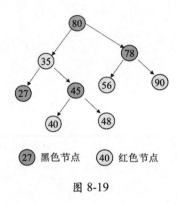

图 8-19

8.7.2　红黑树的左旋

以 a 节点为支点左旋，指将 a 节点的右子节点设为 a 节点的父节点，即将 a 节点设为左节点。因此左旋意味着被旋转的节点将变成一个左节点，具体流程如图 8-20 所示。

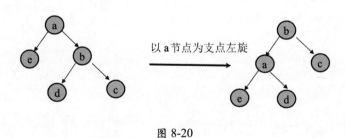

图 8-20

8.7.3　红黑树的右旋

以 b 节点为支点右旋，指将 b 节点的左子节点设为 b 节点的父节点，即将 b 节点设为一个右节点。因此右旋意味着被旋转的节点将变成一个右节点，具体流程如图 8-21 所示。

图 8-21

8.7.4　红黑树的添加

红黑树的添加分为 3 步：①将红黑树看作一颗二叉查找树，并以二叉树的插入规则插入新节点；②将插入的节点涂成红色或黑色；③通过左旋、右旋或着色操作，使之重新成为一颗红黑树。

根据被插入的节点的父节点的情况，可以将具体的插入分为 3 种情况来处理。

（1）如果被插入的节点是根节点，则直接把此节点涂成黑色。

（2）如果被插入的节点的父节点是黑色的，则什么也不需要做，在节点插入后仍是红黑树。

（3）如果被插入的节点的父节点是红色的，则被插入的节点一定存在非空祖父节点，即被插入的节点也一定存在叔叔节点，即使叔叔节点（叔叔节点指当前节点的祖父节点的另一个子节点）为空，我们也视之为存在，空节点本身就是黑色节点。然后根据叔叔节点的颜色，在被插入的节点的父节点是红色的时，进一步分为 3 种情况来处理。

◎　如果当前节点的父节点是红色的，当前节点的叔叔节点也是红色的，则将父节点设为黑色的，将叔叔节点设为黑色的，将祖父节点设为红色的，将祖父节点设为当前节点。

◎　如果当前节点的父节点是红色的，当前节点的叔叔节点是黑色的，而且当前节点是右节点，则将父节点设为当前节点，以新节点为支点左旋。

◎　如果当前节点的父节点是红色的，当前节点的叔叔节点是黑色的，而且当前节点是左节点，则将父节点设为黑色的，将祖父节点设为红色的，以祖父节点为支点右旋。

8.7.5　红黑树的删除

红黑树的删除分为两步：①将红黑树看作一颗二叉查找树，根据二叉查找树的删除规则删除节点；②通过左旋、旋转、重新着色操作进行树修正，使之重新成为一棵红黑树，具体操作如下。

（1）将红黑树看作一颗二叉查找树，将节点删除。

◎ 如果被删除的节点没有子节点，那么直接将该节点删除。

◎ 如果被删除的节点只有一个子节点，那么直接删除该节点，并用该节点的唯一子节点替换该节点的位置。

◎ 如果被删除的节点有两个子节点，那么先找出该节点的替换节点，然后把替换节点的数据复制给该节点的数据，之后删除替换节点。

（2）通过左旋、旋转、重新着色操作进行树修正，使之重新成为一棵红黑树，因为红黑树在删除节点后可能会违背红黑树的特性，所以需要通过旋转和重新着色来修正该树，使之重新成为一棵红黑树：①如果当前节点的子节点是"红+黑"节点，则直接把该节点设为黑色的；②如果当前节点的子节点是"黑+黑"节点，且当前节点是根节点，则什么都不做；③如果当前节点的子节点是"黑+黑"节点，且当前节点不是根节点，则又可以分为如下几种情况进行处理。

◎ 如果当前节点的子节点是"黑+黑"节点，且当前节点的兄弟节点是红色的，则将当前节点的兄弟节点设置为黑色的，将父节点设置为红色的，对父节点进行左旋，重新设置当前节点的兄弟节点。

◎ 如果当前节点的子节点是"黑+黑"节点，且当前节点的兄弟节点是黑色的，兄弟节点的两个子节点也都是黑色的，则将当前节点的兄弟节点设置为红色的，设置当前节点的父节点为新节点。

◎ 如果当前节点的子节点是"黑+黑"节点，且当前节点的兄弟节点是黑色的，兄弟节点的左子节点是红色的且右子节点是黑色的，则将当前节点的左子节点设置为黑色的，将兄弟节点设置为红色的，对兄弟节点进行右旋，重新设置当前节点的兄弟节点。

◎ 如果当前节点的子节点是"黑+黑"节点，且当前节点的兄弟节点是黑色的，兄弟节点的右子节点是红色的且左子节点是任意颜色的，则将当前节点的父节点的颜色赋值给兄弟节点，将父节点设置为黑色的，将兄弟节点的右子节点设置为黑色的，对父节点进行左旋，设置当前节点为根节点。

相关面试题

（1）什么是红黑树？★★★★☆

（2）红黑树有什么特性？★★★★☆

（3）如果红黑树中的红黑节点产生冲突，那么该如何处理冲突？★★★☆☆

（4）在红黑树中添加数据的流程是什么？★★★☆☆

8.8　图

图是由有穷非空集合的顶点和顶点之间的边组成的集合，通常表示为 G(V,E)，其中 G 表示一个图，V 是图 G 中顶点的集合，E 是图 G 中边的集合。

在线性结构中，每个元素都只有一个直接前驱和直接后继，主要用于表示一对一的数据结构；在树形结构中，数据之间有着明显的父子关系，每个数据和其子节点的多个数据相关，主要用于表示一对多的数据结构；在图形结构中，数据之间具有任意关系，图中任意两个数据元素之间都可能相关，可用于表示多对多的数据结构。图根据边的属性可分为无向图和有向图。

8.8.1　无向图和有向图

如果从顶点 V_i 到 V_j 的边没有方向，则称这条边为无向边。顶点和无向边组成的图为无向图，用无序对 (V_i,V_j) 来表示无向边。如图 8-22 所示，$G=(V_1,\{E_1\})$，其中顶点集合 $V_1=\{A,B,C,D\}$，边集合 $E_1=\{ (A,B),(A,C),(A,D),(B,D),(C,D) \}$。

如果从顶点 V_i 到 V_j 的边有方向，则称这条边为有向边，也叫作弧，用有序偶 $<V_i,V_j>$ 来表示有向边，V_i 叫作弧尾，V_j 叫作弧头。由顶点和有向边组成的图叫作有向图。如图 8-23 所示，$G=(V2,\{E2\})$，其中顶点集合 $V_2=\{A,B,C,D\}$，弧集合 $E_2=\{<A,D>,<B,A>,<C,A>,<B,C>\}$。连接顶点 A 到 D 的有向边就是弧，A 是弧尾，D 是弧头，$<A,D>$ 表示弧，注意弧是有方向的，不能写成 $<D,A>$。

图 8-22   图 8-23

8.8.2　图的存储结构：邻接矩阵

图的邻接矩阵的存储方式是基于两个数组来表示图的数据结构并存储图中的数据。一个一维数组存储图中的顶点信息，一个二维数组（也叫作邻接矩阵）存储图中的边或弧的信息。设图 G 有 n 个顶点，则邻接矩阵是一个 $n \times n$ 的方阵，如图 8-24 所示。

$$\operatorname{arc}(i, j)=\begin{cases}1, & \left(v_i, v_j\right) \in \mathrm{E} \\ 0, & \left(v_i, v_j\right) \notin \mathrm{E}\end{cases}$$

图 8-24

1.　无向图的邻接矩阵

在无向图的邻接矩阵中，如果 $<V_i, V_j>$ 的交点为 1，则表示两个顶点连通，为 0 则不连通。在无向图的邻接矩阵中，主对角元素都为 0，即顶点自身没有连通关系，如图 8-25 所示。

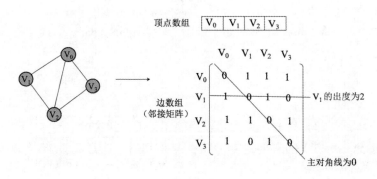

图 8-25

2. 有向图的邻接矩阵

在有向图的邻接矩阵中，如果$<V_i,V_j>$的交点为 1，则表示从 V_i 到 V_j 存在弧（但从 V_j 到 V_i 是否存在弧不确定），为 0 则表示从 V_i 到 V_j 不存在弧；同样，在有向图的邻接矩阵中，主对角元素都为 0，也就是说从顶点到自身没有弧。需要注意的是，有向图的连接是有方向的，V_1 的出度为 2，表示从 V_1 顶点出发的边有两条；V_3 的出度为 0，表示没有从 V_3 出发的边。有向图的邻接矩阵如图 8-26 所示。

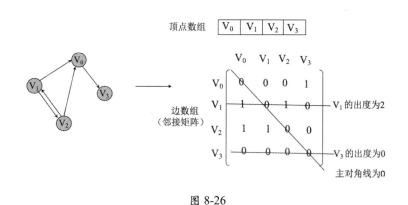

图 8-26

3. 带权重图的邻接矩阵

在某些图的每条边上都带有权重，如果要将这些权值保存下来，则可以采用权值代替矩阵中的 0、1，在权值不存在的元素之间用 ∞ 表示，带权重图的邻接矩阵如图 8-27 所示。

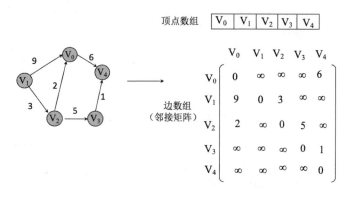

图 8-27

8.8.3　图的存储结构：邻接表

邻接表采用了数组与链表相结合的存储方式，是图的一种链式存储结构，主要用于解决邻接矩阵中顶点多边少时存在空间浪费的问题。具体的处理方法如下。

（1）将图中的顶点信息存储在一个一维数组中，同时在顶点信息中存储用于指向第 1 个邻节点的指针，以便查找该顶点的边信息。

（2）图中每个顶点 V_i 的所有邻节点构成一个线性表，由于邻节点的个数不定，所以用单向链表存储，如果是无向图，则称链表为顶点 V_i 的边表，如果是有向图，则称链表为以顶点 V_i 为弧尾的出边表。

1. 无向图的邻接表结构

从图 8-28 可以知道，顶点是通过一个头节点类型的一维数组保存的，其中每个头节点的第 1 个弧都指向第 1 条依附在该顶点上的边的信息，邻接域表示该边的另一个顶点在顶点数组中的下标，下一个弧指向下一条依附在该顶点上的边的信息。有向图的邻接表和无向图类似，这里不再赘述。

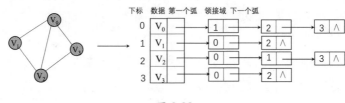

图 8-28

2. 带权值的网图连接表结构

对于带权值的图，在节点定义中再增加一个权重值 weight 的数据域，存储权值信息即可，如图 8-29 所示。

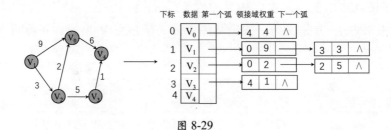

图 8-29

8.8.4　图的遍历

图的遍历指从图中某一顶点出发遍访图中的每个顶点，且使每个顶点仅被访问一次。图的遍历分为广度优先遍历和深度优先遍历，且对无向图和有向图都适用。

1.　广度优先遍历

广度优先遍历也叫作广度优先搜索（Breadth First Search），类似于树的分层遍历算法，其定义为：假设从图中某个顶点 V 出发，在访问了 V 之后依次访问 V 的各个未曾访问的邻节点，然后分别从这些邻节点出发依次访问它们的邻节点，并使先被访问的顶点的邻节点先于后被访问的顶点的邻节点被访问，直至图中所有已被访问的顶点的邻节点都被访问；如果此时图中尚有顶点未被访问，则另选图中未曾被访问的一个顶点作为起始点重复上述过程，直至图中所有顶点均被访问。

如图 8-30 所示的图广度优先遍历顺序为：假设从起始点 V_1 开始遍历，首先访问 V_1 和 V_1 的邻节点 V_2 和 V_3，然后依次访问 V_2 的邻节点 V_4 和 V_5，以及 V_3 的邻节点 V_6 和 V_7，最后访问 V_4 的邻节点 V_8，于是得到节点的线性遍历顺序：$V_1 \rightarrow V_2 \rightarrow V_3 \rightarrow V_4 \rightarrow V_5 \rightarrow V_6 \rightarrow V_7 \rightarrow V_8$。

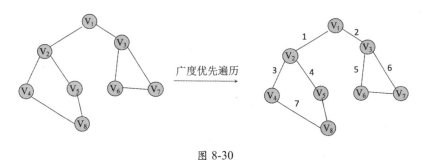

图 8-30

2.　深度优先遍历

图的深度优先遍历也叫作深度优先搜索（Depth First Search），类似于树的先根遍历（先访问树的根节点），其定义为：假设从图中的某个顶点 V 出发，在访问 V 节点后依次从 V 未被访问的邻节点出发以深度优先的原则遍历图，直至图中所有和 V 节点路径连通的顶点都被访问；如果此时图中尚有顶点未被访问，则另选一个未曾访问的顶点作为起始点重复上述过程，直至图中所有节点都被访问。

如图 8-31 所示的深度优先遍历顺序为：假设从起始点 V_1 开始遍历，在访问了 V_1 后选择其邻节点 V_2。因为 V_2 未曾被访问，所以从 V_2 出发进行深度优先遍历。以此类推，接着从 V_4、V_8、V_5 出发进行遍历。在访问了 V_5 后，由于 V_5 的邻节点都被访问过，则遍历回退到 V_8。同理，继续回退到 V_4、V_2 直至 V_1，此时 V_1 的另一个邻节点 V_3 未被访问，则遍历操作又从 V_1 到 V_3 继续进行下去，得到节点的线性顺序为：$V_1 \rightarrow V_2 \rightarrow V_4 \rightarrow V_8 \rightarrow V_5 \rightarrow V_3 \rightarrow V_6 \rightarrow V_7$。

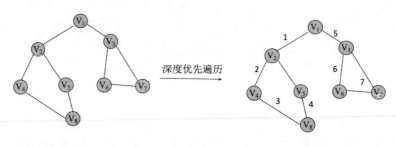

图 8-31

相关面试题

（1）什么是图数据结构？★★★★☆

（2）图的存储结构是什么？★★★☆☆

（3）如何对图进行遍历？★★★☆☆

8.9 位图

位图（Bitmap）通常基于数组实现，我们可以将数组中的每个元素都看作一系列二进制数，所有元素一起组成更大的二进制集合，这样就可以大大节省空间。位图通常是用于判断某个数据是否存在的，常用于在 Bloom Filter 中判断数据是否存在，还可用于无重复整数的排序等，在大数据行业中应用广泛。

8.9.1 位图的数据结构

位图在内部维护了一个 $M \times N$ 维的数组 char[M][N]，在这个数组里面所有字节都占 8 位，因此可以存储 $M \times N \times 8$ 个数据。假如要存储的数据范围为 0～15，则只需使用 $M=1,N=2$

的数据进行存储即可，具体的数据结构如图 8-32 所示。

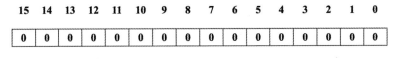

图 8-32

在我们要存储的数据为 {1,3,6,10,15} 时，只需将有数据的位设置为 1，表示该位存在数据，将其他位设置为 0，具体的数据结构如图 8-33 所示。

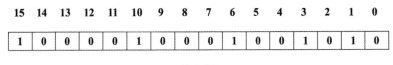

图 8-33

8.9.2　位图的 Java 实现

在 Java 中使用 byte[] 字节数组来存储位数据。对于位数据中的第 i 位，该位为 1 则表示 true，即数据存在；为 0 则表示 false，即数据不存在。其具体实现分为数据结构的定义、查询方法的实现和修改方法的实现。

1. 数据结构的定义

在如下代码中定义了一个名为 Bitmap 的类用于位图数据结构的存储，其中 byte[] 数组用于存储具体的数据，length 用于记录数据的长度：

```
//以 bit 为存储单位的数据结构，对于指定的第 i 位，1 表示 true，0 表示 false
public class Bitmap {
    private byte[] bytes;
    //length 为位图的长度，实际可操作的下标为 [0,length)
    private int length;
    public Bitmap(int length){
        this.length = length;
        bytes = new byte[length%8==0 ? length/8 : length/8+1];
    }
}
```

2. 查询方法的实现

位图的查询操作为在拿到目标位（bit）所在的字节后，将其向右位移（并将高位置 0），使目标位在第 1 位，这样结果值就是目标位的值，方法如下。

（1）通过 byte[index >> 3]（等价于 byte[index/8]）得到目标位所在的字节。

（2）令 i=index&7（等价于 index%8），得到目标位在该字节中的位置。

（3）为了将目标位前面的高位置 0（这样位移后的值才等于目标位本身），需要构建到目标位为止的低位掩码，即 01111111 >>>(7-i)，再与原字节做与运算。

（4）将结果向右移 *i* 位，使目标位处于第 1 位，结果值即为所求。具体的查询位图的 Java 实现如下：

```
//获取指定位的值
public boolean get(int index){
    int i = index & 7;
    //构建到 index 结束的低位掩码并做与运算（为了将高位置 0），
    然后将结果一直右移，直到目标位（index 位）移到第 1 位，然后根据其值返回结果
    if((bytes[index >> 3] & (01111111>>>(7-i))) >> i == 0)
        return false;
    else
        return true;
}
```

3. 修改方法的实现

对位图的修改操作根据设定值 true 或 false 的不同，分为两种情况。

（1）如果 value 为 true，则表示数据存在，将目标位与 1 做或运算，需要构建目标位为 1、其他位为 0 的操作数。

（2）如果 value 为 false，则表示数据不存在，将目标位与 0 做与运算，需要构建目标位为 0、其他位为 1 的操作数。构建目标位为 1 且其他位为 0 的操作数的做法为：1 << (index &7)。修改位图的 Java 实现如下：

```
//设置目标位的值
public void set(int index, boolean value){
    if(value)
        //通过目标位 index 先定位到对应的字节，并根据 value 值进行不同位的操作：
        //1.如果 value 为 true，则目标位应该做或运算，构建"目标位为 1，
```

```
        //其他位为 0"的操作数，为了只合理操作目标位，而不影响其他位
        //2.如果 value 为 false，则目标位应该做与运算，构建"目标位为 0，
        //其他位为 1"的操作数
        bytes[index >> 3] |= 1 << (index & 7);
        //bytes[index/8] = bytes[index/8] | (0b0001 << (index%8))
    else
        bytes[index >> 3] &= ~(1 << (index & 7));
}
```

相关面试题

（1）给定一个无符号整数，如何快速判断在一个长度为 40 亿的集合中是否包含该整数？★★★★☆

（2）什么是位图？★★★☆☆

（3）位图的应用场景有哪些？★★☆☆☆

第 9 章

Java 中常用算法的
原理及其 Java 实现

在计算机世界里，数据结构+算法=程序，因此算法在程序开发过程中起着至关重要的作用。常用的算法有查找算法和排序算法。查找算法有线性查找算法、二分查找算法等，这里重点介绍最常用也最快速的二分查找算法。

排序算法是很常见的算法，大到数据库设计，小到对列表的排序都有应用。常用的排序算法有冒泡排序算法、插入排序算法、快速排序算法、希尔排序算法、归并排序算法、桶排序算法、堆排序算法和基数排序算法。本章会详细介绍这些算法。除此之外，还会介绍一些在应用中必不可少的算法，例如剪枝算法、回溯算法、最短路径算法、最大子数组算法和最长公因子算法。

9.1　二分查找算法

二分查找算法又叫作折半查找算法，要求待查找的序列有序，每次查找都取中间位置的值与待查关键字进行比较，如果中间位置的值比待查关键字大，则在序列的左半部分继续执行该查找操作，如果中间位置的值比待查关键字小，则在序列的右半部分继续执行该查找操作，直到找到关键字为止，否则在序列中没有待查关键字。

如图 9-1 所示，在有序数组[3,4,6,20,40,45,51,62,70,99,110]中查找 key=20 的数据，根据二分查找算法，只需查找两次便能命中数据。这里需要强调的是，二分查找算法要求要查找的集合是有序的，如果不是有序的集合，则先要通过排序算法排序后再进行查找。

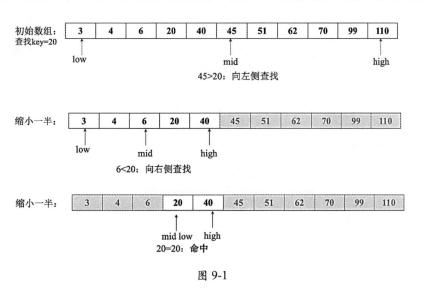

图 9-1

二分查找算法的 Java 实现如下：

```java
public static int binarySearch(int []array,int a){
    int low=0;
    int high=array.length-1;
    int mid;
    while(low<=high){
        mid=(high-low)/2+low ;//中间位置
        if(array[mid]==a){
            return mid;
        }else if(a>array[mid]){ //向右查找
            low=mid+1;
        }else{ //向左查找
            high=mid-1;
        }
    }
    return -1;
}
```

以上代码定义了 binarySearch 方法用于二分查找，在该方法中有 3 个变量 low、mid 和 high，分别表示二分查找的最小、中间和最大的数据索引。在以上代码中，通过一个 while 循环在数组中查找传入的数据，在该数据大于中间位置的数据时向右查找，即最大索引位置不变，将最小索引设置为上次循环的中间索引加 1；在该数据小于中间位置的数据时向左查找，即最小索引位置不变，然后将最大索引设置为上次循环的中间索引并减 1。重复以上过程，直到中间索引位置的数据等于要查找的数据，说明找到了要查找的数据，将该数据对应的索引返回。如果遍历到 low>high 仍没有找到待查找的数据，则说明该数据在列表中不存在，返回-1。

相关面试题

（1）二分查找算法的原理是什么？★★★★☆

（2）写一个函数，实现对一个整型有序数组的二分查找。★★★★☆

（3）如何使用二分查找算法求解平方根？★★☆☆☆

9.2 冒泡排序算法

冒泡排序（Bubble Sort）算法是一种较简单的排序算法，它在重复访问要排序的元素列时，会依次比较相邻的两个元素，如果左边的元素大于右边的元素，就将二者交换位置，如此重复，直到没有相邻的元素需要交换位置，这时该列表的元素排序完成。

如图 9-2 所示为对数组[4,5,6,3,2,1]进行冒泡排序，每次都将当前数据和下一个数据进行比较，如果当前数据比下一个数据大，就将二者交换位置，否则不做任何处理。这样经过第 1 趟排序就会找出最大值 6 并将其放置在最后一位，经过第 2 趟排序就会找出次大的数据 5 放在倒数第二位，如此重复，直到所有数据都排序完成。

初始数组：	4	5	6	3	2	1
第1趟：	4	5	3	2	1	6
第2趟：	4	3	2	1	5	6
第3趟：	3	2	1	4	5	6
第4趟：	2	1	3	4	5	6
第5趟：	1	2	3	4	5	6

图 9-2

冒泡排序算法的 Java 实现如下：

```java
public static int[] bubbleSort(int[] arr) {
    //外层循环控制排序趟数
    for (int i = 0; i < arr.length - 1; i++) {
        //内层循环控制每一趟的排序次数
        for (int j = 0; j < arr.length - 1 - i; j++) {
            if (arr[j] > arr[j + 1]) {
                int temp = arr[j];
                arr[j] = arr[j + 1];
                arr[j + 1] = temp;
            }
        }
    }
    return arr;
}
```

以上代码实现了一个名为 bubbleSort()的冒泡排序算法，分为外层循环和内层循环，外层循环控制排序的次数，内层循环控制每一趟排序的次数。在内层循环中比较当前数据和下一个数据的大小，如果当前数据大于下一个数据，就交换二者的位置，这样重复进行比较、交换，直至整个排序完成，最终返回排序后的数组。

（1）冒泡排序算法的原理是什么？★★★☆☆

（2）请用伪代码实现对数组的冒泡排序。★★★☆☆

9.3 插入排序算法

插入排序（Insertion Sort）算法是一种简单、直观且稳定的排序算法。如果要在一个已排好序的数据序列中插入一个数据，但要求此数据序列在插入数据后仍然有序，就要用到插入排序算法。

插入排序算法的原理如图 9-3 所示，类似于扑克牌游戏的抓牌和整理过程。在开始摸牌时，左手是空的。接着，每次从桌上摸起一张牌时，都根据牌的大小在左手扑克牌序列中从右向左依次比较，在找到第一个比该扑克牌大的位置时就将该扑克牌插入该位置的左侧，以此类推，无论什么时候，左手中的牌都是排好序的。

图 9-3

如图 9-4 所示为插入排序算法的工作流程。输入原始数组[6,2,5,8,7]，在排序时将该数组分成两个子集：一个是有序的 L（left）子集，一个是无序的 R（right）子集。初始时设 L=[6]，R = [2,5,8,7]。在 L 子集中只有一个元素 6，本身就是有序的。接着我们每次都从 R 子集中取出一个元素插入 L 子集中从右到左比自己大的元素后面，然后将 L 子集中比自己大的所有元素整体后移，这样就保证了 L 子集仍然是有序的序列。重复以上插入操作，直到 R 子集的数据为空，这时整个序列排序完成，排序的结果被保存在 L 子集中。

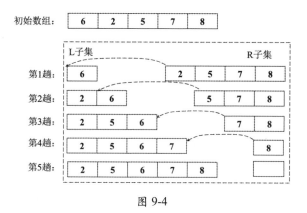

图 9-4

插入排序算法的 Java 实现如下：

```java
public static int[] insertSort(int arr[])
    {
        for(int i =1; i<arr.length;i++)
        {
            //待插入的数据
            int insertVal = arr[i];
            //被插入的位置（准备和前一个数进行比较）
            int index = i-1;
            //如果插入的数比被插入的数小
            while(index>=0&&insertVal<arr[index])
            {
                //则将 arr[index]向后移动
                arr[index+1]=arr[index];
                //将 index 向前移动
                index--;
            }
            //将待插入的数据放在合适的位置
            arr[index+1]=insertVal;
        }
        return arr;
    }
```

以上代码定义了 insertSort()用于插入排序，其中，insertVal 用于从数组中取出待插入的数据，index 是待插入的位置。在 insertSort()中通过 while 循环从数组中找到比待插入数据大的数据的索引位置 index，然后将该 index 位置后的元素向后移动，接着将待插入的数据插入 index+1 的位置，如此重复，直到整个数组排序完成。

相关面试题

（1）插入排序的原理是什么？★★★☆☆

（2）请用 Java 实现对数组的插入排序。★★☆☆☆

9.4　快速排序算法

快速排序（Quick Sort）算法是对冒泡排序算法的一种改进，其原理是选择一个关键值作为基准值（一般选择第 1 个值作为基准值），将比基准值大的都放在右边的序列中，将比基准值小的都放在左边的序列中。具体的循环过程如下。

（1）从后向前比较，用基准值和最后一个值进行比较。如果比基准值小，则交换位置；如果比基准值大，则继续比较下一个值，直到找到第 1 个比基准值小的值才交换位置。

（2）在从后向前找到第 1 个比基准值小的值并交换位置后，从前向后开始比较，如果有比基准值大的，则交换位置；如果没有，则继续比较下一个，直到找到第 1 个比基准值大的值才交换位置。

（3）重复执行以上过程，直到从前向后比较的索引大于或等于从后向前比较的索引，则结束一次循环。这时对于基准值来说，左右两边都是有序的数据序列。

（4）重复循环以上过程，分别比较左右两边的序列，直到整个数据序列有序。

如图 9-5 所示是对数组[6,9,5,7,8]进行快速排序。先以第 1 个元素 6 为基准值，从数组的最后一位向前比较（比较顺序：8>6、7>6、5<6），找到第 1 个比 6 小的数据 5，然后进行第 1 次位置交换，即将数据 6（索引为 0）和数据 5（索引为 2）交换位置，之后基准值6 位于索引 2 处；接着从前向后比较（比较顺序：5<6、9>6），找到第 1 个比 6 大的数据 9，然后进行第 2 次位置交换，即将数据 6（索引为 2）和数据 9（索引为 1）交换位置，交换后 6 位于索引 1 处；这时高位和低位都在 6 处，第一次递归完成。在第一次递归完成后，基准值 6 前面的数据都比 6 小，基准值 6 后面的数据都比 6 大。重复执行上述过程，直到整个数组有序。

初始数组：

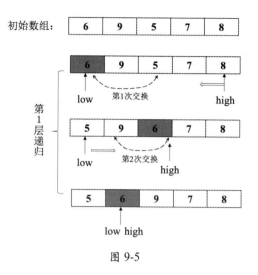

图 9-5

快速排序算法的 Java 实现如下：

```java
public  static  int[] quickSort(int[] arr,int low,int high){
    int start = low;//从前向后比较的索引
    int end = high;//从后向前比较的索引
    int key = arr[low];//基准值
    while(end>start){
        //从后向前比较
        while(end>start&&arr[end]>=key)
            end--;
//如果没有比基准值小的，则比较下一个，直到有比基准值小的，则交换位置，然后又从前向后比较
        if(arr[end]<=key){
            int temp = arr[end];
            arr[end] = arr[start];
            arr[start] = temp;
        }
        //从前向后比较
        while(end>start&&arr[start]<=key)
            start++;
        //如果没有比基准值大的，则比较下一个，直到有比基准值大的，交换位置
        if(arr[start]>=key){
            int temp = arr[start];
            arr[start] = arr[end];
            arr[end] = temp;
        }
        //此时第 1 次循环比较结束，基准值的位置已经确定。左边的值都比基准值小，
```

```
        //右边的值都比基准值大，但是两边的顺序还有可能不一样，接着进行下面的递归调用
    }
    //递归左边序列：从第 1 个索引位置到"基准值索引-1"
    if(start>low) quickSort(arr,low,start-1);
    //递归右边序列：从"基准值索引+1"到最后一个位置
    if(end<high) quickSort(arr,end+1,high);
    return arr;
}
```

以上代码定义了名为 quickSort()的快速排序方法，在该方法中定义了 3 个变量 start、end 和 key，分别表示从前向后比较的索引、从后向前比较的索引和基准值。具体过程：首先通过 while 循环从后向前比较，找到比基准值小的，则交换位置；然后通过 while 循环从前向后比较，找到比基准值大的，则交换位置；最后根据从前向后比较的索引和从后向前比较的索引的大小不断递归调用，直到递归完成，返回排序后的结果。

相关面试题

（1）什么是快速排序算法？★★★★☆

（2）请用伪代码实现快速排序算法。★★★★☆

（3）快速排序的时间复杂度最差是多少？在什么情况下时间复杂度最大？★★☆☆☆

9.5 希尔排序算法

希尔排序（Shell Sort）算法是插入排序算法的一种，又叫作缩小增量排序（Diminishing Increment Sort）算法，是插入排序算法的一种更高效的改进版本，也是非稳定排序算法。

希尔排序算法的原理是先将整个待排序的元素序列分割成若干个子序列，分别进行直接插入排序，待整个序列中的元素基本有序时，再对全部元素依次进行直接插入排序。

希尔排序算法的具体做法：假设待排序元素序列有 N 个元素，则先取一个小于 N 的整数增量值 increment 作为间隔，将全部元素分为 increment 个子序列，将所有距离为 increment 的元素都放在同一个子序列中，在每一个子序列中分别进行直接插入排序；然后缩小 increment 间隔，重复上述子序列的划分和排序工作，直到最后取 increment=1，将所有元素都放在同一个子序列中时排序终止。

由于开始时 increment 的取值较大，每个子序列中的元素较少，所以排序速度较快；

到了排序后期，increment 的取值逐渐变小，子序列中的元素个数逐渐增多，但由于前期经过了元素排序，大多数元素已经基本有序，所以排序速度仍然很快。

例如，对数组[21,25,49,26,16,8]进行希尔排序的排序过程如下。

（1）第 1 趟排序。第 1 趟排序的间隔为"increment=N/3+1=3"，它将整个数据列划分为间隔为 3 的 3 个子序列，然后对每个子序列都进行直接插入排序，相当于对整个序列都进行了部分排序，如图 9-6 所示。

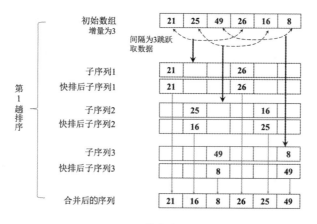

图 9-6

（2）第 2 趟排序。第 2 趟排序的间隔为"increment=increment/3+1=2"，将整个元素序列划分为两个间隔为 2 的子序列分别进行排序，如图 9-7 所示。

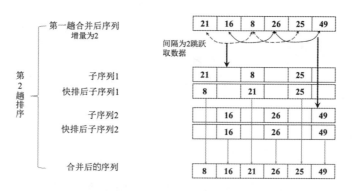

图 9-7

（3）第 3 趟排序。第 3 趟排序的间隔为"increment=increment/3+1=1"，在增量为 1 时再执行一次排序，则整个数组将变得有序。

希尔排序算法的 Java 实现如下：

```java
public static  int[] shellSort(int[] arr) {
    int dk = arr.length/3 + 1;
    while( dk != 1 ){
        ShellInsertSort(arr, dk);
        dk = dk/3 + 1;
    }
    if(dk == 1){ ShellInsertSort(arr, dk);  }
    return arr;
}
public static void ShellInsertSort(int[] a, int dk) {
    //类似于插入排序算法，但插入排序算法的增量是 1，这里的增量是 dk，将 1 换成 dk 即可
    for(int i=dk;i<a.length;i++){
        if(a[i]<a[i-dk]){
            int j;
            int x=a[i];//x 为待插入的元素
            a[i]=a[i-dk];
            for(j=i-dk;  j>=0 && x<a[j];j=j-dk){
                //通过循环，逐个后移一位找到待插入的位置
                a[j+dk]=a[j];
            }
            a[j+dk]=x;//将数据插入对应的位置
        }
    }
}
```

相关面试题

（1）希尔排序算法的原理是什么？★★★☆☆

（2）希尔排序的组内排序采用的是什么算法？★★★☆☆

9.6　归并排序算法

归并排序算法是基于归并（Merge）操作的一种有效排序算法，是采用分治法（Divide and Conquer）的典型应用。

归并排序算法的原理是先将原始数组分解为多个子序列，然后对每个子序列都进行排

序，最后将排好序的子序列合并起来。如图 9-8 所示为对数组[4,1,3,9,6,8]进行归并排序，先经过两次分解，将数组分解成 4 个子序列，然后对子序列进行排序和归并，最终得到排好序的数组[1,3,4,6,8,9]。

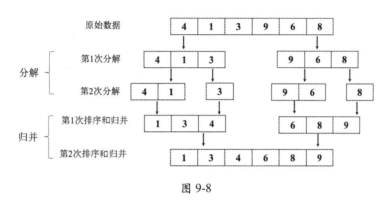

图 9-8

归并排序算法的 Java 实现如下：

```java
public static int[] mergeSort(int[] data) {
    sort(data, 0, data.length - 1);
    return data;
}
//对左右两边的数据进行递归
public static void sort(int[] data, int left, int right) {
    if (left >= right)
        return;
    //找出中间索引
    int center = (left + right) / 2;
    //对左边的数组进行递归排序
    sort(data, left, center);
    //对右边的数组进行递归排序
    sort(data, center + 1, right);
    //对两个数组进行归并
    merge(data, left, center, right);
}
/**
 * 对两个数组进行归并：两个数组在归并前是有序数组，在归并后依然是有序数组
 * @param data:数组对象;left:左边数组第 1 个元素的索引;
 *         center 左边数组最后一个元素的索引，center+1 是右边数组第 1 个元素的索引
 *         right:右边数组最后一个元素的索引
 */
public static void merge(int[] data, int left, int center, int right) {
```

```
        //临时数组
        int[] tmpArr = new int[data.length];
        //右边数组第 1 个元素的索引
        int mid = center + 1;
        //third 记录临时数组的索引
        int third = left;
        //缓存左边数组第 1 个元素的索引
        int tmp = left;
        while (left <= center && mid <= right) {
            //从两个数组中取出最小的值放入临时数组中
            if (data[left] <= data[mid]) {
                tmpArr[third++] = data[left++];
            } else {
                tmpArr[third++] = data[mid++];
            }
        }
        //将剩余部分依次放入临时数组中（在实际工作中，两个 while 只会执行其中一个）
        while (mid <= right) {
            tmpArr[third++] = data[mid++];
        }
        while (left <= center) {
            tmpArr[third++] = data[left++];
        }
        //将临时数组中的内容复制到原数组中
        //（原 left-right 范围内的内容被复制到原数组中）
        while (tmp <= right) {
            data[tmp] = tmpArr[tmp++];
        }
    }
```

以上代码定了 3 个方法：mergeSort()是归并排序方法的入口；sort()对数据进行递归拆解和合并；merge()进行数据排序和合并。其中，sort()每次都将数组进行二分拆解，然后对左侧的数组和右侧的数据分别进行递归。merge()先将数组进行冒泡排序，然后依次将冒泡排序的结果放入临时数组中，最后将排好序的临时数组放入排序数组中。

相关面试题

（1）归并排序算法的原理是什么？★★★☆☆

（2）请使用伪代码实现归并排序。★★☆☆☆

9.7　桶排序算法

桶排序（Bucket Sort）算法也叫作箱排序算法，它的原理是先找出数组中的最大值和最小值，并根据最大值和最小值定义桶，然后将数据按照大小放入桶中，最后对每个桶都进行排序，在每个桶的内部完成排序后，就得到了完整的排序数组。

如图 9-9 所示为对数组[3,6,5,9,7,8]进行桶排序，首先根据数据的长度和 min、max 创建三个桶，分别为 0 ~ 3、4 ~ 7、8 ~ 10；然后将数组的数据按照大小放入相应的桶中；接着将桶内部的数据分别进行排序；最后将各个桶进行合并，便得到了完整排序后的数组。

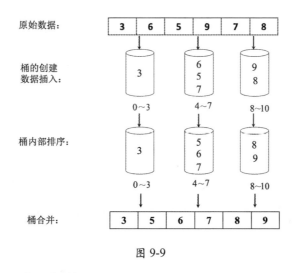

图 9-9

桶排序算法的 Java 实现如下：

```java
public static int[] bucketSort(int[] arr){
    int max = Integer.MIN_VALUE;
    int min = Integer.MAX_VALUE;
    for(int i = 0; i < arr.length; i++){
        max = Math.max(max, arr[i]);
        min = Math.min(min, arr[i]);
    }
    //创建桶
    int bucketNum = (max - min) / arr.length + 1;
    ArrayList<ArrayList<Integer>> bucketArr = new ArrayList(bucketNum);
    for(int i = 0; i < bucketNum; i++){
        bucketArr.add(new ArrayList<Integer>());
```

```
        }
        //将每个元素都放入桶中
        for(int i = 0; i < arr.length; i++){
            int num = (arr[i] - min) / (arr.length);
            bucketArr.get(num).add(arr[i]);
        }
        //对每个桶都进行排序
        for(int i = 0; i < bucketArr.size(); i++){
            Collections.sort(bucketArr.get(i));
        }
        ArrayList<Integer> resultList = new ArrayList<>();
        for(int i = 0; i < bucketArr.size(); i++)
{resultList.addAll(bucketArr.get(i)); }
        for (int i =0 ;i <resultList.size() ;i++) {arr[i] = resultList.get(i);}
        return arr;
    }
```

以上代码定义了名为 bucketSort() 的桶排序算法，具体实现分为如下 3 步。

（1）在待排序数组中找出最大值 max 和最小值 min，并根据 "bucketNum=（max-min）/arr.length+1" 创建 bucketNum 个桶。

（2）遍历待排序的数组 arr，计算每个元素 arr[i]的大小并放入桶中。

（3）对每个桶都各自排序，在每个桶的内部排序完成后就得到了完整的排序数组。

> **相关面试题**

（1）桶排序算法的原理是什么？★★★☆☆

9.8　基数排序算法

基数排序（Radix Sort）算法是桶排序算法的扩展，它的原理是将所有待比较数据统一长度，在位数不够时前面补零，然后从低位到高位根据每个位上整数的大小依次对数据进行排序，最终得到一个有序序列。

如图 9-10 所示为对数组[1,56,7,5,304,12,102,45,183,3,345,123]进行基数排序，先将数组中的所有元素都补为三位数并进行按位分割，之后分别按照个位、十位、百位进行排序，最终就得到了排序后的数组。

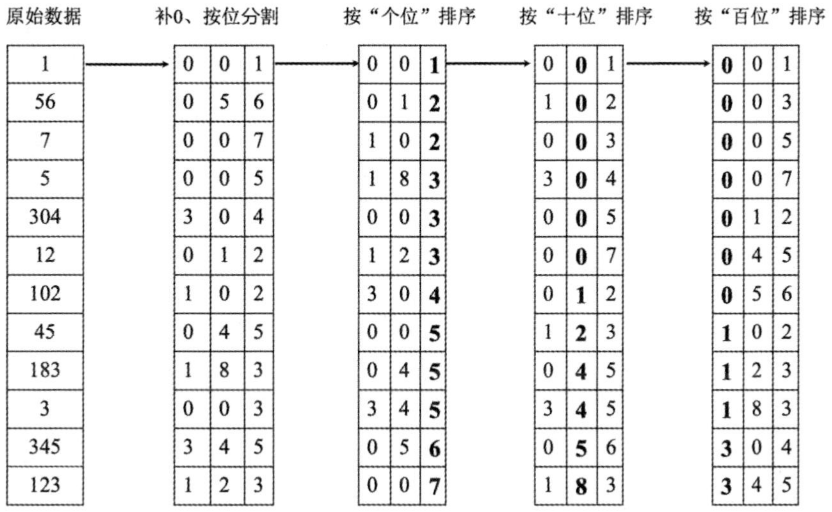

图 9-10

基数排序算法的 Java 实现如下：

```java
//array：数组    maxDigit：数组最大位数
private static int[] radixSort(int[] array,int maxDigit)
{
    //数组最大位数的数据上限，比如 3 位数的最大上限为 1000
    double max = Math.pow(10, maxDigit+1);
    int n=1;//代表位数对应的数：1,10,100......
    int k=0;//保存每一位排序后的结果用于下一位的排序输入
    int length=array.length;
    //bucket 用于保存每次排序后的结果，将当前位上排序结果相同的数字放在同一个桶里
    int[][] bucket=new int[10][length];
    int[] order=new int[length];//用于保存每个桶里有多少个数字
    while(n<max)
    {
        for(int num:array)  //将数组 array 里的每个数字都放在相应的桶里
        {
            int digit=(num/n)%10;
            bucket[digit][order[digit]]=num;
            order[digit]++;
        }
        //将前一个循环生成的桶里的数据覆盖到原数组中，用于保存这一位的排序结果
```

```
       for(int i=0;i<length;i++)
       {
         //在这个桶中有数据，从上到下遍历这个桶并将数据保存到原数组中
          if(order[i]!=0)
          {
             for(int j=0;j<order[i];j++)
             {
                array[k]=bucket[i][j];
                k++;
             }
          }
          order[i]=0;//将桶中的计数器设置为 0，用于下一次位排序
       }
       n*=10;
       k=0;//将 k 设置为 0，用于下一轮保存位排序结果
    }
    return array;
}
```

以上代码定义了名为 radixSort() 的基数排序方法，在该方法中 array 为待排序数组，maxDigit 为数组的最大位数。并且，在该方法中定义的 max 代表数组最大位数的数据上限，用于控制 while 循环排序的趟次；n 代表位数（个位为 1，十位为 10）；k 保存每一位排序后的结果，用于下一位的排序输入；bucket 数组为排序桶，用于保存每次排序后的结果，将当前位上排序结果相同的数字放在同一个桶里；order 数组用于保存每个桶里有多少个数字。

具体做法是在 while 循环中先取出当前位的数据放入排序桶中，然后将排序桶的数据覆盖到原数组中用于保存这一位的排序结果，接着从上到下遍历这个桶并将数据保存到原数组中，这样便完成了当前位的排序。假设数组最大有 N 位，则进行 N+1 次 while 循环便完成了所有位数（个位、十位、百位……）上的排序。

相关面试题

（1）基数排序算法的原理是什么？★★★☆☆

（2）已知数据序列为（86,8,234,50,116,64,68,453,24,142），请给出基数排序过程的示意图。★★★★☆

（3）对[21,49,84,45,12]进行基数排序，第 1 趟排序的结果是什么？★★★☆☆

9.9　其他算法

除了以上算法，常用的算法还有剪枝算法、回溯算法、最短路径算法等，下面一一进行介绍。

9.9.1　剪枝算法

剪枝算法属于算法优化范畴，通过剪枝策略，提前减少不必要的搜索路径。

在搜索算法的优化中，剪枝算法通过某种预判去掉一些不需要的搜索范围，从直观上理解相当于剪去了搜索树中的某些"枝条"，故称剪枝。剪枝优化的核心是设计剪枝预判方法，即哪些"枝条"被剪掉后可以缩小搜索范围，提高搜索效率而又不影响整体搜索的准确性。如图 9-11 所示为在二叉树的查找过程中预判元素 48 不可能在左侧树中，将其剪枝以减少搜索范围。

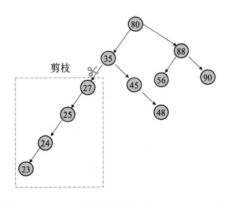

图 9-11

剪枝优化有三个原则：正确、准确、高效。

◎ 正确：剪枝的前提是保证不丢失正确的结果。

◎ 准确：在保证正确性的基础上应该根据具体的问题采用合适的判断手段，使不包含最优解的枝条尽可能多地被剪去，以达到程序快速最优化的目的。剪枝是否准确是衡量优化算法优劣的标准。

◎ 高效：指尽可能减少搜索的次数，使程序运行的时间减少。

剪枝算法按照其判断思路可分为可行性剪枝和最优性剪枝。

◎ 可行性剪枝：该方法判断沿着某个路径能否搜索到数据，如果不能则直接回溯。

◎ 最优性剪枝：又称上下界剪枝，记录当前得到的最优值，在当前节点无法产生比当前最优解更优的解时，可以提前回溯。

9.9.2 回溯算法

回溯算法是一种最优选择搜索算法，按选优条件向前搜索，以达到目标。如果在探索到某一步时，发现原先的选择并不是最优选择或达不到目标，就退一步重新选择，这种走不通就退回再走的方法叫作回溯法，而满足回溯条件的某个状态的点叫作回溯点。如图 9-12 所示为经历了[10,4,5,8]的线路后未找到需要的数据，则回溯到根节点以另一条线路重新查找。

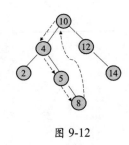

图 9-12

9.9.3 最短路径算法

最短路径算法指从某顶点出发沿着图的边到达另一顶点，在途中可选的路径下各边权值之和最小的一条路径叫作最短路径。解决最短路径问题的方法有 Dijkstra 算法、Bellman-Ford 算法、Floyd 算法和 SPFA 算法等。

如图 9-13 所示为从起点 A 到终点 F 有 3 条路径，路径 1 为[A,B,D,C]，路径 2 为[A,F]，路径 3 为[A,E,F]。在各条边权重相等的情况下，路径 2 显然为最短路径。

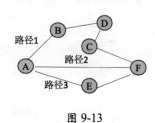

图 9-13

最短路径算法的常见问题如下。

◎ 确定起点的最短路径问题：已知起始节点，求最短路径的问题，适合使用 Dijkstra 算法。

◎ 确定终点的最短路径问题：已知终节点，求最短路径的问题。在无向图中，该问题与确定起点的问题等同；在有向图中，该问题与将所有路径方向反转以确定起点的问题等同。

◎ 确定起点和终点的最短路径问题：已知起点和终点，求两节点之间的最短路径。

◎ 全局最短路径问题：求图中所有的最短路径，适合使用 Floyd-Warshall 算法。

相关面试题

（1）最短路径算法的原理和应用场景是什么？　★★☆☆☆

第 10 章

关系数据库及分布式事务

数据库是软件开发中必不可少的服务，无论是关系数据库 MySQL、Oracle、PostgreSQL，还是 NoSQL 数据库 HBase、MongoDB、Cassandra，都针对不同的应用场景解决不同的数据存取问题。本章不会详细介绍这些数据库的使用方法，因为读者或多或少都使用过这些数据库，但是数据库底层的原理尤其是存储引擎、数据库锁和分布式事务容易被忽略，而这些原理对于数据库的调优和疑难问题的解决比较重要，因此本章将针对数据库存储引擎、数据库索引、存储过程、数据库锁和分布式事务展开介绍，希望读者能够站在更高的层次理解这些原理，以便在数据库出现性能瓶颈时做出正确的判断和处理。

10.1　数据库基础

在数据库中，存储引擎、创建索引的原则、数据库三范式、存储过程、触发器这些基础内容不但在面试过程中经常被问到，在日常工作中也经常被用到，下面就讲解这些内容。

10.1.1　存储引擎

数据库的存储引擎是数据库的底层软件组织，数据库管理系统（DBMS）使用存储引擎创建、更新、删除和查询数据。不同的存储引擎提供了不同的存储机制、索引技巧、锁定水平等特定功能。现在，许多数据库管理系统都支持多种存储引擎，常用的存储引擎主要有 MyISAM、InnoDB、TokuDB、Memory。

1. MyISAM

MyISAM 不支持数据库事务、行级锁和外键，因此在插入或更新数据（即写操作）时需要锁定整个表，效率较低。

MyISAM 的特性是执行读取操作的速度快，且占用的内存和存储资源较少。它在设计之初就假设数据被组织成固定长度的记录，并且是按顺序存储的。在查找数据时，MyISAM 直接查找文件的 OFFSET，定位比 InnoDB 要快（进行 InnoDB 寻址时要先映射到块，再映射到行）。

总体来说，MyISAM 的缺点是更新数据慢且不支持事务处理，优点是查询速度快。

2. InnoDB

InnoDB 为 MySQL 提供了事务（Transaction）支持、回滚（Rollback）、崩溃修复能力（Crash Recovery Capabilities）、多版本并发控制（Multi-versioned Concurrency Control）、事务安全（Transaction-safe）的操作。InnoDB 的底层存储结构为 B+树，B+树的每个节点都对应 InnoDB 的一个 Page，Page 大小是固定的，一般被设置为 16KB。其中，非叶节点只有键值，叶节点包含完整的数据，如图 10-1 所示。

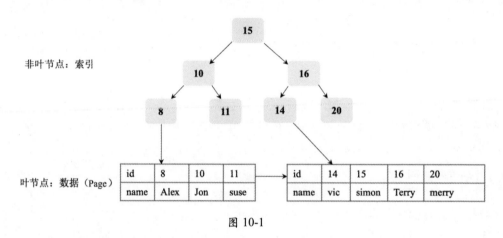

图 10-1

InnoDB 适用于有如下需求的场景中。

◎ 经常有数据更新的表，适合处理多重并发更新请求。
◎ 支持事务。
◎ 支持灾难恢复（通过 binary log 日志恢复）。
◎ 支持外键约束，只有 InnoDB 支持外键。
◎ 支持自动增加列属性 auto_increment。

3. TokuDB

TokuDB 的底层存储结构为 Fractal Tree。Fractal Tree 的结构与 B+树有些类似，只是在 Fractal Tree 中除了每一个指针（key），都需要指向一个 child（孩子）节点，child 节点带一个 Message Buffer，该 Message Buffer 是一个先进先出队列，用于缓存更新操作，具体的数据结构如图 10-2 所示。这样，每一次插入操作都只需落在某节点的 Message Buffer 上，就可以马上返回，并不需要搜索到叶节点。这些缓存的更新操作会在后台异步合并并更新到对应的节点上。

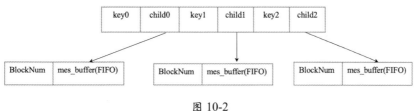

图 10-2

TokuDB 在线添加索引，不影响读写操作，有非常高的写入性能，主要适用于要求写入速度快、访问频率不高的数据或历史数据归档。

4．内存表

内存表使用内存空间创建。每个内存表实际上都对应一个磁盘文件用于支持数据持久化。内存表因为数据是存放在内存中的，因此访问速度非常快，通常使用哈希索引来实现数据索引。内存表的缺点是一旦服务关闭，表中的数据就将丢失。

内存表还支持哈希索引和 B 树索引。B 树索引可以使用部分查询和通配查询，也可以使用不等于、大于或等于等操作符方便批量数据访问，哈希索引相对于 B 树索引来说，基于 Key 的查询效率较高，但是基于范围的查询效率较低。

10.1.2　创建索引的原则

创建索引是我们提高数据库查询效率最常用的办法，也是很重要的办法。下面是常见的创建索引的原则。

◎ 选择唯一性索引：唯一性索引一般基于哈希算法实现，可以快速、唯一地定位某条数据。

◎ 为经常需要排序、分组和联合操作的字段建立索引。

◎ 为经常作为查询条件的字段建立索引。

◎ 限制索引的数量：索引越多，数据更新表越慢，因为在进行数据更新时会不断计算和添加索引。

◎ 尽量使用数据量少的索引：如果索引的值很长，则占用的磁盘较大，查询速度会受到影响。

◎ 尽量使用前缀来索引：如果索引字段的值过长，则不但影响索引的大小，而且会降低索引的执行效率，这时需要使用字段的部分前缀来作为索引。

◎ 删除不再使用或者很少使用的索引。

◎ 尽量选择区分度高的列作为索引：区分度表示字段值不重复的比例。

◎ 索引列不能参与计算：带函数的查询不建议参与索引。

◎ 尽量扩展现有索引：联合索引的查询效率比多个独立索引高。

10.1.3 数据库三范式

范式是具有最小冗余的表结构，三范式的概念如下所述。

1. 第一范式

如果每列都是不可再分的最小数据单元（也叫作最小的原子单元），则满足第一范式，第一范式的目标是确保每列的原子性。如图 10-3 所示，其中的 Address 列违背了第一范式列不可再分的原则，要满足第一范式，就需要将 Address 列拆分为 Country 列和 City 列。

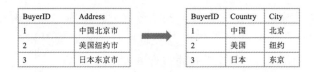

图 10-3

2. 第二范式

第二范式在第一范式的基础上，规定表中的非主键列不存在对主键的部分依赖，即第二范式要求每个表都只描述一件事情。如图 10-4 所示，Orders 表既包含订单信息，也包含产品信息，需要将其拆分为两个单独的表。

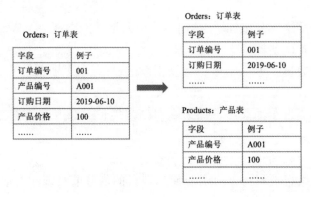

图 10-4

3. 第三范式

第三范式的定义：满足第一范式和第二范式，并且表中的列不存在对非主键列的传递依赖。如图 10-5 所示，除了主键的订单编号，顾客姓名依赖于非主键的顾客编号，因此需要将该列去除。

Orders：订单表

字段	例子
订单编号	001
订购日期	2019-06-10
顾客编号	C001
顾客姓名	Alex
……	……

Orders：订单表

字段	例子
订单编号	001
订购日期	2019-06-10
顾客姓名	Alex
……	……

图 10-5

10.1.4　存储过程

存储过程指一组用于完成特定功能的 SQL 语句集，它被存储在数据库中，经过第一次编译后再次调用时不需要被再次编译，用户通过指定存储过程的名称并给出参数（如果该存储过程带有参数）来执行它。存储过程是数据库中的一个重要对象，我们可以基于存储过程快速完成复杂的计算操作。如下为常见的存储过程的优化思路，也是我们编写事务时需要遵守的原则。

◎ 尽量利用一些 SQL 语句代替一些小循环，例如聚合函数、求平均函数等。

◎ 中间结果被存放于临时表中，并加索引。

◎ 少使用游标（Cursors）：SQL 是种集合语言，对于集合运算有较高的性能，而游标是过程运算。比如，在对一个 50 万行的数据进行查询时，如果使用游标，则需要对表执行 50 万次读取请求，将占用大量的数据库资源，影响数据库的性能。

◎ 事务越短越好：SQL Server 支持并发操作，如果事务过长或者隔离级别过高，则都会造成并发操作的阻塞、死锁，导致查询速度极慢、CPU 占用率高等。

◎ 使用 try-catch 处理异常。

◎ 尽量不要将查询语句放在循环中，防止出现过度消耗系统资源的情况。

10.1.5　触发器

触发器是一段能自动执行的程序，和普通存储过程的区别是"触发器在对某一个表或者数据进行操作时触发"，例如在进行更新、插入、删除操作时，系统会自动调用和执行该表对应的触发器。触发器一般用于数据变化后需要执行一系列操作的情况，比如对系统核心数据的修改需要通过触发器来存储操作日志的信息等。

> **相关面试题**

（1）创建索引的原则有哪些？★★★★☆

（2）MySQL 常见的 4 种存储引擎 InnoDB、TokuDB、MyISAM 和 MEMORY 的区别是什么？★★★☆☆

（3）MySQL 的 MyISAM 与 InnoDB 两种存储引擎各自的适用场景是什么？★★★☆☆

（4）存储过程和触发器的区别是什么？★★★☆☆

（5）请举例说明数据库三范式是什么。★★☆☆☆

（6）存储过程的优缺点有哪些？★★☆☆☆

（7）触发器的使用场景有哪些？★★☆☆☆

（8）什么是视图？★★☆☆☆

10.2　数据库的并发操作和锁

数据库的并发控制一般采用三种方法实现，分别是乐观锁、悲观锁及时间戳。数据库的锁分为行级锁、表级锁及页级锁。除此之外，还可以通过 Redis 实现分布式锁。下面对这些概念和技术分别进行介绍。

10.2.1　数据库的并发策略

1. 乐观锁

乐观锁在读数据时，认为其他用户不会去写其所读的数据。

2. 悲观锁

悲观锁在修改某条数据时，不允许其他用户读取该数据，直到自己的整个事务都提交并释放锁，其他用户才能访问该数据。悲观锁又可分为排它锁（写锁）和共享锁（读锁）。

3. 时间戳

时间戳指在数据库表中额外加一个时间戳列 TimeStamp。每次读数据时，都把时间戳也读出来，在更新数据时把时间戳加 1，在提交之前跟数据库的该字段比较一次，如果比数据库的值大，就允许保存，否则不允许保存。这种处理方法虽然不使用数据库系统提供的锁机制，但是可以大大提高数据库处理的并发度。

10.2.2　数据库锁

1. 行级锁

行级锁指对某行数据加锁，是一种排他锁，防止其他事务修改此行。在执行如下数据库操作时，数据库会自动应用行级锁。

◎ INSERT、UPDATE、DELETE、SELECT … FOR UPDATE [OF columns] [WAIT n | NOWAIT]。

◎ SELECT … FOR UPDATE：允许用户一次性针对多条记录进行更新操作。

◎ COMMIT 或 ROLLBACK：用于释放锁。

2. 表级锁

表级锁指对当前操作的整张表加锁，它的实现简单，资源消耗较少，被大部分存储引擎支持。最常用的 MyISAM 与 InnoDB 都支持表级锁定。表级锁定分为表共享读锁（共享锁）与表独占写锁（排他锁）。

3. 页级锁

页级锁的锁定粒度介于行级锁和表级锁之间。表级锁的加锁速度快，但冲突多，行级冲突少，但加锁速度慢。页级锁在二者之间做了平衡，一次锁定相邻的一组记录。

4. 基于 Redis 的分布式锁

数据库锁是基于单个数据库实现的，在我们的业务跨多个数据库时，就要使用分布式锁来保证数据的一致性。下面介绍如何使用 Redis 实现一个分布式锁。Redis 实现的分布式锁以 Redis setnx 命令为中心实现，setnx 是 Redis 的写入操作命令，具体语法为 setnx(key val)。在且仅在 key 不存在时，插入一个 key 为 val 的字符串，返回 1；在 key 存在时，什么都不做，返回 0。通过 setnx 实现分布式锁的思路如下。

◎ 获取锁：在获取锁时调用 setnx，如果返回 0，则该锁正在被别人使用；如果返回 1，则成功获取锁。

◎ 释放锁：在释放锁时，判断锁是否存在，如果存在，则执行 Redis 的 DELETE 操作释放锁。

用 Redis 实现分布式锁的简单代码如下，注意，如果锁并发比较大，则可以设置一个锁的超时时间，在超时时间到后，Redis 会自动释放锁给其他线程使用：

```java
public class RedisLock {
    private final static Log logger = LogFactory.getLog(RedisLock.class);
    private Jedis jedis;
    public RedisLock(Jedis jedis) {
        this.jedis = jedis;
    }
    //获取锁
    public synchronized boolean lock(String lockId){
        //设置锁
        Long status = jedis.setnx(lockId,System.currentTimeMillis()+"") ;
        if (0 == status){//有用户在使用该锁，获取锁失败
            return false;
        }else{
            return true;//创建、获取锁成功，锁 id=lockId
        }
    }
    //释放锁
    public synchronized boolean unlock(String lockId) {
        String lockValue = jedis.get(lockId);
        if (lockValue != null) {//释放锁成功
            jedis.del(lockId);
            return true;
        }else {
            return false;//释放锁失败
```

```
        }
    }
    public static void main(String[] args) {
        JedisPoolConfig jcon = new JedisPoolConfig();
        JedisPool jp = new JedisPool(jcon,"127.0.0.1",6379);
        Jedis jedis = jp.getResource();
        RedisLock lock = new RedisLock(jedis);
        String lockId = "123";
        try {
            if (lock.lock(lockId)) {
                //加锁后需要执行的逻辑代码
            }
        } catch (Exception e) {
            e.printStackTrace();
        } finally {
            lock.unlock(lockId);
        }
    }
}
```

以上代码定义了 RedisLock 类，在该类中定义了一个 Redis 数据库连接 Jedis，同时定义了 lock 方法来获取一个锁，在获取锁时首先通过 setnx 设置锁 id 并获取 Redis 内锁的状态，如果返回信息为 0，则表示锁正在被用户使用（锁 id 存在于 Redis 中）；如果不为 0，则表示成功在内存中设置了该锁。同时在 RedisLock 类中定义了 unlock 方法用于释放一个锁，具体做法是在 Redis 中查找该锁并删除。

10.2.3　数据库分库分表

数据库分表有垂直切分和水平切分两种，下面简单介绍二者的区别。

◎ 垂直切分：将表按照功能模块、关系密切程度划分到不同的库中。例如，我们会创建定义数据库 workDB、商品数据库 payDB、用户数据库 userDB、日志数据库 logDB 等，分别用于存储项目数据定义表、商品定义表、用户数据表、日志数据表等，如图 10-6 所示。

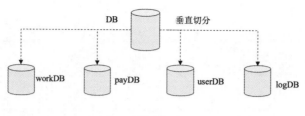

图 10-6

◎ 水平切分：在一个表中的数据量过大时（一般在数据超过 1 亿条后），我们可以把该表的数据按照某种规则如 userID 哈希值进行划分，然后将其存储到多个具有相同表结构的数据库上，如图 10-7 所示。

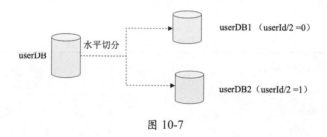

图 10-7

相关面试题

（1）什么是锁？★★★★★

（2）数据库的分库分表是如何实现的？★★★★☆

（3）基于 Redis 实现分布式锁的思路是什么？★★★☆☆

10.3　事务

数据库事务执行一系列基本操作，这些基本操作组成一个逻辑工作单元一起向数据库提交，要么都执行，要么都不执行。事务是一个不可分割的工作逻辑单元，必须具备原子性（Atomicity）、一致性（Consistency）、隔离性（Isolation）和持久性（Durabilily）属性。事务分本地事务和分布式事务两种。

◎ 原子性：事务是一个完整的操作，参与事务的逻辑单元要么都执行，要么都不执行。

◎ 一致性：在事务执行完毕时（无论是正常执行完毕还是异常退出），数据都必须处于一致状态。

◎ 隔离性：对数据进行修改的所有并发事务都是彼此隔离的，不应以任何方式依赖
或影响其他事务。

◎ 持久性：在事务操作完成后，对数据的修改都将被持久化到永久性存储中。

10.3.1 本地事务

本地事务基于数据库资源实现，事务串行地在 JDBC 连接上执行，本地事务将事务处
理局限在当前事务资源内。其特性是使用灵活但无法支持多数据源的事务操作。在数据库
连接中使用本地事务的代码示例如下：

```
public void transferAccount() {
        Connection conn = null;
        Statement stmt = null;
        try{
            conn = getDataSource().getConnection();
            //1: 将自动提交设置为 false
            //如果设置为 true，则数据库将会把每一次数据更新认定为一个事务并自动提交
            conn.setAutoCommit(false);
            stmt = conn.createStatement();
            //2: 操作 A 数据：将 A 账户中的金额减少 500
            stmt.execute("update t_account set amount = amount - 500
                    where account_id = 'A'");
            //3: 操作 B 数据：将 B 账户中的金额增加 500
            stmt.execute("update t_account set amount = amount + 500
                    where account_id = 'B'");
            //4: 提交事务
            conn.commit();
            //转账的两步操作同时执行
System.out.printlinc("transaction success");
        } catch(SQLException sqle){
            //5: 异常回滚：发生异常，回滚在本事务中的操作
            conn.rollback();
            //6: 关闭并释放数据库资源
            stmt.close();
            conn.close();
        }
}
```

在以上代码中首先通过 conn.setAutoCommit(false)设置数据库连接为非自动提交，然后分别提交了两条更新语句，最后通过 conn.commit()提交事务。如果数据库操作成功，则事务完成；如果操作失败，则通过 conn.rollback()回滚事务。

10.3.2　分布式事务

分布式事务（Distributed Transaction）提供了跨数据库的分布式事务操作的数据一致性，跨数据库的一致性包含同一类型数据库的多个数据库实例服务的一致性（例如多个 MySQL 事务的一致性）和多个不同类型数据库的数据一致性（例如 MySQL 和 Oracle 之间事务的一致性）两种情况。

Java 事务编程接口（Java Transaction API，JTA）和 Java 事务服务（Java Transaction Service，JTS）为 J2EE 平台提供了分布式事务服务。分布式事务包括一个事务管理器（Transaction Manager）和一个或多个支持 XA 协议（XA 协议是由 X/Open 组织提出的分布式事务的规范，主要定义了事务管理器和资源管理器之间的接口）的资源管理器（Resource Manager）。其中，事务管理器负责所有事务参与单元的协调与控制，资源管理器负责不同数据库的具体事务执行操作。具体使用代码如下：

```
public void transferAccount() {
        UserTransaction userTx = null;
//step 1：定义数据库 A、B 连接
        Connection connA = null; Statement stmtA = null;
        Connection connB = null; Statement stmtB = null;
try{
//step 2：获得 Transaction 管理对象
userTx = (UserTransaction)getContext().lookup("java:comp/UserTransaction");
connA = getDataSourceA().getConnection();//step 3.1：从数据库 A 中取得数据库连接
connB = getDataSourceB().getConnection();//step 3.2：从数据库 B 中取得数据库连接
userTx.begin();    //step 4：启动事务
stmtA = connA.createStatement();//step 5.1：操作数据库 A 的数据：将数据库 A 账户中的
金额减少 500
stmtA.execute("update t_account set amount = amount - 500
            where account_id = 'A'");
//step 5.2：操作数据库 B 的数据：将数据库 B 账户中的金额增加 500
stmtB = connB.createStatement();
stmtB.execute("update t_account set amount = amount + 500
            where account_id = 'B'");
    userTx.commit();//step 6：提交事务
```

```
    //提交事务：转账的两步操作同时执行（数据库 A 和数据库 B 中的数据被同时更新）
} catch(SQLException sqle){
    //step 7: 回滚事务，发生异常，回滚本事务中的操作
    userTx.rollback();//数据库 A 和数据库 B 中的数据更新被同时撤销
}
```

在以上代码中首先定义了一个分布式事务管理器 UserTransaction，然后定义了两个连接池 connA 和 connB，接着通过 userTx.begin()启动事务并向两个数据库连接提交两个更新请求，最后通过 userTx.commit()统一提交事务。如果执行成功，则事务完成；如果失败，则通过 userTx.rollback()回滚事务。

10.3.3　CAP

CAP 原则又叫作 CAP 定理，指的是在一个分布式系统中，一致性（Consistency）、可用性（Availability）和分区容错性（Partition tolerance）三者不可兼得。

◎ 一致性：在分布式系统的所有数据备份中，在同一时刻是否有同样的值（等同于所有节点都访问同一份最新的数据副本）。

◎ 可用性：在集群中一部分节点发生故障后，集群整体能否响应客户端的读写请求（对数据更新具备高可用性）。

◎ 分区容错性：系统如果不能在时限内达成数据的一致性，就意味着发生了分区，必须就当前操作在 C 和 A 之间做出选择。就实际效果而言，分区相当于对通信的时限要求。

10.3.4　两阶段提交

分布式事务指涉及操作多个数据库的事务，在分布式系统中，各个节点之间在物理上相互独立，通过网络进行沟通和协调。

两阶段提交（Two-Phase Commit）指在计算机网络及数据库领域内，为了使分布式数据库的所有节点在进行事务提交时都保持一致性而设计的一种算法。在分布式系统中，每个节点虽然都可以知道自己的操作是否成功，却无法知道其他节点的操作是否成功。

在一个事务跨越多个节点时，为了保持事务的 ACID 特性，需要引入一个作为协调者的组件来统一掌控所有节点（称作参与者）的操作结果，并最终确定这些节点是否真正提交操作结果（比如将更新后的数据写入磁盘等）。因此，两阶段提交的算法思路可以概括

为：参与者将操作成败通知协调者，再由协调者根据所有参与者的反馈决定各参与者是提交操作还是中止操作。

1. Prepare（准备阶段）

事务协调者（事务管理器）给每个参与者（源管理器）都发送 Prepare 消息，每个参与者要么直接返回失败（如权限验证失败），要么在本地执行事务，写本地的 redo 和 undo 日志但不提交，是一种"万事俱备，只欠东风"的状态。

2. Commit（提交阶段）

如果协调者接收到了参与者的失败消息或者等待超时，则直接给每个参与者都发送回滚消息，否则发送提交消息，参与者根据协调者的指令执行提交或者回滚操作，释放在所有事务处理过程中使用的锁资源，如图 10-8 所示。

图 10-8

3. 两阶段提交的缺点

两阶段提交的缺点如下。

◎ 同步阻塞问题：在执行过程中，所有参与者的任务都是阻塞执行的。

◎ 单点故障：所有请求都需要经过协调者，在协调者发生故障时，所有参与者都会被阻塞。

◎ 数据不一致：在两阶段提交的第二阶段，在协调者向参与者发送 Commit（提交）请求后发生了局部网络异常，或者在发送 Commit 请求过程中协调者发生了故障，导致只有一部分参与者接收到 Commit 请求，于是整个分布式系统出现了数据不一致的现象，这也被称为脑裂。

◎ 在协调者宕机后事务状态丢失：协调者在发出 Commit 消息之后宕机，唯一接收到这条消息的参与者也宕机，即使协调者通过选举协议产生了新的协调者，这条事务的状态也是不确定的，没有人知道事务是否已被提交。

10.3.5　三阶段提交

三阶段提交（Three-Phase Commit）是两阶段提交的改进版本，具体改进如下。

◎ 引入超时机制：在协调者和参与者中引入超时机制，如果协调者长时间接收不到参与者的反馈，则认为参与者执行失败。

◎ 在第一阶段和第二阶段都加入一个预准备阶段，以保证在最后的任务提交之前各参与节点的状态是一致的。也就是说，除了引入超时机制，三阶段提交把两阶段提交的准备阶段再次一分为二，这样三阶段提交就有了 CanCommit、PreCommit、DoCommit 三个阶段。

（1）CanCommit 阶段：协调者向参与者发送 Commit 请求，参与者如果可以提交，就返回 Yes 响应，否则返回 No 响应。

（2）PreCommit 阶段：协调者根据参与者的反馈来决定是否继续进行，有如下两种可能。

◎ 假如协调者从所有参与者那里获得的反馈都是 Yes 响应，就预执行事务。

◎ 假如有任意参与者向协调者发送了 No 响应，或者在等待超时之后协调者都没有接收到参与者的响应，则执行事务中断。

（3）DoCommit 阶段：在该阶段进行真正的事务提交，主要包括：协调者发送提交请求，参与者提交事务，参与者响应反馈（在事务提交完之后向协调者发送 Ack 响应），协调者确定完成事务，如图 10-9 所示。

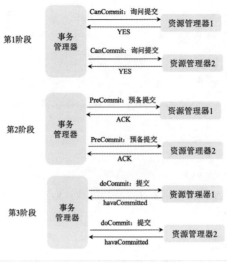

图 10-9

10.3.6　柔性事务

在分布式数据库领域，基于 CAP 理论及 BASE 理论，阿里巴巴提出了柔性事务的概念。BASE 理论是 CAP 理论的延伸，包括基本可用（Basically Available）、柔性状态（Soft State）、最终一致性（Eventual Consistency）三个原则，并基于这三个原则设计出了柔性事务。

我们通常所说的柔性事务分为：两阶段型、补偿型、异步确保型、最大努力通知型。

两阶段型事务指分布式事务的两阶段提交，对应技术上的 XA 和 JTA/JTS，是分布式环境下事务处理的典型模式。

补偿型事务（Try、Confirm、Cancel TCC 型事务）是一种基于补偿的事务处理模型。如图 10-10 所示，主业务服务发起事务，服务器 B 参与事务，如果服务器 A 的事务和服务器 B 的事务都顺利执行完成并提交，则整个事务执行完成。但是，如果事务 B 执行失败，事务 B 本身就回滚，这时事务 A 已被提交，所以需要执行一个补偿操作，将已经提交的事务 A 执行的操作进行回滚，恢复到未执行前事务 A 的状态。需要注意的是，发起提交的一般是主业务服务，而状态补偿的一般是业务活动管理者，因为活动日志被存储在业务活动管理中，补偿需要依靠日志进行恢复。TCC 事务模型牺牲了一定的隔离性和一致性，但是提高了事务的可用性。

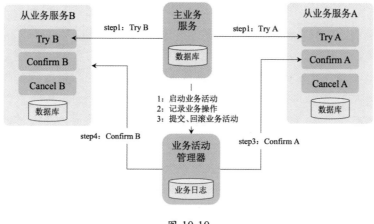

图 10-10

异步确保型事务指将一系列同步的事务操作修改为基于消息队列异步执行的操作，来避免分布式事务中同步阻塞导致的数据操作性能下降。如图 10-11 所示，在业务模块 A 触发写操作后将执行如下流程。

（1）业务模块 A 在数据库 A 上执行数据更新操作。

（2）业务模块 A 调用写消息日志模块。

（3）写消息日志模块将数据库的写操作状态写入数据库 A 中。

（4）写消息日志将写操作日志发送给消息服务。

（5）读消息日志接收写操作日志。

（6）读消息日志调用业务模块 B。

（7）业务模块 B 更新数据到数据库 B。

（8）业务模块 B 发送异步消息更新数据库 A 中的写消息日志状态，说明自己已经完成了异步数据更新操作。

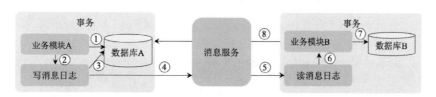

图 10-11

最大努力通知型事务也是通过消息中间件实现的，与异步确保型事务不同的是：在消息由消息服务器发送到消费者之后，允许在达到最大重试次数之后正常结束事务，因此无法保障数据的最终一致性。如图 10-12 所示，业务模块 A 在更新数据库后调用写消息日志将数据操作以异步消息的形式发送给读消息日志；读消息日志在接收到数据操作后调用业务模块 B 写数据库。和异步确保型不同的是，数据库 B 在写完之后将不再通知写状态到数据库 A，如果因为网络或其他原因，在如图 10-12 所示的第 4 步没有接收到消息，则消息服务器将不断重试发送消息到读消息日志，如果经过 N 次重试后读消息日志还是没有接收到日志，则消息不再发送，这时会出现数据库 A 和数据库 B 数据不一致的情况。最大努力型通知事务通过消息服务使分布式事务异步解耦，并且模块简单、高效，但是牺牲了数据的一致性，在金融等对事务要求高的业务中不建议使用，但在日志记录类等对数据一致性要求不是很高的应用上执行效率很高。

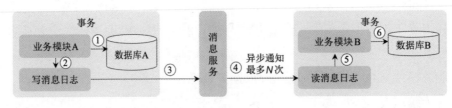

图 10-12

相关面试题

（1）什么是事务？★★★★☆

（2）事务中的两阶段提交指的是什么？★★★☆☆

（3）请说说你对 CAP 理论的理解。★★★☆☆

（4）什么是分布式事务？常见的实现思路有哪些？★★★☆☆

（5）两阶段提交和三阶段提交的区别是什么？★★☆☆☆

10.4 MySQL 的高可用与高并发

MySQL 的高可用主要通过主备复制来实现，同时在主备复制的基础上可以构建一个 MySQL 集群，来实现 MySQL 的读写分离，以实现 MySQL 的高并发操作。

10.4.1　MySQL 的主备复制

1. MySQL 的主备复制主要解决的问题

（1）数据热备：可以实时将主库的数据通过复制的方式备份到另外一个备库中，如果主库发生意外，数据丢失，则可以使用备库上的数据提供服务。

（2）读写分离：对于更新频繁的表，由于 MySQL 更新数据时需要锁表，所以当有其他更新语句或者数据读取语句到来时就需要等待锁，性能低下。这时可以将写操作都在主库上执行，而对于数据的查询操作在备库上执行，从而降低主库的压力。

（3）负载均衡：可以将数据以副本的形式复制到其他多个数据库上。将数据查询和分析请求负载均衡到其他多个数据库上，避免单库数据过多，压力过大。

（4）高可用：可以以双主复制的方式实现数据相互备份，在一个数据库发生故障后可以立即切换到另一个数据库上。

2. MySQL 主备复制的原理

主库将数据的变更以 binary log 形式记录在二进制日志中，备库监控主库上 binlog 日志的变化情况，在发生变化后开启一个 I/O 线程请求主库的二进制事件。主库为每个 I/O 请求都启动一个 Dump 线程，将 binary log 发送到备库。备库将日志保存在 relay log（中继日志）中。接着备库会启动一个 SQL 线程从 relay log 中读取 binlog 在本地重放，完成主库数据到备库数据的同步。在同步完成后，I/O 线程和 SQL 线程进入休眠状态，等待下一次被唤醒。

MySQL 的主备复制过程如图 10-13 所示，流程如下。

（1）主库开启 binlog，并在 binary log 中按照 commit 时间（提交时间）记录数据库的变更事件。备库和主库建立用于数据复制的连接。

（2）备库启动 I/O 线程，通过 MySQL 协议请求主库的 binary log 中的事件。

（3）主库启动一个 Dump 线程，对比自己 binary log 中的事件位置和备库请求的位置，并将事件位置之后的变更事件同步到备库。如果备库的请求没有带请求位置参数，则主库会从第 1 个 binary log 中的第 1 个事件开始将变更事件一个一个地发送给备库。

（4）备库将接收到的日志存放在 relay log（中继日志）文件中，并记录该次请求到主库具体哪个 binary log 内部的哪个位置。

（5）备库启动一个 SQL 线程将 relay log 中的事件读取出来并在本地执行，完成数据的变更同步。

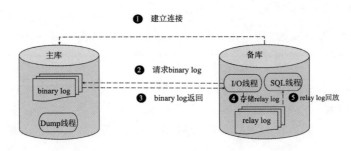

图 10-13

MySQL 从 5.1.12 版本之后支持如下三种复制模式。

（1）基于 SQL 语句的复制（Statement-based Replication，SBR）：基于 binary log 的复制。

（2）基于行的复制（Row-based Replication，RBR）：将每条数据的改变都记录下来并复制。

（3）混合模式复制（Mixed-based Replication，MBR）：可根据事件类型改变 binary log 的复制模式，默认为基于 SQL 语句的复制模式，在特定情况下会自动转为基于行的复制模式。

相应地，binary log 的格式也有三种：STATEMENT、ROW、MIXED。

3. 主备复制的模式

（1）一主一备模式：一个主库对应一个备库，主库的数据通过 binary log 实时同步到备库。一般线上都以一主一备模式为主，客户端的读写都在主库上，备库用于数据备份。有时为了减小主库的压力，可以将部分对数据实时性要求不高的读操作在备库上执行。当主库出现故障时，需要手动将备库切换为主库对外提供服务，如图 10-14 所示。

（2）双主模式：两个库都是主库，这两个主库日志互备。假设两个库分别为 A 和 B，则在 A 库上变更的数据会实时同步到 B 库，在 B 库上变更的数据也会实时同步到 A 库，两个库对外提供的读写能力和数据的一致性都是对等的。在任何一个库发生故障后，另一个库仍然能继续为客户端提供读写服务，主要用于高可用场景下，如图 10-15 所示。

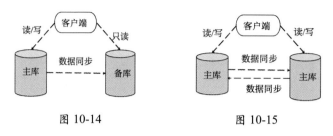

图 10-14　　　　　　　　　　　图 10-15

（3）一主多备：一个主库，多个备库，通常通过多个备库来缓解高并发查询的压力，如图 10-16 所示。

（4）多主一备：一个备库从多个主库上同步数据，一般用于将多个节点的数据进行汇总分析等，如图 10-17 所示。

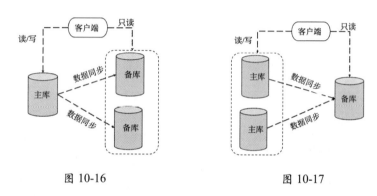

图 10-16　　　　　　　　　　　图 10-17

（5）级联复制：主库先将数据同步到一个备库，再将该备库的数据同步到其他多个备库。它的好处是如果有很多备库从主库同步数据，则会增加主库的压力，可能会影响数据的写入效率。可以先将主库的数据同步到一个备库，再通过该备库将数据进行多副本备份，这样做可以有效降低主库的压力，同时某个备库的数据同步出错也不会影响整个集群的使用，如图 10-18 所示。

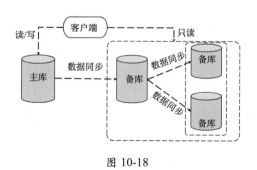

图 10-18

10.4.2　MySQL 双主模式的循环复制问题

MySQL 双主模式的循环复制问题指的是 A 库是 B 库的主库，同时是 B 库的备库时，业务逻辑在 A 库上执行更新，会生成 binary log 并同步到 B 库；B 库在同步完成后，也会生成 binary log（将 log_slave_updates 设置为 on，表示备库也会生成 binary log）发送给 A 库，这时会造成循环复制。MySQL 通过 server-id 解决循环复制问题，具体解决办法如下。

（1）MySQL 为每个节点都设置一个不重复的 server-id。

（2）备库在接收到 binary log 后重放日志时，会记录原始日志的 server-id。

（3）每个节点在接收到 binary log 时，都会判断 server-id，如果是自己的就丢掉，否则执行。

对每个节点都设置 server-id 后的双主模式更新流程如下。

（1）业务逻辑在 A 库执行更新，会生成带有 A 库的 server-id 的 binary log。

（2）B 库在接收到 A 库发过来的 binary log 并执行完成后，也会生成带有 A 库的 server-id 的 binary log。

（3）A 库在接收到 binary log 后，如果发现 server-id 是自己的则丢掉，此次的数据变更同步完成。

10.4.3　MySQL 的索引

MySQL 的索引有如下类型。

（1）B-Tree 索引：指所有被索引的列都是排过序的，每个叶节点到根节点的距离都相等。因此，B-Tree 适用于查找某一范围内的数据，而且直接支持数据排序。

（2）Hash 索引：基于哈希表实现，只支持精确查找，不支持范围查找和排序。

（3）R-Tree 索引：空间（Spatial）索引，只有 MyISAM 引擎支持，主要用于 GIS 数据。

（4）Full-text 索引：主要用于查找文本中的关键字，而不是直接与索引中的值相比较，用于解决 WHERE name LIKE "%word%"这类针对文本的模糊查询效率较低的问题。

MySQL 的索引逻辑划分如下。

（1）INDEX（普通索引）：普通索引没有任何限制。可以通过 ALTER TABLE table_name ADD INDEX index_name (column)创建普通索引。

（2）PRIMARY KEY（主键索引）：主键索引是一种特殊的唯一索引，不允许有空值。一般在建表时同时创建主键索引，一个表只能有一个主键。

（3）COMBINATION INDEX（组合索引）：即一个索引包含多个列，主要用于避免回表查询，可以通过 ALTER TABLE table_name ADD INDEX index_name(column1,column2, column3)创建组合索引。

（4）UNIQUE（唯一索引）：唯一索引列的值必须唯一，但允许有空值。如果是组合索引，则列值的组合必须唯一。可以通过 ALTER TABLE table_name ADD UNIQUE (column)创建唯一索引；通过 ALTER TABLE table_name ADD UNIQUE (column1,column2)创建唯一组合索引。

（5）全文索引 FULLTEXT：也被称为全文检索，是目前搜索引擎使用的一种关键技术。可以通过 ALTER TABLE table_name ADD FULLTEXT (column)创建全文索引。

只有符合索引规则的 SQL 语句才能通过索引提高查询效率。MySQL 主要的索引规则如下。

（1）范围列（例如：<、<=、>、>=、between）可以使用索引。

（2）union、in、or 都能够命中索引，建议使用 in。

（3）负向条件查询（例如：!=、<>、not in、not exists、not like）不能使用索引，可以优化为 in 查询。

（4）联合索引基于最左前缀匹配原则，因此在创建联合索引时，区分度最高的字段在最左边，以提高查询效率。如果建立了(col1,col2,col3)联合索引，则实际上建立了(col1)、(col1,col2)、(col,col2,col3)这三个索引，因此不用再单独建立 col1 索引。

（5）前导模糊查询不能使用索引。例如，"like '张%'"会走索引，而"like '%张'"不会走索引。

（6）强制类型转换会进行全表扫描。

（7）如果有 order by、group by 的场景，则请注意利用索引的有序性。

10.5　大表水平拆分

在实际工作中，在关系数据库（MySQL、PostgreSQL）的单表数据量上亿后，往往会出现查询和分析变慢甚至无法执行统计分析的情况。这时就需要将大表拆分为多个小表，将小表分布在多个数据库上，形成一个数据库集群。这样的话，一条 SQL 统计语句就可以在多台服务器上并发执行，然后将执行结果汇总，实现关系数据库的大数据量分析。

10.5.1　按照范围分表

按照范围（Range）分表指在某个字段上按照范围对数据进行拆分，例如将数据按照用户 ID 的范围 0 ~ 10 万、10 万 ~ 20 万、20 万 ~ 30 万分别划分到不同的数据库中，如图 10-19 所示。采用这种方法进行扩容简单，按照规划提前建好库和表即可，缺点是大部分读和写操作都会访问新的数据，造成新库压力过大。

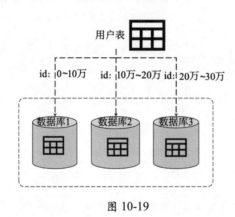

图 10-19

10.5.2　哈希取模

哈希取模指在某个字段上计算该字段的哈希值，按照其哈希值对数据进行拆分。如图 10-20 所示，哈希取模的具体做法是首先对 N 台服务器从 0 到 N-1 进行编号，按照自定义的哈希算法，对每个请求的哈希值都按 N 取模，得到的余数即该数据所在的服务器编号。采用该方法的好处是数据分布均衡，数据库的整体压力小；缺点是扩缩容麻烦，在扩缩容过程中需要对所有数据都重新进行哈希分配和迁移。

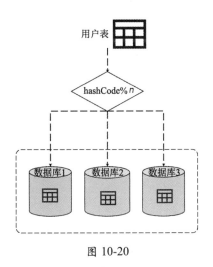

图 10-20

10.5.3　一致性哈希算法

一致性哈希算法(Consistent Hashing Algorithm)是一种分布式算法,常用于负载均衡。它可以取代传统的取模操作,避免通过计算哈希值后再求余导致缓存失效后哈希值失效,以致整个集群数据都需要重新分配的问题。

1.　一致性哈希算法的原理

一致性哈希算法将整个哈希空间虚拟成一个 $0\sim2^{32-1}$ 的哈希环,将服务器节点和数据分别映射到哈希环上,并将对象映射到服务器节点,来实现数据在各台服务器上的哈希分布,具体过程如下。

(1)构建哈希环:将整个哈希空间组成一个 $0\sim2^{32-1}$ 的虚拟圆环,即哈希环,如图 10-21 所示。

(2)将服务器节点映射到哈希环:使用哈希函数将服务器映射到虚拟的哈希环(空间)上,一般可以使用服务器节点机器的 IP 地址或者机器名作为哈希函数的计算值。在图 10-22 中有 4 个服务器节点:Server1、Server2、Server3、Server4,通过哈希函数计算出服务器 IP 地址的哈希值,并将其分布在哈希环上。

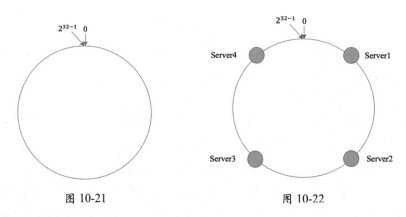

图 10-21   图 10-22

（3）将数据映射到哈希环：使用相同的哈希函数计算需要存储的数据的哈希值，并将数据映射到哈希环上。在图 10-23 中有 4 个对象：Object1、Object2、Object3、Object4，通过哈希函数计算出对象 Kcy 的哈希值，并将其分布在哈希环上。

（4）将对象映射到服务器节点：找到对象的哈希值在哈希环上的位置，从该位置开始沿哈希环顺时针寻找，遇到的第 1 台服务器就是该对象的存储节点服务器，将该对象映射到该服务器上。如图 10-24 所示，Object1 被映射到 Server1 上，Object2 被映射到 Server2 上，Object3 被映射到 Server3 上，Object4 被映射到 Server4 上。

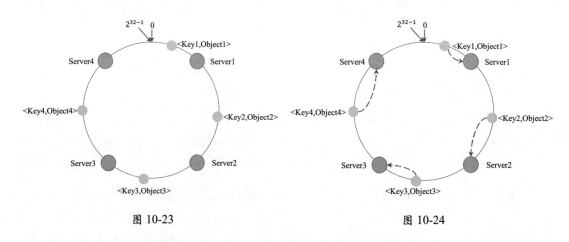

图 10-23   图 10-24

2. 一致性哈希算法的节点变动

传统的先计算哈希值然后除以服务器数量求余的方法带来的最大问题在于不能满足单调性，即当 Server 有变动（增加节点或移除节点）时，整个系统的哈希值都会失效（因为服务器的数量发生了变化，即被除数发生了变化），从而需要重新计算哈希值，并进行哈希映射和数据分布。而一致性哈希在服务器发生变动时，由于对象的数据分布只与顺时针方向的下一台服务器相关，因此只会影响所变化节点的下一个节点的数据分布。

（1）移除节点：假设其中某台服务器宕机，受影响的对象仅仅是那些原本映射到服务器上的对象，则根据一致性哈希顺时针数据映射的原则，只需将原本映射到该服务器上的对象重新映射到下一个正常的服务器即可。如图 10-25 所示，当 Server3 宕机时，只需将 Object3 重新映射到 Server4，其他节点的数据保持不变。

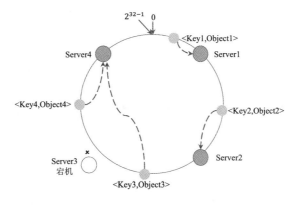

图 10-25

（2）添加节点：在添加节点时，受影响的数据将仅是那些沿着逆时针方向从新加入的节点到上一台服务器之间的对象，将这些对象重新映射到新加入的节点即可。如图 10-26 所示，宕机后的 Server3 经过修复恢复了正常，重新加入了集群，这时只需将 Server2 与 Server3 之间的对象重新映射到 Server3 上即可。

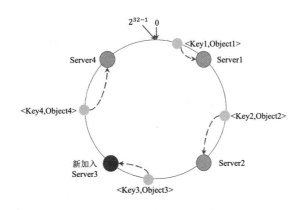

图 10-26

3. 虚拟节点

一致性哈希算法不能保证数据的绝对平衡，在集群对象数据较少的情况下，对象并不能被均匀映射到各个 Server 上。为了解决数据分布不均的问题，一致性哈希算法引入了"虚拟节点"的概念。虚拟节点（Virtual Node）是实际节点在哈希空间中的副本，一个实际节点对应若干虚拟节点，对应的个数也被称为副本个数，虚拟节点在哈希空间中以哈希值排列。

在引入虚拟节点后，映射关系就从对象到节点转换为从对象到虚拟节点。虚拟节点和真实节点的映射关系如图 10-27 所示。

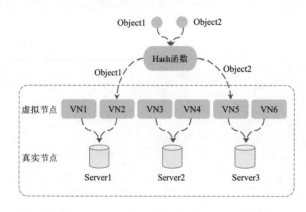

图 10-27

> **相关面试题**

（1）MySQL 主备复制的原理是什么？★★★★★

（2）一主一备模式和双主模式的区别是什么？★★★★☆

（3）MySQL 有哪些索引类型？★★★★☆

（4）数据库的大表拆分方式有哪些？分别适用于哪种场景？★★★★☆

（5）在什么情况下需要使用 MySQL 的主备复制？★★★☆☆

10.6　NWR 理论

NWR 理论主要用于定义分布式数据库的写一致性级别，具体含义如下。

（1）N（Number）：在分布式存储系统中有 *N* 份备份数据。

（2）W（Write）：在一次成功的更新操作中要求至少有 *W* 份数据被成功写入。

（3）R（Read）：在一次成功的读数据操作中要求至少有 *R* 份数据被成功读取。

NWR 的不同组合会产生不同的一致性效果，如果 $W+R>N$，则整个系统对于客户端来讲都能保证强一致性；而如果 $R+W \leqslant N$，则无法保证数据的强一致性。

以常见的 $N=3$、$W=2$、$R=2$ 为例，$N=3$ 表示任何一个对象都必须有 3 个副本（Replica），各个副本之间相互进行数据同步；$W=2$ 表示一次修改操作（Write）只需在 3 个 Replica 的两个上完成修改操作就返回成功标识；$R=2$ 表示一次读取操作只需从 3 个 Replica 的两个上完成读取操作并合并结果，然后返回数据。NWR 理论如图 10-28 所示。

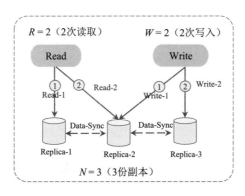

图 10-28

相关面试题

（1）数据库中的 NWR 理论指的是什么？★★★☆☆

11

第 11 章

分布式缓存的原理及应用

缓存指将需要频繁访问的数据存放在内存中以加快用户访问速度的一种技术。缓存分进程级缓存和分布式缓存：进程级缓存指将缓存数据存放在服务内部，通过 Map、List 等结构实现存储；分布式缓存指将缓存数据单独存放在分布式系统中，以便统一管理和存取。常用的分布式缓存系统有 Ehcache、Redis 和 Memcached。

11.1　分布式缓存简介

当我们需要频繁访问一些基本数据，比如用户信息、系统字典信息等热数据时，为了加快系统的访问速度，往往会选择把数据缓存在内存中，这样用户再次访问数据时直接从内存中获取数据即可，不用频繁查询数据库，这不但缩短了系统的访问时间，还有效减少了数据库的负载，具体流程如图 11-1 所示。在用户有写请求数据时先将数据写入数据库，然后写入缓存，用户再次访问该数据时会尝试直接从缓存中获取，如果在缓存中没有找到数据，则从数据库中查询并将结果返回给用户，同时将查询结果缓存起来以便下次查询。

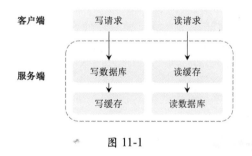

图 11-1

分布式缓存是相对于传统的进程内缓存而言的，对于传统的单点 Web 系统一般使用进程内缓存即可，而在微服务架构下往往需要一个分布式缓存来实现跨服务的缓存系统，如图 11-2 所示。用户访问的数据库被部署在多个服务器节点的集群数据库中，缓存被部署在多个服务器节点的分布式缓存中，同时缓存之间有数据备份，在一个节点出故障后，分布式缓存会将用户的请求转发到其他备份节点以保障业务的正常运行。

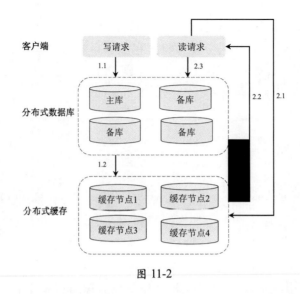

图 11-2

11.2　Ehcache 的原理及应用

Ehcache 是基于 Java 实现的一套简单、高效、线程安全的缓存管理类库，提供了内存、磁盘文件及分布式存储方式等多种灵活的缓存管理方案，特性是快速、轻量、可伸缩、操作灵活、支持持久化等。

11.2.1　Ehcache 的原理

Ehcache 内部采用多线程机制实现，通过 LinkedHashMap 存储元素，同时支持将数据持久化到物理磁盘上。

1. Ehcache 的特性

（1）快速：Ehcache 内部采用多线程机制实现，数据存取性能高。

（2）轻量：Ehcache 的安装包大小只有 1.6MB，可被快速、方便地继承到系统中。

（3）可伸缩：Ehcache 缓存在内存和硬盘中的存储可以伸缩到数几十 GB，可轻松应对大数据场景。

（4）操作灵活：Ehcache 提供了丰富的 API 接口，可实现基于主键、条件进行数据读取等。同时，Ehcache 支持在运行时修改缓存配置（存活时间、空闲时间、内存的最大数据、磁盘的最大数量），提高了系统维护的灵活性。

（5）支持多种淘汰算法：Ehcache 支持最近最少被使用、最少被使用和先进先出缓存淘汰策略。

（6）支持持久化：Ehcache 支持将缓存数据持久化到磁盘上，以及在机器重启后从磁盘上重新加载缓存数据。

2. Ehcache 的架构

Ehcache 由 Cache Replication、In-Process API、NetWork API 和 Core 组成。其中，Cache Replication 存储缓存副本；In-Process API 封装操作缓存数据的 API，包括 Hibernate API、JMX API、Servlet Cacheing Filter API 等；Core 是 Ehcache 的核心部分，包括用于管理缓存的 CacheManger、用于存储缓存的 Store 和用于操作缓存的 EhCache API 等；NetWork APIs 提供了 RESTful API、SOAP API 等 Web API 接口，如图 11-3 所示。

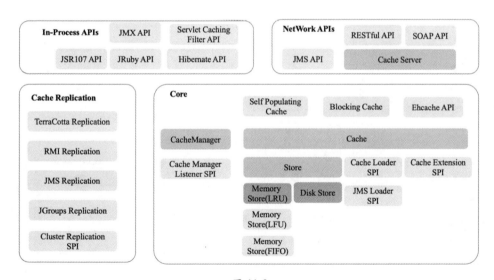

图 11-3

3. Ehcache 的存储方式

Ehcache 的存储方式包括堆存储、堆外存储和磁盘存储。

（1）堆存储：将缓存数据存储在 Java 堆内存中，其特性是存取速度快，但容量有限。

（2）堆外存储：基于 NIO 的 DirectByteBuffers 实现，将缓存数据存储在堆外内存中，其特性是比磁盘存取速度快，而且不受 GC 的影响，可以保证响应时间的稳定性，在内存分配上开销比堆内存大，而且要求必须以字节数组方式存储，因此对象必须在存储过程中进行序列化，对读取操作则进行反序列化，数据存取速度比堆内存慢一个数量级。

（3）磁盘存储：将数据存储在磁盘上，保障服务重启后内存数据能够重新从磁盘上加载，其读取效率最低，是内存数据持久化的一种方式。

4．Ehcache 的扩展模块

Ehcache 是开放的缓存系统，除自身的实现外还有其他扩展模型，这些扩展模型是相互独立的库，每个都为 Ehcache 添加新的功能，如表 11-1 所示。

表 11-1

模块名称	说　　明
ehcache-core	API，标准缓存引擎，支持 RMI 复制和 Hibernate
ehcache	分布式 Ehcache，包括 Ehcache 的核心和 Terracotta 的库
ehcache-monitor	企业级监控和管理
ehcache-web	为 Java Servlet Container 提供缓存、gzip 压缩支持的 filters
ehcache-jcache	JSR107 JCACHE 的实现
ehcache-jgroupsreplication	使用 JGroup 的复制
ehcache-jmsreplication	使用 JMS 的复制
ehcache-openjpa	OpenJPA 插件
ehcache-server	在 WAR 包内部署或者单独部署的 RESTful cache server
ehcache-unlockedreadsview	允许 Terracotta cache 的无锁读
ehcache-debugger	记录 RMI 分布式调用事件
Ehcache for Ruby	支持 Jruby 和 Rails

11.2.2　Ehcache 的应用

在 Spring Boot 中使用 Ehcache 组件比较简单，分为加入 JAR 包、配置 ehcache.xml 和使用 Ehcache 缓存，具体实现如下。

（1）加入 JAR 包。按照如下代码在 Spring Boot 项目中加入 ehcache-3.7.0 的 JAR 包依赖：

```
<dependency>
    <groupId>org.ehcache</groupId>
    <artifactId>ehcache</artifactId>
    <version>3.7.0</version>
</dependency>
```

（2）配置 ehcache.xml 文件。在项目 resource 的目录下新建 ehcache.xml 文件，并加入如下配置：

```
<?xml version="1.0" encoding="UTF-8"?>
<ehcache>
    <cache name="user" eternal="true"
                       overflowToDisk="true" maxElementsInMemory="1000"/>
</ehcache>
```

以上代码在 ehcache.xml 文件中声明了一个名称为 user 的缓存，其中 eternal=true 表示缓存对象永不过期，maxElementsInMemory 表示内存中该 Cache 可存储最大的数据量，overflowToDisk=true 表示在内存中缓存的对象数量达到了 maxElementsInMemory 界限后，会把溢出的对象写到磁盘缓存中。注意：如果需要将缓存的对象写入磁盘，则该对象必须实现了 Serializable 接口。

（3）使用 Ehcache 缓存：

```
@Service
public class UserService {
    private static final Logger logger =
                       LoggerFactory.getLogger(UserService.class);
    @Autowired
    UserRepository userRepository;
    @CachePut(value = "user", key = "#user.id")
    public User save(User user) {
        User userAdd = userRepository.save(user);
        logger.info("user info add db and ehcache,key:" + userAdd.getId());
        return userAdd;
    }
    @Cacheable(value = "user", key = "#user.id")
    public User findOne(String id) {
        User userSearch = userRepository.getOne(id);
        return userSearch;
    }
}
```

以上代码定义了名为 UserService 的类，同时定义了保存用户数据的方法 save() 和查找用户数据的方法 findOne()，并分别在方法上通过 @Cacheable(value = "user", key = "#user.id") 开启 Ehcache 缓存。

在用户调用 save() 保存数据时会在 Ehcache 内存中也保存一份 User 对象，其 key 为 User 对象的 id 属性。在用户调用 findOne() 查询该数据时，首先会去 Ehcache 缓存中查找数据，如果在缓存中存在该数据，则将该数据返回，如果在缓存中不存在该数据，则会去数据库中查询并返回结果。

相关面试题

（1）Ehcache 的原理和应用场景是什么？★★☆☆☆

11.3 Redis 的原理及应用

Redis 是一种开源（BSD 许可）的基于内存的数据结构存储系统，可以用作内存数据库、缓存和消息中间件，支持多种类型的数据结构，例如 String（字符串）、Hash（哈希）、List（列表）、Set（集合）、ZSet（有序集合）、Bitmap（位图）、HyperLogLog（超级日志）和 Geospatial（地理空间）。Redis 内置了复制、Lua 脚本、LRU 驱动事件、事务和不同级别的磁盘持久化，并通过 Redis 哨兵模式（Sentinel）和集群模式（Cluster）提供高可用性（High Availability）。

11.3.1 Redis 的原理

Redis 不但支持丰富的数据类型，还支持分布式事务、数据分片、数据持久化等功能，是分布式系统中不可或缺的内存数据库服务。

1. Redis 的数据类型

Redis 支持 String、Hash、List、Set、ZSet、Bitmap、HyperLogLog 和 Geospatial 这 8 种数据类型。

（1）String：是 Redis 基本的数据类型，一个 Key 对应一个 Value。String 类型的值最大能存储 512MB 数据。Redis 的 String 数据类型支持丰富的操作命令，常用的 String 操作命令如表 11-2 所示。

表 11-2

操作命令	说　　明
Setnx	在 Key 不存在时设置 Key 的值，否则不做处理
Getrange	返回 Key 中字符串值的子字符
Mset	同时设置一个或多个 Key-Value 对
Setex	将 Value 关联到 Key，并将 Key 的过期时间设为 seconds（以秒为单位）
SET	设置指定 Key 的值
Get	获取指定 Key 的值
Getbit	获取 Key 所对应的字符串值指定偏移量上的位
Setbit	设置或清除 Key 所对应的字符串值指定偏移量上的位
Decr	将在 Key 中存储的值减 1
Decrby	将 Key 所对应的值减去给定的减量值（Decrement）
Strlen	返回 Key 所存储的字符串值的长度
Msetnx	在且仅在所有给定的 key 都不存在时，同时设置一个或多个 Key-Value 对
Incrby	将 Key 所存储的值加上给定的增量值
Incrbyfloat	将 Key 所存储的值加上给定的浮点增量值
Setrange	从偏移量 offset 开始，用 Value 参数覆写给定 Key 所存储的字符串值
Psetex	和 SETEX 相似，但它以 ms 为单位设置 Key 的生存时间，SETEX 以秒为单位
Append	如果 Key 已经存在并且是一个字符串，则 APPEND 将 Value 追加到该字符串的末尾
Getset	将给定 Key 的值设为 Value，并返回 Key 的旧值（old value）
Mget	获取（一个或多个）给定的 Key 的值
Incr	将在 Key 中存储的值加 1

（2）Hash：是一个 Key-Value（键值对）集合，支持的操作命令如表 11-3 所示。

表 11-3

操作命令	说　　明
Hmset	同时将多个 field-value（域-值）对设置到哈希表 Key 中
Hmget	获取所有给定字段的值
Hset	将哈希表 Key 中 field 字段的值设为 value
Hgetall	获取哈希表中指定 Key 的所有字段和值

命　　令	说　　明
Hget	获取存储在哈希表中指定字段的值
Hexists	查看哈希表 Key 中的指定字段是否存在
Hincrby	为哈希表 Key 中指定字段的整数值加上增量 increment
Hlen	获取哈希表中字段的数量
Hdel	删除一个或多个哈希表字段
Hvals	获取哈希表中的所有值
Hincrbyfloat	为哈希表 Key 中指定字段的浮点数值加上增量 increment
Hkeys	获取所有哈希表中的字段
Hsetnx	只有在字段 field 不存在时，才设置哈希表字段的值

（3）List：也叫作列表，是简单的字符串列表，按照插入顺序排序。我们可以添加一个元素到列表的头部（左边）或者尾部（右边）。列表最多可存储 231-1（4 294 967 295 ≈ 4 亿多）个元素，常用的操作命令如表 11-4 所示。

表 11-4

操作命令	说　　明
Lindex	通过索引获取列表中的元素
Rpush	在列表中添加一个或多个值
Lrange	获取列表指定范围内的元素
Rpoplpush	移除列表的最后一个元素，将该元素添加到另一个列表中并返回
Blpop	移除并获取列表的第 1 个元素，如果列表没有元素，则会阻塞列表直到等待超时或发现可移除的元素
Brpoplpush	从列表中弹出一个值，将弹出的元素插入另一个列表中并返回；如果列表没有元素，则会阻塞列表直到等待超时或发现可移除的元素
Lrem	移除列表的元素
Llen	获取列表的长度
Ltrim	对一个列表进行修剪（trim），让列表只保留指定区间内的元素，不在指定区间之内的元素都将被删除
Lpop	移除并获取列表的第 1 个元素
Lpushx	将一个或多个值插入已存在的列表头部
Linsert	在列表的元素前或者元素后插入元素
Rpop	移除并获取列表的最后一个元素

续表

操作命令	说　　明
Lset	通过索引设置列表元素的值
Lpush	将一个或多个值插入列表头部
Rpushx	为已存在的列表添加值

（4）Set：是 String 类型的无序集合。集合是通过哈希表实现的，所以进行添加、删除、查找操作的复杂度都是 $O(1)$，支持的操作命令如表 11-5 所示。

表 11-5

操作命令	说　　明
Sunion	返回所有给定集合的并集
Scard	获取集合的成员数
Srandmember	返回集合中的一个或多个随机数
Smembers	返回集合中的所有成员
Sinter	返回给定所有集合的交集
Srem	移除集合中的一个或多个成员
Smove	将 member 元素从 source 集合移动到 destination 集合
Sadd	向集合中添加一个或多个成员
Sismember	判断 member 元素是否是集合 Key 的成员
Sdiffstore	返回给定集合的差集并将其存储在 destination 中
Sdiff	返回给定集合的差集
Sscan	迭代集合中的元素
Sinterstore	返回给定集合的交集并将其存储在 destination 中
Sunionstore	将所有给定集合的并集都存储在 destination 集合中
Spop	移除并返回集合中的一个随机元素

（5）ZSet：和 Set 一样也是 String 类型元素的集合，且不允许有重复的成员，不同的是，每个元素都会关联一个 double 类型的分数。Redis 正是通过分数来为集合中的成员从小到大排序的。Redis ZSet 支持的操作命令如表 11-6 所示。

表 11-6

操作命令	说　　明
Zrevrank	返回有序集合中指定成员的排名，有序集合中的成员按分数值递减（从大到小）排序
Zlexcount	在有序集合中计算指定字典区间的成员数量
Zunionstore	计算给定的一个或多个有序集的并集，并将其存储在新的 Key 中
Zremrangebyrank	移除有序集合中指定的排名区间的所有成员
Zcard	获取有序集合中的成员数量
Zrem	移除有序集合中的一个或多个成员
Zinterstore	计算给定的一个或多个有序集合的交集并将结果集存储在新的有序集合 Key 中
Zrank	返回有序集合中指定成员的索引
Zincrby	在有序集合中对指定成员的分数加上增量 increment
Zrangebyscore	通过分数返回有序集合中指定区间的成员
Zrangebylex	通过字典区间返回有序集合中的成员
Zscore	返回有序集合中成员的分数值
Zremrangebyscore	移除有序集合中指定分数区间的所有成员
Zscan	迭代有序集合中的元素（包括元素成员和元素分值）
Zrevrangebyscore	返回有序集合中指定分数区间的成员，分数从高到低排序
Zremrangebylex	移除有序集合中指定字典区间的所有成员
Zrevrange	返回有序集合中指定区间的成员，通过索引按分数从高到低排序
Zrange	通过索引区间返回有序集合中指定区间的成员
Zcount	计算有序集合中指定分数区间的成员数量
Zadd	向有序集合中添加一个或多个成员，或者更新已存在成员的分数

（6）Bitmap：通过操作二进制位记录数据，支持的操作命令如表 11-7 所示。

表 11-7

操作命令	说　　明
setbit	设置 Bitmap 的值
getbit	获取 Bitmap 的值
bitcount	获取指定范围内值为 1 的个数
destkey	对 Bitmap 进行操作，可以是 and（交集）、or（并集）、not（非集）或 xor（异或）

（7）HyperLogLog：被用于估计一个 Set 中元素数量的概率性的数据结构，支持的操

作命令如表 11-8 所示。

表 11-8

操作命令	说　　明
PFADD	添加指定的元素到 HyperLogLog 中
PFCOUNT	返回指定 HyperLogLog 的基数估算值
PFMERGE	将多个 HyperLogLog 合并为一个 HyperLogLog

（8）Geospatial：用于地理空间关系计算，支持的操作命令如表 11-9 所示。

表 11-9

操作命令	说　　明
GEOHASH	返回一个或多个地理位置元素的 Geohash 表示
GEOPOS	从 Key 中返回所有指定元素的地理位置信息（经度和纬度）
GEODIST	返回两个指定地理位置之间的距离
GEORADIUS	以指定的经纬度为中心，找出某一半径内的元素
GEOADD	将指定的地理位置（纬度、经度、名称）添加到指定的 Key 中
GEORADIUSBYMEMBER	找出指定范围内的元素，中心点由指定的位置元素决定

2. Redis 的管道

Redis 是基于请求/响应协议的 TCP 服务。在客户端向服务器发送一个查询请求后，需要监听 Socket 的返回结果，该监听过程一直阻塞，直到服务器有结果返回。由于 Redis 集群是部署在多台服务器上的，所以 Redis 的请求/响应模型在每次请求时都要跨网络在不同的服务器之间传输数据，这样每次查询都存在一定的网络延迟（服务器之间的网络延迟一般在 20ms 左右）。由于服务器一般采用多线程处理业务，并且内存操作效率很高，所以如果一次请求延迟 20ms，则多次请求的网络延迟会不断累加。也就是说，在分布式环境下，Redis 的性能瓶颈主要体现在网络延迟上。Redis 请求/响应模型的数据请求、响应流程如图 11-4 所示。

Redis 的管道技术指在服务端未响应时，客户端可以继续向服务端发送请求，并最终一次性读取所有服务端的响应。管道技术能减少客户端和服务器交互的次数，将客户端的请求批量发送给服务器，服务器针对批量请求分别查询并统一回复，能显著提高 Redis 的性能。Redis 管道模型的数据请求流程如图 11-5 所示。

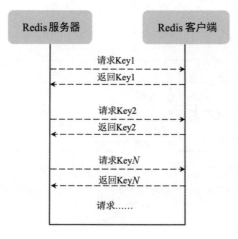

图 11-4

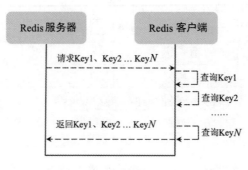

图 11-5

Redis 管道技术基于 Spring Boot 的使用如下：

```
//Redis Pipeline 执行批量操作，将操作结果返回在 list 中
    List<Object> list = redisTemplate.executePipelined(
    new RedisCallback<Object>() {
        @Nullable
        @Override
        public Object doInRedis(RedisConnection connection)
                            throws DataAccessException {
            connection.openPipeline();//1：打开 Pipeline
            for (int i = 0; i < 10000; i++) {//2：执行批量操作
                String key = "key_" + i;
                String value = "value_" + i;
                connection.set(key.getBytes(),value.getBytes());
            }
```

```
                return null;//3: 结果返回: 这里返回 null,
                        //4: redisTemplate 会将最终结果汇总在外层的 list 中
    }
});
//5: 查看管道批量操作返回的结果
for (Object item: list) {
    System.out.println(item);
}
```

以上代码使用 redisTemplate.executePipelined() 在 Spring Boot 中实现了基于 Redis 的管道操作。具体的步骤：新建 RedisCallback 对象并覆写 doInRedis()；在 doInRedis() 中通过 connection.openPipeline() 开启 Pipeline 操作；在 for 循环中批量进行 Redis 数据的写操作；最终将批量操作结果返回。

3. Redis 的事务

Redis 支持分布式环境下的事务操作，其事务可以一次执行多个命令，事务中的所有命令都会序列化地顺序执行。事务在执行过程中不会被其他客户端发送来的命令请求打断。服务器在执行完事务中的所有命令之后，才会继续处理其他客户端的其他命令。Redis 的事务操作分为开启事务、命令入队列、执行事务三个阶段。Redis 的事务执行流程如下，如图 11-6 所示。

（1）开启事务：客户端执行 Multi 命令开启事务。

（2）提交请求：客户端提交命令到事务。

（3）任务入队列：Redis 将客户端的请求放入事务队列中等待执行。

（4）反馈入队状态：服务器返回 QUEUD，表示命令已被放入事务队列。

（5）执行命令：客户端通过 Exec 执行事务。

（6）事务执行错误：在 Redis 事务中如果某条命令执行错误，则其他命令会继续执行，不会回滚。可以通过 Watch 监控事务执行的状态并处理命令执行错误的异常情况。

（7）反馈执行结果：服务器向客户端返回事务执行的结果。

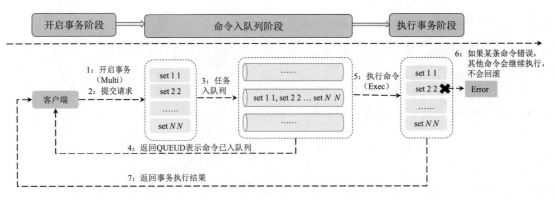

图 11-6

Redis 事务的相关命令有 Multi、Exec、Discard、Watch 和 Unwatch，如表 11-10 所示。

表 11-10

命　　令	说　　明
Multi	标记一个事务块的开始
Exec	执行所有事务块内的命令
Discard	取消事务，放弃执行事务块内的所有命令
Watch	监视一个（或多个）Key，如果在事务执行之前这个（或这些）Key 被其他命令改动，那么事务将被打断
Unwatch	取消 Watch 命令对所有 Key 的监视

Redis 事务基于 Spring Boot 的使用如下：

```
public void transactionSet(Map<String,Object> commandList){
    //1: 开启事务权限
    redisTemplate.setEnableTransactionSupport(true);
    try {
        //2: 开启事务
        redisTemplate.multi();
        //3: 执行事务命令
        for(Map.Entry<String, Object> entry : commandList.entrySet()){
            String mapKey = entry.getKey();
            Object mapValue = entry.getValue();
            redisTemplate.opsForValue().set(mapKey, mapValue);
        }
        //4: 执行成功，提交事务
        redisTemplate.exec();
    } catch (Exception e) {
        //5: 执行失败，回滚事务
```

```
                redisTemplate.discard();
        }
    }
```

以上代码定义了名为 transactionSet()的 Redis 事务操作方法，该方法接收命令集合 commandList 并将其中的命令放在一个事务中执行。具体步骤：开启事务权限、开启事务、执行事务命令、提交事务和回滚事务。

4．Redis 的发布、订阅

Redis 的发布、订阅是一种消息通信模式：发送者（Pub）向频道（Channel）发送消息，订阅者（Sub）接收频道上的消息。Redis 客户端可以订阅任意数量的频道，发送者也可以向任意频道发送数据。图 11-7 展示了 1 个发送者（pub1）、1 个频道（channe0）和 3 个订阅者（sub1、sub2、sub3）的关系。由于 3 个订阅者 sub1、sub2、sub3 都订阅了频道 channel0，在发送者 pub1 向频道 channel0 发送一条消息后，这条消息就会被发送到订阅它的 3 个客户端。

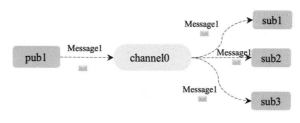

图 11-7

Redis 常用的消息订阅与发布命令如表 11-11 所示。

表 11-11

命　　令	说　　明
PSUBSCRIBE	订阅一个或多个符合指定模式的频道
PUBSUB	查看订阅与发布系统的状态
PUBLISH	将信息发送到指定的频道
SUBSCRIBE	订阅指定的一个或多个频道的消息
UNSUBSCRIBE	退订指定的频道

5. Redis 集群数据复制的原理

Redis 提供了复制功能，可以实现在主库（Master）中的数据更新后，自动将更新的数据同步到备库（Slave）。一个主库可以拥有多个备库，而一个备库只能拥有一个主库。

Redis 主备数据复制的原理如下，如图 11-8 所示。

（1）一个备库在启动后，会向主库发送 SYNC 数据同步命令。

（2）主库在接收到 SYNC 命令后会开始在后台保存快照（即 RDB 持久化），并保存在快照期间接收到的命令。在该持久化过程中会生成一个.rdb 快照文件。

（3）在主库快照执行完成后，Redis 会将快照文件和所有缓存的命令以.rdb 快照文件的形式发送给备库。

（4）备库在收到主库的.rdb 快照文件后，会将该快照文件保存到本地。

（5）备库载入.rdb 快照文件的数据到内存。以上过程被称为复制初始化。

（6）在复制初始化结束后，主库在每次收到写请求命令时都会将该命令同步给备库，从而保证主备数据库的数据一致。

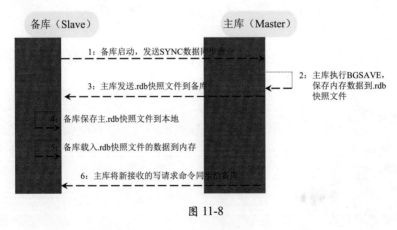

图 11-8

在 Redis 中开启复制功能时需要在备库配置文件中加入如下配置，对主库无须进行任何配置：

```
#slaveof master_address master_port
slaveof 127.0.0.1 9000
#如果 master 有密码，则需要设置 masterauth
masterauth=123
```

在上述配置中，slaveof 后面的配置分别为主库的 IP 地址和端口，在主库开启了密码认证后需要将 masterauth 设置为主库的密码，在配置完成后重启 Redis，主库上的数据就会同步到备库上。

6. Redis 的持久化

Redis 支持 RDB 和 AOF 两种持久化方式。

（1）RDB（Redis DataBase）：在指定的时间间隔内对数据进行快照存储。RDB 的特性：文件格式紧凑，方便进行数据传输和数据恢复；在保存.rdb 快照文件时父进程会 fork 出一个子进程，由子进程完成具体的持久化工作，所以可以最大化 Redis 的性能；同时，与 AOF 相比，在恢复大的数据集时会更快一些。

（2）AOF（Append Of Flie）：记录对服务器的每次写操作，在 Redis 重启时会重放这些命令来恢复原数据。AOF 命令以 Redis 协议追加和保存每次写操作到文件末尾，Redis 还能对 AOF 文件进行后台重写，使得 AOF 文件的体积不至于过大。AOF 的特性：可以使用不同的 fsync 策略（无 fsync、每秒 fsync、每次写时 fsync）将操作命令追加到文件中，操作效率高；同时，AOF 文件是日志格式，更容易被理解和操作。

7. Redis 的集群模式及原理

Redis 有三种集群模式：主备模式、哨兵模式和集群模式。

（1）主备模式：所有的写请求都被发送到主库，再由主库将数据同步到备库。主库主要执行写操作和数据同步，备库主要执行读操作缓解系统的读压力。Redis 的主备模式如图 11-9 所示。

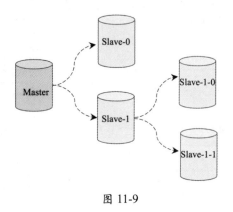

图 11-9

Redis 的一个主库可以拥有多个备库，备库还可以作为其他数据库的主库。如图 11-9 所示，Master 的备库有 Slave-0 和 Slave-1，同时 Slave-1 作为 Slave-1-0 和 Slave-1-1 的主库。

（2）哨兵模式：在主备模式上添加了一个哨兵的角色来监控集群的运行状态。哨兵通过发送命令让 Redis 服务器返回其运行状态。哨兵是一个独立运行的进程，在监测到 Master 宕机时会自动将 Slave 切换成 Master，然后通过发布与订阅模式通知其他从服务器修改配置文件，完成主备热切。Redis 的哨兵模式如图 11-10 所示。

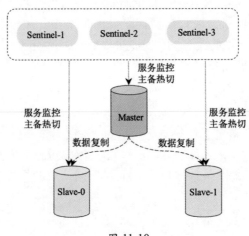

图 11-10

（3）集群模式：Redis 集群实现了在多个 Redis 节点之间进行数据分片和数据复制的操作。基于 Redis 集群的数据自动分片能力，我们能够方便地对 Redis 集群进行横向扩展，以提高 Redis 集群的吞吐量。基于 Redis 集群的数据复制能力，在集群中的一部分节点失效或者无法进行通信时，Redis 仍然可以基于副本数据对外提供服务，这提高了集群的可用性。Redis 的集群模式如图 11-11 所示。

Redis 集群遵循如下原则。

◎ 所有 Redis 节点彼此都通过 PING-PONG 机制互联，内部使用二进制协议优化传输速度和带宽。

◎ 在集群中超过半数的节点检测到某个节点失败后将该节点设置为 Fail 状态。

◎ 客户端与 Redis 节点直连，客户端连接集群中的任一可用节点即可对集群进行操作。

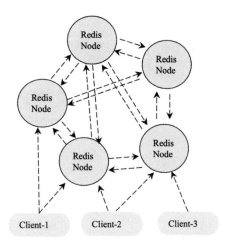

图 11-11

◎ Redis-Cluster 把所有物理节点都映射到 0～16383 的 slot（槽）上，Cluster 负责维护每个节点上数据槽的分配。Redis 的具体数据分配策略：在 Redis 集群中内置了16384 个哈希槽；需要在 Redis 集群中放置一个 Key-Value 时，Redis 会先对 Key使用 CRC16 算法算出一个结果，然后把结果对 16384 求余，这样每个 Key 都会对应一个编号为 0～16383 的哈希槽；Redis 会根据节点的数量大致均等地将哈希槽映射到不同的节点。

11.3.2　Redis 的应用

在 Spring Boot 中使用 Redis 的步骤如下。

（1）按照如下代码在 Spring Boot 项目中加入 Redis 的 JAR 包依赖：

```
<dependency>
    <groupId>org.springframework.boot</groupId>
    <artifactId>spring-boot-starter-data-redis</artifactId>
</dependency>
```

（2）配置 application.properties 文件。在 resource 目录的 application.properties 文件中加入如下 Redis 配置：

```
#启动 Redis 命令：redis-server
#Redis 的数据库索引（默认为 0）
spring.redis.database=0
#Redis 的服务器地址
```

```
#spring.redis.host=127.0.0.1
#Redis 的服务器连接端口
#spring.redis.port=7000
#Redis 的服务器连接密码（默认为空）
spring.redis.password=
#连接池的最大连接数（使用负值表示没有限制）
spring.redis.jedis.pool.max-active=2000
#连接池的最大阻塞等待时间（使用负值表示没有限制）
spring.redis.jedis.pool.max-wait=-1
#连接池的最大空闲连接
spring.redis.jedis.pool.max-idle=100
#连接池的最小空闲连接
spring.redis.jedis.pool.min-idle=50
#连接超时时间（ms）
spring.redis.timeout=1000
#哨兵模式配置
#spring.redis.sentinel.master=mymaster
#spring.redis.sentinel.nodes=127.0.0.1:9000
#集群模式配置
spring.redis.cluster.nodes=127.0.0.1:7000,127.0.0.1:7001,127.0.0.1:7002,127.
0.0.1:7003,127.0.0.1:7004,127.0.0.1:7005
```

在以上配置中，spring.redis.cluster.nodes 为 Redis 集群节点的服务地址，在多个服务地址之间使用逗号隔开；spring.redis.password 为 Redis 服务密码，如果没有密码，则将其设置为空即可。

需要注意的是，以上是集群模式下的 Redis 配置，如果 Redis 是主备模式，则将 spring.redis.cluster.nodes 地址修改为主备节点的服务地址即可；如果是哨兵模式，则注释掉 spring.redis.cluster.nodes 的配置，在 spring.redis.sentinel.master 和 spring.redis.sentinel.nodes 中分别配置哨兵的名称和哨兵的节点即可；如果是单机模式，则注释掉 spring.redis.sentinel.nodes 的配置，通过 spring.redis.host 配置 Redis 服务的地址，并通过 spring.redis.port 配置 Redis 服务的端口即可。

（3）配置 RedisTemplate。Spring Boot 默认配置了 RedisTemplate，在应用时注入、使用即可，也可以创建自定义的 RedisTemplate。具体代码如下：

```java
@Configuration
@AutoConfigureAfter(RedisAutoConfiguration.class)
public class RedisConfig {
    @Bean
    public RedisTemplate<String, Serializable>
```

```
    redisCacheTemplate(LettuceConnectionFactory redisConnectionFactory) {
      RedisTemplate<String, Serializable> template = new RedisTemplate<>();
      template.setKeySerializer(new StringRedisSerializer());
      template.setValueSerializer(new GenericJackson2JsonRedisSerializer());
      template.setConnectionFactory(redisConnectionFactory);
      return template;
    }
}
```

以上代码定义了 RedisConfig 类，并通过@Configuration 开启了配置文件注解，通过
@AutoConfigureAfter 配置了自动注解类。在 RedisConfig 类中定义了 RedisTemplate 用于
对 Redis 数据库进行操作。

（4）使用 RedisTemplate。新建测试类，并在测试类中加入如下测试代码：

```
@Autowired
private RedisTemplate redisTemplate;
@Test
public void contextLoads() {
    //1: Redis 插入{"key":"value"}数据
    redisTemplate.opsForValue().set("key","value");
    //2: Redis 根据 key 查询 value
    Object result = redisTemplate.opsForValue().get("key");
    //3: Redis 根据 key 删除数据
    redisTemplate.delete("key");
}
```

RedisTemplate 基于 Jedis 对 Redis 数据库的操作进行了二次封装，使得操作 Redis 数
据库更加方便。以上代码在测试类中依赖注入了 RedisTemplate，并通过 redisTemplate.
opsForValue()实现了对 Redis 数据的插入、查询和删除操作。

相关面试题

（1）Redis 主备复制的原理是什么？★★★★★

（2）Redis 哨兵的原理是什么？★★★★★

（3）Redis 的持久化机制是什么？各自的优缺点有哪些？★★★★★

（4）是否使用过 Redis 集群？该集群的原理是什么？★★★★★

（5）Redis Replication（数据复制）的核心机制是什么？★★★★☆

（6）Redis 有哪些数据类型？都在哪些场景中使用过？★★★★☆

（7）Redis 是如何实现读写分离的？★★★☆☆

（8）什么是 Redis 哈希槽？★★★☆☆

（9）什么是 Redis？它的优缺点有哪些？★★★☆☆

（10）如何保证 Redis 的高并发和高可用？★★★☆☆

（11）请介绍 Redis 事务的概念和 Redis 事务的三个阶段。★★★☆☆

11.4 分布式缓存设计的核心问题

分布式缓存设计的核心问题是以哪种方式进行缓存预热和缓存更新，以及如何优雅地解决缓存雪崩、缓存穿透、缓存降级等问题。这些问题在不同的应用场景下有不同的解决方案，下面介绍常用的解决方案。

11.4.1 缓存预热

缓存预热指在用户请求数据前先将数据加载到缓存系统中，用户查询事先被预热的缓存数据，以提高系统查询效率。缓存预热一般有系统启动加载、定时加载等方式。

11.4.2 缓存更新

缓存更新指在数据发生变化后及时将变化后的数据更新到缓存中。常见的缓存更新策略有如下 4 种。

◎ 定时更新：定时将底层数据库内的数据更新到缓存中，该方法比较简单，适合需要缓存的数据量不是很大的应用场景。

◎ 过期更新：定时将缓存中过期的数据更新为最新数据并更新缓存的过期时间。

◎ 写请求更新：在用户有写请求时先写数据库同时更新缓存，这适用于用户对缓存数据和数据库的数据有实时强一致性要求的情况。

◎ 读请求更新：在用户有读请求时，先判断该请求数据的缓存是否存在或过期，如果不存在或已过期，则进行底层数据库查询并将查询结果更新到缓存中，同时将查询结果返回给用户。

11.4.3　缓存淘汰策略

在缓存数据过多时，需要使用某种淘汰算法决定淘汰哪些数据。常用的淘汰算法有如下几种。

◎ FIFO（First In First Out，先进先出）：判断被存储的时间，离目前最远的数据优先被淘汰。

◎ LRU（Least Recently Used，最近最少使用）：判断缓存最近被使用的时间，距离当前时间最远的数据优先被淘汰。

◎ LFU（Least Frequently Used，最不经常使用）：在一段时间内，被使用次数最少的缓存优先被淘汰。

11.4.4　缓存雪崩

缓存雪崩指在同一时刻由于大量缓存失效，导致大量原本应该访问缓存的请求都去查询数据库，这对数据库的 CPU 和内存造成巨大压力，严重的话会导致数据库宕机，从而形成一系列连锁反应，使整个系统崩溃。对此一般有如下 3 种处理方法。

◎ 请求加锁：对于并发量不是很多的应用，使用请求加锁排队的方案防止过多请求数据库。

◎ 失效更新：为每一个缓存数据都增加过期标记来记录缓存数据是否失效，如果缓存标记失效，则更新缓存数据。

◎ 设置不同的失效时间：为不同的数据设置不同的缓存失效时间，防止在同一时刻有大量的数据失效。

11.4.5　缓存穿透

缓存穿透指由于缓存系统发生故障或者用户频繁查询系统中不存在（在系统中不存在，在自然数据库和缓存中也不存在）的数据，而这时请求穿过缓存不断被发送到数据库，导致数据库过载，进而引发一连串并发问题。

比如用户发起一个 userName 为 zhangsan 的请求，而在系统中并没有名为 zhangsan 的用户，这样就导致每次查询时在缓存中都找不到该数据，然后去数据库中再查询一遍。由于 zhangsan 用户本身在系统中不存在，自然返回空，导致请求穿过缓存频繁查询数据库，在用户频繁发送该请求时将导致数据库系统负载增大，从而可能引发其他问题。常用的解决缓存穿透问题的方法有布隆过滤器和 cache null 策略。

◎ 布隆过滤器：指将所有可能存在的数据都映射到一个足够大的 Bitmap 中，在用户发起请求时首先经过布隆过滤器的拦截，一个一定不存在的数据会被这个布隆过滤器拦截，从而避免对底层存储系统带来查询上的压力。

◎ cache null 策略：指如果一个查询返回的结果为 null（可能是数据不存在，也可能是系统故障），我们仍然缓存这个 null 结果，但它的过期时间会很短，通常不超过 5 分钟；在用户再次请求该数据时直接返回 null，而不会继续访问数据库，从而有效保障数据库的安全。其实 cache null 策略的核心原理是：在缓存中记录一个短暂的（数据过期时间内）数据在系统中是否存在的状态，如果不存在，则直接返回 null，不再查询数据库，从而避免缓存穿透到数据库上。

11.4.6　缓存降级

缓存降级指由于访问量剧增导致服务出现问题（如响应时间慢或不响应）时，优先保障核心业务的运行，减少或关闭非核心业务对资源的使用。常见的服务降级策略如下。

◎ 写降级：在写请求增大时，可以只进行缓存的更新，然后将数据异步更新到数据库中，保证最终一致性即可，即将写请求从数据库降级为缓存。

◎ 读降级：在数据库服务负载过高或数据库系统发生故障时，可以只对缓存进行读取并将结果返回给用户，在数据库服务正常后再去查询数据库，即将读请求从数据库降级为缓存。这种方式适用于对数据实时性要求不高的场景，保障了在系统发生故障的情况下用户依然能够访问到数据，只是访问到的数据相对有延迟。

相关面试题

（1）什么是缓存穿透问题？怎么解决缓存穿透问题？★★★★★

（2）缓存更新策略有哪些？★★★★★

（3）缓存淘汰策略有哪些？★★★★★

（4）在什么情况下会发生缓存穿透？如何避免缓存穿透？★★★★★

（5）如何保证缓存与数据库双写时的数据一致性？★★★★☆

（6）为什么需要进行缓存预热？★★★★☆

（7）怎么保证缓存和数据库中数据的一致性？★★★☆☆

（8）什么是缓存雪崩？有什么办法可以处理缓存雪崩？★★★☆☆

（9）常见的缓存降级策略有哪些？★★★☆☆

11.5　分布式缓存的应用场景

分布式缓存的应用场景如下。

（1）冷热分离：将缓存作为热数据层，将关系数据库作为冷数据层。在数据写入数据库的同时将其向缓存中存储一份，当客户端请求到来时先判断在缓存中是否存在该数据，如果存在则直接返回缓存中的数据，如果不存在，则查询数据库并返回数据库中的数据，然后将数据库中的数据回写到缓存中，这样在下次同样的请求到来时就能直接命中缓存了。

（2）热数据存储。热数据存储和冷热存储分离的区别在于：在热数据存储场景下，数据并不需要在冷存储中存储。在一些高并发应用场景下，如果数据结构简单，则可直接将数据存储在分布式缓存中，以增加系统的并发效率。

（3）计数器：可以通过分布式缓存如 Reids 实时统计一些业务指标，例如用户每天的登录次数、核心 API 的访问次数、文章的点赞次数和阅读次数等。还有一个典型的应用场景是密码错误提示，例如在 3 小时内密码只能输错 3 次，如果超过 3 次则不允许登录系统，这可以通过统计用户的登录次数，同时为统计数据设置 3 小时的 TTL 过期时间来实现。

（4）限流：对一些核心业务或者核心 API 调用次数进行统计，当流量请求超过阈值时执行限流，以保障系统在遭遇流量攻击时能扛得住压力。

（5）排行：基于一些统计数据进行排行榜展示。例如统计每个新闻的"点击此处"超链接，从而确定 Top 10 热榜新闻。

（6）分布式锁：利用 Redis 的 setnx 方法实现分布式锁，具体实现方式参照 10.2.2 节。

（7）分布式 Session：在分布式环境下将用户的 Session 信息存储在分布式缓存中，以实现分布式环境下的用户身份验证。具体做法是在用户登录时判断其 Session 信息是否存在于分布式缓存中，如果不存在，则认为是新用户，需要用户执行登录操作。在用户登录成功后将用户的 Session 信息存储在缓存中，当下次用户再进行访问时如果发现缓存已存储该用户的 Session 信息，则认为该用户是合法用户，允许其对系统接口进行访问。对分布式 Session 需要配置过期时间，例如用户在 5 分钟内没有做任何操作的话，则清理该用户的 Session 信息。

（8）全局 ID：利用 Redis 中 incrby 的原子性操作特性，为分布式表生成全局唯一的 ID，用户可以一次性获取一个 ID，也可以获取一批 ID。

相关面试题

（1）缓存的应用场景有哪些？★★★★★

第 12 章

ZooKeeper、Kafka 的原理及应用

12.1 ZooKeeper 的原理

ZooKeeper 是一个分布式协调服务，其设计初衷是为分布式软件提供一致性服务。ZooKeeper 提供了一个类似 Linux 文件系统的树形结构，ZooKeeper 的每个节点既可以是目录，也可以是数据，同时 ZooKeeper 提供了对每个节点的监控与通知机制。基于 ZooKeeper 的一致性服务，可以方便地实现分布式锁、分布式选举、服务发现和监控、配置中心等功能。

12.1.1 ZooKeeper 中的角色

ZooKeeper 是一个基于主备复制的高可用集群，ZooKeeper 中的角色包括 Leader、Follower、Observer。Leader 是集群主节点，主要负责管理集群状态和接收用户的写请求；Follower 是从节点，主要负责集群选举投票和接收用户的读请求；Observer 的功能与 Follower 类似，只是没有投票权，主要用于分担 Follower 的读请求，降低集群的负载。ZooKeeper 的角色及其关系如图 12-1 所示。

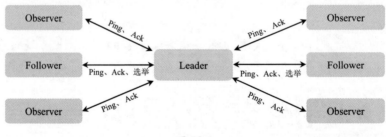

图 12-1

1. Leader

一个运行中的 ZooKeeper 集群只有一个 Leader 服务，Leader 服务主要有两个职责：一是负责集群数据的写操作；二是发起并维护各个 Follower 及 Observer 之间的心跳以监控集群的运行状态。在 ZooKeeper 集群中，所有写操作都必须经过 Leader，只有在 Leader 写操作完成后，才将写操作广播到其他 Follower。只有超过半数的节点（不包括 Observer 节点）写入成功时，该写请求才算写成功。

2. Follower

一个 ZooKeeper 集群可以有多个 Follower，Follower 通过心跳和 Leader 保持连接。Follower 服务主要有两个职责：一是负责集群数据的读操作，二是参与集群的 Leader 选举。Follower 在接收到一个客户端请求后会先判断该请求是读请求还是写请求，如果是读请求，则 Follower 从本地节点上读取数据并返回给客户端；如果是写请求，则 Follower 将写请求转发给 Leader 处理；同时，在 Leader 失效后，Follower 需要在集群选举时进行投票。

3. Observer

一个 ZooKeeper 集群可以有多个 Observer，Observer 主要负责对集群数据的读操作。在 ZooKeeper 的设计上，Observer 的功能与 Follower 类似，主要区别是 Observer 无投票权。ZooKeeper 集群在运行过程中要支持更多的客户端并发操作，就需要增加更多的服务实例，而过多的服务实例会使集群的投票阶段变得复杂，集群选主时间过长，不利于集群故障的快速恢复。因此，ZooKeeper 引入了 Observer 角色，Observer 不参与投票，只用于接收客户端的连接并响应客户端的读请求，将写请求转发给 Leader 节点。加入更多的 Observer 节点不仅提高了 ZooKeeper 集群的吞吐量，也保障了系统的稳定性。

12.1.2　ZAB 协议

ZAB（ZooKeeper Atomic Broadcast，ZooKeeper 原子消息广播）协议要通过唯一的事务编号 Zxid（ZooKeeper Transaction id）保障集群状态的唯一性。Zxid 与 RDBMS 中的事务 ID 类似，用于标识一次提议（Proposal）的 ID；为了保证顺序性，Zxid 必须单调递增。

（1）Epoch：指当前集群的周期号（年代号），集群的每次 Leader 变更都会产生一个新的周期号，周期号的产生规则是在上一个周期号的基础上加 1，这样之前的 Leader 崩溃恢复后会发现自己的周期号比当前的周期号小，说明此时集群已经产生了新的 Leader，老的 Leader 会再次以 Follower 的角色加入集群。

（2）Zxid：指 ZAB 协议的事务编号，是一个 64 位的数字，其中低 32 位存储的是一个简单的单调递增的计数器，针对客户端的每一个事务请求，计数器都加 1。高 32 位存储的是 Leader 的周期号 Epoch。在每次选举产生一个新的 Leader 时，该 Leader 都会从当前服务器的日志中取出最大事务的 Zxid，获取其中高 32 位的 Epoch 值并加 1，以此作为新的 Epoch，并将低 32 位从 0 开始重新计数。

ZAB 协议有两种模式，分别是恢复模式（集群选主）和广播模式（数据同步）。

（1）恢复模式：集群在启动、重启或者 Leader 崩溃后，将开始选主，该过程为恢复模式。

（2）广播模式：Leader 在被选举出来后，会将最新的集群状态广播给其他 Follower，该过程为广播模式。在半数以上的 Follower 完成与 Leader 的状态同步后，广播模式结束。

1. ZAB 协议的 4 个阶段

（1）选举阶段（Leader Election）：在集群选举开始时，所有节点都处于选举阶段。当某一个节点的票数超过半数节点后，该节点将被推选为准 Leader。选举阶段的目的就是产生一个准 Leader。只有到达广播阶段（Broadcast）后，准 Leader 才会成为真正的 Leader。

（2）发现阶段（Discovery）：在发现阶段，各个 Follower 开始和准 Leader 通信，同步 Follower 最近接收的事务提议。这时，准 Leader 会产生一个新的 Epoch，并尝试让其他 Follower 接收该 Epoch 后再更新到本地。发现阶段的一个 Follower 只会连接一个 Leader，如果节点 1 认为节点 2 是 Leader，则当节点 1 尝试连接节点 2 时，如果连接被拒绝，则集群会进入重新选举阶段。发现阶段的主要目的是发现当前大多数节点接收的最新提议。

（3）同步阶段（Synchronization）：同步阶段主要是将 Leader 在前一阶段获得的最新提议信息同步到集群中所有的副本，只有当半数以上的节点都同步完成时，准 Leader 才会成为真正的 Leader。Follower 只会接收 Zxid 比自己的 lastZxid 大的提议。在同步阶段完成后集群选主的操作才完成，新的 Leader 将产生。

（4）广播阶段（Broadcast）：在广播阶段，ZooKeeper 集群开始正式对外提供事务服务，这时 Leader 进行消息广播，将其上的状态通知到其他 Follower，如果后续有新节点加入，则 Leader 会对新节点进行状态同步。

2. ZAB 协议的 Java 实现

ZAB 协议的 Java 实现与其定义略有不同，在进行实现时，选举阶段采用 Fast Leader Election 模式。在该模式下，节点首先向所有 Server 提议自己要成为 Leader，其他 Server 在收到提议以后，会判断 Epoch 信息并接收对方的提议，然后向对方发送接收提议完成的消息；同时，在 Java 的实现过程中将发现阶段和同步阶段合并为恢复阶段（Recovery）。

因此，ZAB 协议的 Java 实现只有 3 个阶段：Fast Leader Election、Recovery 和 Broadcast。

12.1.3　ZooKeeper 的选举机制和流程

ZooKeeper 的选举机制被定义为：每个 Server 首先都提议自己是 Leader，并为自己投票，然后将投票结果与其他 Server 的选票进行对比，权重大的胜出，使用权重较大的选票更新自身的选票箱，具体选举过程如下。

（1）每个 Server 在启动以后都询问其他 Server 给谁投票，其他 Server 根据自己的状态回复自己推荐的 Leader 并返回对应的 Leader id 和 Zxid。在集群初次启动时，每个 Server 都会推荐自己为 Leader。

（2）Server 在收到所有其他 Server 的回复后，会计算 Zxid 最大的 Server，并将该 Server 设置成下一次要投票推荐的 Server。

（3）在计算过程中，票数最多的 Server 将成为获胜者，如果获胜者的票数超过集群个数的一半，则该 Server 将被推选为 Leader。否则，继续投票，直到 Leader 被选举出来。

（4）Leader 等待其他 Server 连接。

（5）Follower 连接 Leader，将最大的 Zxid 发送给 Leader。

（6）Leader 根据 Follower 的 Zxid 确定同步点，至此，选举阶段完成。

在选举阶段完成后，Leader 通知其他 Follower 集群已经成为 Uptodate 状态，Follower 在收到 Uptodate 消息后，会接收客户端的请求并对外提供服务。

上述选举过程比较抽象，下面以 5 台服务器（Server1、Server2、Server3、Server4、Server5）的选主为例，假设它们的编号分别是 1、2、3、4、5，按编号依次启动，则它们的选举过程如图 12-2 所示。

（1）Server1 启动：Server1 提议自己为 Leader 并为自己投票，然后将投票结果发送给其他服务器，由于其他服务器还未启动，因此收不到任何反馈信息。此时，Server1 处于 Looking 状态（Looking 状态表示当前集群正处于选举状态）。

（2）Server2 启动：Server2 提议自己为 Leader 并为自己投票，然后与 Server1 交换投票结果，由于 Server2 的编号大于 Server1，因此 Server2 胜出。同时，由于投票未过半，两台服务器均处于 Looking 状态。

（3）Server3 启动：Server3 提议自己为 Leader 并为自己投票，然后与 Server1、Server2 交换投票结果，由于 Server3 的编号最大，因此 Server3 胜出。此时，Server3 的票数大于半数集群，因此 Server3 成为 Leader，Server1、Server2 成为 Follower。

（4）Server4 启动：Server4 提议自己为 Leader 并为自己投票，然后与 Server1、Server2、Server3 交换投票结果，发现 Server3 已经成为 Leader，因此 Server4 也成为 Follower。

（5）Server5 启动：Server5 首先给自己投票，然后与其他服务器交换信息，发现 Server3 已经成为 Leader，因此 Server5 也成为 Follower。

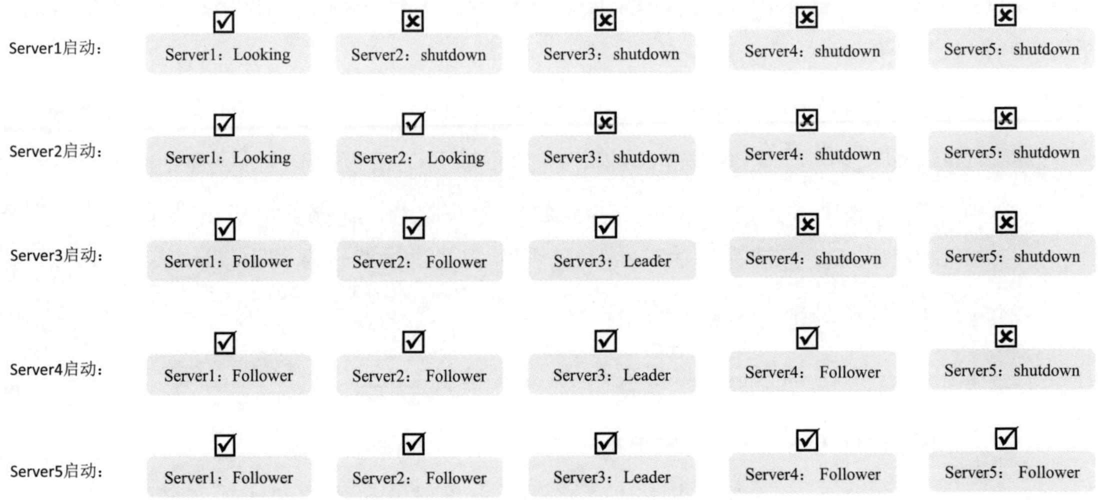

Server1启动:	☑ Server1：Looking	☒ Server2：shutdown	☒ Server3：shutdown	☒ Server4：shutdown	☒ Server5：shutdown
Server2启动:	☑ Server1：Looking	☑ Server2：Looking	☒ Server3：shutdown	☒ Server4：shutdown	☒ Server5：shutdown
Server3启动:	☑ Server1：Follower	☑ Server2：Follower	☑ Server3：Leader	☒ Server4：shutdown	☒ Server5：shutdown
Server4启动:	☑ Server1：Follower	☑ Server2：Follower	☑ Server3：Leader	☑ Server4：Follower	☒ Server5：shutdown
Server5启动:	☑ Server1：Follower	☑ Server2：Follower	☑ Server3：Leader	☑ Server4：Follower	☑ Server5：Follower

图 12-2

12.2 ZooKeeper 的应用

下面从 ZooKeeper 的数据模型和应用场景两方面介绍如何应用 ZooKeeper。

12.2.1 ZooKeeper 的数据模型

ZooKeeper 使用一个树形结构的命名空间来表示其数据结构，在结构上与标准文件系统非常相似，ZooKeeper 树中的每个节点都被称为一个 Znode。ZooKeeper 的数据结构如图 12-3 所示。类似文件系统的目录树，ZooKeeper 树中的每个节点都可以拥有子节点；与文件系统不同的是，ZooKeeper 的每个节点都存储数据信息，同时提供对节点信息的监控（Watch）等操作。

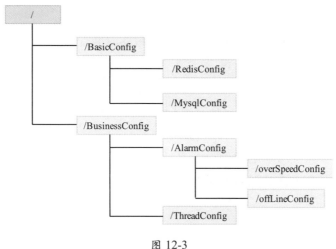

图 12-3

1．Znode 的数据模型

ZooKeeper 命名空间中的 Znode 兼具文件和目录的特性，既能像文件一样保存和维护数据，又能像目录一样作为路径标识的一部分。每个 Znode 都由 3 部分组成。

（1）Stat：状态信息，用于存储该 Znode 的版本、权限、时间戳等信息。

（2）Data：Znode 具体存储的数据。

（3）Children：Znode 子节点的信息描述。

Znode 节点虽然可以存储数据，但它并不像数据库那样能存储大量的数据。设计 Znode 的初衷是存储分布式应用中的配置文件、集群状态等元数据信息。

2．Znode 的控制访问

（1）ACL：每一个 Znode 节点都拥有一个访问控制列表（Access Control List，ACL），该列表规定了用户对节点的访问权限，应用程序可以根据需求将用户分为只读、只写和读写用户。

（2）原子操作：每一个 Znode 节点上的数据都具有原子操作的特性，读操作将获取与节点相关的数据，写操作将替换节点上的数据。

3. Znode 的节点类型

ZooKeeper 中的节点有两种，分别是临时节点和永久节点。节点的类型在创建时被确定并且不能改变。

（1）临时节点：临时节点的生命周期取决于过期时间，在临时节点过期后系统会自动删除该节点，此外，ZooKeeper 的临时节点不允许拥有子节点。临时节点常用于心跳监控，例如，可以设置过期时间为 30s，要求各个子节点对应的服务端每 5s 发送一次心跳到 ZooKeeper 集群，当有服务端连续 30s 没有向 ZooKeeper 汇报心跳信息（连续 6 次未收到心跳信息，6 次×5s=30s）时，就可以认为该节点宕机，将其从服务列表中移除。

（2）永久节点：永久节点的数据会一直被存储，直到用户调用接口将其数据删除。该节点一般用于存储一些永久性的配置信息。

4. Znode 的节点监控

在 ZooKeeper 的每个节点上都有一个 Watch 用于监控节点数据的变化，当节点状态发生改变时（Znode 新增、删除、修改）将会触发 Watch 所对应的操作。在 Watch 被触发时，ZooKeeper 会向监控该节点的客户端发送一条通知，说明节点的变化情况。

12.2.2　ZooKeeper 的应用场景

ZooKeeper 可用于统一命名服务、配置管理、集群管理、分布式通知协调、分布式锁等应用场景中。

1. 统一命名服务

在分布式环境下，应用程序经常需要对服务进行统一命名，以便识别不同的服务和快速获取服务列表，应用程序可以将服务名称和服务地址信息维护在 ZooKeeper 上，客户端通过 ZooKeeper 获取可用服务列表。

2. 配置管理

在分布式环境下，应用程序可以将配置文件统一在 ZooKeeper 上管理。配置信息可以按照系统配置、告警配置、业务开关配置、业务阈值配置等分类存储在不同的 Znode 上。各个服务在启动时从 ZooKeeper 上读取配置，同时监听各个节点的 Znode 数据，一旦 Znode

中的配置被修改，ZooKeeper 就将通知各个服务然后在线更新配置。

使用 ZooKeeper 做统一配置管理，不但避免了维护散落在各台服务器上的配置文件的复杂性，同时在配置信息发生变化时能及时通知各个服务在线更新配置，而不用重启服务。

3. 集群管理

在分布式环境下，实时管理每个服务的状态是 ZooKeeper 使用最广泛的场景，常见的 HBase、Kafka、Storm、HDFS 等集群都依赖 ZooKeeper 做统一的状态管理。

4. 分布式通知协调

基于 Znode 的临时节点和 Watch 特性，应用程序可以很容易地实现一个分布式通知协调系统。比如在集群中为每个服务都创建一个周期为 30s 的临时节点作为服务状态监控，要求各个服务每 10s 定时向 ZooKeeper 汇报监控状态。当 ZooKeeper 连续 30s 未收到服务的状态反馈时，则可以认为该服务异常，将其从服务列表中移除，同时将该结果通知到其他监控该节点状态的服务。

5. 分布式锁

由于 ZooKeeper 是强一致性的，所以在多个客户端同时在 ZooKeeper 上创建相同的 Znode 时，只能有一个创建成功。基于该机制，应用程序可以实现锁的独占性，当多个客户端同时在 ZooKeeper 上创建相同的 Znode 时，创建成功的那个客户端将得到锁，其他客户端则等待。同时，将锁节点设置为 EPHEMERAL_SEQUENTIAL，可使该 Znode 掌握全局锁的访问时序。

> **相关面试题**

（1）ZooKeeper 是什么？★★★★★

（2）ZooKeeper 有哪些角色？★★★★★

（3）ZooKeeper 的集群选举流程是怎样的？★★★★★

（4）ZooKeeper 的通知机制是怎样的？★★★★★

（5）ZooKeeper 怎么保证主备节点的状态同步？★★★★☆

（6）ZooKeeper 有哪些节点类型？★★★★☆

（7）ZooKeeper 的应用场景有哪些？★★★★☆

（8）在 ZooKeeper 集群的主节点宕机后，应该如何进行集群恢复？★★★☆☆

（9）ZooKeeper 是如何实现数据同步的？★★★☆☆

（10）ZooKeeper 是如何实现分布式锁的？★★★☆☆

12.3　Kafka 的原理

Kafka 是一种高吞吐、分布式、基于发布和订阅模型的消息系统，最初由 LinkedIn 公司开发，使用 Scala 编写，目前是 Apache 的开源项目。Kafka 用于消费离线消息和在线消息。Kafka 将消息数据按顺序保存在磁盘上，并在集群内以副本的形式存储以防止数据丢失。

Kafka 依赖 ZooKeeper 进行集群的管理，Kafka 与 Storm、Spark 能够非常友好地集成，用于实时流式计算。

12.3.1　Kafka 的组成

Kafka 的核心概念有 Producer、Consumer、Broker 和 Topic。其中，Producer 为消息生产者；Consumer 为消息消费者；Broker 为 Kafka 的消息服务端，负责消息的存储和转发；Topic 为消息类别，Kafka 按照 Topic 对消息进行分类。

为了提高集群的并发度，Kafka 还设计了 Partition 用于 Topic 上数据的分区，一个 Topic 数据可以分为多个 Partition，每个 Partition 都负责保存和处理其中一部分消息数据。Partition 的个数对应了消费者和生产者的并发度，比如 Partition 的个数为 3，则在集群中最多同时有 3 个线程的消费者并发处理数据。Kafka Partition 的消息分区如图 12-4 所示。

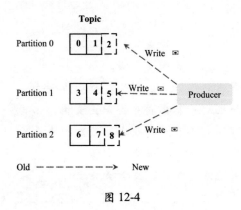

图 12-4

Consumer Group 为消费者组，每个 Consumer 都必须属于同一个 Group，同一个 Group 内的 Consumer 可以并发地消费消息。Kafka 消息队列的原理如图 12-5 所示。

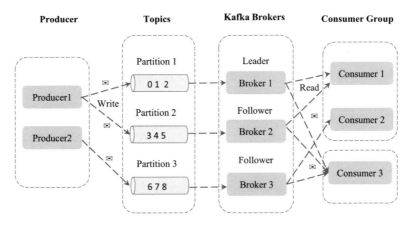

图 12-5

ZooKeeper 为 Kafka 提供集群管理功能。它保存着集群的 Broker、Topic、Partition 等元数据，还负责 Broker 故障发现、Leader 选举、负载均衡等。Kafka 和 ZooKeeper 的关系如图 12-6 所示。

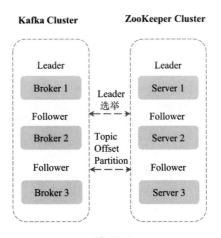

图 12-6

12.3.2　Kafka 的数据存储设计

1. Partition 数据文件

Partition 中的每条 Message 都包含 3 个属性：Offset、MessageSize、Data。其中，Offset 表示 Message 在这个 Partition 中的偏移量，它在逻辑上是一个值，唯一确定了 Partition 中的一条 Message；MessageSize 表示消息内容 Data 的大小；Data 为 Message 的具体内容。Kafka Partition 中基于 Offset 的消息生产和消费如图 12-7 所示。

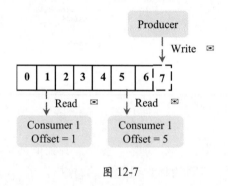

图 12-7

2. Segment 数据文件

Partition 在物理上由多个 Segment 数据文件组成，每个 Segment 数据文件都大小相等、按顺序读写。每个 Segment 数据文件都以该段中最小的 Offset 命名，文件扩展名为.log。这样在查找指定 Offset 的 Message 时，用二分查找算法就可以定位到该 Message 在哪个 Segment 数据文件中。

Segment 数据文件首先会被存储在内存中，当 Segment 上的消息条数达到配置值或消息发送时间超过阈值时，其上的消息会被刷盘（刷新到磁盘），只有被刷盘的消息才能被消费者消费。

Segment 在达到一定的大小（可以通过配置文件设定，默认为 1GB）后将不会再往该 Segment 中写数据，Broker 会创建新的 Segment。

Kafka Segment 的存储结构如图 12-8 所示。

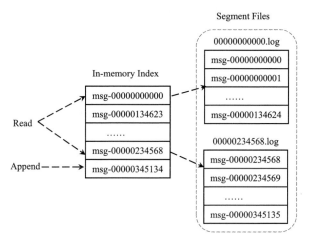

图 12-8

3. 数据文件索引

Kafka 为每个 Segment 数据文件都建立了索引文件以方便数据寻址，索引文件的文件名与数据文件的文件名一致，不同的是索引文件的扩展名为.index。Kafka 的索引文件并不会为数据文件中的每条 Message 都建立索引，而是采用稀疏索引的方式，每隔一定字节就建立一条索引。这样可以有效减小索引文件的大小，方便将索引文件加载到内存中以提高集群的吞吐量。索引文件中的第 1 位表示索引对应的 Message 的编号，第 2 位表示索引对应的 Message 的数据位置。Kafka Index 的存储结构如图 12-9 所示，00000368769.index 索引文件采用稀疏索引的方式记录了第 1 条 Message、第 3 条 Message、第 6 条 Message 的索引分别为(1,0)、(3,479)、(6,1407)。

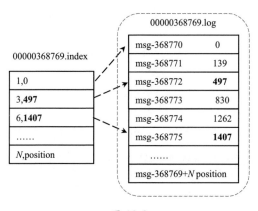

图 12-9

12.3.3　生产者并发设计

1. 多个 Producer 并发生产消息

Kafka 将一个 Topic 分为多个 Partition，每个 Partition 上的数据都均衡地分布在不同的 Broker 上，这样一个 Topic 上的数据就可被多个 Broker 并发地接收或发送。

在实际应用过程中，为了提高消息的吞吐量，应用程序可以将 Topic 的 Partition 设置为多个（Partition 的个数也不宜太多，一般依据集群大小和 Topic 上的数据量来决定，Partition 的个数不能超过 Broker 节点的个数）。Producer 可以通过随机或者哈希等方式将消息平均发送到多个 Partition 以实现负载均衡。Partition 的多个 Producer 并发生产消息，如图 12-10 所示，将 TopicA 分为 3 个 Partition 分布在 3 个 Broker 上，其中每个 Partition 上的数据在其他 Broker 服务端都有一份备份，3 个 Producer 并发地向 Kafka 集群发送数据。

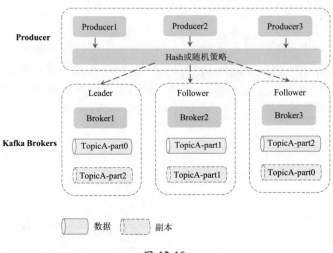

图 12-10

2. 批量发送消息

批量发送消息是提高吞吐量的重要方式，Producer 客户端可以在内存中合并多条消息，以一次请求的方式批量发送消息给 Broker，从而大大减少 Broker 存储消息的 I/O 操作次数。但批量发送的时间应该在业务能够接受的延迟时间范围内。

3. 压缩消息

Producer 端可以通过 gzip 或 Snappy 格式对消息集合进行压缩。消息在 Producer 端进行压缩，在 Consumer 端进行解压。压缩的好处就是减少网络传输的数据量，减轻对网络带宽传输的压力。在实时处理海量数据的集群环境下，系统瓶颈往往体现在网络 I/O 和带宽上，因为内存和 CPU 对数据的处理效率常常是 I/O 的几十倍甚至上百倍。

4. 消息异步发送

如图 12-11 所示，Producer 的消息异步发送流程如下。

（1）Producer 的消息序列化，包括 keySerializer、valueSerializer。

（2）分区处理器计算消息所在的分区。

（3）Producer 把消息发送到客户端消息缓冲区 Accumulator，缓冲区的大小由 buffer.memory 参数设置，默认为 32MB。当消息生产速度过快且来不及发送时，会导致缓冲区写满并阻塞 max.block.ms 然后抛出异常。

（4）在客户端中有一个 Sender 线程专门负责发送消息到 Broker 端。

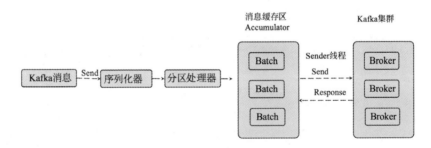

图 12-11

5. 消息重试

Producer 支持失败重试，当消息发送失败时如果开启消息重试，则 Producer 会尝试再次发送消息。重试次数通过 retries 参数设置，默认值为 0 表示不重试。

12.3.4 消费者并发设计

1. 多个 Consumer 并发消费消息

Topic 的消息以 Partition 的形式存在于多个 Broker 上，应用程序可以启动多个 Consumer 并行地消费 Topic 上的数据以提高消息的处理效率。需要注意的是，一个 Partition 上的消息是时间有序的，多个 Partition 之间的顺序无法保证。Kafka 的多个 Consumer 并发消费消息，如图 12-12 所示，启动 3 个 Consumer（因为 Partition 的个数为 3，所以 Consumer 的个数也被设置为 3）并发地消费 TopicA 上的消息，TopicA 的数据以 Partition 的形式存储在 3 个 Broker 上。

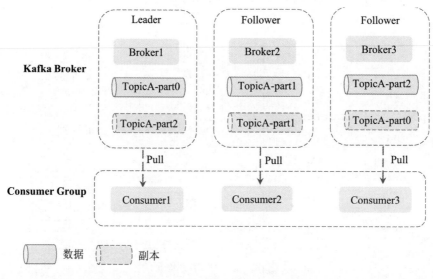

图 12-12

2. Consumer Group 的概念和特性

Consumer Group 是一个消费者组，同一个 Consumer Group 中的多个 Consumer 线程可以并发地消费 Topic 上的消息，Consumer 的线程并发数一般等于 Partition 的个数。同一个 Consumer Group 中的多个 Consumer 不能同时消费同一个 Partition 上的数据。不同 Consumer Group 中的 Consumer 在同一个 Topic 上的数据消费互不影响。Consumer Group 和 Consumer 以 group.id 和 client.id 唯一标识。每个 Consumer 的每条消费记录都以 Offset 的形式提交到 Kafka 集群的 Broker 上，用于记录消费消息的位置。

同一个 Partition 内的消息是有序的，多个 Partition 上的数据无法保证时间的有序性。Consumer 通过 Pull 方式消费消息。Kafka 不删除已消费的消息。在 Partition 内部，Kafka 按顺序读写磁盘数据，以时间复杂度 $O(1)$ 的方式提供消息的持久化功能。

12.3.5　Kafka 控制器选主

控制器（Controller）是 Kafka 集群的核心组件，其主要作用是利用 ZooKeeper 来协调和管理整个 Kafka 集群。在一个集群中只有一个控制器，控制器可以从任何一个 Broker 中选举出来。

控制器的选举过程：当集群初次启动时，每个 Broker 都会尝试在 ZooKeeper 上创建 /controller 临时节点，第 1 个创建成功的 Broker 被选为控制器节点，其他 Broker 节点则通过 ZooKeeper 的监听（Watch）机制监听 /controller 的变化。如果控制器节点在运行过程中发生异常，则 ZooKeeper 上的 /controller 节点也会发生异常，此时其他 Broker 会感知到该异常，说明控制器节点出现故障，需要重新选举一个控制节点。此时其他 Broker 会尝试在 ZooKeeper 上创建 /controller 节点，第一个创建成功的节点会成为新一轮的控制器节点。

ZooKeeper 上 /controller 临时节点的数据如下：

```
{"version":1, "brokerid": 0,"timestamp":"1642158861143"}
```

其中，version 表示版本号，brokerid 为控制器节点的 Broker 的 id 编号，timestamp 表示该 Broker 成功被选举为控制器的时间。

某个 Broker 如果在运行过程中重启，则在该 Broker 的启动过程中会去读取 /controller 临时节点的 brokerid，如果成功读取到了 brokerid 且 brokerid 不为 -1，则表示在该集群中已经存在控制器，该 Broker 会放弃选举；如果 /controller 不存在或者 /controller 数据发生异常，则会尝试通过创建 /controller 临时节点的方式参与选举，如果成功创建了 /controller 临时节点，则成为控制器，否则竞选失败。

同时，ZooKeeper 还有一个 /controller_epoch 节点记录控制器节点发生变更的次数。在集群第一次选举控制器节点成功后，该值为 1，以后每成功完成一次控制器的选举，则该值加 1。Kafka 通过 controller_epoch 来保障控制器的唯一性。

Kafka 控制器节点和 Broker 节点相比多出如下职责。

（1）管理 Topic：新建、删除 Topic 及修改 Topic 分区等操作均通过控制器节点完成。

（2）分区重分配：由控制器节点负责分区重分配工作。

（3）选举优先副本：Kafka 在出现 Leader 负载不均衡时会选择以优先副本作为 Leader。

（4）管理集群：控制器通过监听/brokers/ids 节点的变化来管理 Broker 的状态。

（5）管理元数据：控制器节点保存了完整的元数据信息，同时控制器节点会将元数据的变更请求通知给其他 Broker，让其他 Broker 更新其内存中的缓存数据。

12.3.6 Kafka 分区 Leader 选主

Kafka 通过为每个分区都设置副本的方式实现数据的高可用，包括 Leader 副本、Follower 副本和优先副本（在建立分区时指定优先副本，如果不指定，则为分区的第 1 个副本）。所有副本的集合叫作 AR（Assigned Replicas）。Leader 会跟踪与其保持同步的 Replica 列表，该列表被称为 ISR（即 in-sync Replica）。如果一个副本同步的延迟时间大于副本落后于 Leader 的最大时间间隔（由参数 replica.lag.time.max.ms 设置，默认为 10s），则 Leader 将把它从 ISR 移动到 OSR（Out-of-Sync Replicas）列表，在同步时间落后过多的副本追上 Leader 时，会将该副本从 OSR 移动到 ISR。

分区 Leader 副本选主是通过控制器来实现的，发生在如下情况下。

（1）在创建 Topic 时会创建分区并选举 Leader 副本。

（2）在修改 Topic 分区个数时会在该分区上执行 Leader 副本选举。

（3）原来 Leader 副本所在的 Broker 服务下线，这时会重新进行 Leader 副本选举，选主策略为 OftlinePartitionLeaderElectionStrategy。

（4）手动执行重分区命令会对各台服务器上的分区进行重新分配和选主，选主策略为 ReassignPartition。

下面对 Kafka 中的分区选主策略分别进行介绍。

（1）OfflinePartitionLeaderElectionStrategy：查找第 1 个在 AR 中存活且在 ISR 中也存活的副本作为 Leader 副本。

注意：一个分区的 AR 集合在分配时就被指定，并且只要不发生重分配的情况，集合内部副本的顺序就是保持不变的，而在分区的 ISR 集合中，副本的顺序可能会随着副本的上下线而改变。例如，在集群中有 3 个节点：broker-0、broker-l 和 broker-2，有一个 test 的 Topic 副本个数为 3，则 Topic 描述信息如下：

```
Topic:test PartitionCount:3 ReplicationFactor:3 Configs:
Topic: test Partition : 0 Leader : 1 Replicas : 1,2,0 Isr: 2,0,1
Topic: test Partition : 1 Leader : 2 Replicas : 2,0,1 Isr: 2,0,1
Topic: test Partition : 2 Leader : 0 Replicas : 0,1,2 Isr: 0,2,1
```

此时如果 Broker-0 下线，则 Partition 2 存活的 AR 就变为[1,2]，ISR 变为[2,1]。此时会经过分区 Leader 选主，选主完成后的 Topic 信息如下：

```
Topic: test Partition : 0 Leader : 1 Replicas : 1,2,0 Isr: 2,1
Topic: test Partition : 1 Leader : 2 Replicas : 2,0,1 Isr: 2,1
Topic: test Partition : 2 Leader : 1 Replicas : 0,1,2 Isr: 2,1
```

从上述结果可以看到，Partition 2 的 Leader 变为了 1 而不是 2。

在分区 Leader 选主过程中，如果 ISR 集合为空，则会检查 unclean.leader.election 参数，如果为 true，则表示运行从非 ISR 列表中选举的副本，该参数默认为 false。

（2）ReassignPartition：在分区重新分配完成后从重新分配的 AR 列表中找到第 1 个存活且在 ISR 列表中存活的副本作为 Leader 副本。

（3）ControlledShutdownPartitionLeaderElectionStrategy：当节点执行优雅关闭时，系统内部会调用 ControlledShutdown，此时该节点副本也会下线并触发 ControlledShutdownPartitionLeaderElectionStrategy 选举策略，该选举策略的原则是将非当前节点同时满足 AR 列表中的第 1 个存活且在 ISR 列表中存活的副本作为 Leader 副本。

（4）PreferredReplicaPartitionLeaderElectionStrategy：当发生优先副本选举时会直接将优先副本设置为 Leader 副本。

12.3.7　Kafka Topic 的删除流程

调用 kafka-topics.sh 或者 KafkaAdminClient 删除 test_topic 的流程如下。

（1）kafka-topics.sh 或者 KafkaAdminClient 在 ZooKeeper 上创建/admin/delete_topics/ test_topic 临时节点，用于表示 test_topic 需要被删除。

（2）删除 Zookeeper 信息：删除 ZooKeeper 上的 /admin/delete_topics/test_topic 、 /brokers/topics/test_topic（记录 Topic 的元数据信息）、/config/topics/test_topic（记录的 Topic

配置信息）节点。

（3）KafkaController 监听/admin/delete_topics/路径下数据的变化，当监听到 test_topic 发生变化时，通知 Broker 节点将 test_topic 下的日志文件标记删除。

（4）KafkaController 通知 Broker 节点的 GroupCoordinator 删除 test_topic 的消费位移 __consumer_offset）数据。

12.3.8　Kafka 消息的幂等性

幂等性指对一个方法进行多次调用的最终结果是一致的。Kafka 的幂等性是为了保障在生产者消息发送失败重试时不会产生重复的消息，其具体原理如下。

（1）Kafka 为每个生产者客户端都生成一个 PID（Producer ID）。

（2）每个生产者客户端都对应一个 PID，每个 PID 上的消息在发送到每个分区时都会生产一个序列号（Sequence Number，SN）。该序列号从 0 开始，每增加一条消息，序列号就加 1。

（3）Kafka 的 Broker 会为每个<PID,分区>都在内存中维护一个序列号。当 SN_NEW 比 SN_OLD 大 1 时，Broker 才会接收该消息。如果 SN_OLD+1>SN_NEW，则说明出现了重复写入的情况，Broker 会丢弃该消息。如果 SN_OLD+1<SN_NEW，则说明数据在写入过程中有丢失，这时会抛出 OutOfOrderSequenceException 异常，该异常的等级较高。在上层方法捕捉到该异常后会抛出 Illega!StateException 异常。

需要注意的是，消息的幂等性只能保障单个生产者在一个会话中的某个分区上是幂等的。在使用过程中若生产者要支持幂等性，则需要进行如下配置：

```
enable.idempotence=true
```

12.3.9　Kafka 服务端的核心参数

Kafka 集群在启动前首先要根据应用场景对服务端进行配置，以保障服务的高效。常用的核心参数如下。

（1）broker.id：Broker 的唯一编号。默认为-1，在集群环境中一般从 0 开始递增，例如 0、1、2。

（2）log.dirs：Kafka 消息存储的目录，可以用逗号分隔以指定多个地址。

（3）zookeeper.connect：ZooKeeper 的地址。

（4）listeners：Broker 的监听器，是客户端连接 Broker 的入口地址列表，其格式为<协议名称，主机名，端口号>。当前 Kafka 支持的协议类型包括 PLAINTEXT、SSL 与 SASL_SSL。如果未启用安全认证，则使用 PLAINTEXT 协议即可，比如 PLAINTEXT:192.168.1.10:9092。

（5）advertised.listeners：对外公布的 Broker 的监听器，一般用于绑定公网 IP 地址以实现 Kafka 的外网访问。

（6）log.retention.{hours|minutes|ms}：消息的过期时间，"|"后面的参数比前面的优先级高，默认的消息过期时间是 7 天。

（7）message.max.bytes：Broker 能够接收的最大消息大小。如果消息体较大，则可以调高该参数以提高吞吐量。

（8）compression.type：消息压缩类型，支持 gzip、snappy、lz4 及 zstd。默认与生产者使用的压缩类型一致。

（9）num.network.threads：处理网络请求的线程数。

（10）num.io.threads：处理实际请求的线程数。

（11）background.threads：后台任务线程数。

12.3.10　Kafka 生产者的核心参数

为了提高 Kafka 的性能，在生产环境中常常有如下重要参数需要设置。

（1）acks：指定消息写入成功的副本数量。acks=0 表示在 Producer 消息发送后立刻返回，不用等待 Broker 的响应；acks=1 表示在 Leader 副本写入成功后才响应 Producer。acks=all 或-1 表示在所有副本都写入成功后才会响应 Producer。在生产过程中如果对消息的可靠性要求较高，则建议使用 acks=all。

（2）max.request.size：Producer 可以发送的最大消息大小，默认值为 1048576，即 1MB。如果消息体比较大，则可以适当调大该值。

（3）retries：消息发送时的失败重试次数，默认为 0，表示不重试。在网络不稳定或者节点重启时可以使用 retries 来防止数据丢失。

（4）compression.type：消息压缩类型，默认值为 none，表示不压缩消息。消息压缩会减少网络 I/O 和磁盘 I/O 的压力，但是会增加 CPU 的压力。Kafka 支持 gzip、snappy、lz4、zstd 这四种压缩格式。

（5）buffer.memory：Producer 客户端缓冲池的大小，默认值为 33554432，即 32MB。

（6）batch.size：Producer 客户端缓存池中每批数据的大小，默认值为 16384，即 16KB。较小的 batch.size 设置可以减少消息延时，较大的 batch.size 设置可以增加系统吞吐量。

（7）request.timeout.ms：Producer 客户端等待 Broker 响应的超时时间。

（8）max.in.fight.requests.per.connection：Producer 客户端和 Broker 之间未响应请求的最大个数。

12.3.11　Kafka 消费者的核心参数

Kafka 消费者的核心参数如下。

（1）bootstrap.servers：集群地址。

（2）group.id：消费组 ID，同一个消费组内的多个客户端接收到的消息不重复。

（3）fetch.min.bytes：在消费者的一次 poll 请求中拉取的最小数据量，如果消息量不够，则会等待。

（4）fetch.max.bytes：在消费者的一次 poll 请求中拉取的最大数据量。

（5）fetch.max.wait.ms：指定 Kafka 的等待时间，默认值为 500ms。如果在 Kafka 中没有足够多的消息以致满足不了 fetch.min.bytes 参数的要求，那么最终会等待 500ms。

（6）max.partition.fetch.bytes：每个分区上返回给消费组的最大消息量，默认值为 1048576，即 1MB。

（7）max.poll.records：在消费者一次 poll 请求中拉取的最大消息数，默认值为 500 条。

（8）receive.buffer.bytes：Socket 接收消息缓冲区（SO_RECBUF）的大小，默认值为 65536，即 64KB。如果将其设置为-1，则使用操作系统的默认值。如果消费者与 Kafka 集群的网络距离比较远，则可以适当调大这个参数值，让更多的消息先缓存起来。

（9）send.buffer.bytes：Socket 发送消息缓冲区（SO_SNDBUF）的大小，默认值为 131072，即 128KB。如果将其设置为-1，则使用操作系统的默认值。

（10）request.timeout.ms：请求响应的超时时间。

（11）metadata.max.age.ms：配置元数据的过期时间，默认值为 300000ms，即 5 分钟。

（12）auto.offset.reset：消息消费偏移量，可以将其通俗地理解为从哪里开始消费消息，可以为 earliest、latest 和 none。

（13）enable.auto.commit：是否开启自动提交功能。

（14）auto.commit.interval.ms：自动提交的时间间隔。

（15）partition.assignment.strategy：消费者的分区分配策略。

相关面试题

（1）什么是 Kafka？它在分布式系统中的作用是什么？★★★★★

（2）Kafka 的核心组件有哪些？★★★★★

（3）Kafka 为何这么快？★★★★★

（4）在 Kafka 的使用过程中有哪些核心参数需要注意？★★★★☆

（5）Kafka 控制器（Controller）的选主过程是怎样的？★★★★☆

（6）Kafka 分区 Leader 选主的原理是什么？★★★★☆

（7）Kafka 消息异步发送的原理是什么？★★★★☆

（8）Kafka Partition 数据文件是如何存储的？★★★☆☆

（9）请介绍稀疏索引的原理，以及其在 Kafka 中是如何使用的。★★★☆☆

（10）Kafka 是如何并发地消费数据的？★★★☆☆

（11）Kafka 消息发送的幂等性是如何得到保障的？★★★☆☆

（12）如何提高 Kafka 消息的发送能力？★★★☆☆

（13）Kafka 是否可以保证消息的有序性？★★☆☆☆

（14）Kafka 有几种数据保留策略？★★☆☆☆

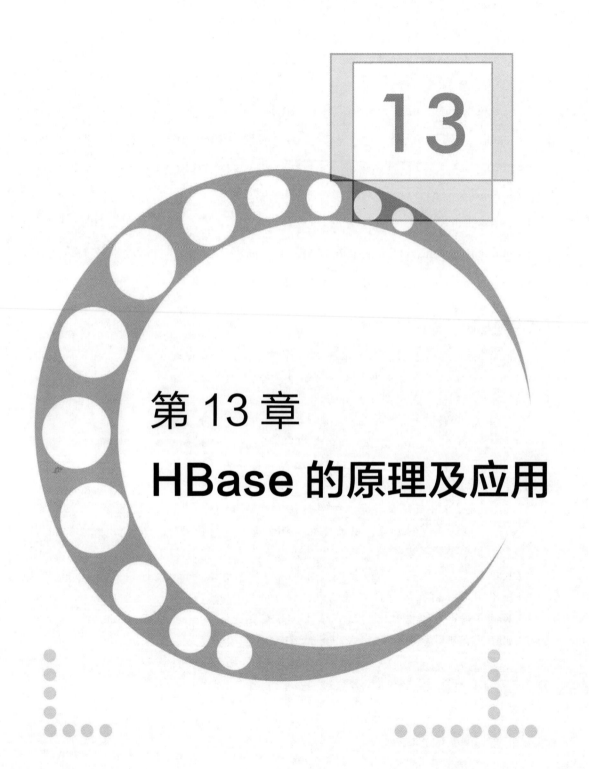

13

第 13 章

HBase 的原理及应用

HBase 是一个开源的分布式 Key-Value 数据库，主要面向数十亿级数据的实时入库和快速随机访问。HBase 的底层存储基于 HDFS 实现，集群的管理基于 ZooKeeper 实现。HBase 良好的分布式架构设计为海量数据的快速存储、随机访问提供了可能，基于数据副本机制和分区机制可以轻松实现在线扩容、缩容和数据容灾，是大数据领域中 Key-Value 数据结构存储最常用的数据库方案。

13.1　HBase 的原理

HBase 采用列式存储架构设计而成，在数据存储上采用 LSM 模型实现了高效的数据写入和读取；在集群设计上采用了主备架构，其中的主节点 HMaser 负责集群管理，数据节点 Region Server 负责数据读取和写入。下面详细介绍 HBase 的原理。

13.1.1　HBase 的概念

HBase 是一个面向列式存储的分布式数据库。HBase 的数据模型与 BigTable 十分相似。在 HBase 表中，一条数据拥有一个全局唯一的键（RowKey）和任意数量的列（Column），一列或多列组成一个列族（Column Family），在同一个列族中列的数据在物理上都存储在同一个 HFile 中，这样基于列存储的数据结构有利于数据缓存和查询。HBase 中的表是疏松存储的，因此用户可以动态地为数据定义各种不同的列。HBase 中的数据按主键排序，同时，HBase 会将表按主键划分为多个 Region 存储在不同的 Region Server 上，以完成对数据的分布式存储和读取。

HBase 可以将数据存储在本地文件系统中，也可以存储在 HDFS 中。在生产环境中，HBase 一般运行在 HDFS 上，以 HDFS 作为基础的存储设施。HBase 通过 HBase Client 提供的 Java API 来访问 HBase，以完成数据写入和读取。HBase 集群主要由 HMaster、Region Server 和 ZooKeeper 组成。HMaster 负责集群管理，Region Server 负责具体数据的存取，ZooKeeper 负责集群状态管理和元数据存储。HBase 的模块组成如图 13-1 所示。

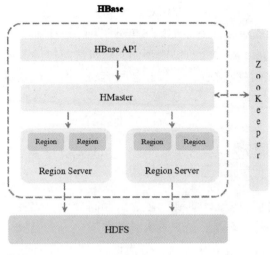

图 13-1

相关面试题

（1）HBase 的特性是什么？★★★☆☆

（2）HBase 集群由哪些模块组成？★★★☆☆

（3）HBase 适用于怎样的应用场景中？★★★☆☆

13.1.2 行式存储和列式存储

列式存储是相对于行式存储而言的，传统的关系数据库 Oracle、MySQL、SQL Server 都是以行来存储数据的，而与大数据相关的数据库 HBase、Cassandra 等以列的方式存储数据。列式存储最大的好处是，由于在查询数据时查询条件是通过列来定义的，因此整个数据库是自动索引的。

1. 行式存储的原理和特性

行式存储以行的形式在磁盘上存储数据，因为大部分查询都是基于某个字段查询和输出结果的，所以在行式存储中会存在大量的磁盘转动寻址的操作，磁盘转动次数多，磁头移动幅度大，性能相对较慢。如图 13-2 所示，对于 User 表要查询性别为男的用户的名称，由于 gender 属性值跳跃地存储在磁盘上，因此在查询时磁盘需要转动多次，才能完成数据查找并将结果返回。

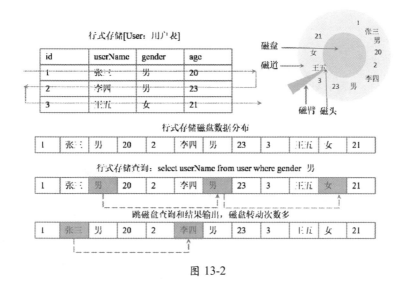

图 13-2

2. 列式存储的原理和特性

列式存储以列的形式在磁盘上存储数据，因为大部分应用程序的查询都是基于某个字段查询和输出结果的，所以通过列式存储能很方便地找到需要的数据，磁盘转动次数少，磁头移动幅度小，性能相对快。如图 13-3 所示，对于 User 表要查询性别为男的用户的名称，由于 gender 属性值按顺序存储在磁盘上，因此在查询时磁盘只需转动少量次数，就能完成数据查找并将结果返回。

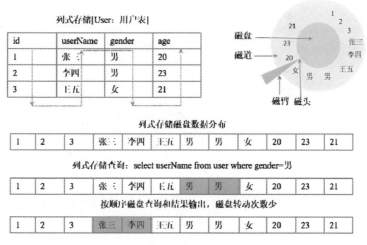

图 13-3

（1）什么是列式存储？★★★★★

（2）请对比和分析列式存储与行式存储的区别。★★★★☆

13.1.3　LSM 树

LSM 树（Log-Structured Merge-Tree）是一种分层的数据存储结构，其核心特性是像写日志那样利用顺序写磁盘的设计来提高写性能，主要应用于对写入性能要求很高的情况下。目前在 HBase、Cassandra、LevelDB、RocksDB、MongoDB、TiDB、SQLite 等中都有应用。

1. LSM 树的两类组件

如图 13-4 所示，LSM 由一小块内存组件 C0 tree 和一块较大的位于磁盘上的 C1 组件组成。C1 树中经常被访问的数据也会被保留在内存中。

图 13-4

2. LSM 树的写入流程

一条数据被写入 LSM 树的流程如图 13-5 所示，具体如下。

（1）在日志文件中写一条 WAL（Write-ahead logging，预写日志），该日志记录了此次数据写入的详细信息。

（2）将数据写入常驻内存的 C0 树中。

（3）后续异步地将 C0 树上的数据迁移到磁盘上的 C1 树中。

（4）每个搜索过程都是先 C0 树后 C1 树。

上述从 C0 树到 C1 树的数据迁移过程有一定的时间时延，此时如果系统崩溃，则为了防止 C0 树的数据发生丢失，可以通过 WAL 恢复该数据。

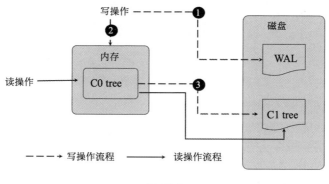

图 13-5

3. LSM 树中 C0 树到 C1 树的合并

C0 树的写入是基于内存的，由于内存资源是有限的，因此需要将 C0 树中的数据合并到 C1 树，然后存储在永久磁盘上。在 LSM 树中有个合并进程监控 C0 树中数据的大小，当 C0 树不断地写入时，如果写入的数据量达到阈值，则该进程会将 C0 树一些连续的 Segment 段合并到 C1 树，然后将该 Segment 段删除，如图 13-6 所示。

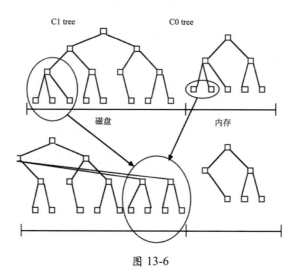

图 13-6

滚动合并具体包括如下步骤。

（1）读取包含 C1 树的叶节点的数据块，这会使得 C1 树中的一系列节点数据驻留到缓存中。

（2）在每次合并前都会读取已被缓存的 C1 树的一个叶节点。

（3）将在第 2 步读取的 C1 树叶节点的数据与 C0 树叶节点的数据进行合并，并减小 C0 树的大小。

（4）在合并完成后，会为 C1 树创建一个已合并的新叶节点，新叶节点的数据首先被存储在缓存中，在缓存写满后被刷入磁盘。

4．LSM 树的删除操作

LSM 树的删除操作先通过"墓碑标记"的方法进行逻辑删除，然后在合并的过程中将待删除的数据从磁盘上清理掉。删除操作分为三种情况：待删除的数据在内存中、待删除的数据在磁盘上和待删除的数据不存在。当待删除的数据在内存中时，采用"墓碑标记"的方式将内存中的数据覆盖，也就是标记删除。当待删除的数据在磁盘上时，并不会直接删除磁盘上的数据，而是在内存中插入一个"墓碑标记"，表示该数据已被删除。当待删除的数据不存在时，向内存中插入一个"墓碑标记"。可以发现，无论在哪种情况下，最终删除的逻辑都是在内存中插入一个"墓碑标记"，在后续进行数据合并时被删除的数据会被合并到磁盘上，由于内存操作效率很高，因此删除速度也很快。

5．LSM 树的修改操作

LSM 树的修改操作和删除操作类似，也是在内存中对数据进行修改，修改后的结果会被合并到磁盘上。

6．LSM 树的优点和缺点

LSM 树的优点：LSM 树将增、删、改这三种操作都转化为内存插入加磁盘顺序写的方式，通过这种方式获得了很高的写吞吐量。

LSM 树的缺点如下。

（1）写放大：写入数据时实际写入的数据量大于真正的数据量。例如在 LSM 树中写入时可能触发 Compation 操作，导致写入的数据量远大于实际的数据量。

（2）存储空间放大：数据实际占用的磁盘空间超过数据本身。对于一个数据来说，只有最新的那条记录是有效的，而之前的记录在大部分情况下都可被清理、回收。

相关面试题

（1）什么是 LSM 树？★★★★☆

（2）LSM 树的修改和删除逻辑是怎样的？★★★★☆

（3）LSM 树的写入流程是怎样的？★★★☆☆

（4）LSM 树有哪些优缺点？★★★☆☆

13.1.4　布隆过滤器（Bloom Filter）

布隆过滤器是由一个很长的二进制向量和一组哈希函数组成的概率型数据结构，主要用于判断元素在集合中是否一定不存在或者可能存在，比 Map、Set 占用的空间更少。

布隆过滤器是通过哈希函数来确定元素的。哈希函数有如下特性。

（1）如果两个元素的哈希值不同，则两个元素一定不同。

（2）如果两个元素的哈希值相同，则两个元素可能相同，也可能不同。

接下来看看布隆过滤器的数据结构。如图 13-7 所示，布隆过滤器由位向量组成。

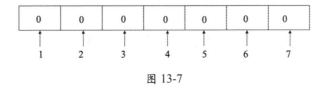

图 13-7

当有元素添加到布隆过滤器时，可以通过一组哈希函数分别计算其哈希值，然后将每个哈希值指向的位都设置为 1，如图 13-8 所示。

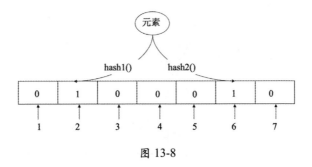

图 13-8

当查询某个元素是否存在时，只需使用同样的一组哈希函数计算其哈希值，然后统计每个哈希值指向的位上的值，如果出现一个 0，则表示一定不存在，如果全为 1，则表示可能存在。注意，这里之所以使用一组哈希函数，是因为单个哈希函数的哈希值碰撞的概率较大，使用一组哈希函数的话可以降低哈希值碰撞的概率，即提升哈希值判断的准确率。理论上，哈希函数越多，判断越准确。

布隆过滤器不允许删除元素，这是因为在向量中的同一个位上可能有多个元素的映射，如果删除元素，则会影响其他元素的判断结果。

总之，布隆过滤器的特性：占用空间少、计算效率高、存在一定误判（因为是概率模型）、不支持删除。

在实际使用过程中，一般使用布隆过滤器中"元素一定不存在"的判断作为计算依据。比如，我们在查询数据时可以先在内存中查询布隆过滤器，如果出现一个 0，则表示元素一定不在内存中，接着去磁盘上查找；否则直接在内存中查找数据并返回。

相关面试题

（1）请说说你对布隆过滤器的理解。★★★☆☆

13.1.5 HBase 列式存储的数据模型

HBase 根据列族来存储数据，一个列族对应物理存储上的一个 HFile，列族包含多列，列族在创建表时被指定。图 13-9 简单对比了 RDBMS 表和 HBase 表的关系。

RDBMS表

Primary Key	列1	列2	列3
数据1	XX	XX	XX
数据2	XX	XX	XX
数据3	XX	XX	XX

VS

HBase表

RowKey	列族1	列族2
数据1	列1, 列2, …, 列n	列1
数据2	列1, 列2	列1, 列2
数据3	列1, 列2, 列3	列2

图 13-9

1. Column Family

Column Family 即列族，HBase 基于列族划分数据的物理存储，一个列族可以包含任意多列。HBase 在创建表时就必须指定列族。HBase 的列族不是越多越好，官方推荐一个表的列族数量最好小于或者等于 3，过多的列族不利于对 HBase 数据的管理和索引。

HBase 的列族在表结构上与关系数据库中的列类似，但两者是完全不同的概念。HBase 基于列族来完成对列式数据的存储，而关系数据库基于行来完成对数据的存储，列只是一种数据结构上的表示。

2. RowKey

RowKey 的概念与关系数据库中的主键相似，HBase 使用 RowKey 来唯一标识某一行的数据。HBase 只支持 3 种查询方式：基于 RowKey 的单行查询、基于 RowKey 的范围查询和全表查询。

3. Region

Region 的概念与关系数据库表的横向分区相似（比如 MySQL 根据 id 的一致性哈希值将数据存储在不同数据库中）。HBase 将表中的数据基于 RowKey 的不同范围划分到不同的 Region 上，每个 Region 都负责一定范围的数据存储和访问。

HBase 数据分区的过程与其他数据库的数据分片（Shard）类似，这样即使有一个包括上百亿条数据的表，由于数据被划分到不同的 Region 上，每个 Region 也都可以独立地进行写入和查询，HBase 在写入或查询时可以基于多个 Region 进行分布式并发操作，因此访问速度也不会有太大的降低。

4. TimeStamp

TimeStamp 是实现 HBase 多版本的关键。在 HBase 中使用不同的 TimeStamp 来标识相同 RowKey 对应的不同版本的数据。在写入数据时，如果用户没有指定对应的 TimeStamp，HBase 就会自动添加一个 TimeStamp，TimeStamp 与服务器的时间保持一致。在 HBase 中，相同 RowKey 的数据按照 TimeStamp 倒序排列。默认查询的是最新的版本，用户可以指定 TimeStamp 的值来读取指定版本的数据。

> **相关面试题**
>
> （1）HBase 的数据存储结构是怎样的？★★★☆☆

13.1.6　HBase 的核心架构

HBase 的核心架构由 HBase Client、ZooKeeper、HMaster、Region Server、HDFS 组成。

其中，HBase Client 为用户提供 API 操作；ZooKeeper 负责对 HBase 集群的管理；HMaster 是集群的主节点，用于管理 Region Server 上数据的分配和节点的运行，同时接收客户端的请求并将请求分发到 Region Server 上；Region Server 是数据具体的存储和计算节点；HDFS 是 HBase 的底层数据存储引擎。HBase 的架构如图 13-10 所示。

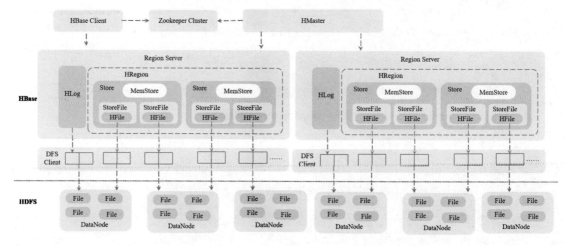

图 13-10

1. HBase Client

HBase Client 包含了访问 HBase 的接口，还维护了对应的缓存来加速 HBase 的访问，比如元数据信息的缓存。

2. ZooKeeper

HBase 通过 ZooKeeper 来完成选举 HMaster、监控 Region Server、维护元数据集群配置等工作，主要职责如下。

（1）选举 HMaster：通过 ZooKeeper 来保证集群中只有 1 个 HMaster 在运行，如果 HMaster 异常，则会通过选举机制产生新的 HMaster 来提供服务。

（2）监控 Region Server：通过 ZooKeeper 来监控 Region Server 的状态，当 Region Server 有异常时，通过回调的形式通知 HMaster 有关 Region Server 上下线的信息。

（3）维护元数据和集群配置：通过 ZooKeeper 存储 HBase 集群和数据的元数据信息，并对外提供访问接口。

3. HMaster

HMaster 是 HBase 集群的主节点，负责整个集群的管理工作，主要工作职责如下。

（1）分配 Region：HMaster 根据用户数据的分布规则为 Region Server 分配 Region，每个 Region 都对应一部分数据。

（2）负载均衡：HMaster 维护整个集群的负载均衡，包含数据的负载均衡（将用户的数据均衡地分布在各个 Region Server 上，防止 Region Server 数据倾斜过载）和请求的负载均衡（将用户的请求均衡分布在各个 Region Server 上，防止 Region Server 请求过热）。

（3）维护数据：维护集群的元数据信息，发现失效的 Region，并将失效的 Region 分配到正常的 Region Server 上。在 Region Server 失效时，协调对应的 HLog 进行任务的拆分。

4. Region Server

Region Server 是数据具体的存储和请求节点，它直接对接用户的读写请求，主要职责如下。

（1）管理 HMaster 为其分配的 Region。

（2）处理来自客户端的读写请求。

（3）负责与底层的 HDFS 交互，存储数据到 HDFS。

（4）负责 Region 变大后的拆分。

（5）负责 StoreFile 的合并工作。

（6）Region Server 和 HMaster 定时通信，并以租约的形式从 HMaster 上更新集群的信息到本地，这样在客户端查询数据时，Region Server 就可以直接处理，而不用每次都去向 HMaster 请求集群信息，从而避免 HMaster 请求过热、单点故障。

一个 Region Server 包含多个 Region，每个 Region 又都有多个 Store，每个 Store 都对应一个 Column Family，Store 又包含 MemStore 和 StoreFile，这便组成了 Region Server 数据存储的基本结构，它们的主要职责如下。

（1）Region：每个 Region 都保存表中某段连续的数据。一开始每个表都只有一个 Region，随着数据量的不断增加，当 Region 的大小达到一个阈值时，Region 就会被 Region

Server 水平切分成两个新的 Region。当 Region 很多时，HMaster 会将 Region 保存到其他 Region Server 上。

（2）Store：一个 Region 由多个 Store 组成，每个 Store 都对应一个 Column Family，Store 包含 MemStore 和 StoreFile。

（3）MemStore：MemStore 指 HBase 的内存数据存储，数据的写操作会先写到 MemStore 中，当 MemStore 中的数据增长到一个阈值后，Region Server 会启动 flashcatch 进程将 MemStore 中的数据写入 StoreFile 持久化存储中，在每次写入后都形成一个单独的 StoreFile。客户端在检索数据时，先在 MemStore 中检索，如果 MemStore 中不存在，则会在 StoreFile 中继续检索。

（4）StoreFile：StoreFile 存储着具体的 HBase 数据，当 StoreFile 的数量增长到一个阈值时，系统会自动进行合并（Minor Compaction 和 Major Compaction），在合并过程中会进行版本的合并和删除工作，形成更大的 StoreFile。当一个 Region 中所有 StoreFile 的大小和数量都增长到超过一个阈值时，HMaster 会把当前 Region 分割为两个，并分配到其他 Region Server 上，实现负载均衡。

（5）HFile：HFile 和 StoreFile 是同一个文件，只不过站在 HDFS 的角度称这个文件为 HFile，站在 HBase 的角度称这个文件为 StoreFile。

（6）HLog：HLog 是一个普通的 Hadoop SequenceFile，记录着数据的操作日志，主要用于在 HBase 出现故障时进行日志重放、故障恢复。例如，若磁盘掉电导致 MemStore 中的数据没有被持久化存储到 StoreFile，就可以通过 HLog 日志重放来恢复数据。

（7）HDFS：HDFS 为 HBase 提供底层的数据存储服务，同时为 HBase 提供高可用的支持。HBase 将 HLog 存储在 HDFS 上，当服务器发生异常宕机时，可以通过重放 HLog 来恢复数据。

相关面试题

（1）HBase 的总体架构是怎样的？★★★★★
（2）Region Server 的主要功能是什么？★★★☆☆
（3）Region Server 的宕机恢复流程是怎样的？★★★☆☆
（4）HFile 和 HLog 的区别是什么？★★★☆☆
（5）Store、MemStore、StoreFile 分别是什么？★★★☆☆

13.1.7　HBase 的数据读写流程

1. HBase 的数据写入流程

HBase 的数据写入流程如图 13-11 所示。

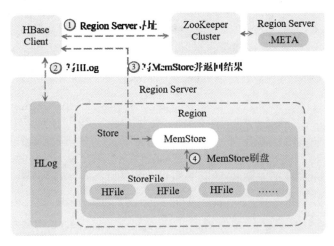

图 13-11

（1）Region Server 寻址：HBase Client 从 ZooKeeper 上获取数据并写入 Region 所在的 Region Server。

（2）写 HLog：HBase Client 向 Region Server 发送写 HLog 请求，Region Server 将 HLog 存储在 HDFS 上，并通过按顺序写磁盘的方式提高效率。当 Region Server 出现异常时，需要使用 HLog 来恢复数据。这里的 HLog 存储其实就是 WAL（Write Ahead Log）预写日志。

（3）写 MemStore 并返回结果：HBase Client 向 Region Server 发送写 MemStore 请求。只有在写 HLog 和写 MemStore 请求都成功后才算写入请求完成，并将写请求的结果反馈给 HBase Client，这时对于客户端来说，整个写流程已经完成。

（4）MemStore 刷盘：HBase 根据 MemStore 配置的刷盘策略定时将数据刷新到 StoreFile 中，完成数据的持久化存储。

2. HBase MemStore 的刷盘逻辑

为了提高 HBase 的写入性能，在写请求进入 MemStore 后，HBase 不会立即刷盘，而是等到 MemStore 满足一定条件后才刷盘。触发刷盘操作的场景如下。

（1）全局内存限制：当所有 MemStore 占用的内存超过内存使用配置的最大比例时，HBase 会触发刷盘操作。该配置参数为 hbase.regionserver.global.memstore.upperLimit，默认为整个 JVM 堆内存的 40%。当全局内存超限触发刷盘操作时，HBase 并不会将所有 MemStore 都进行刷盘操作，而是通过另一个参数 hbase.regionserver.global.memstore. lowerLimit 来控制，默认是整个 JVM 堆内存的 35%。刷盘操作执行到所有的 MemStore 占整个 JVM 堆内存的比例小于 35%时将停止。刷盘是一个耗费资源的过程，该策略主要是为了减少大量刷盘对 HBase 性能带来的影响，实现在时间维度上均衡系统负载的目的。

（2）MemStore 达到上限：当 MemStore 的大小达到 hbase.hregion.memstore.flush.size 时会触发刷盘，默认为 128MB。

（3）Region Server 的 HLog 数量达到上限：HLog 是为保证 HBase 数据故障恢复而设计的，在某个 Region Server 宕机恢复后会重放 HLog 来恢复数据，但是如果 HLog 太多，则会导致故障恢复的时间过长，因此，HBase 会对 HLog 文件的最大数量做限制。在 HLog 文件的数量达到限制后，会强制刷盘。该参数是 hase.regionserver.max.logs，默认为 32 个 HLog 文件。

（4）手工触发：可以通过 HBase Shell 或者 Java API 手工触发刷盘操作。

（5）关闭 Region Server 触发：在正常关闭 Region Server 后会触发刷盘操作。在全部数据都刷盘完成后将不再需要使用 HLog 恢复数据。

（6）在 Region Server 故障恢复完成后触发：当某个 Region Server 出现故障时，该 Region Server 的 Region 会迁移到其他正常运行的 Region Server 上，并在该 Region Server 上执行 HLog 重放以恢复数据。在数据迁移和 HLog 日志重放完成后会触发刷盘操作，只有刷盘完成后，该 Region Server 才会再次对外提供服务。

3. HBase 的数据读取流程

HBase 的数据读取流程如图 13-12 所示。

（1）Region Server 寻址：HBase Client 请求 ZooKeeper 获取元数据表所在的 Region Server 的地址。

（2）Region 寻址：HBase Client 请求 Region Server 获取需要访问的数据所在 Region 的地址，同时，HBase Client 会将元数据表的相关信息缓存下来，以便下一次快速访问。

（3）数据读取：HBase Client 请求数据所在的 Region Server，获取所需要的数据。Region 首先在 MemStore 中查找，如果找到则返回；如果在 MemStore 中找不到，则通过 BloomFilter 判断数据是否存在；如果存在，则在 StoreFile 中扫描并将结果返回客户端。

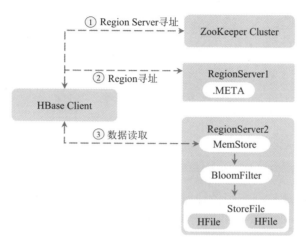

图 13-12

4. HBase 的数据删除操作

HBase 的数据删除操作并不会立即将数据从磁盘上删除，因为 HBase 的数据通常被保存在 HDFS 中，而 HDFS 只允许新增或者追加数据文件，所以删除操作主要对要被删除的数据进行标记。当执行删除操作时，HBase 新插入一条相同的 Key-Value 数据，但是 keyType=Delete，这便意味着数据被删除了，直到发生 Major_compaction 操作，数据才会真正地被从磁盘上删除。

HBase 这种基于标记删除的方式是按顺序写磁盘的，因此很容易实现对海量数据的快速删除，有效避免了在海量数据中查找数据、删除数据及重建索引等复杂的流程。

5. HBase 的数据更新操作

HBase 的数据更新操作指在原有的数据基础上新加一条数据并更新该数据的版本号，用户在查询时默认查询最新的一条数据，也可以指定版本号查询数据。更新操作也是按顺序写磁盘的，避免了海量数据的查询、更新和重建索引的流程，因此，HBase 的数据更新操作也很快。

（1）HBase 中的 MemStore 是用来做什么的？★★★★☆

（2）HBase 中的数据是怎样从内存刷新到磁盘的？★★★★☆

（3）HBase 的数据写入流程是怎样的？★★★★★

（4）HBase 的数据读取流程是怎样的？★★★☆☆

13.1.8　HBase Compation

1.　为什么要执行 Compation

HBase 的数据基于 LSM 模型存储。当客户端有数据写入时首先会写 HLog，然后写 MemStore，MemStore 在达到一定条件后会执行 Flush 操作将数据刷新到 HFile 中。当写入的 HFile 不断增加时，如果要执行查询操作，则需要扫描大量的 HFile 文件，这将导致系统的 I/O 过高。为了解决扫描大量小文件（碎文件）导致查询性能下降的问题，HBase 会将 HFile 合并，该合并过程被称为 Compation。具体的合并过程：HBase 从一个 Region 的一个 Store 中挑选一些待合并的 HFile，然后将这些 HFile 中的数据按照大小排序重新写入一个新的 HFile，最后使用新的 HFile 取代合并前的 HFile。

2.　Compation 的分类

HBase 中的 Compation 分为 MinorCompaction(小合并)和 MajorCompaction(大合并)。MinorCompaction 指的是合并一些相邻的小的 StoreFile 为一个大的 StoreFile，在这个过程中不会清理过期的数据和已删除的数据。MajorCompaction 会将所有 StoreFile 都合并为一个大的 StoreFile，在该过程中会清理过期的数据、已删除的数据、版本号超过设定版本号的数据。

MinorCompaction 会一直进行，而 MajorCompaction 由于消耗资源多，执行时间长，一般几天做一次合并或者在业务低峰值时手动触发。

3.　Compation 的执行流程

HBase Compation 的执行流程：触发 Compation 执行→选择待合并的 HFile→选择一个线程池→执行 HFile 文件合并。在这个过程中选择待合并的 HFile 是一个很重要的过程，如何保障选出来的 HFile 文件数据量和大小对系统负载最优是一个复杂的问题。HBase 提供了 RatioBasedCompactionPolicy、ExploringCompactionPolicy 和 StripeCompactionPolicy 等多种文件选取策略。

触发 Compation 执行主要有三种情况：MemStore 数据刷新、后台线程周期性检查、手动触发。在每次进行 MemStore 数据刷新时都会判断 StoreFile 的文件数量，当文件数量超出设置时就会触发 Compation。后台线程的周期性检查时间为 hbase.server.thread. wakefrequency*hbase.server.compactchecker.interval.multiplier。在 HBase 中通过 CompactSplitThead 线程接收 Compation 和 split 请求，其内部定义了多个线程池，其中 smallCompaction 和 largeCompactions 分别负责 MinorCompaction 和 MajorCompaction，splits 线程池负责处理 split 请求。

相关面试题

（1）请简述 HBase 中 Compation 的用途，它在什么时候触发？分为哪两种，这两种有什么区别？有哪些相关配置参数？★★★★☆

（2）MinorCompaction 和 MajorCompaction 的区别是什么？★★★☆☆

13.1.9　HBase Region 的分裂

Region 是 HBase 数据存储和管理的基本单元，HBase 将一个表上的数据划分到多个 Region 来管理，类似数据库中的表分区。Region 的两个核心动作是 Region 的切分与合并。

1. Region 的切分策略

Region 有 6 种切分策略，下面介绍常用的 3 种切分策略。

◎ ConstantSizeRegionSplitPolicy：在 Region 的一个 store 的大小超过设置的阈值（hergion.max.filesize）之后触发切分。

◎ IncreasingToUpperBoundRegionSplitPolicy：根据公式 $\min(r^2 \times \text{flushSize}, \text{maxFileSize})$ 确定切分的 maxFileSize，其中 r 为在线 Region 的个数，maxFileSize 由 hbase.hregion.max.filesize 指定。

◎ DelimitedKeyPrefixRegionSplitPolicy：以分隔符的前缀为切分点，保证有相同 RowKey 前缀的数据在同一个 Region 中。

2. Region 的切分流程

HBase 将 Region 的切分流程设计为一个事务的执行过程，有 prepare、execute 和 rollback 阶段。

（1）在 prepare 阶段，HBase 首先会生成一个 transaction journal 来跟踪切分流程的进展，同时会在内存中初始化两个 Region 并创建两个 HRegionInfo，在 HRegionInfo 中包含了 tableName、regionName、startkey、endkey 等信息。

（2）在 execute 阶段包含如下流程。

①RegionServer 将在 ZooKeeper 中记录 Region 状态的/region-in-transition 节点修改为 SPLITING。

②Master 节点监听到/region-in-transition 上节点状态的变化后修改其内存中 Region 的状态，并建立.split 临时目录保存分割后的子 Region 信息。

③父 Region 关闭写入操作并触发 Flush，将写入 Region 的数据刷盘。

④HBase 在.split 文件夹下新建两个子文件夹，在每个子文件夹下都包含一个 reference 文件分别指向父 Region 对应的文件。

⑤在父 Region 分裂为两个子 region 后，将两个子目录复制到 HBase 根目录下，生成两个新的 Region。

⑥父 Region 下线并在 hbase.meta 表中记录下线的信息。

⑦两个子 Region 上线并修改 hbase.meta 的信息，此时两个子 Region 就可以对外提供服务了。

（3）rollback 阶段：在 execute 阶段出现异常后进行回滚操作。

相关面试题

（1）HBase 的 Region 的切分策略是怎样的？ ★★★☆☆

（2）Region 切分的流程是怎样的？ ★★★★☆

13.1.10　HBase Region 的合并

HBase 中的数据在经过 TTL 时间后会过期，数据过期后就会产生很多的空 Region，这些 Region 会增加运维成本，因此可以将相邻的 Region 合并，减少集群中 Region 的数量。

Region 合并的主要流程如下。

（1）客户端发送 Region 合并请求到 HMaster。

（2）HMaster 将需要合并的所有 Region 都移动到同一个 RegionServer 上。

（3）HMaster 发送合并指令给该 RegionServer。

（4）RegionServer 在接收到合并指令后启动一个本地事务执行合并操作：首先下线待合并的两个 Region，然后执行 Region 合并操作；在两个 Region 合并完成后将这两个 Region 从 hbase:meta 中删除，并将新生成的 Region 添加到 hbase:meta 中。

（5）合并后的新 Region 上线并对外提供服务。

相关面试题

（1）为什么要对 Region 进行合并？ ★★☆☆☆

13.1.11　HBase Region 的负载均衡

RegionServer 中的数据读写都是基于 Region 进行的，RegionServer 服务器的计算资源（线程数、内存等）也是基于 Region 分配的。在实际应用中，某台服务器的 Region 数量过少或过多都会引起该 RegionServer 的负载过低或者过高，不利于整体集群的稳定。因此，我们需要使用负载均衡策略使得每个 RegionServer 上的负载尽可能均衡。

具体的均衡策略如下。

（1）SimpleLoadBalancer 策略：能够保证每个 RegionServer 的 Region 个数基本相等。假设在集群中共有 n 个 RegionServer、m 个 Region，那么集群的平均负载就是 average=m/n。

（2）StochasticLoadBalancer 策略：综合 Region 个数、Region 负载、读请求数、写请求数、Storefile、MemStore、数据本地率、移动代价等因素经过加权计算得到一个值，并使用该值评估当前 Region 的分配是否均衡。

负载均衡策略可以通过 hbase.master.loadbalancer.class 参数设置。

13.2　HBase 的高性能集群配置

下面从硬件配置选型、HBase 配置优化、HBase 日常维护这三个方面介绍如何打造一个亿级数据规模的高性能的 HBase 集群。

13.2.1　HBase 的硬件配置选型

硬件配置选型分为 5 方面：确定集群承载量；确定所需的内存；确定 CPU 型号和核数；确定磁盘类型及容量；确定网络承载力。

1. 确定集群承载量

集群的最大承载量是构建 HBase 集群的基础需求，只有确定了 HBase 集群的承载量，才能按需构建集群。在集群规模适中的情况下，HBase 集群的处理能力是以 Region Server 为单位横向扩展的。

2. 确定所需的内存

HBase 数据被写入后，首先被存储在内存的 MemStore 中，HBase 会将经常查询的热数据缓存在内存中以提高查询性能，因此 HBase 中的 RegionServer 是一个对内存要求较高的服务。一般为了保障 HBase 服务运行的稳定和高效，我们在线上一般要求使用有 16GB、32GB 或者 64GB 内存的服务器，假设使用有 32GB 内存的服务器作为 HBase 服务器。

3. 确定 CPU 型号和核数

对 HBase 而言，CPU 按照够用的原则选择即可，在具体的使用过程中建议以 CPU/Memory = 1：4 来配置，如图 13-13 所示。

$$\frac{CPU}{Memory} = \frac{1}{4} \implies \begin{array}{l} \text{4Core 16GB} \\ \text{8Core 32GB} \\ \text{16Core 64GB} \end{array}$$

图 13-13

4. 确定磁盘类型及容量

常用的磁盘一般有 HDD 磁盘和 SSD 磁盘，那么到底选择哪种磁盘呢？这取决于数据的大小，如果每条数据都很大，同时对数据的读取又很频繁，那么 HBase 磁盘的读写压力将会较大，可以选择 SSD 加快数据的读取效率。在高速写入、稀疏读取的场景下选择 HDD 磁盘即可。

同时，我们需要根据数据量预估磁盘的大小。对磁盘容量的预估需要结合数据结构、数据压缩方式和数据副本等不同的配置来设置，比较好的办法是在测试环境下写入一部分数据确定每条数据的大小，然后根据数据存储时长和副本数量确定磁盘的大小。

5. 确定网络承载力

HBase 的副本机制需要将一份数据的多个副本实时存储在多个 HDFS 上，这样就保证了在其中某个副本丢失的情况下 HBase 能够从其他副本中及时恢复数据。这里只需保障网络实时完成数据的多副本写入即可。那么到底该如何预估呢？假设我们的一条数据大小为 10KB，每秒有 10W 条数据要写入，则每秒有 976MB（10KB×100000/1024=976MB）的数据写入集群；如果要保障集群中的数据有 3 个副本，则网络带宽至少为 3×976MB/s=2.86GB/s。同时，良好的网络环境也能保障集群在发生数据重平衡（Rebalance）时所需的时间不会很长。

13.2.2　HBase 的配置优化

1. 操作系统优化

在操作系统优化方面，可优化的项有很多，但影响 HBase 运行的主要系统参数有文件句柄数、最大虚拟内存和 Swap 内存设置。

（1）设置文件句柄数。Linux 中的每个进程默认打开的最大文件句柄数都是 1024，对于服务器进程来说太少，可以通过修改/etc/security/limits.conf 来提高该值，一般建议将其设置为 65535：

```
echo "* soft nofile 65535" >> /etc/security/limits.conf
echo "* hard nofile 65535" >> /etc/security/limits.conf
```

（2）设置虚拟内存 max_map_count。max_map_count 定义了进程拥有的最多内存区域，一般建议将其设置为 102400：

```
sysctl -w vm.max_map_count=102400
```

（3）关闭 Swap。Swap 是一块磁盘空间，操作系统使用这块空间来保存从内存中交互换出的操作系统不常用的页数据，这样可以分配出更多的内存做页缓存。通过 Swap 可以提升系统的吞吐量和 I/O 性能,但 HBase 需要一个所有内存操作都能够被快速执行的环境，一旦服务使用到了 Swap 内存，则会大大降低数据的读取效率，严重影响性能：

```
echo "vm.swappiness = 0">> /etc/sysctl.conf
```

2. JVM 内存设置

因为 HBase 的实时数据会首先被写入 MemStore 的内存中,然后才被刷盘,同时 HBase 会将经常被访问的热点 Key 进行缓存，所以 HBase 对 JVM 的内存要求比较高。当操作系统有 32GB 内存时,建议给操作系统和 JVM 堆外内存预留 8GB 内存来保障系统运行稳定，将剩余的 24GB 内存分配给 HBase 的 JVM 堆内存，如图 13-14 所示，-Xms、-Xmx 分别表示堆内存的最小值和最大值，-Xmn 表示堆内存中新生代的大小。

```
hbase_regionserver_opts -Xmx24g -Xms24g -Xmn6g
```

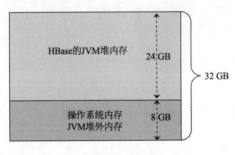

图 13-14

3. JVM G1 垃圾回收器设置

因为 G1 垃圾回收器能够有效减少 JVM Full GC 的次数，所以我们通过 -XX:+UseG1GC 开启 G1 垃圾回收器。这里需要注意的是，JDK 1.8 以上的版本才支持 G1 垃圾回收器，因此我们在使用过程中要确保自己的 JDK 版本不低于 1.8。除此之外，JVM 的 GC 还有其他高级配置参数，由于其参数比较固定，所以在使用过程中直接配置即可：

```
-XX:+UseG1GC
-XX:MaxGCPauseMillis=500
-XX:+ParallelRefProcEnabled
-XX:-ResizePLAB
```

```
-XX:ParallelGCThreads=8
-Xloggc:/data/log/hbase/gc/gc-%t.log
-XX:+PrintGCDetails
-XX:+PrintGCTimeStamps
-XX:+PrintGCCause
-XX:+PrintTenuringDistribution
-XX:+UseGCLogFileRotation
-XX:NumberOfGCLogFiles=20
-XX:GCLogFileSize=5M
```

4. HBase 线程参数设置

在配置完 JVM 内存和垃圾回收器参数后，就需要配置与 CPU 计算资源有关的线程数配置项了。

1）hbase.regionserver.handler.count

表示 RegionServer 同时有多少个线程处理客户端的请求，默认为 10。在单次 Put、Get 请求的数据较大的情况下，比如每条数据都超过了 2MB，那么这时将该值调节适中即可，一般建议将其设置为 30 ～ 50。在单次 Put、Get 请求数据量较小且 TPS 要求非常高的情况下，需要将该值调大，一般建议将其设置为 100 ～ 120。

2）compaction.small、compaction.large

用于处理所有的 compaction 请求。如果 compaction 的文件总大小大于 throttlePoint，则将 compaction 请求分配给 largeCompactions 进行处理，否则分配给 smallCompactions 进行处理。throttlePoint 可以通过参数 hbase.regionserver.thread.compaction.throttle 进行配置，默认为 2.5GB。largeCompactions 线程池和 smallCompactions 线程池默认都只有一个线程，可以通过参数 hbase.regionserver.thread.compaction.large 和 hbase.regionserver.thread.compaction.small 进行配置：

```
hbase.regionserver.thread.compaction.small 4
hbase.regionserver.thread.compaction.large 6
```

3）hbase.hregion.max.filesize

HBase 中的数据一开始会被写入 MemStore，在 MemStore 的大小超过配置之后，会刷盘并成为 StoreFile。在 StoreFile 的数量超过配置之后，会启动合并操作，将多个 StoreFile 合并为一个 StoreFile。当合并后的 StoreFile 大于 hbase.hregion.max.filesize 时，会触发切分操作，将它切分为两个 Region。hbase.hregion.max.filesize 不宜过大或过小：当

hbase.hregion.max.filesize 较小时，触发切分的几率更大，系统的整体访问会不稳定；当 hbase.hregion.max.filesize 较大时，不太适合经常进行切分和合并操作，因为进行一次切分和合并操作会产生较长时间的停顿，对 HBase 的读写性能影响非常大。经过实战，在生产环境中高并发运行的情况下，最佳大小为 5GB ~ 10GB，对该参数的设置与单条数据的大小及 Region 个数有关，是参数调优的必选项。

```
hbase.hregion.max.filesize 10GB
```

同时，为了避免 major_compaction 对系统性能的影响，在线上建议关闭 HBase 表的 major_compaction。在非流量高峰期时再去调用 major_compaction 进行 HBase 大合并，这样可以在减少切分的同时，显著提升集群的性能和吞吐量。触发 major_compaction 的具体命令如下：

```
major_compact 'table_name'
```

4）hfile.block.cache.size

表示 Region Server Cache 的大小，默认是 0.2，如图 13-15 所示。其含义是将整个堆内存的多少比例作为 Region Server 的 Cache，调大该值会提升查询性能，当然也不宜过大，如果 HBase 主要用于大量的查询，写入频率不很高，则调到 0.5 也就足够了。

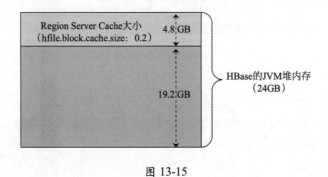

图 13-15

5）hbase.hregion.memstore.flush.size

表示一个 Region Server 的单个 Region MemStore 的大小，默认是 64MB。在 HBase 结构中，一个 Region Server 管理多个 Region，一个 Region 对应一个 HLdog 和多个 Store，一个 Store 对应多个 Storefile 和一个 MemStore，这里的 hbase.hregion.memstore.flush.size 指的是一个 Region 下面所有 Store 中的 MemStore 达到多少时，开始将这些 MemStore 刷新到 Storefile 的磁盘上。

在配置这个值时，需要参考每个 Region Server 平均管理的 Region 数量，如果每个 Region Server 管理的 Region 不多，则可以适当调大该值，例如调节到 512MB。如果该值设置得较小，则 HBase 会快速、频繁地将 MemStore 刷盘；如果该值设置得较大，则客户端的写入请求会在 MemStore 中写满后再刷盘。

```
hbase.hregion.memstore.flush.size 512MB
```

6）hbase.regionserver.global.memstore.upperLimit、hbase.regionserver.global.memstore.lowerLimit

upperLimit 和 lowerLimit 分别定义了一个 RegionServer 上 MemStore 总共可以使用的堆内存的最大百分比和最小百分比。当 MemStore 遇到 upperLimit 时，MemStore 中的数据会被刷盘，直到遇到 lowerLimit 时停止刷盘，如图 13-16 所示。

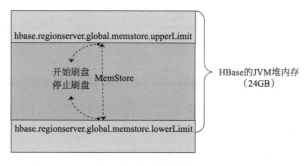

图 13-16

```
hbase.regionserver.global.memstore.upperLimit  6
hbase.regionserver.global.memstore.lowerLimit  4
```

如果在应用场景中写入频繁的话，则可以适当调大该值；如果在应用场景中读取频繁但写入不频繁的话，则可以适当调小该值，把更多的内存让给查询缓存。

13.2.3　HBase 的日常运维

1. RowKey 的规则

因为 HBase 是基于 RowKey 将数据存储在不同的 Region Server 上的，所以如果 RowKey 配置得不合理，则很可能造成很多数据集中在某个 Region Server 上，而其他 Region Server 上的数据量很少，导致数据倾斜、某个节点过热。在设计过程中需要尽量保证 RowKey 的随机性，以保障所有数据都均衡分布在每个节点上，如图 13-17 所示。

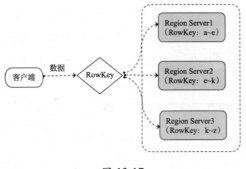

图 13-17

2. 预创建分区

在创建 HBase 表时，可以预先根据可能的 RowKey 划分出多个 Region 而不是默认的一个，从而将后续的读写操作负载均衡到不同的 Region 上，避免出现热点现象：

```
create 't1','f1',SPLITS_FILE => 'splits.txt' ;
```

3. 数据压缩

HBase 集群常常需要存储 PB（1PB=1024TB）级别的数据，这将造成服务器磁盘费用过高。我们一般采用压缩算法来节省磁盘空间。目前 HBase 默认支持的压缩算法包括 GZ、LZO 及 snappy，其中，snappy 压缩算法的压缩率和性能表现最为优秀：

```
create 'test', { NAME => 'c', COMPRESSION => 'SNAPPY' }
```

4. 监控报警

线上服务需要借助 Cloudera 这样的管理工具对 HBase 的实时运行状态进行监控，如果发生性能瓶颈或者系统稳定性问题，则需要及时发现和处理。

相关面试题

（1）请描述 HBase 的 RowKey 的设计原则。★★★★★
（2）请列举 HBase 的几个优化方法。★★★☆☆
（3）HBase 一般对哪些参数进行配置和优化？★★★☆☆
（4）如何提高 HBase 客户端的读写性能？请举例说明。★★★☆☆
（5）当 HBase 中 HFile 太小以致查询太慢时，该如何优化？★★☆☆☆
（6）HBase 是如何预建分区的？★★☆☆☆

14

第 14 章

Elasticsearch 的
原理及应用

Elasticsearch 是一个分布式、基于 RESTful 风格的数据搜索和分析引擎，由 Elastic 公司开发并基于 Apache 许可条款发布源码，其灵活的数据存取和分析方式、良好的性能和稳定性使其在大数据存储和分析领域被广泛使用。

14.1 Elasticsearch 的概念和原理

Elasticsearch 底层采用 Lucene 倒排索引实现了高效的数据分词和索引。在集群设计上，Elasticsearch 采用数据分片和副本机制保障了集群的高性能和高可用。下面分别介绍 Elasticsearch 的概念和原理。

14.1.1 Lucene 简介

Elasticsearch 的底层存储基于 Lucene 实现。Lucene 是 Apache 的一个开源子项目，是一套全文检索引擎架构，提供了完整的文本分析引擎、数据查询引擎和数据索引引擎，用于为软件开发人员提供一个简单易用的工具包，以便在目标系统中实现全文检索的功能，或者以 Lucene 为基础建立一套完整的全文检索引擎。

1. 倒排索引

在实际应用中，我们常常需要根据属性的值来查找记录，这时就需要使用倒排索引（Inverted Index）。倒排索引表中的每一项都包括一个属性值和具有该属性值对应记录的地址。由于不是按照记录来确定属性值的，而是按照属性值来确定记录的位置的，因此被称为倒排索引。例如，当我们在百度搜索栏中输入关键词时，百度会按照输入的关键词在所有文档内容（比如网页内容）中搜索与关键词相关的记录（比如网站），并将内容相关的记录的地址（比如网站的地址）返回用户，然后用户便可按该记录的地址进一步查看记录的详细信息。

搜索引擎的关键是建立倒排索引，倒排索引一般表示一个关键词，以及它的频度（出现的次数）和位置（出现在哪一篇文章或网页中，以及相关的日期、作者等信息）。

带有倒排索引的文件被称为倒排索引文件（Inverted File）。倒排索引的对象是文档或者文档集合中的单词，倒排索引文件被用于存储这些单词在一个文档或者一组文档中的位置。

2. Lucene 的架构

Lucene 是一个高并发、高吞吐、可扩展的全文检索库。它基于 Java 实现，使用方便。Lucene 内部的数据结构叫作文档（Document），当应用层的数据（例如，FileSystem、Web Data、DataBase 等）进入 Lucene 时，首先会进行索引文档（Index Document）操作，按照索引规则创建倒排索引；在应用程序查询数据时，直接查询提前建好的倒排索引，因此其效率十分高。Lucene 的架构如图 14-1 所示。

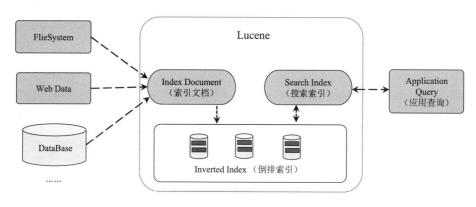

图 14-1

3. Lucene 的全文检索流程

Lucene 的全文检索流程包括创建索引和查询索引。其中，创建索引分为获取文档、构建文档对象、文档分词和创建索引 4 个步骤。查询索引分为调用查询接口、创建查询、执行查询和结果返回 4 个步骤。Lucene 的全文检索流程如图 14-2 所示。

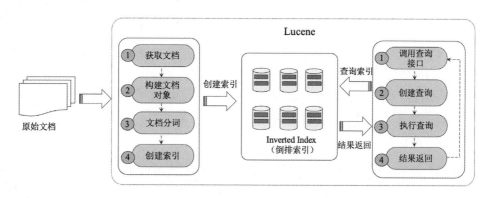

图 14-2

1）创建索引

创建索引指对用户要搜索的文档内容执行创建索引操作，并将索引结果存储在倒排索引库中，具体步骤如下。

（1）获取文档：获取文档的过程即数据采集的过程。Lucene 中的文档指要索引和搜索的原始内容。文档内容可以是互联网上的网页、数据库中的数据、磁盘上的日志文件等。

（2）构建文档对象：在获取文档内容后，需要根据文档内容构建文档（Document）对象，每个文档对象都包含一个唯一的文档 id 和多个 Field，在每个 Field 中都存储着不同的文档内容。例如，将磁盘上一个包含一篇文章的 TXT 文件当成一个 Document，则在 Document 中包含多个 Field。每个 Field 都包含不同的内容，比如 file_name（文件名称）、file_path（文件路径）、file_size（文件大小）、file_content（文件内容）。Lucene 文档的数据结构如图 14-3 所示。

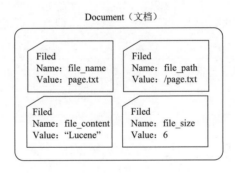

Document（文档）

图 14-3

Field 的属性配置如下。

◎ Tokenized（是否分词）：是否对 Field 的内容进行分词处理。当我们要对 Field 的内容进行查询时，需要开启分析功能。

◎ Indexed（是否索引）：是否将 Field 分词后的词或整个 Field 值进行索引，只有经过索引的 Field 才能被搜索。

◎ Stored（是否存储）：是否将 Field 的值存储在文档中，只有存储在文档中的 Field 值才可被从文档中获取。

（3）分析文档：分析文档的过程是将原始内容创建为包含 Field 的文档（Document）并对 Field 的内容进行分析的过程。在分析文档的过程中，需要先对原始文档执行提取单词、大小写转换、去除标点符号、去除停用词等操作，然后生成最终的语汇单元。如下为一个分析文档的过程。

◎ 原文档的内容：Lucene is a Java full-text search engine。

◎ 分析后得到的语汇单元：lucene、java、full、search、engine。

语汇单元中的每个单词都叫作一个 Term，不同的 Field 拆分出来的相同单词是不同的 Term。在 Term 中包含两部分：一部分是文档的 Field 名称，另一部分是单词的内容。

（4）创建索引：创建索引指对所有文档分析得出的 Term 都进行索引并记录该 Term 在每个 Document 中出现次数的过程，如表 14-1 所示为不同的 Term 在不同文档中（Document1 和 Document2）出现的次数。索引的目的是搜索，最终要通过搜索被索引的语汇单元查找文档信息。

表 14-1　Lucene 文档索引的示例数据

Term	Document1	Document2
lucene	1	0
java	3	0
full	1	3
search	2	2
engine	0	1

2）查询索引

查询索引即根据用户输入的关键字，从索引（Index）中进行搜索的过程。查询索引的具体过程：根据关键字搜索索引，根据索引找到对应的文档，从而找到要搜索的内容。

（1）用户查询接口：为全文检索系统提供的用户搜索界面，实现用户搜索关键字或关键词的提交，以及搜索完成后搜索结果的展示。

（2）创建查询对象：用户在输入关键字执行搜索之前，需要先构建一个查询对象。在查询对象中可以指定要搜索的文档 Field、关键字等。查询对象会生成具体的查询语法（例如"fileName:Lucene"表示要搜索 Field 的内容为"Lucene"的文档）。

（3）执行查询：根据查询语法在倒排索引词典表中分别找到对应搜索词的索引，从而找到索引对应的文档链表。搜索过程为在索引中查找 Field 为 fileName 且关键字为 Lucene 的 Term，然后根据 Term 找到对应的文档 id 列表。

（4）返回查询结果：将查询的文档 id 列表返回到用户查询接口。

（1）什么是倒排索引？★★★☆☆

（2）Lucence 的内部结构是怎样的？★★★☆☆

14.1.2　Elasticsearch 的特性

Elasticsearch 为大数据提供了稳定、可靠、快速的数据存储和查询服务，是大数据开发中最常用的数据库组件之一，其主要特性如下。

（1）高容量：Elasticsearch 集群支持 PB 级数据的存储和查询。

（2）高吞吐：Elasticsearch 支持对海量数据近实时的数据处理。

（3）高可用：Elasticsearch 基于副本机制支持部分服务宕机后仍可正常运行和使用。

（4）支持多维度数据分析和处理：除了支持全文检索，Elasticsearch 还支持基于单字段精确查询和多字段联合查询等复杂的数据查询操作。

（5）API 简单易用：Elasticsearch API 简单易用，除了支持 REST API，还支持 Java、Python 等多种客户端形式，且查询方式简单、灵活。

（6）支持插件机制：Elasticsearch 支持插件式开发，基于 Elasticsearch 可以开发自己的分词插件、同步插件、Hadoop 插件、可视化插件等。

（1）什么是 Elasticsearch？★★★★☆

（2）你（们）使用 Elasticsearch 的理由是什么？★★★☆☆

14.1.3　Elasticsearch 的应用场景

Elasticsearch 应用广泛，不但可用于全文检索、分布式存储，还可用于系统运维、日志监控和 BI 系统。如下为常见的 Elasticsearch 应用场景。

（1）全文检索：Elasticsearch 底层基于 Lucene 实现，十分适合类似百度百科、维基百科等全文检索的应用场景。

（2）分布式数据库：Elasticsearch 可作为分布式数据库，为大数据云计算提供数据存储和查询服务，被广泛应用于淘宝、京东等电商平台的商品管理和检索服务。

（3）日志分析：通过 Logstash 等日志采集组件，Elasticsearch 可实现复杂的日志数据存储分析和查询，最常用的组合是 ELK（Elasticsearch+Logstash+Kibana）技术组合。

（4）运维监控：运维平台可以基于 Elasticsearch 实现对大规模服务的监控和管理。

（5）BI 系统：Elasticsearch 被广泛应用于 BI（Business Intelligence，商业智能）系统，例如按照区域统计用户的操作习惯等。

相关面试题

（1）Elasticsearch 常见的应用场景有哪些？★★☆☆☆

14.1.4　Elasticsearch 的数据模型

Elasticsearch 的数据模型由 Index（索引）、Type（类型）和 Document（文档）组成。索引是一组具有共同特征的文档集合。每个索引都包含多个类型，每个类型都包含多个文档，每个文档都包含多个 Field。如图 14-4 所示为一个名称为 library（图书馆）的索引，在该索引中包含 class_computer（计算机类）和 class_math（数学类）两种类型的数据模型。

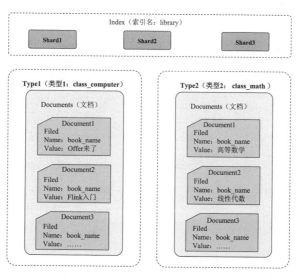

图 14-4

1. Index

Index（索引）是一组具有共同特征的文档集合，每个 Index 都有自己的 Mapping，Mapping 用于定义所包含的文档的字段名和字段类型。同一个索引中的数据在物理上被分散在多个分片上以实现负载均衡。

2. Type

Type（类型）用于在索引中提供一个逻辑分区，表示有类似结构的文档。一个索引可以有多种类型。例如，将图书馆的所有书看成一个索引，则在该索引下包含多种类型（如计算机、天文、地理、医学、数学等）的图书，这些类型有相似的数据结构，比如都含有书名、出版社、作者等。

注意：Type（类型）的概念只在 Elasticsearch 6.x 及之前的版本中存在，在 Elasticsearch 7.x 之后已被移除。

3. Document

Elasticsearch 是面向 Document（文档）的。文档是 Elasticsearch 数据存储和索引的最小单位，以序列化 JSON 格式保存在 Elasticsearch 中。每个文档都有一个文档类型和文档 id，id 是文档的唯一标识。一个简单的文档结构如下：

```
{
        "_index" : "library ",
        "_type" : "class_computer",
        "_id" : "1",
        "_version" : 1,
        "found" : true,
        "_source":{
         "book_name" : "Offer 来了"
        }
}
```

以上代码描述了一个 Index 为 library（图书馆）、Type 为 class_computer（计算机类图书）、id 为 1 的文档，在文档的元数据中包含一个 book_name，其对应的值为"Offer 来了"。

4. Field

Field 是文档内的一个基本单位，以键值对的形式存在（例如"book_name"："Offer

来了"）。

5. Mapping

Mapping（映射）用于设置文档的每个 Field 及其对应的数据类型（例如，字符串、整数、浮点数、双精度数、日期等）。在创建索引的过程中，Elasticsearch 会自动创建一个针对 Field 的映射，根据特定的数据类型，可以很容易地查询或修改这些映射。

6. Shard

Elasticsearch 将一个大的 Index 数据拆分为多个小分片（Shard），分布在不同的物理服务器上，以实现数据的分布式存储和查询。分片分为主分片（Primary Shard）与副本分片（Replica Shard）。主分片和副本分片通常分布在不同的节点上，用于故障转移和负载均衡。在节点故障或新节点加入时，分片可以从一个节点移动到另一个节点。一个索引可以有多个主分片和副本分片。

> **相关面试题**

（1）Elasticsearch 中的 Index、Type 和 Document 分别是什么？ ★★★★★

14.1.5 Elasticsearch 的分布式架构

Elasticsearch 基于分布式架构能够支撑 PB 级数据的搜索和分析。Elasticsearch 分布式架构的核心内容包括集群节点角色、集群选举原理、集群状态、数据路由规则、文档分片和副本策略等。

1. 集群节点角色

Elasticsearch 的集群节点角色包括 MasterNode（主节点）、DataNode（数据节点）、IngestNode（提取节点）、CoordinatingNode（协调节点）和 TribeNode（部落节点）。Elasticsearch 集群中的各角色及其关系如图 14-5 所示。

（1）MasterNode：MasterNode 主要负责集群节点状态维护、索引创建与删除、数据重平衡、分片分配等工作。MasterNode 不负责具体数据的索引和检索，因此其负载较低，服务比较稳定。当 MasterNode 宕机时，Elasticsearch 集群会自动从其他 MasterNode 中选举出一个 Leader 继续为集群提供服务。为了防止在选举过程中出现脑裂，常常需要设置

discovery.zen.minimum_master_nodes=$N/2+1$，其中 N 为集群中 MasterNode 的个数。建议集群中 MasterNode 的个数为奇数，例如 3 个或者 5 个。一个节点只包含 MasterNode 角色的配置如下：

```
node.master: true #设置节点角色为 MasterNode
node.data: false #设置节点角色为非 DataNode
node.ingest: false #设置节点角色为非 IngestNode
search.remote.connect: false #设置节点角色为非查询角色
```

在一般生产环境中，为了保障 MasterNode 的稳定运行，不建议在 MasterNode 上配置数据节点。

（2）DataNode：DataNode 是集群的数据节点，主要负责集群中数据的索引创建和检索，具体操作包括数据的索引、搜索、聚合等。DataNode 属于 I/O、内存和 CPU 密集型操作，需要的计算资源较大，如果资源允许，则建议使用 SSD 以提高数据读写效率。设置一个节点为 DataNode 的配置如下：

```
node.master: false
node.data: true #设置节点角色为 DataNode
node.ingest: false
search.remote.connect: false
```

（3）IngestNode：IngestNode 是执行数据预处理的管道，它在索引之前预处理文档。通过拦截文档的 Bulk 和 Index 请求，然后加以转换，最终将文档传回 Bulk 和 Index API，用户可以定义一个管道，指定一系列预处理器。如果集群有复杂的数据预处理逻辑，则该节点属于高负载节点，建议使用专用服务器。设置一个节点为 IngestNode 的配置如下：

```
node.master: false
node.data: false
node.ingest: true
cluster.remote.connect: false
```

（4）CoordinatingNode：CoordinatingNode 用于接收客户端的请求，并将请求转发到各个 DataNode 上。各个 DataNode 在收到请求后，在本地执行请求操作，并将请求结果反馈给 CoordinatingNode，CoordinatingNode 在收到所有 DataNode 的反馈后，进行结果合并，然后将结果返回客户端。设置一个节点为 CoordinatingNode 的配置如下：

```
node.master: false
node.data: false
node.ingest: false
```

（5）TribeNode：允许 TribeNode 在多个集群之间充当联合客户端，用于实现跨集群访问。在 5.4.0 版本以后，TribeNode 已被废弃，并不建议使用，其替代方案为 cross-cluster Search。

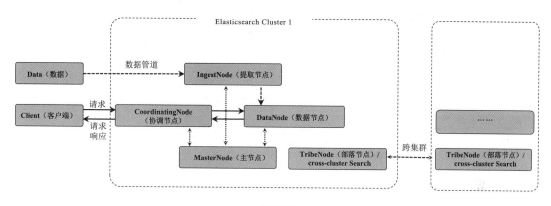

图 14-5

2. 集群选举的原理

Elasticsearch 在集群启动、集群重启和 Master 失效后会触发集群选主操作。Elasticsearch 集群的选主操作采用 Bully 算法实现。

（1）Bully 算法。Bully 算法是 Leader 选举的基本算法之一，其优点是易于实现。该算法假定所有节点都有唯一的 id，使用该 id 对节点进行排序，每次都会选出存活的进程中 id 最大的节点作为候选者。需要注意的是，Elasticsearch 在选举算法的具体实现过程中，其选举实现类 ElectMasterService 将该算法的实现进行了修改，选用最小 id 作为候选者。

（2）集群脑裂问题。Bully 算法实现起来简单，且选举效率高，但是在集群网络不稳定的情况下容易出现集群脑裂现象。集群脑裂现象指在分布式集群中各节点之间由于网络分区而不能正常通信，使得原本为一个整体的集群分裂为两个或多个集群，从而导致系统混乱、服务异常、数据不一致的现象。为防止该现象发生，Elasticsearch 通过 discovery.zen.minimum_master_nodes 来控制选主的条件，其配置如下：

```
discovery.zen.minimum_master_nodes=(master_eligible_nodes)/2+1
```

在上述配置中，（master_eligible_nodes）/2+1 表示大于半数节点的个数，Elasticsearch 基于该配置在集群选主时会做如下判断。

①触发选主：在选举临时 Master 之前，参选的节点数需要达到指定的数量。

②选定 Master：在选举出临时 Master 之后，得票数需要达到指定的数量，才确认选

主成功。

③Gateway 选举元信息：向有 Master 资格的节点发起请求，获取元数据，获取的响应数量必须达到指定的数量，也就是参与元信息选举的节点数。

④Master 发布集群状态：成功向节点发布集群状态信息的数量要达到指定的数量。

⑤在 NodesFaultDetection 事件中是否触发 rejoin：当发现有节点连不上时，会执行 removeNode。接着审视此时指定的数量是否大于 discovery.zen.minimum_master_nodes 配置，如果不大于，则主动放弃 Master 身份执行 rejoin 以避免脑裂。

（3）选举原则。Elasticsearch 的选举原则如下。

①每个节点都计算最小的已知节点 id，并向该节点投票。

②如果一个节点获取了足够多的票数，并且该节点也为自己投票，那么它将成为 Leader 角色，开始发布集群状态。

③Elasticsearch 中的所有节点都会参与选举和投票，但只有拥有 Master 角色的节点投票才有效。

3. 集群状态

Elasticsearch 集群的状态分为 Green、Yellow 和 Red 这 3 种。Elasticsearch 集群的状态及其关系如图 14-6 所示。

（1）Green：所有主分片和副本分片都运行正常。

（2）Yellow：所有主分片都运行正常，但至少还有一个副本分片运行异常。在这种状态下，集群仍然可以对外提供服务，并且可以保障数据的完整性，但是集群的高可用性不如 Green。当集群状态为 Yellow 时，如果有一个主分片的节点出现故障，则集群将有数据缺失的风险。Yellow 可以理解为需要进行故障维护的状态。

（3）Red：至少有一个主分片运行异常。这时集群的搜索请求只能返回部分数据，而分配到这个分片上的写入请求将会返回异常。

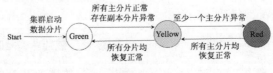

图 14-6

4. 数据路由规则

Elasticsearch 的数据路由（Routing）规则用于确定文档存储在哪个索引（Index）的哪个分片（Shard）上。根据路由规则，Elasticsearch 将不同文档索引到不同索引的不同分片上。在查询文档时，Elasticsearch 根据路由规则找到该索引及其对应的分片并查询该文档。其路由规则的公式如下：

```
shard = hash(routing) % number_of_primary_shards
```

在上述公式中，routing 是一个可变值，默认是文档的_id，也可以设置成一个自定义的值。上述公式简述为文档所在分片等于 routing 的哈希值除以主分片数量（number_of_primary_shards）的余数。这也是为什么 Elasticsearch 索引的主分片数量在确定后就不能再修改，因为如果主分片的数量发生变化，则之前路由的所有分片都会失效。

在使用时，所有 API（get、index、delete、bulk、update 及 mget）都接收一个叫作 routing 的路由参数，应用程序通过这个参数可以自定义文档到分片的映射。一个自定义的路由参数可用于确保所有相关的文档（例如所有属于同一个用户的文档）都被存储到同一个分片上。

5. 文档分片和副本策略

Elasticsearch 文档分片的原则如下。

（1）Elasticsearch 中的每个索引都由一个或多个分片组成，文档根据路由规则分配到不同的分片上。

（2）每个分片都对应一个 Lucene 实例，一个分片只能存放 Integer.MAX_VALUE - 128 = 2 147 483 519 个文档。

（3）分片主要用于数据的横向分布，Elasticsearch 中的分片会被尽可能平均地分配到不同的节点上，当有新的节点加入时，Elasticsearch 会自动感知并对数据进行 relocation 操作（例如，有两个节点，4 个主分片，那么每个节点都将分到两个分片，再增加两个节点后，Elasticsearch 会自动执行 relocation 操作，这时每个节点都将分到 1 个分片），relocation 操作保障了集群内数据的均衡分布。

Elasticsearch 文档副本的策略如下。

（1）Elasticsearch 的副本即主分片（Primary Shard）对应数据的副本分片（Replica Shard）。

（2）为了防止单节点服务器发生故障，Elasticsearch 会将主分片和副本分片分配在不同的节点上。Elasticsearch 的默认配置是一个索引包含 5 个分片，每个分片都有 1 个副本（即 5 Primary+5 Replica=10 个分片）。

如图 14-7 所示为一个有 3 个节点的 Elasticsearch 集群，在该集群中有一个名称为 Index-1 的索引，该索引被分成两个 Shard，分别为 Shard-0 和 Shard-1。两个 Shard 对应的主分片分别为 P-0 和 P-1，副本分片分别为 R-0 和 R-1，各个分片都均匀地分布在 3 个节点上。其中，在 Node-1 上分配的分片为 P-0 和 R-1，在 Node-2 上分配的分片为 R-0 和 R-1，在 Node-3 上分配的分片为 R-0 和 P-1。当 Node-1 服务宕机时，Shard-0 的主分片 P-0 将不可用，这时 Elasticsearch 会将 Node-2 或 Node-3 上的副本分片 R-0 升级为主分片对外提供服务，以实现高可用。

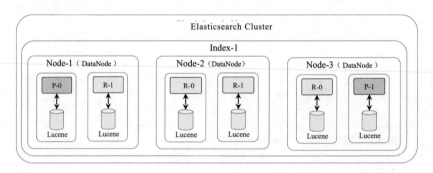

图 14-7

相关面试题

（1）Elasticsearch 的选举过程是怎样的？★★★★☆

（2）请介绍 Elasticsearch 分布式架构的原理。★★★★☆

（3）请详细描述 Elasticsearch 索引文档的过程。★★★☆☆

（4）Elasticsearch 副本存在的好处是什么？★★★☆☆

（5）什么是 Elasticsearch 的数据分片？★★★☆☆

（6）Elasticsearch 是如何避免脑裂的？★★★☆☆

（7）客户端在和集群连接时，如何选择特定的节点执行请求？★★☆☆☆

14.1.6 Elasticsearch 的写操作

1. Elasticsearch 的写操作流程

Elasticsearch 的写操作主要包括索引的创建和删除，以及文档的创建、删除、更新等。

Elasticsearch 首先会在主分片上执行写操作，在主分片上执行成功时，根据集群的数据一致性要求，将在其他副本分片上执行写操作，只有达到一致性要求的节点都执行成功，才向客户端发送成功响应。

在向 Elasticsearch 发送请求时，可以将请求发送到集群中的任一节点。Elasticsearch 集群中的每个节点都有能力处理任意请求。每个节点都知道集群中任一文档的位置。接收请求的节点被称为协调节点。

Elasticsearch 文档的写入流程如图 14-8 所示，分为如下 5 步。

（1）客户端向 Node-1 发送新建、查询或者删除文档的请求。节点根据文档的_id 为 1 确定文档属于分片 1。

（2）因为分片 1 的主分片 P-1 被分配在 Node-3 上，所以请求会被转发到 Node-3。

（3）在 Node-3 的主分片上执行请求，如果执行成功，则将请求同时转发到 Node-1 和 Node-2 的副本分片 R-1 上执行。

（4）当所有副本分片都报告执行成功时，Node-3 才向协调节点报告执行成功。

（5）协调节点向客户端报告成功。当客户端收到成功响应时，文档更新已经在主分片和所有副本分片上都执行成功。

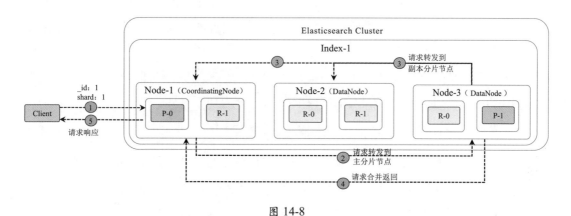

图 14-8

2．数据写入一致性：Consistency

Elasticsearch 通过 Consistency 设置写操作的一致性级别。Consistency 的参数值可以是 one（仅主要分片）、all（主分片和所有副本分片），或者是默认的 Quorum（大部分分片）。

在默认情况下，主分片需要通过 Quorum，即确认大部分副本分片有效时，才会发起一个写操作。这样做的目的是防止将数据写入网络中"错误的一侧（Wrong Side）"。Quorum 的定义如下：

```
quorum = int ((primary+number_of_replicas)/2) +1
```

上述公式中的 number_of_replicas 指定索引设置中副本分片的数量，而不是当前处于活动状态的副本分片的数量。例如，在索引中指定有 1 个主分片、3 个副本分片，那么 Quorum 的计算结果为 3：

```
quorum = int ((primary+number_of_replicas)/2) +1=int((1+3)/2)+1=3
```

只启动了两个节点时，将永远无法满足 Quorum 条件，因此将无法执行写操作。

相关面试题

（1）详细描述 Elasticsearch 的数据写入流程。★★★☆☆

（2）在并发情况下，Elasticsearch 如何保证读写一致？★★★☆☆

14.1.7　Elasticsearch 的读操作

Elasticsearch 在处理读取请求时，协调节点在每次收到客户端请求时都会通过轮询所有副本分片来达到负载均衡。当检索时，被索引的文档可能已经在主分片上，但是还没有同步到副本分片。在这种情况下，副本分片可能会报告文档不存在，但是主分片可能会成功返回文档。一旦索引请求成功返回用户，文档在主分片和副本分片上都是可用的。

Elasticsearch 文档的读取流程如图 14-9 所示，分为如下 4 步。

（1）客户端向 Node-1 发送文档读取请求。

（2）协调节点 Node-1 根据文档的_id 确定文档属于分片 1。分片 1 的文档数据存在于所有 3 个节点上。在这种情况下，它将请求转发到 Node-2。

（3）Node-2 在本地执行查询操作并将查询结果返回到 Node-1。

（4）Node-1（此时 Node-1 为 CoordinatingNode 角色）接收 Node-2 的查询结果，如果查询到请求对应的文档，则将该文档返回客户端。如果在 Node-2 上未查询到对应的文档数据，则 Node-1 会继续向其他节点发送文档读取请求，直到查询到文档对应的数据才返回。如果要读取的文档在所有节点上都不存在，则向客户端报告文档不存在。

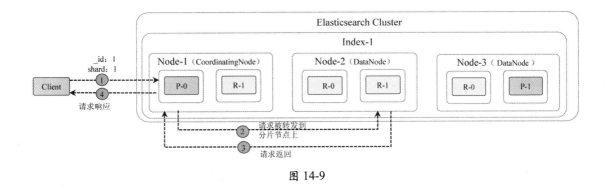

图 14-9

（1）请详细描述 Elasticsearch 搜索数据（读取数据）的过程。★★★☆☆

14.1.8　Elasticsearch 中的 Translog

1. Translog 简介

Elasticsearch 的事务日志文件为 Translog，记录了所有与更新相关的事务操作日志（例如 add/update/delete）。在 Elasticsearch 中，索引被分为多个分片，每个分片都对应一个 Translog 文件。Translog 提供了数据没被刷盘的一个持久化存储纪录，主要用于恢复数据。当 Elasticsearch 重启时，它会在磁盘上使用最后一个提交点（Commit Point）去恢复已知的段数据，并且会重放 Translog 中所有在最后一次提交后发生的变更操作。

2. Elasticsearch 的数据更新和 Translog 操作流程

Translog 被用于提供实时 CRUD。当我们试着通过 id 查询、更新、删除一个文档时，Elasticsearch 会在尝试从相应段中检索之前，首先检查 Translog 的最近变更记录，以保障客户端通过查询总是能够实时获取文档的最新版本。

Elasticsearch 的数据更新和 Translog 操作流程如图 14-10 所示，具体如下。

（1）Elasticsearch 写数据时并没有直接将数据落盘，而是为了提高写入效率将数据同时写入内存和 Translog 文件中。

（2）在刷新时间过后，将内存缓冲区中的数据写入 Lucene 的 Segment 中，同时清空内存缓冲区。刷新时间通过在 Mapping 的 Setting 中设置 refresh_ interval 来实现。

（3）在文件系统的 fsync 操作完成后，向磁盘写入 Commit Point 信息。

（4）删除 Translog 对应的日志。

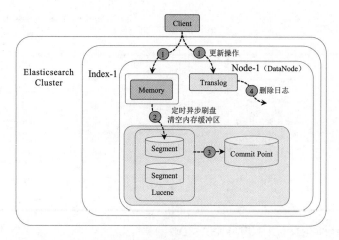

图 14-10

下面的参数可用于设置 Translog 的刷新策略。

（1）index.translog.sync_interval：事务日志间隔多久执行 fsync 操作和提交写操作。默认为 5s，设置的值需要大于或等于 100ms。

（2）index.translog.durability：是否在每次 index、delete、update、bulk 请求后都去执行 fsync 和提交事务日志的操作，具体参数设置如下。

①request：每次请求均执行 fsync 和提交操作，可保障发生硬件故障时，所有确认的写操作都将被写入磁盘。

②sync：每隔 sync_interval 时间将会执行 fsync 和提交操作。当发生硬件故障时，所有确认的写操作在上次自动提交后都会被丢弃。

（3）index.translog.flush_threshold_size：当事务日志中存储的数据大于该值时，则启动刷新操作，产生一个新的 Commit Point。默认值为 512MB。

（4）index.translog.retention.size：保留事务日志的总大小。当恢复备份数据时，太多事务日志文件将增加基于 sync 操作的概率；如果事务日志不够，则备份恢复后将会回退到基于 sync 的文件。默认值为 512MB。在 Elasticsearch 7.0.0 及更新的版本中，该配置已被废弃。

（5）index.translog.retention.age：事务日志保留的最长时间，默认为 12h，在 Elasticsearch

7.0.0 及更新的版本中，该配置已被废弃。

> **相关面试题**
>
> （1）请详细描述 Elasticsearch 更新的过程。★★★★☆
>
> （2）Elasticsearch Translog 的作用有哪些？★★★☆☆

14.1.9　Elasticsearch 的段合并

1. 段合并简介

在自动刷新流程中每秒都会创建一个新的段，这样会导致短时间内段的数量迅速增加，而段的数量太多将会引发性能瓶颈。在 Elasticsearch 中，每个段都会消耗文件句柄、内存和 CPU 运行周期。同时，每个搜索请求都必须轮流检查每个段；因此段越多，搜索也就越慢。Elasticsearch 通过在后台进行段合并来解决这个问题，小的段被合并到大的段，大的段再被合并到更大的段。

在进行段合并时会将那些老的已删除的文档从文件系统中清除。被删除的文档（或被更新文档的旧版本）不会被复制到新的大段中。段合并在进行索引和搜索时会自动进行。

2. 段合并的流程

将两个已提交的段和一个未提交的段合并到一个更大的段，其流程主要分为 3 个阶段。

（1）在索引时，进行刷新操作会创建新的段并将段打开以供搜索使用。

（2）合并进程选择一小部分大小相似的段，并且在后台将它们合并到更大的段中。该操作并不会中断索引和搜索。

（3）在合并结束后，老的段被删除，新的段被刷盘（写入一个包含新段且排除老的段和较小段的新提交点），再打开新的段对外提供搜索，删除老的段数据。

合并大的段需要消耗大量的 I/O 和 CPU 资源，Elasticsearch 对合并流程进行资源限制，以保障搜索仍然有足够的资源被正常地执行。

可以通过 API 设置 max_bytes_per_sec 来提高段合并的性能，默认值为 20MB/s，对于机械磁盘，20MB/s 是合理的设置，但如果磁盘是 SSD，则考虑提高到 100 ~ 200MB/s，设置 API 如下：

```
PUT /_cluster/settings
{
    "persistent" : {
        "indices.store.throttle.max_bytes_per_sec" : "100mb"
    }
}
```

可以通过如下 API 彻底关掉段合并限流，使段合并速度尽可能快，上限为磁盘允许的最大读写速度：

```
PUT /_cluster/settings
{
    "transient" : {
        "indices.store.throttle.type" : "none"
    }
}
```

同时，可以在 elasticsearch.yml 配置中设置 max_thread_count 的个数以提高段合并的并发度：

```
index.merge.scheduler.max_thread_count: 10
```

相关面试题

（1）Elasticsearch 段合并指的是什么？★★★★☆

（2）进行 Elasticsearch 段合并的流程是什么？★★★☆☆

（3）进行 Elasticsearch 段合并有什么好处？★★★☆☆

14.1.10　Elasticsearch 的集群扩容

Elasticsearch 的扩容分为垂直扩容和水平扩容两种方式。垂直扩容指增加现有节点的内存、CPU 和磁盘等资源。水平扩容指向集群中新加入一个节点（一般与当前节点的配置相同）。Elasticsearch 一般水平扩容。

实践证明，在集群总体资源一定的情况下，使用内存容量小、性能相对较低、节点较多的部署方案，其性能往往优于使用内存容量大、性能相对较高、节点较少的部署方案。

Elasticsearch 拥有集群发现（Cluster Discovery）机制，在启动一个新的节点后，该节点会发现集群并自动加入集群，Elasticsearch 集群会自动在各个分片之间执行数据的均衡处理。

14.2　Elasticsearch 的配置和性能调优

Elasticsearch 基于 Java 实现，默认使用的堆内存为 1GB，对于生产环境需要根据系统资源对堆内存进行合理的设置以达到良好的性能表现。执行如下命令对 JVM 堆内存进行设置：

```
vim config/jvm.options
```

如果操作系统有 32GB 内存，则建议将 JVM 堆内存的最小值和最大值都设置为 16GB：

```
-Xms16gb
-Xmx16gb
```

这里将堆内存的最小值（Xms）与最大值（Xmx）设置为相同，防止在 Elasticsearch 运行过程中 JVM 改变堆内存大小，引起 JVM 内存震荡。

需要注意的是，Elasticsearch 除了使用 JVM 堆内存，其内部 Lucene 还需要使用大量非堆内存。Elasticsearch 内部使用 Lucene 实现全文检索。Lucene 的段分别存储在单个文件中，因为段是不可变的，对缓存友好，所以在使用段数据时操作系统会把这些段文件缓存起来，以便更快地访问。同时，Lucene 可以利用操作系统的底层机制来缓存内存数据，提高查询效率。

Lucene 的性能取决于与操作系统交互的速度，而这些交互都需要大量的内存资源（非 JVM 堆内存），如果把全部内存都分配给 JVM 堆内存，则将导致 Lucene 在运行过程中因资源不足而性能下降。一般建议将系统的一半内存分配给 JVM 堆内存，将另一半内存预留给 Lucene 和操作系统。比如有 32GB 内存，可以把 16GB 分配给 JVM 堆内存，将剩余的 16GB 预留给 Lucene 和操作系统。

打开配置文件中的 mlockall 开关。它的作用是允许 JVM 锁住内存，禁止操作系统将内存交换出去。elasticsearch.yml 文件中的设置如下：

```
bootstrap.mlockall: true
```

另外，Elasticsearch 服务器也需要进行操作系统调优，具体可以参照 13.2.2 节的内容。

相关面试题

（1）在部署 Elasticsearch 时，有哪些优化方法？★★★☆☆

（2）对于 GC，在使用 Elasticsearch 时要注意什么？★★★☆☆

15

第 15 章

设计模式的概念及其 Java 实现

设计模式（Design Pattern）是经过高度抽象化的在编程中可被反复使用的代码设计经验的总结。

正确使用设计模式能有效提高代码的可读性、可重用性和可靠性，编写符合设计模式规范的代码不但有利于自身系统的稳定、可靠，还有利于外部系统的对接。在使用了良好的设计模式的系统工程中，无论是对满足当前需求，还是对适应未来的需求，无论是对自身系统间模块的对接，还是对外部系统的对接，都有很大的帮助。

15.1　设计模式简介

设计模式是人们经过长期编程总结出来的一种编程思想。随着软件工程的不断演进，针对不同的需求，新的设计模式不断被提出（比如大数据领域中这些年不断被大家认可的数据分片思想），但设计模式的原则不会变。基于设计模式的原则，我们可以使用已有的设计模式，也可以根据产品或项目的开发需求在现有的设计模式基础上组合、改造或重新设计自己的设计模式。

设计模式有 7 个原则：单一职责原则、开闭原则、里氏代换原则、依赖倒转原则、接口隔离原则、合成/聚合复用原则、迪米特法则，接下来对这些原则一一进行讲解。

1. 单一职责原则

单一职责原则又称单一功能原则，它规定一个类只有一个职责。如果有多个职责（功能）被设计在一个类中，这个类就违反了单一职责原则。

2. 开闭原则

开闭原则规定软件中的对象（类、模块、函数等）对扩展开放，对修改封闭，这意味着一个实体允许在不改变其源码的前提下改变其行为，该特性在产品化的环境下是特别有价值的，在这种环境下，改变源码需要经过代码审查、单元测试等过程，以确保产品的使用质量。遵循这个原则的代码在扩展时并不发生改变，因此不需要经历上述过程。

3. 里氏代换原则

里氏代换原则是对开闭原则的补充，规定了在任意父类可以出现的地方，子类都一定可以出现。实现开闭原则的关键就是抽象化，父类与子类的继承关系就是抽象化的具体表现，所以里氏代换原则是对实现抽象化的具体步骤的规范。

4. 依赖倒转原则

依赖倒转原则指程序要依赖于抽象（比如 Java 中的抽象类和接口），而不依赖于具体的实现（比如 Java 中的实现类）。简单地说，就是要求基于抽象进行编程，不要求对实现进行编程，这就降低了模块之间的耦合度。

5. 接口隔离原则

接口隔离原则指通过将不同的功能定义在不同的接口中来实现接口的隔离，这样就避免了其他类在依赖该接口（接口上定义的功能）时依赖其不需要的接口，可减少接口之间依赖的冗余性和复杂性。

6. 合成/聚合复用原则

合成/聚合复用原则指通过在一个新的对象中引入（注入）已有的对象以达到类的功能复用和扩展的目的。它的设计原则是尽量使用合成或聚合而不要使用继承来扩展类的功能。

7. 迪米特法则

迪米特法则指一个对象尽可能少地与其他对象发生相互作用，即一个对象对其他对象应该有尽可能少的了解或依赖。其核心思想在于降低模块之间的耦合度，提高模块的内聚性。迪米特法则规定每个模块对其他模块都要有尽可能少的了解和依赖，因此很容易使系统模块之间功能独立，这使得各个模块的独立运行变得更简单，同时使得各个模块之间的组合变得更容易。

设计模式按照其功能和使用场景可以分为三大类：创建型模式（Creational Pattern）、结构型模式（Structural Pattern）和行为型模式（Behavioral Pattern），如表 15-1 所示。

表 15-1

序号	设计模式	说　明	包含的设计模式
1	创建型模式	提供了多种优雅创建对象的方法	工厂模式（Factory Pattern）
			抽象工厂模式（Abstract Factory Pattern）
			单例模式（Singleton Pattern）
			建造者模式（Builder Pattern）
			原型模式（Prototype Pattern）
2	结构型模式	通过类和接口之间的继承和引用实现创建复杂结构对象的功能	适配器模式（Adapter Pattern）
			桥接模式（Bridge Pattern）
			过滤器模式（Filter Criteria Pattern）
			组合模式（Composite Pattern）
			装饰器模式（Decorator Pattern）
			外观模式（Facade Pattern）
			享元模式（Flyweight Pattern）
			代理模式（Proxy Pattern）
3	行为型模式	通过类之间不同的通信方式实现不同的行为方式	责任链模式（Chain of Responsibility Pattern）
			命令模式（Command Pattern）
			解释器模式（Interpreter Pattern）
			迭代器模式（Iterator Pattern）
			中介者模式（Mediator Pattern）
			备忘录模式（Memento Pattern）
			观察者模式（Observer Pattern）
		通过类之间不同的通信方式实现不同的行为方式	状态模式（State Pattern）
			策略模式（Strategy Pattern）
			模板模式（Template Pattern）
			访问者模式（Visitor Pattern）

下面将详细讲解每种设计模式的特性及用法。

相关面试题

（1）设计模式有哪些原则？★★★★☆

（2）什么是开闭原则？★★★☆☆

（3）什么是依赖倒转原则？★★★☆☆

（4）迪米特法则的核心思想是什么？★★★☆☆

（5）在设计模式中有哪些是创建型模式？★★☆☆☆

（6）在设计模式中有哪些是结构型模式？★★☆☆☆

（7）在设计模式中有哪些是行为型模式？★★☆☆☆

15.2 工厂模式

工厂模式（Factory Pattern）是最常见的设计模式，该模式属于创建型模式，它提供了一种简单、快速、高效且安全创建对象的方式。工厂模式在接口中定义了创建对象的方法，而将创建对象的具体过程在子类中实现，用户只需通过接口创建需要的对象即可，不用关注对象的具体创建过程。同时，不同的子类可根据需求灵活实现创建对象的不同方法。

通俗地讲，工厂模式的本质就是用工厂方法代替 new 操作创建一个实例化对象的方式，以提供一种可方便地创建有同种类型接口的产品的复杂对象的方式。

如下代码通过 new 关键字实例化类 Class 的一个实例 class，但如果 Class 类在实例化时需要一些初始化参数，而这些参数需要其他类的信息，则直接通过 new 关键字实例化对象会增加代码的耦合度，不利于维护，因此需要通过工厂模式将创建实例和使用实例分开。将创建实例化对象的过程封装到工厂方法中，我们在使用时直接通过调用工厂来获取，不需要关心具体的实现过程：

```
Class class = new Class()
```

以创建手机为例，假设手机的品牌有华为和苹果两种类型，我们要实现的是根据不同的传入参数实例化不同的手机，则其具体的 UML 设计如图 15-1 所示。

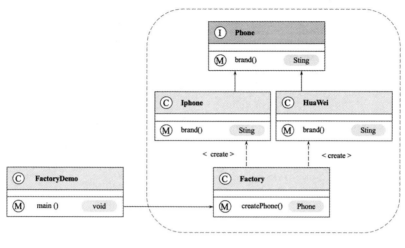

图 15-1

其具体实现如下。

（1）定义接口：

```
public interface  Phone {
    String brand();
}
```

以上代码定义了一个 Phone 接口，并在接口中定义了 brand()，用于返回手机的品牌。

（2）定义实现类：

```
public class Iphone implements Phone {
    @Override
    public String brand() {
        return "this is a Apple phone";
    }
}
public class HuaWei implements Phone {
    @Override
    public String brand() {
        return "this is a huawei phone";
    }
}
```

以上代码定义了两个 Phone 的实现类 Iphone 和 HuaWei 来表示两个品牌的手机，两个品牌的手机通过实现 brand()打印自己的商标。

（3）定义工厂类：

```
public class Factory {
  public Phone createPhone(String phoneName){
      if ("HuaWei".equals(phoneName)){
        return new HuaWei();
      }else if("Apple".equals(phoneName)){
        return new Iphone();
      }else{
        return  null;
      }
  };
}
```

以上代码定义了名为 Factory 的工厂类，工厂类有一个方法 createPhone()，用于根据不同的参数实例化不同品牌的手机类并返回。在 createPhone() 的参数为"HuaWei"时，工厂类为我们实例化一个 HuaWei 类的实例并返回；在 createPhone() 的参数为"Apple"时，工厂类为我们实例化一个 Iphone 类的实例并返回。这样便实现了工厂类根据不同的参数创建不同的实例，对调用者来说屏蔽了实例化的细节。

（4）使用工厂模式：

```
public static void main(String[] args) {
      Factory factory = new Factory();
      Phone huawei = factory.createPhone("HuaWei");
      Phone iphone = factory.createPhone("Apple");
      logger.info(huawei.brand());
      logger.info(iphone.brand());
   }
```

以上代码定义了一个 Factory 的实例，并调用 createPhone() 根据不同的参数创建了名为 huawei 的实例和名为 iphone 的实例，分别调用其 brand() 打印不同的品牌信息，运行结果如下：

```
[INFO] FactoryDemo - this is a huawei phone
[INFO] FactoryDemo - this is a Apple phone
```

15.3　抽象工厂模式

抽象工厂模式（Abstract Factory Pattern）在工厂模式上添加了一个创建不同工厂的抽

象接口（抽象类或接口实现），该接口可叫作超级工厂。在使用过程中，我们首先通过抽象接口创建不同的工厂对象，然后根据不同的工厂对象创建不同的对象。

我们可以将工厂模式理解为针对一个产品维度进行分类，比如上述工厂模式下的苹果手机和华为手机；而抽象工厂模式针对的是多个产品维度的分类，比如苹果公司既制造苹果手机也制造苹果笔记本电脑，同样，华为公司既制造华为手机也制造华为笔记本电脑。

在同一个厂商有多个维度的产品时，如果使用工厂模式，则势必会存在多个独立的工厂，这样的话，设计和物理世界是不对应的，正确的做法是通过抽象工厂模式来实现。我们可以将抽象工厂类比成厂商（苹果、华为），将通过抽象工厂创建出来的工厂类比成不同产品的生产线（手机生成线、笔记本电脑生产线），在需要生产产品时根据抽象工厂生产。

工厂模式定义了工厂方法来实现不同厂商手机的制造。可是问题来了，我们知道苹果公司和华为公司不仅制造手机，还制造电脑。如果使用工厂模式，就需要实现两个工厂类，并且这两个工厂类没有多大关系，这样的设计显然不够优雅，那么如何实现呢？使用抽象工厂就能很好地解决上述问题。我们定义一个抽象工厂，在抽象工厂中定义好要生产的产品（手机或者电脑），然后在抽象工厂的实现类中根据不同类型的产品和产品规格生产不同的产品返回给用户。UML 的设计如图 15-2 所示。

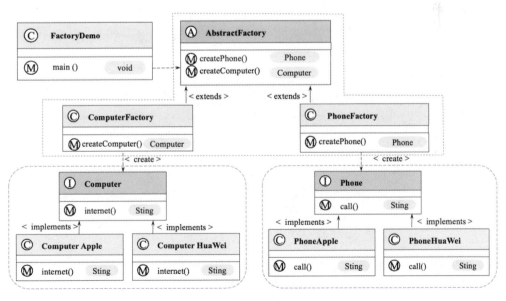

图 15-2

UML 的具体实现如下。

（1）第 1 类产品的手机接口及实现类的定义如下：

```java
public interface Phone {
    String call();
}
public class PhoneApple implements Phone {
    @Override
    public String call() {
        return "call somebody by apple phone";
    }
}
public class PhoneHwaiWei implements Phone {
    @Override
    public String call() {
        return "call somebody by huaiwei phone";
    }
}
```

以上代码定义了 Phone 的接口及其实现类 PhoneApple 和 PhoneHwaiWei。在该接口中定义了一个打电话的方法 call()，实现类根据其品牌打印相关信息。

（2）第 1 类产品的手机工厂类的定义如下：

```java
public class PhoneFactory extends AbstractFactory{
    @Override
    public Phone createPhone(String brand) {
        if ("HuaWei".equals(brand)){
            return new PhoneHwaiWei();
        }else if("Apple".equals(brand)){
            return new PhoneApple();
        }else{
            return null;
        }
    }
    @Override
    public Computer createComputer(String brand){
        return null;
    }
}
```

以上代码定义了 PhoneFactory 的手机工厂类，该类继承了 AbstractFactory 并实现了法

createPhone()，createPhone()根据不同的参数实例化不同品牌的手机类并返回。在 createPhone()的参数为"HuaWei"时，工厂类为我们实例化一个 PhoneHwaiWei 类的实例并返回；在 createPhone()的参数为"Apple"时，工厂类为我们实例化一个 PhoneApple 类的实例并返回，这样便满足了工厂根据不同参数生产不同产品的需求。

（3）第 2 类产品的电脑接口及实现类的定义如下：

```java
public interface Computer {
    String internet();
}
public class ComputerApple implements Computer {
    @Override
    public String internet() {
        return "surf the internet by apple computer";
    }
}
public class ComputerHwaiWei implements Computer {
    @Override
    public String internet() {
        return " surf the internet by huaiwei computer";
    }
}
```

以上代码定义了 Computer 的电脑接口及其实现类 ComputerApple 和 ComputerHwaiWei。在该接口中定义了一个上网的方法 internet()，实现类根据其品牌打印相关信息。

（4）第 2 类产品的电脑工厂类的定义如下：

```java
public class ComputerFactory extends AbstractFactory{
    @Override
    public Phone createPhone(String brand) {
        return null;
    }
    @Override
    public Computer createComputer(String brand){
        if ("HuaWei".equals(brand)){
            return new ComputerHwaiWei();
        }else if("Apple".equals(brand)){
            return new ComputerApple();
        }else{
```

```
            return null;
        }
    }
}
```

以上代码定义了 ComputerFactory 的电脑工厂类，该类继承了 AbstractFactory 并实现了方法 createComputer()，createComputer()根据不同的参数实例化不同品牌的电脑类并返回。在 createComputer()的参数为"HuaWei"时，工厂类为我们实例化一个 ComputerHwaiWei 类的实例并返回；在 createComputer()的参数为"Apple"时，工厂类为我们实例化一个 ComputerApple 类的实例并返回，这样便实现了工厂根据不同参数生产不同产品的需求。

（5）抽象工厂的定义如下：

```
public abstract class AbstractFactory {
    public abstract Phone createPhone(String brand);
    public abstract Computer createComputer(String brand);
}
```

以上代码定义了抽象类 AbstractFactory，这个类是抽象工厂的核心类，它定义了两个方法 createPhone()和 createComputer()，用户在需要手机时调用其 createPhone()构造一个手机（华为或者苹果品牌）即可，用户在需要电脑时调用其 createComputer()构造一个电脑（华为或者苹果品牌）即可。

（6）使用抽象工厂：

```
AbstractFactory phoneFactory = new PhoneFactory();
Phone phoneHuawei = phoneFactory.createPhone("HuaWei");
Phone phoneApple = phoneFactory.createPhone("Apple");
logger.info(phoneHuawei.call());
logger.info(phoneApple.call());
AbstractFactory computerFactory = new ComputerFactory();
Computer computerHuawei = computerFactory.createComputer("HuaWei");
Computer computerApple = computerFactory.createComputer("Apple");
logger.info(computerApple.internet());
logger.info(computerApple.internet());
```

以上代码使用了我们定义好的抽象工厂，在需要生产产品时，首先需要定义一个抽象的工厂类 AbstractFactory，然后使用抽象的工厂类生产不同的工厂类，最终根据不同的工厂生产不同的产品。运行结果如下：

```
[INFO] AbstractFactoryDemo - call somebody by huaiwei phone
```

```
[INFO] AbstractFactoryDemo - call somebody by apple phone
[INFO] AbstractFactoryDemo - surf the internet by apple computer
[INFO] AbstractFactoryDemo - surf the internet by apple computer
```

15.4　单例模式

单例模式是保证系统实例唯一性的重要手段。单例模式首先通过将类的实例化方法私有化来防止程序通过其他方式创建该类的实例，然后通过提供一个全局唯一获取该类实例的方法帮助用户获取类的实例，用户只需也只能通过调用该方法获取类的实例。

单例模式的设计保证了一个类在整个系统中同一时刻只有一个实例存在，主要被用于一个全局类的对象在多个地方被使用并且对象的状态是全局变化的场景下。同时，单例模式为系统资源的优化提供了很好的思路，频繁创建和销毁对象都会增加系统的资源消耗，而单例模式保障了整个系统只有一个对象能被使用，很好地节约了资源。

单例模式的实现很简单，每次在获取对象前都先判断系统是否已经有这个单例对象，有则返回，没有则创建。需要注意的是，单例模型的类构造函数是私有的，只能由自身创建和销毁对象，不允许除该类外的其他程序使用 new 关键字创建对象。

单例模式的常见写法有懒汉模式（线程安全）、饿汉模式、静态内部类、双重校验锁，下面一一解释这些写法。

1.　懒汉模式（线程安全）

懒汉模式很简单：定义一个私有的静态对象 instance，之所以定义 instance 为静态，是因为静态属性或方法是属于类的，能够很好地保障单例对象的唯一性；然后定义一个加锁的静态方法获取该对象，如果该对象为 null，则定义一个对象实例并将其赋值给 instance，这样下次再获取该对象时便能够直接获取了。

懒汉模式在获取对象实例时做了加锁操作，因此是线程安全的，代码如下：

```
public class LazySingleton {
    private static LazySingleton instance;
    private LazySingleton(){}
    public static synchronized LazySingleton getInstance() {
        if (instance == null) {
            instance = new LazySingleton();
```

```
    }
    return instance;
  }
}
```

2. 饿汉模式

饿汉模式指在类中直接定义全局的静态对象的实例并初始化，然后提供一个方法获取该实例对象。懒汉模式和饿汉模式的最大不同在于，懒汉模式在类中定义了单例但是并未实例化，实例化的过程是在获取单例对象的方法中实现的，也就是说，在第一次调用懒汉模式时，该对象一定为空，然后去实例化对象并赋值，这样下次就能直接获取对象了；而饿汉模式是在定义单例对象的同时将其实例化的，直接使用便可。也就是说，在饿汉模式下，在 Class Loader 完成后该类的实例便已经存在于 JVM 中了，代码如下：

```
public class HungrySingleton {
    private static HungrySingleton instance = new HungrySingleton();
    private HungrySingleton(){}
    public static HungrySingleton getInstance() {
        return instance;
    }
}
```

3. 静态内部类

静态内部类通过在类中定义一个静态内部类，将对象实例的定义和初始化放在内部类中完成，我们在获取对象时要通过静态内部类调用其单例对象。之所以这样设计，是因为类的静态内部类在 JVM 中是唯一的，这很好地保障了单例对象的唯一性，代码如下：

```
public class Singleton {
    private static class SingletonHolder {
        private static final Singleton INSTANCE = new Singleton();
    }
    private Singleton() {
    }
    public static final Singleton getInstance() {
        return SingletonHolder.INSTANCE;
    }
}
```

4．双重校验锁

双锁模式在懒汉模式的基础上做了进一步优化，给静态对象的定义加上 volatile 来保障初始化时对象的唯一性，在获取对象时通过 synchronized (Singleton.class)给单例类加锁来保障操作的唯一性。代码如下：

```java
public class Lock2Singleton {
    private volatile static Lock2Singleton singleton;//1: 对象锁
    private Lock2Singleton(){}
    public static Lock2Singleton getSingleton() {
        if (singleton == null) {
            synchronized (Singleton.class) {//2: synchronized方法锁
                if (singleton == null) {
                    singleton = new Lock2Singleton();
                }
            }
        }
        return singleton;
    }
}
```

15.5　建造者模式

建造者模式（Builder Pattern）使用多个简单的对象创建一个复杂的对象，用于将一个复杂的构建与其表示分离，使得同样的构建过程可以创建不同的表示，然后通过一个 Builder 类（该 Builder 类是独立于其他对象的）创建最终的对象。

建造者模式主要用于解决软件系统中复杂对象的创建问题，比如有些复杂对象的创建需要通过各部分的子对象用一定的算法构成，在需求变化时这些复杂对象将面临很大的改变，这十分不利于系统的稳定。但是，使用建造者模式能将它们各部分的算法包装起来，在需求变化后只需调整各个算法的组合方式和顺序，能极大提高系统的稳定性。建造者模式常被用于一些基本部件不会变而其组合经常变的应用场景下。

注意，建造者模式与工厂模式的最大区别是，建造者模式更关注产品的组合方式和装配顺序，而工厂模式关注产品的生产。

建造者模式在设计时有如下几种角色。

◎ Builder：创建一个复杂产品对象的抽象接口。

◎ ConcreteBuilder：Builder 接口的实现类，用于定义复杂产品各个部件的装配流程。

◎ Director：构造一个使用 Builder 接口的对象。

◎ Product：表示被构造的复杂对象。ConcreteBuilder 定义了该复杂对象的装配流程，而 Product 定义了该复杂对象的结构和内部表示。

以生产一个电脑为例，电脑的生产包括 CPU、Memory、Disk 等生产过程，这些生产过程对顺序不敏感，这里的 Product 角色就是电脑。我们还需要定义生产电脑的 Builder、ConcreteBuilder 和 Director。UML 的设计如图 15-3 所示。

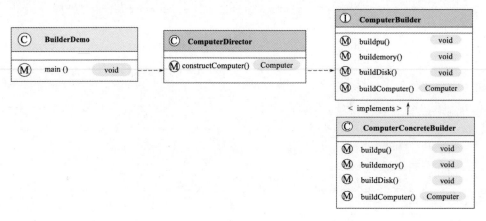

图 15-3

具体实现如下。

（1）定义需要生产的产品 Computer：

```java
public class Computer {
    private String cpu;
    private String memory;
    private String disk;
    //省去 getter setter 方法
}
```

以上代码定义了一个 Computer 类来描述我们要生产的产品，具体的一个 Computer 包括 CPU、内存（memory）和磁盘（disk），当然，还包括显示器、键鼠等，这里作为 demo，为简单起见就不一一列举了。

（2）定义抽象接口 ComputerBuilder 来描述产品构造和装配的过程：

```
public interface ComputerBuilder {
    void buildcpu();
    void buildemory();
    void buildDisk();
    Computer buildComputer();
}
```

以上代码定义了 ComputerBuilder 接口来描述电脑的组装过程，具体包括组装 CPU 的方法 buildcpu()、组装内存的方法 buildemory() 和组装磁盘的方法 buildDisk()，等这些都生产和组装完成后，就可以调用 buildComputer() 组装一台完整的电脑了。

（3）定义 ComputerBuilder 接口实现类 ComputerConcreteBuilder 以实现构造和装配该产品的各个组件：

```
public class ComputerConcreteBuilder implements ComputerBuilder {
    Computer computer;
    private final static Log logger =
                        LogFactory.getLog(ComputerConcreteBuilder.class);
    public ComputerConcreteBuilder() {
        computer =new  Computer();
    }
    @Override
    public void buildcpu() {
        logger.info("buildcpu......");
        computer.setCpu("8core");
    }
    @Override
    public void buildemory() {
        logger.info("buildemory......");
        computer.setMemory("16G");
    }
    @Override
    public void buildDisk() {
        logger.info("buildDisk......");
        computer.setDisk("1TG");
    }
    @Override
    public Computer buildComputer() {
        return computer;
    }
}
```

以上代码定义了 ComputerConcreteBuilder 来完成具体电脑的组装，其中 Computer 的实例在构造函数中进行了定义。

（4）定义 ComputerDirector 使用 Builder 接口实现产品的装配：

```
public class ComputerDirector {
    public Computer constructComputer(ComputerBuilder computerBuilder) {
        computerBuilder.buildemory();
        computerBuilder.buildcpu();
        computerBuilder.buildDisk();
        return computerBuilder.buildComputer();
    }
}
```

以上代码定义了 ComputerDirector 来调用 ComputerBuilder 接口实现电脑的组装，具体组装顺序为 buildemory、buildpu、buildDisk 和 buildComputer。该类是建造者模式对产品生产过程的封装，在需求发生变化，比如需要先装配完磁盘再装配 CPU 时，只需调整 Director 的执行顺序即可，每个组件的装配都稳定不变。

（5）构建 Computer：

```
public static void main(String[] args) {
    ComputerDirector computerDirector = new ComputerDirector();
    ComputerBuilder  computerConcreteBuilder = new ComputerConcreteBuilder();
    Computer computer =
                computerDirector.constructComputer(computerConcreteBuilder);
    logger.info(computer.getCpu());
    logger.info(computer.getDisk());
    logger.info(computer.getMemory());
}
```

以上代码首先定义了一个 ComputerDirector 和 ComputerBuilder，为构建 Computer 做好准备，然后通过调用 ComputerDirector 的 constructComputer()实现产品 Computer 的构建，运行结果如下：

```
[INFO] ComputerConcreteBuilder - buildemory......
[INFO] ComputerConcreteBuilder - buildpu......
[INFO] ComputerConcreteBuilder - buildDisk......
[INFO] BuilderDemo - 8core
[INFO] BuilderDemo - 1TG
[INFO] BuilderDemo - 16G
```

15.6　原型模式

原型模式指通过调用原型实例的 Clone 方法或其他手段来创建对象。

原型模式属于创建型设计模式，它以当前对象为原型（蓝本）来创建另一个新的对象，而无须知道创建的细节。原型模式在 Java 中通常使用 Clone 技术实现，在 JavaScript 中通常使用对象的原型属性实现。

原型模式的 Java 实现很简单，只需原型类实现 Cloneable 接口并覆写 clone 方法即可。Java 中的复制分为浅复制和深复制。

◎ 浅复制：Java 中的浅复制是通过实现 Cloneable 接口并覆写其 Clone 方法实现的。在浅复制的过程中，对象的基本数据类型的变量值会重新被复制和创建，而引用数据类型仍指向原对象的引用。也就是说，浅复制不复制对象的引用类型数据。

◎ 深复制：在深复制的过程中，不论是基本数据类型还是引用数据类型，都会被重新复制和创建。简而言之，深复制彻底复制了对象的数据，包括基本数据类型和引用数据类型；浅复制的复制却并不彻底，它忽略了引用数据类型。

（1）浅复制的代码实现如下：

```java
public class Computer implements Cloneable {
    private String cpu;
    private String memory;
    private String disk;
    public Computer(String cpu, String memory, String disk) {
        this.cpu = cpu;
        this.memory = memory;
        this.disk = disk;
    }
    public Object clone() {//浅复制
        try {
            return (Computer)super.clone();
        } catch (Exception e) {
            e.printStackTrace();
            return null;
        }
    }
}
```

以上代码定义了 Computer 类，要使该类支持浅复制，只需实现 Cloneable 接口并覆写 clone() 即可。

（2）深复制的代码实现如下：

```java
public class ComputerDetail implements Cloneable {
    private String cpu;
    private String memory;
    private Disk disk;
    public ComputerDetail(String cpu, String memory, Disk disk) {
        this.cpu = cpu;
        this.memory = memory;
        this.disk = disk;
    }
    public Object clone() {//深复制
        try {
            ComputerDetail computerDetail = (ComputerDetail)super.clone();
            computerDetail.disk = (Disk) this.disk.clone();
            return computerDetail;
        } catch (Exception e) {
            e.printStackTrace();
            return null;
        }
    }
}
//应用对象深复制
public class Disk implements Cloneable {
    private String ssd;
    private String hhd;
    public Disk(String ssd, String hhd) {
        this.ssd = ssd;
        this.hhd = hhd;
    }
    public Object clone() {
        try {
            return (Disk)super.clone();
        } catch (Exception e) {
            e.printStackTrace();
            return null;
        }
```

```
        }
    }
```

以上代码定义了 ComputerDetail 和 Disk 两个类，其中 ComputerDetail 的 disk 属性是一个引用对象，要实现这种对象的复制，就要使用深复制技术，具体操作是引用对象类实现 Cloneable 接口并覆写 clone()，然后在复杂对象中声明式地将引用对象复制出来赋值给引用对象的属性，具体代码如下：

```
computerDetail.disk = (Disk) this.disk.clone()。
```

（3）使用原型模型：

```
public static void main(String[] args) {
    //浅复制
    Computer computer = new Computer("8core","16G","1TB");
    logger.info("before simple clone:"+computer.toString());
    Computer computerClone = (Computer)computer.clone();
    logger.info("after simple clone:"+computerClone.toString());
    //深复制
    Disk disk = new Disk("208G","2TB");
    ComputerDetail computerDetail = new
                    ComputerDetail("12core","64G",disk);
    logger.info("before deep clone:"+computerDetail.toString());
    ComputerDetail computerDetailClone =
                    (ComputerDetail)computerDetail.clone();
    logger.info("after deep clone:"+computerDetailClone.toString());
}
```

以上代码首先定义了一个简单对象 computer，并利用浅复制技术复制出一个新的对象 computerClone，然后定义了复制对象 computerDetail，并使用深复制技术复制出一个新的对象 computerDetailClone，最后分别打印出复制前和复制后的对象。注意，这里调用的 toString()鉴于篇幅原因省去了，需要读者补充。运行结果如下：

```
before simple clone:Computer{cpu='8core', memory='16G', disk='1TB'}
after simple clone:Computer{cpu='8core', memory='16G', disk='1TB'}
before deep clone:ComputerDetail{cpu='12core', memory='64G', disk={ssd='208G',
hhd='2TB'}}
after deep clone:ComputerDetail{cpu='12core', memory='64G', disk={ssd='208G',
hhd='2TB'}}
```

15.7　适配器模式

我们常常在开发过程中遇到各个系统之间的对接问题，然而每个系统的数据模型或多或少均存在区别，因此可能存在改变现有对象模型的情况，这将影响到系统的稳定。如果想在不改变原有代码结构（类的结构）的情况下完成友好对接，就需要用到适配器模式（Adapter Pattern）。

适配器模式通过定义一个适配器类作为两个不兼容的接口之间的桥梁，将一个类的接口转换成用户期望的另一个接口，使得两个或多个原本不兼容的接口可以基于适配器类一起工作。

适配器模式主要通过适配器类实现各个接口之间的兼容，该类通过依赖注入或者继承实现各个接口的功能并对外统一提供服务，可形象地使用图 15-4 来表示适配器模式。

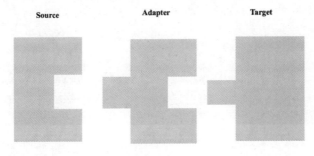

图 15-4

在适配器模式的实现中有三种角色：Source、Targetable、Adapter。Source 是待适配的类，Targetable 是目标接口，Adapter 是适配器。我们在具体应用中通过 Adapter 将 Source 的功能扩展到 Targetable，以实现接口的兼容。适配器的实现主要分为三类：类适配器模式、对象适配器模式、接口适配器模式。

1. 类适配器模式

在需要不改变（或者由于项目原因无法改变）原有接口或类结构的情况下扩展类的功能以适配不同的接口时，可以使用类的适配器模式。适配器模式通过创建一个继承原有类（需要扩展的类）并实现新接口的适配器类来实现。具体的 UML 设计如图 15-5 所示。

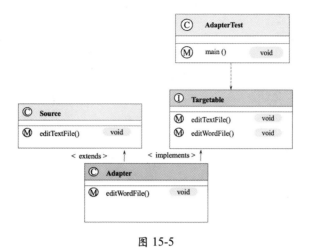

图 15-5

具体实现如下。

（1）定义 Source 类：

```java
public class Source {
    private final static Log logger = LogFactory.getLog(Source.class);
    public void editTextFile() {//text 文件编辑
        logger.info("a text file editing");
    }
}
```

以上代码定义了待适配的 Source 类，在该类中实现了一个编辑文本文件的方法 editTextFile()。

（2）定义 Targetable 接口：

```java
public interface Targetable {
    void editTextFile();
    void editWordFile();
}
```

以上代码定义了一个 Targetable 接口，在该接口中定义了两个方法：editTextFile 和 editWordFile，其中 editTextFile 是 Source 中待适配的方法。

（3）定义 Adapter 继承 Source 类并实现 Targetable 接口：

```java
public class Adapter extends Source implements Targetable{
    private final static Log logger = LogFactory.getLog(Adapter.class);
    @Override
```

```
    public void editWordFile() {
        logger.info("a word file editing");
    }
}
```

以上代码定义了一个 Adapter 类并继承了 Source 类实现 Targetable 接口，以完成对 Source 类的适配。适配后的类既可以编辑文本文件，也可以编辑 Word 文件。

（4）使用类的适配器：

```
public static void main(String[] args) {
    Targetable target = new Adapter();
    target.editTextFile();
    target.editWordFile();
}
```

在使用适配器时只需定义一个实现了 Targetable 接口的 Adapter 类并调用 target 中适配好的方法即可。从运行结果可以看出，我们的适配器不但实现了编辑 Word 文件的功能，还实现了编辑文本文件的功能，具体的执行结果如下：

```
[INFO] Source - a text file editing
[INFO] Adapter - a word file editing
```

2. 对象适配器模式

对象适配器模式的思路和类适配器模式基本相同，只是修改了 Adapter 类。Adapter 不再继承 Source 类，而是持有 Source 类的实例，以解决兼容性问题。具体的 UML 设计如图 15-6 所示。

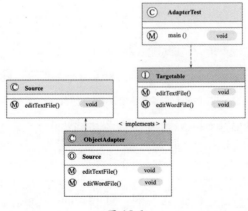

图 15-6

具体实现如下。

（1）定义适配器：

```java
public class ObjectAdapter  implements Targetable {
    private final static Log logger = LogFactory.getLog(ObjectAdapter.class);
    private Source source;
    public ObjectAdapter(Source source){
        super();
        this.source = source;
    }
    @Override
    public void editTextFile() {
        this.source.editTextFile();
    }
    @Override
    public void editWordFile() {
        logger.info("a word file editing");
    }
}
```

以上代码定义了一个名为 ObjectAdapter 的适配器，该适配器实现了 Targetable 接口并持有 Source 实例，在适配 editTextFile() 的方法时调用 Source 实例提供的方法即可。

（2）使用对象适配器模式：

```java
Source source = new Source();
Targetable target = new ObjectAdapter(source);
target.editWordFile();
target.editTextFile();
```

在使用对象适配器时首先需要定义一个 Source 实例，然后在初始化 ObjectAdapter 时将 Source 实例作为构造函数的参数传递进去，这样就实现了对象的适配。执行结果如下：

```
[INFO] ObjectAdapter - a word file editing
[INFO] Source - a text file editing
```

3. 接口适配器模式

在不希望实现一个接口中所有的方法时，可以创建一个抽象类 AbstractAdapter 实现所有方法，在使用时继承该抽象类按需实现方法即可。具体的 UML 设计如图 15-7 所示。

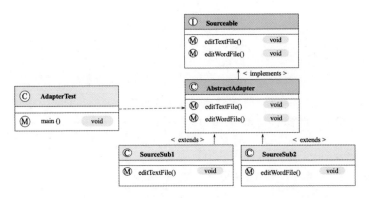

图 15-7

具体实现如下。

（1）定义公共接口 Sourceable：

```
public interface Sourceable {
    void editTextFile();
    void editWordFile();
}
```

以上代码定义了 Sourceable 接口，并在接口中定义了两个方法：editTextFile()和 editWordFile()。

（2）定义抽象类 AbstractAdapter 并实现公共接口的方法：

```
public abstract class AbstractAdapter implements Sourceable{
    @Override
    public void editTextFile() {
    }
    @Override
    public void editWordFile() {
    }
}
```

以上代码定义了 Sourceable 的抽象实现类 AbstractAdapter，该类对 Sourceable 进行了重写，但是不做具体实现。

（3）定义 SourceSub1 类按需实现 editTextFile()：

```
public class SourceSub1  extends AbstractAdapter{
    private final static Log logger = LogFactory.getLog(SourceSub1.class);
    @Override
```

```
    public void editTextFile() {
        logger.info("a text file editing");
    }
}
```

以上代码定义了 SourceSub1 类并继承了 AbstractAdapter，由于继承父类的子类可以按需实现自己关心的方法，因此适配起来更加灵活，这里 SourceSub1 类实现了 editTextFile()。

（4）定义 SourceSub2 类按需实现 editWordFile()：

```
public class SourceSub2 extends AbstractAdapter{
    private final static Log logger = LogFactory.getLog(SourceSub2.class);
    @Override
    public void editWordFile() {
        logger.info("a word file editing");
    }
}
```

以上代码定义了 SourceSub2 类，继承了 AbstractAdapter 并实现了 editWordFile()。

（5）使用接口适配器：

```
public static void main(String[] args) {
    Sourceable source1 = new SourceSub1();
    Sourceable source2 = new SourceSub2();
    source1.editTextFile();
    source2.editWordFile();
}
```

在使用接口适配器时按需实例化不同的子类并调用实现好的方法即可。以上代码的运行结果如下：

```
[INFO] SourceSub1 - a text file editing
[INFO] SourceSub2 - a word file editing
```

15.8　装饰者模式

装饰者模式（Decorator Pattern）指在无须改变原有类及类的继承关系的情况下，动态扩展一个类的功能。它通过装饰者来包裹真实的对象，并动态地向对象添加或者撤销功能。

装饰者模式包括 Source 和 Decorator 两种角色，Source 是被装饰者，Decorator 是装饰者。装饰者模式通过装饰者可以为被装饰者 Source 动态添加一些功能。具体的 UML 设计如图 15-8 所示。

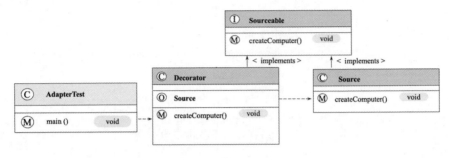

图 15-8

具体实现如下。

（1）定义 Sourceable 接口：

```
public interface Sourceable {
    public void createComputer();
}
```

以上代码定义了一个 Sourceable 接口，该接口定义了一个生产电脑的方法 createComputer()。

（2）定义 Sourceable 接口的实现类 Source：

```
public class Source implements Sourceable{
    private final static Log logger = LogFactory.getLog(Source.class);
    @Override
    public void createComputer() {
        logger.info("create computer by Source");
    }
}
```

以上代码定义了 Sourceable 接口的实现类 Source 并实现了其 createComputer()。

（3）定义装饰者类 Decorator：

```
public class Decorator implements Sourceable{
    private Sourceable source;
    private final static Log logger = LogFactory.getLog(Decorator.class);
    public Decorator(Sourceable source){
        super();
```

```
        this.source = source;
    }
    @Override
    public void createComputer() {
        source.createComputer();
        //在创建完电脑后给电脑装上系统
        logger.info("make system.");
    }
}
```

以上代码定义了装饰者类 Decorator，装饰者类通过构造函数将 Sourceable 实例初始化到内部，并在其方法 createComputer()中调用原方法后加上了装饰者逻辑，这里的装饰指在电脑创建完成后给电脑装上相应的系统。注意，之前的 Sourceable 没有给电脑安装系统的步骤，我们引入装饰者为 Sourceable 扩展了安装系统的功能。

（4）使用装饰者模式：

```
public static void main(String[] args) {
    Sourceable source = new Source();
    Sourceable obj = new Decorator(source);
    obj.createComputer();
}
```

在使用装饰者模式时，需要先定义一个待装饰的 Source 类的 source 对象，然后初始化构造器 Decorator 并在构造函数中传入 source 对象，最后调用 createComputer()，程序在创建完电脑后还为电脑安装了系统。运行结果如下：

```
[INFO] Source - create computer by Source
[INFO] Decorator - make system.
```

15.9　代理模式

代理模式指为对象提供一种通过代理的方式来访问并控制该对象行为的方法。在客户端不适合或者不能够直接引用一个对象时，可以通过该对象的代理对象来实现对该对象的访问，可以将该代理对象理解为客户端和目标对象之间的中介者。

在现实生活中也能看到代理模式的身影，比如企业会把五险一金业务交给第三方人力资源公司去做，因为人力资源公司对五险一金业务更加熟悉。

在代理模式下有两种角色，一种是被代理者，一种是代理（Proxy），在被代理者需要做一项工作时，不用自己做，而是交给代理做。比如企业在招人时，不用自己去人才市场上找，可以通过代理（猎头公司）去找，代理有候选人池，可根据企业的需求筛选出合适的候选人返回给企业。具体的 UML 设计如图 15-9 所示。

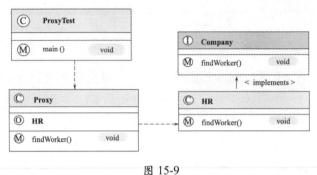

图 15-9

具体实现如下。

（1）定义 Company 接口及其实现类 HR：

```java
public interface Company {
    void findWorker(String title);
}
public class HR implements Company {
    private final static Log logger = LogFactory.getLog(HR.class);
    @Override
    public void findWorker(String title) {
        logger.info("i need find a worker,title is: "+title);
    }
}
```

以上代码先定义了一个名为 Company 的接口，在该接口中定义了方法 findWorker()，然后定义了其实现类 HR，最后实现了 findWorker()以负责公司的具体招聘工作。

（2）定义 Proxy：

```java
public class Proxy implements Company {
    private final static Log logger = LogFactory.getLog(Proxy.class);
    private HR hr;
    public Proxy(){
        super();
        this.hr = new HR();
```

```
    }
    @Override
    public void findWorker(String title) {//需要代理的方法
        hr.findWorker(title);
        //通过猎头找候选人
        String worker = getWorker(title);
        logger.info("find a worker by proxy,worker name is :"+worker);
    }
    private String getWorker(String title) {
        Map<String, String> workerList = new HashMap<String, String>() {
            { put("Java", "张三");put("Python", "李四");put("Php", "王五"); }
        };
        return workerList.get(title);
    }
}
```

以上代码定义了一个代理类 Proxy，用于帮助企业寻找合适的候选人。其中 Proxy 继承了 Company 并持有 HR 对象，在其 HR 发出招人指令（findWorker）后，由代理完成具体的寻找候选人工作并将找到的候选人提供给公司。

（3）使用代理模式：

```
public static void main(String[] args) {
    Company compay = new Proxy();
    compay.findWorker("Java");
}
```

在使用代理模式时直接定义一个代理对象并调用其代理的方法即可，运行结果如下：

```
[INFO] HR - i need find a worker,title is: Java
[INFO] Proxy - find a worker by proxy,worker name is :张三
```

15.10　外观模式

外观模式（Facade Pattern）也叫作门面模式，通过一个门面（Facade）向客户端提供一个访问系统的统一接口，客户端无须关心和知晓系统内部各子模块（系统）之间的复杂关系，其主要目的是降低访问拥有多个子系统的复杂系统的难度，简化客户端与其之间的接口。外观模式将子系统中的功能抽象成一个统一的接口，客户端通过这个接口访问系统，使得系统使用起来更加容易。具体的使用场景如图 15-10 所示。

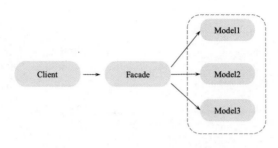

图 15-10

简单来说，外观模式就是将多个子系统及其之间的复杂关系和调用流程封装到一个统一的接口或类中以对外提供服务。这种模式涉及 3 种角色。

◎ 子系统角色：实现了子系统的功能。

◎ 门面角色：外观模式的核心，熟悉各子系统的功能和调用关系并根据客户端的需求封装统一的方法来对外提供服务。

◎ 客户角色：通过调用 Facade 来完成业务功能。

以汽车的启动为例，用户只需按下启动按钮，后台就会自动完成引擎启动、仪表盘启动、车辆自检等过程。我们通过外观模式将汽车启动这一系列流程封装到启动按钮上，对于用户来说只需按下启动按钮即可，不用太关心具体的细节。具体的 UML 设计如图 15-11 所示。

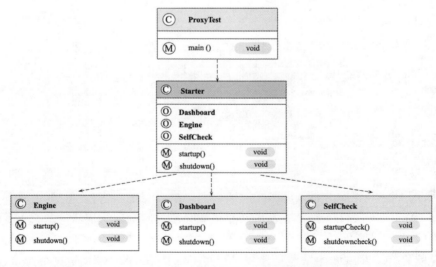

图 15-11

具体实现如下。

（1）定义 Dashboard 类：

```java
public class Dashboard {
    private final static Log logger = LogFactory.getLog(Dashboard.class);
    public void startup(){
        logger.info("dashboard startup......");
    }
    public void shutdown(){
        logger.info("dashboard shutdown......");
    }
}
```

以上代码定义了 Dashboard 类来代表仪表盘，并定义了 startup()和 shutdown()来控制仪表盘的启动和关闭。

（2）定义 Engine 类：

```java
public class Engine {
    private final static Log logger = LogFactory.getLog(Engine.class);
    public void startup(){
        logger.info("engine startup......");
    }
    public void shutdown(){
        logger.info("engine shutdown......");
    }
}
```

以上代码定义了 Engine 类来代表发动机，并定义了 startup()和 shutdown()来控制发动机的启动和关闭。

（3）定义 SelfCheck 类：

```java
public class SelfCheck {
    private final static Log logger = LogFactory.getLog(SelfCheck.class);
    public void startupCheck(){
        logger.info(" startup check finished.");
    }
    public void shutdowncheck(){
        logger.info("shutdown check finished.");
    }
}
```

以上代码定义了 SelfCheck 类来代表汽车自检器，并定义了 startupCheck() 和 shutdowncheck()来控制汽车启动后的自检和关闭前的自检。

（4）定义门面类 Starter：

```java
public class Starter {
    private final static Log logger = LogFactory.getLog(Starter.class);
    private Dashboard dashboard;
    private Engine engine;
    private SelfCheck selfCheck;
    public Starter(){
        this.dashboard = new Dashboard();
        this.engine = new Engine();
        this.selfCheck = new SelfCheck();
    }
    public void startup(){
        logger.info("car begine startup");
        engine.startup();
        dashboard.startup();
        selfCheck.startupCheck();
        logger.info("car startup finished");
    }
    public void shutdown(){
        logger.info("car begine shutdown");
        selfCheck.shutdowncheck();
        engine.shutdown();
        dashboard.shutdown();
        logger.info("car shutdown finished");
    }
}
```

以上代码定义了门面类 Starter，在 Starter 中定义了 startup 方法，该方法先调用 engine 的启动方法启动引擎，再调用 dashboard 的启动方法启动仪表盘，最后调用 selfCheck 的启动自检方法完成启动自检。

（5）使用外观模式：

```java
public static void main(String[] args) {
Starter starter = new Starter();
starter.startup();
System.out.println("******************");
```

```
        starter.shutdown();
    }
```

在使用外观模式时，用户只需定义门面类的实例并调用封装好的方法或接口即可。这里调用 starter 的 startup()完成启动，运行结果如下：

```
[INFO] Starter - car begine startup
[INFO] Engine - engine startup......
[INFO] Dashboard - dashboard startup......
[INFO] SelfCheck -  startup check finished.
[INFO] Starter - car startup finished
********************
[INFO] Starter - car begine shutdown
[INFO] SelfCheck - shutdown check finished.
[INFO] Engine - engine shutdown......
[INFO] Dashboard - dashboard shutdown......
[INFO] Starter - car shutdown finished
```

15.11　桥接模式

桥接模式（Bridge Pattern）通过将抽象及其实现解耦，使二者可以根据需求独立变化。这种类型的设计模式属于结构型模式，通过定义一个抽象和实现之间的桥接者来达到解耦的目的。

桥接模型主要用于解决在需求多变的情况下使用继承造成类爆炸的问题，扩展起来不够灵活。可以通过桥接模式将抽象部分与实现部分分离，使其能够独立变化而相互之间的功能不受影响。具体做法是通过定义一个桥接接口，使得实体类的功能独立于接口实现类，降低它们之间的耦合度。

我们常用的 JDBC 和 DriverManager 就使用了桥接模式，JDBC 在连接数据库时，在各个数据库之间进行切换而不需要修改代码，因为 JDBC 提供了统一的接口，每个数据库都提供了各自的实现，通过一个叫作数据库驱动的程序来桥接即可。下面以数据库连接为例介绍桥接模式，具体的 UML 设计如图 15-12 所示。

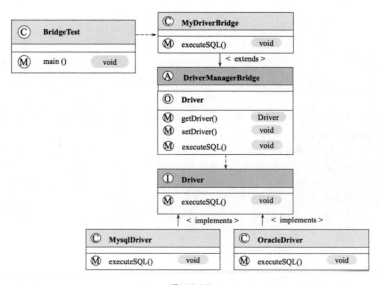

图 15-12

具体实现如下。

（1）定义 Driver 接口：

```
public interface Driver {
    void executeSQL();
}
```

以上代码定义了 Driver 接口，在该接口中定义了一个执行 SQL 语句的方法，用于处理不同数据库的 SQL 语句。

（2）定义 Driver 接口的 MySQL 实现类 MysqlDriver：

```
public class MysqlDriver implements Driver{
    private final static Log logger = LogFactory.getLog(MysqlDriver.class);
    @Override
    public void executeSQL() {
        logger.info( "execute sql by mysql driver");
    }
}
```

以上代码定义了 Driver 的实现类 MysqlDriver，并基于 MySQL 实现了其执行 SQL 语句的方法。

（3）定义 Driver 接口的 Oracle 实现类 OracleDriver：

```
public class OracleDriver implements Driver{
    private final static Log logger = LogFactory.getLog(OracleDriver.class);
    @Override
    public void executeSQL() {
        logger.info( "execute sql by oracle driver");
    }
}
```

以上代码定义了 Driver 的实现类 OracleDriver,并基于 Oracle 实现了其执行 SQL 语句的方法。

（4）定义 DriverManagerBridge：

```
public  abstract class DriverManagerBridge {
    private Driver driver;
    public void execute(){
        this.driver.executeSQL();
    }
    public Driver getDriver() {
        return driver;
    }
    public void setDriver(Driver driver) {
        this.driver = driver;
    }
}
```

以上代码定义了抽象类 DriverManagerBridge，用于实现桥接模式，该类定义了 Driver 的注入方法 setDriver，用户通过注入不同的驱动器便能实现不同类型的数据库的切换。

（5）定义 MyDriverBridge：

```
public   class MyDriverBridge extends DriverManagerBridge {
    public void execute() {
        getDriver().executeSQL();
    }
}
```

在以上代码中，MyDriverBridge 用于实现用户自定义的功能，也可以直接使用 DriverManagerBridge 提供的功能。

（6）使用桥接模式：

```
public static void main(String[] args) {
```

```
    DriverManagerBridge driverManagerBridge = new MyDriverBridge() ;
    //设置 MySQL 驱动
    driverManagerBridge.setDriver(new MysqlDriver());
    driverManagerBridge.execute();
    //切换到 Oracle 驱动
    driverManagerBridge.setDriver(new OracleDriver());
    driverManagerBridge.execute();
}
```

在以上代码中使用了桥接模式，定义了一个 DriverManagerBridge，然后注入不同的驱动器，以实现在不同类型的数据库中实现驱动的切换和数据库 SQL 语句的执行。具体的执行代码如下：

```
[INFO] MysqlDriver - execute sql by mysql driver
[INFO] OracleDriver - execute sql by oracle driver
```

15.12 组合模式

组合模式（Composite Pattern）又叫作部分整体模式，主要用于实现部分和整体操作的一致性。组合模式常根据树形结构来表示部分及整体之间的关系，使得用户对单个对象和组合对象的操作具有一致性。

组合模式通过特定的数据结构简化了部分和整体之间的关系，使得客户端可以像处理单个元素一样来处理整体的数据集，而无须关心单个元素和整体数据集之间的内部复杂结构。

组合模式以类似树形结构的方式实现整体和部分之间关系的组合。下面以实现一个简单的树为例介绍组合模式。具体的 UML 设计如图 15-13 所示。

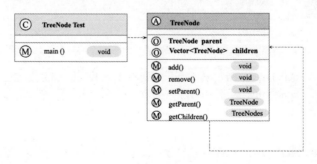

图 15-13

具体实现如下。

（1）定义 TreeNode：

```java
public class TreeNode {
    private String name;
    private TreeNode parent;
    private Vector<TreeNode> children = new Vector<TreeNode>();
    public TreeNode(String name){
        this.name = name;
    }
    public String getName() {
        return name;
    }
    public void setName(String name) {
        this.name = name;
    }
    public TreeNode getParent() {
        return parent;
    }
    public void setParent(TreeNode parent) {
        this.parent = parent;
    }
    //添加子节点
    public void add(TreeNode node){
        children.add(node);
    }
    //删除子节点
    public void remove(TreeNode node){
        children.remove(node);
    }
    //获取子节点
    public Enumeration<TreeNode> getChildren(){
        return children.elements();
    }
}
```

以上代码定义了 TreeNode 类来表示一个树形结构，并定义了 children 来存储子类，定义了方法 add() 和 remove() 来向树中添加数据和从树中删除数据。

（2）使用 TreeNode：

```
public static void main(String[] args) {
    TreeNode nodeA = new TreeNode("A");
    TreeNode nodeB = new TreeNode("B");
    nodeA.add(nodeB);
    logger.info(JSON.toJSONString(nodeA));
}
```

以上代码演示了 TreeNode 的使用过程，定义了 nodeA 和 nodeB，并将 nodeB 作为 nodeA 的子类，具体运行结果如下：

```
[INFO] CompositeDemo - {"children":[{"children":[],"name":"B"}],"name":"A"}
```

从以上代码中可以看到一棵包含了 nodeA 和 nodeB 的树，其中 nodeB 为 nodeA 的子节点。

15.13 享元模式

享元模式（Flyweight Pattern）主要通过对象的复用来减少对象创建的次数和数量，以减少对系统内存的使用和降低系统负载。享元模式属于结构型模式，在系统需要一个对象时享元模式首先在系统中查找并尝试重用现有的对象，如果未找到匹配的对象，则创建新对象并将其缓存在系统中以便下次使用。

享元模式主要用于避免在有大量对象时频繁创建和销毁对象造成系统资源的浪费，把其中共同的部分抽象出来，如果有相同的业务请求，则直接返回内存中已有的对象，避免重新创建对象。

下面以内存的申请和使用为例介绍享元模式的使用方法，创建一个 MemoryFactory 作为内存管理的工厂，用户通过工厂获取内存，在系统内存池有可用内存时直接获取该内存，如果没有则创建一个内存对象放入内存池，等下次有相同的内存请求过来时直接将该内存分配给用户即可。具体的 UML 设计如图 15-14 所示。

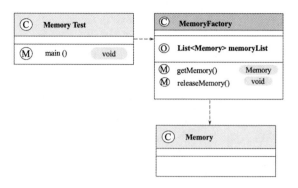

图 15-14

具体实现如下。

（1）定义 Memory：

```java
public class Memory {
    private int size;//内存大小，单位为MB
    private boolean isused;//内存是否在被使用
    private String id;//内存 ID
    public Memory(int size, boolean isused, String id) {
        this.size = size;
        this.isused = isused;
        this.id = id;
    }
//getter setter 方法省略
}
```

（2）定义 MemoryFactory 工厂：

```java
public class MemoryFactory {
    private final static Log logger = LogFactory.getLog(MemoryFactory.class);
    //内存对象列表
    private static List<Memory> memoryList = new ArrayList<Memory>();
    public static Memory getMemory(int size){
        Memory memory = null;
        for (int i = 0 ;i<memoryList.size() ;i++) {
            memory = memoryList.get(i);
            //如果存在和需求 size 一样大小并且未使用的内存块，则直接返回
            if(memory.getSize()==size && memory.isIsused() ==false){
                memory.setIsused(true);
                memoryList.set(i,memory);
```

```
            logger.info("get memory form memoryList:"+
                    JSON.toJSONString(memory));
            break;
        }
    }
    //如果所需内存不存在，则从系统中申请新的内存返回，并将该内存加入内存对象列表中
    if(memory == null ){
        memory = new Memory(32,false,UUID.randomUUID().toString());
        logger.info("create a new memory form system and add to
                memoryList:"+ JSON.toJSONString(memory));
        memoryList.add(memory);
    }
    return memory;
}
//释放内存
public static void releaseMemory(String id){
    for (int i = 0 ;i<memoryList.size() ;i++) {
        Memory memory = memoryList.get(i);
        //根据 id 释放内存
        if(memory.getId().equals(id)){
            memory.setIsused(false);
            memoryList.set(i,memory);
            logger.info("release memory:"+ id);
            break;
        }
    }
}
}
```

以上代码定义了工厂类 MemoryFactory，在该类中定义了 memoryList 用于存储从系统中申请到的内存，该类定义了 getMemory，用于从 memoryList 列表中获取内存，如果在内存中有空闲的内存，则直接取出来返回，并将该内存的使用状态设置为已使用，如果没有，则创建内存并放入内存列表；还定义了 releaseMemory 来释放内存，具体做法是将内存的使用状态设置为 false。

（3）使用享元模式：

```
public static void main(String[] args) {
//首次获取内存，将创建一个内存
Memory memory = MemoryFactory.getMemory(32);
//在使用后释放内存
```

```
MemoryFactory.releaseMemory(memory.getId());
//重新获取内存
    MemoryFactory.getMemory(32);
}
```

在使用享元模式时，直接从工厂类 MemoryFactory 中获取需要的数据 Memory，在使用完成后释放即可，具体的运行结果如下：

```
[INFO] MemoryFactory - create a new memory form system and add to
memoryList:{"id":"c5cc6dca-cf26-41ec-8552-
2f744721a24b","isused":false,"size":32}
[INFO] MemoryFactory - release memory:c5cc6dca-cf26-41ec-8552-2f744721a24b
[INFO] MemoryFactory - get memory form
memoryList:{"id":"c5cc6dca-cf26-41ec-8552-2f744721a24b","isused":true,"size":32}
```

15.14　策略模式

策略模式（Strategy Pattern）为同一个行为定义了不同的策略，并为每种策略都实现了不同的方法。在用户使用时，系统根据不同的策略自动切换不同的方法来实现策略的改变。同一个策略下的不同方法是对同一功能的不同实现，因此在使用时可以相互替换而不影响用户的使用。

策略模式的实现是在接口中定义不同的策略，在实现类中完成了对不同策略下具体行为的实现，并将用户的策略状态存储在上下文（Context）中来完成策略的存储和状态的改变。

我们在现实生活中常常碰到实现目标有多种可选策略的情况，比如下班后可以通过开车、坐公交、坐地铁、骑自行回家，在旅行时可以选择火车、飞机、汽车等交通工具，在淘宝上购买指定商品时可以选择直接减免部分钱、送赠品、送积分等方式。

对于上述情况，使用多重 if ...else 条件转移语句也可实现，但属于硬编码方式，这样做不但会使代码复杂、难懂，而且在增加、删除、更换算法时都需要修改源码，不易维护，违背了开闭原则。通过策略模式就能优雅地解决这些问题。

下面以旅游交通工具的选择为例实现策略模式，具体的 UML 设计如图 15-15 所示。

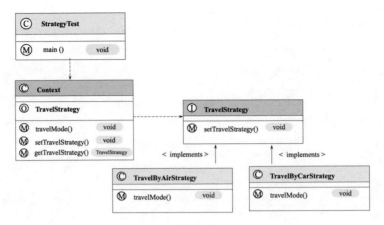

图 15-15

具体实现如下。

（1）定义 TravelStrategy：

```
public interface TravelStrategy {
void travelMode();
}
```

以上代码定义了策略模式接口 TravelStrategy，并在该接口中定义了方法 travelMode()
来表示出行方式。

（2）定义 TravelStrategy 的两种实现方式 TravelByAirStrategy 和 TravelByCarStrategy：

```
public class TravelByAirStrategy implements TravelStrategy{
    private final static Log logger =
            LogFactory.getLog(TravelByAirStrategy.class);
    @Override
    public void travelMode() {
        logger.info("travel by air");
    }
}
public class TravelByCarStrategy implements TravelStrategy{
    private final static Log logger =
            LogFactory.getLog(TravelByCarStrategy.class);
    @Override
    public void travelMode() {
        logger.info("travel by car");
    }
}
```

以上代码定义了 TravelStrategy 的两个实现类 TravelByAirStrategy 和 TravelByCarStrategy，分别表示基于飞机的出行方式和基于开车自驾的出行方式，并实现了方法 travelMode()。

（3）定义 Context 实现策略模式：

```java
public class Context {
    private TravelStrategy travelStrategy;
    public TravelStrategy getTravelStrategy() {
        return travelStrategy;
    }
    public void setTravelStrategy(TravelStrategy travelStrategy) {
        this.travelStrategy = travelStrategy;
    }
    public void travelMode() {
        this.travelStrategy.travelMode();
    }
}
```

以上代码定义了策略模式实现的核心类 Context，在该类中持有 TravelStrategy 实例并通过 setTravelStrategy() 实现了不同策略的切换。

（4）使用策略模式：

```java
public static void main(String[] args) {
    Context context = new Context();
    TravelStrategy travelByAirStrategy = new TravelByAirStrategy();
    //设置出行策略为飞机
    context.setTravelStrategy(travelByAirStrategy);
    context.travelMode();
    logger.info("change TravelStrategy to travelByCarStrategy......");
    //设置出行策略为开车自驾
    TravelStrategy travelByCarStrategy= new TravelByCarStrategy();
    context.setTravelStrategy(travelByCarStrategy);
    context.travelMode();
}
```

在使用策略模式时，首先需要定义一个 Context，然后定义不同的策略实现并将其注入 Context 中实现不同策略的切换。具体的执行结果如下：

```
[INFO] TravelByAirStrategy - travel by air
[INFO] StrategyDemo - change TravelStrategy to travelByCarStrategy......
[INFO] TravelByCarStrategy - travel by car
```

15.15　模板方法模式

模板方法（Template Method）模式定义了一个算法框架，并通过继承的方式将算法的实现延迟到子类中，使得子类可以在不改变算法框架及其流程的前提下重新定义该算法在某些特定环节的实现，属于行为型模式。

该模式在抽象类中定义了算法的结构并实现了公共部分算法，在子类中实现可变的部分并根据不同的业务需求实现不同的扩展。模板方法模式的优点在于其在父类（抽象类）中定义了算法的框架以保障算法的稳定性，同时在父类中实现了算法公共部分的方法来保障代码的复用；将部分算法延迟到子类中实现，因此子类可以通过继承的方式来扩展或重新定义算法的功能而不影响算法的稳定性，符合开闭原则。

使用模板方法模式需要注意抽象类与具体子类之间的协作，在具体使用时包含如下主要角色。

◎ 抽象类（Abstract Class）：定义了算法的框架，由基本方法和模板方法组成。基本方法定义了算法有哪些环节，模板方法定义了算法各个环节执行的流程。

◎ 具体子类（Concrete Class）：对在抽象类中定义的算法根据需求进行不同的实现。

下面以银行办理业务为例实现一个模板方法模式，我们去银行办理业务都要经过抽号、排队、办理业务和评价，其中的业务流程是固定的，但办理的具体业务比较多，比如取钱、存钱、开卡等。其中，办理业务的固定流程就是模板算法中的框架，它常常是不变的，由抽象类定义和实现，而具体办理的业务是可变的，通常交给子类去做具体的实现。具体的 UML 设计如图 15-16 所示。

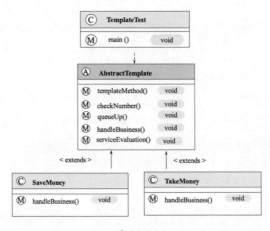

图 15-16

具体实现如下。

（1）定义 AbstractTemplate 模板类：

```java
public abstract class AbstractTemplate {
    private final static Log logger =
                LogFactory.getLog(AbstractTemplate.class);
    public void templateMethod(){ //模板方法，用于核心流程和算法的定义
        checkNumber();
        queueUp();
        handleBusiness();
        serviceEvaluation();
    }
    public void checkNumber(){ //1：抽号
     logger.info("checkNumber......");
    }
    public void queueUp(){ //2：排队
        logger.info("queue up......");
    }
    public abstract void handleBusiness(); //3：业务办理
    public void serviceEvaluation() {//4：服务评价
        logger.info("business finished,servic evaluation......");
    }
}
```

以上代码定义了抽象类 AbstractTemplate 用于实现模板方法模式，其中定义了 checkNumber()表示抽号过程，queueUp()表示排队过程，handleBusiness()表示需要办理的具体业务，serviceEvaluation()表示在业务办理完成后对服务的评价，templateMethod()定义了银行办理业务的核心流程，即取号、排队、办理业务和评价。抽象类实现了取号、排队、办理业务这些公共方法，而将办理业务的具体方法交给具体的业务类实现。

（2）定义 SaveMoney 的业务实现：

```java
public class SaveMoney extends AbstractTemplate {
    private final static Log logger =
            LogFactory.getLog(AbstractTemplate.class);
    @Override
    public void handleBusiness() {
        logger.info("save money to the bank.");
    }
}
```

以上代码定义了 SaveMoney 并实现了 handleBusiness()，以完成存钱的业务逻辑。

（3）定义 TakeMoney 的业务实现：

```java
public class TakeMoney extends AbstractTemplate {
    private final static Log logger =
        LogFactory.getLog(AbstractTemplate.class);
    @Override
    public void handleBusiness() {
        logger.info("take money form bank.");
    }
}
```

以上代码定义了 TakeMoney 并实现了 handleBusiness()，以完成取钱的业务逻辑。

（4）使用模板模式：

```java
public static void main(String[] args) {
    //办理取钱流程
    AbstractTemplate template1 = new TakeMoney();
    template1.templateMethod();
    //办理存储流程
    AbstractTemplate template2 = new SaveMoney();
    template2.templateMethod();
}
```

在使用模板模式时按需定义具体的模板类实例并调用其模板方法即可，具体的执行结果如下：

```
[INFO] AbstractTemplate - checkNumber......
[INFO] AbstractTemplate - queue up......
[INFO] AbstractTemplate - take money form bank.
[INFO] AbstractTemplate - business finished,servic evaluation......
[INFO] AbstractTemplate - checkNumber......
[INFO] AbstractTemplate - queue up......
[INFO] AbstractTemplate - save money form bank.
[INFO] AbstractTemplate - business finished,servic evaluation......
```

15.16　观察者模式

观察者（Observer）模式指在被观察者的状态发生变化时，系统基于事件驱动理论将其状态通知到订阅其状态的观察者对象中，以完成状态的修改和事件的传播。这种模式有时又叫作发布-订阅模式或者模型-视图模式。

观察者模式是一种对象行为型模式，观察者和被观察者之间的关系属于抽象耦合关系，主要优点是在观察者与被观察者之间建立了一套事件触发机制，以降低二者之间的耦合度。

观察者模式的主要角色如下。

◎ 抽象主题（Subject）：持有订阅了该主题的观察者对象的集合，同时提供了增加、删除观察者对象的方法和主题状态发生变化后的通知方法。

◎ 具体主题（Concrete Subject）：实现了抽象主题的通知方法，在主题的内部状态发生变化时，调用该方法通知订阅了主题状态的观察者对象。

◎ 抽象观察者（Observer）：观察者的抽象类或接口，定义了主题状态发生变化时需要调用的方法。

◎ 具体观察者（Concrete Observer）：抽象观察者的实现类，在收到主题状态变化的信息后执行具体的触发机制。

观察者模式具体的 UML 设计如图 15-17 所示。

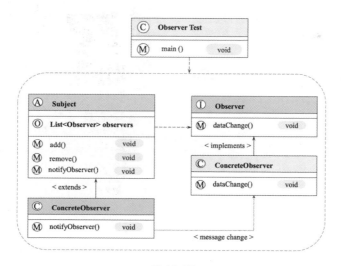

图 15-17

具体实现如下。

（1）定义抽象主题 Subject：

```
//抽象目标类
```

```
public abstract class Subject {
protected List<Observer> observers=new ArrayList<Observer>();
//增加观察者
public void add(Observer observer) {
    observers.add(observer);
}
//删除观察者
public void remove(Observer observer) {
    observers.remove(observer);
}
public abstract void notifyObserver(String message); //通知观察者的抽象方法
}
```

以上代码定义了抽象主题 Subject 类，并定义和实现了方法 add()、remove() 来向 Subject 添加观察者和删除观察者，定义了抽象方法 notifyObserver() 来实现在状态发生变化时将变化后的消息发送给观察者。

（2）定义具体的主题 ConcreteSubject：

```
public class ConcreteSubject extends Subject {
    private final static Log logger =
     LogFactory.getLog(ConcreteSubject.class);
    public void notifyObserver(String message) {
        for(Object obs:observers) {
            logger.info("notify observer "+message+" change...");
            ((Observer)obs).dataChange(message);
        }
    }
}
```

以上代码定义了 ConcreteSubject 类，该类继承了 Subject 并实现了 notifyObserver()，用于向观察者发送消息。

（3）定义抽象观察者 Observer：

```
public interface Observer {
    void dataChange(String message); //接收数据
}
```

以上代码定义了观察者 Observer 接口并定义了 messageReceive()，用于接收 ConcreteSubject 发送的通知。

（4）定义具体的观察者 ConcreteObserver：

```
public class ConcreteObserver implements Observer {
    private final static Log logger =
    LogFactory.getLog(ConcreteObserver.class);
  public void dataChange(String message) {
      logger.info("recive message:"+message);
  }
}
```

以上代码定义了具体的观察者 ConcreteObserver 类，用于接收 Observer 发送过来的通知并做具体的消息处理。

（5）使用观察者模式：

```
public static void main(String[] args) {
    Subject subject=new ConcreteSubject();
    Observer obs=new ConcreteObserver();
    subject.add(obs);
    subject.notifyObserver("data1");
}
```

在使用观察者模式时首先要定义一个 Subject 主题，然后定义需要接收通知的观察者，接着将观察者加入主题的监控列表中，在有数据发生变化时，Subject（主题）会将变化后的消息发送给观察者，最后调用 subject 的方法 notifyObserver()发送一个数据变化的通知，具体的运行结果如下：

```
[INFO] ConcreteSubject - notify observer data1 change...
[INFO] ConcreteObserver - recive message:data1
```

15.17 迭代器模式

迭代器（Iterator）模式提供了按顺序访问集合对象中的各种元素，而不暴露该对象内部结构的方法。

Java 中的集合就是典型的迭代器模式，比如 HashMap，在我们需要遍历 HashMap 时，通过迭代器不停地获取 Next 元素就可以循环遍历集合中的所有元素。

迭代器模式将遍历集合中所有元素的操作封装成迭代器类，其目的是在不暴露集合对象内部结构的情况下，对外提供统一访问集合的内部数据的方法。迭代器的实现一般包括一个迭代器，用于执行具体的遍历操作；以及一个 Collection，用于存储具体的数据。我们以 Collection 集合的迭代器设计为例介绍迭代器模式的设计思路。具体的 UML 设计如图 15-18 所示。

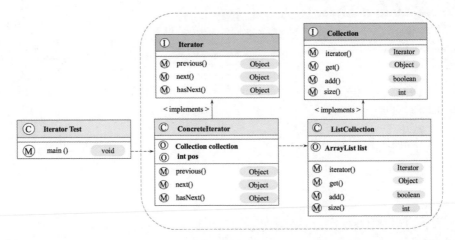

图 15-18

具体实现如下。

（1）定义名为 Collection 的集合接口：

```java
public interface Collection {
    //对集合元素的迭代
    public Iterator iterator();
    //取得集合元素
    public Object get(int i);
    //向集合添加元素
    public boolean add(Object object);
    //取得集合大小
    public int size();
}
```

以上代码定义了名为 Collection 的接口，用于制定集合操作的规范。在该接口中定义了 iterator()用于集合接口的遍历，定义了 get()用于获取集合中的元素，定义了 add()用于向集合中添加元素，定义了 size()用于获取集合的大小。

（2）定义 Collection 接口实现类 ListCollection：

```java
public class ListCollection implements Collection{
    public List list = new ArrayList();//list 用于数据存储
    @Override
```

```
public Iterator iterator() {
    return new ConcreteIterator(this);
}
@Override
public Object get(int i) {
    return list.get(i);
}
@Override
public boolean add(Object object) {
    list.add(object);
    return true;
}
@Override
public int size() {
    return list.size();
}
}
```

以上代码定义了 Collection 接口的实现类 ListCollection，ListCollection 类用于存储具体的数据并实现数据操作方法，其中，list 用于存储数据，iterator()用于构造集合迭代器。

（3）定义迭代器接口 Iterator：

```
public interface Iterator {
    //指针前移
    public Object previous();
    //指针后移
    public Object next();
    public boolean hasNext();
}
```

以上代码定义了迭代器接口 Iterator，在该接口中规范了迭代器应该实现的方法，其中，previous()用于访问迭代器中的上一个元素，next()用于访问迭代器中的下一个元素，hasNext()用于判断在迭代器中是否还有元素。

（4）定义迭代器接口 Iterator 的实现类 ConcreteIterator：

```
public class ConcreteIterator implements Iterator {
    private Collection collection;
    private int pos = -1;//当前迭代器遍历到的元素位置
    public ConcreteIterator(Collection collection){
        this.collection = collection;
    }
    @Override
```

```
public Object previous() {
    if(pos > 0){
        pos--;
    }
    return collection.get(pos);
}
@Override
public Object next() {
    if(pos<collection.size()-1){
        pos++;
    }
    return collection.get(pos);
}
@Override
public boolean hasNext() {
    if(pos<collection.size()-1){
        return true;
    }else{
        return false;
    }
}
}
```

以上代码定义了迭代器接口 Iterator 的实现类 ConcreteIterator，在 ConcreteIterator 中定义了 Collection 用于访问集合中的数据，pos 用于记录当前迭代器遍历到的元素位置，同时实现了在 Iterator 接口中定义的方法 previous()、next()和 hasNext()，以完成具体的迭代器需要实现的基础功能。

（5）使用迭代器：

```
public static void main(String[] args) {
    //定义集合
    Collection collection = new ListCollection();
    //向集合中添加数据
    collection.add("object1");
    //使用迭代器遍历集合
    Iterator it = collection.iterator();
    while(it.hasNext()){
        logger.info(it.next());
    }
}
```

迭代器的使用方法比较简单：首先需要定义一个集合并向集合中加入数据，然后获取集合的 Iterator 迭代器并循环遍历集合中的数据。

15.18 责任链模式

责任链（Chain of Responsibility）模式也叫作职责链模式，为了避免请求发送者与多个请求处理者耦合在一起，责任链模式让所有请求的处理者都持有下一个对象的引用，从而将请求串联成一条链，在有请求发生时，可将请求沿着这条链传递，直到遇到该对象的处理器。

在责任链模式下，用户只需将请求发送到责任链上即可，无须关心请求的处理细节和传递过程，所以责任链模式优雅地将请求的发送和处理进行了解耦。

责任链模式在 Web 请求中很常见，比如我们要为客户端提供一个 REST 服务，服务端要针对客户端的请求实现用户鉴权、业务调用、结果反馈流程，就可以使用责任链模式实现。

责任链模式包含如下三种角色。

◎ Handler 接口：用于规定在责任链上具体要执行的方法。
◎ AbstractHandler 抽象类：持有 Handler 实例并通过 setHandler() 和 getHandler() 将各个具体的业务 Handler 串联成一个责任链，客户端上的请求在责任链上执行。
◎ 业务 Handler：用户根据具体的业务需求实现的业务逻辑。

例如，用户鉴权、业务调用、结果反馈流程的责任链实现的具体 UML 设计如图 15-19 所示。

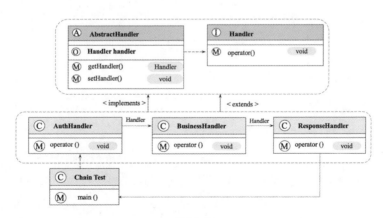

图 15-19

具体实现如下。

（1）定义 Handler 接口：

```java
public interface Handler {
    void operator();
}
```

以上代码定义了 Handler 接口，该接口用于规定责任链上各个环节的操作，这里定义了 operator()，用于责任链上的各个环节处理任务时调用。

（2）定义 AbstractHandler 类：

```java
public abstract class AbstractHandler {
    private Handler handler;
    public Handler getHandler() {
        return handler;
    }
    public void setHandler(Handler handler) {
        this.handler = handler;
    }
}
```

以上代码定义了抽象类 AbstractHandler 来将责任链上的各个组件连接起来，具体操作是通过 setHandler() 设置下一个环节的组件，通过 getHandler() 获取下一个环节的组件。

（3）定义用户授权类 AuthHandler：

```java
public class AuthHandler extends AbstractHandler implements Handler {
    private final static Log logger = LogFactory.getLog(AuthHandler.class);
    private String name;
    public AuthHandler(String name) {
        this.name = name;
    }
    @Override
    public void operator() {
        logger.info("user auth...");
        if(getHandler()!=null){//执行责任链的下一个流程
            getHandler().operator();
        }
    }
}
```

以上代码定义了用户授权类 AuthHandler 并实现了 operator()，该方法首先调用当前环节的业务流程，即用户授权，然后通过 getHandler()获取下一个组件并调用其 operator()，使其执行责任链的下一个流程。

（4）定义业务处理类 BusinessHandler：

```java
public class BusinessHandler extends AbstractHandler implements Handler {
    private final static Log logger =
            LogFactory.getLog(BusinessHandler.class);
    private String name;
    public BusinessHandler(String name) {
        this.name = name;
    }
    @Override
    public void operator() {
        logger.info("business info handler...");
        if(getHandler()!=null){//执行责任链的下一个流程
            getHandler().operator();
        }
    }
}
```

以上代码定义了用户授权类 BusinessHandler 并实现了方法 operator()，该方法首先调用当前环节的业务流程，即业务处理流程，然后通过 getHandler()获取下一个组件并调用其 operator()，使其执行责任链的下一个流程。

（5）定义请求反馈类 ResponseHandler：

```java
public class ResponseHandler extends AbstractHandler implements Handler {
    private final static Log logger =
            LogFactory.getLog(ResponseHandler.class);
    private String name;
    public ResponseHandler(String name) {
        this.name = name;
    }
    @Override
    public void operator() {
        logger.info("message response...");
        if(getHandler()!=null){//执行责任链的下一个流程
            getHandler().operator();
        }
    }
}
```

```
    }
```

以上代码定义了用户授权类 ResponseHandler 并实现了 operator()，该方法首先调用当前环节的业务流程，这里的业务流程主要是判断业务流程执行的结果并做出相应的反馈，然后通过 getHandler() 获取下一个组件并调用其 operator()，使其执行责任链的下一个流程。

（6）使用责任链模式：

```
public static void main(String[] args) {
    AuthHandler  authHandler= new AuthHandler("auth");
    BusinessHandler  businessHandler= new BusinessHandler("business");
    ResponseHandler  responseHandler= new ResponseHandler("response");
    authHandler.setHandler(businessHandler);
    businessHandler.setHandler(responseHandler);
    authHandler.operator();
    }
```

在使用责任链模式时，首先要定义各个责任链的组件，然后将各个组件通过 setHandler() 串联起来，最后调用第 1 个责任链上的 operator()，接着程序就像多米诺骨牌一样在责任链上执行下去。具体的执行结果如下：

```
[INFO] AuthHandler - user auth...
[INFO] BusinessHandler - business info handler...
[INFO] ResponseHandler - message response...
```

15.19　命令模式

命令（Command）模式指将请求封装为命令基于事件驱动异步地执行，以实现命令发送者和命令执行者之间的解耦，提高命令发送、执行的效率和灵活度。

命令模式将命令调用者与命令执行者进行了解耦，有效降低了系统的耦合度，进行增加和删除（回滚）也变得非常方便。

命令模式包含如下主要角色。

◎ 抽象命令类（Command）：执行命令的接口，定义执行命令的抽象方法 execute()。

◎ 具体命令类（Concrete Command）：抽象命令类的实现类，持有接收者对象，并在接收到命令后调用命令执行者的方法 action() 实现命令的调用和执行。

◎ 命令执行者（Receiver）：命令的具体执行者，定义了命令执行的具体方法 action()。

◎ 命令调用者（Invoker）：接收客户端的命令并异步执行。

具体的 UML 设计如图 15-20 所示。

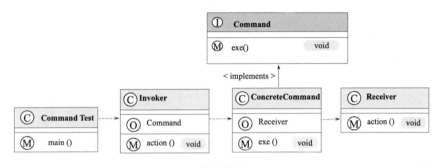

图 15-20

具体实现如下。

（1）定义 Command 接口：

```java
public interface Command {
    public void exe(String command);
}
```

以上代码定义了 Command 接口，并在该接口中定义了 Command 的执行方法 exe()。

（2）定义 Command 接口的实现类 ConcreteCommand：

```java
public class ConcreteCommand implements Command {
    private Receiver receiver;
    public ConcreteCommand(Receiver receiver) {
        this.receiver = receiver;
    }
    @Override
    public void exe(String command) {
        receiver.action(command);
    }
}
```

以上代码定义了 Command 接口的实现类 ConcreteCommand，该类持有命令接收和执行者 Receiver 的实例，并实现了 Command 接口中的 exe()，具体操作是在 ConcreteCommand 接收到命令后，调用 Receiver 的 action()将命令交给 Receiver 执行。

（3）定义命令调用者类 Invoker：

```
public class Invoker {
    private final static Log logger = LogFactory.getLog(Invoker.class);
    private Command command;
    public Invoker(Command command) {
        this.command = command;
    }
    public void action(String commandMessage){
        logger.info("command sending...");
        command.exe(commandMessage);
    }
}
```

以上代码定义了命令调用者类 Invoker，该类持有 Command 实例并在 action()中实现了对命令的调用，具体做法是在 action()中执行 Command 接口的 exe()。

（4）定义命令接收和执行者类 Receiver：

```
public class Receiver {
    private final static Log logger = LogFactory.getLog(Receiver.class);
    public void action(String command){//接收并执行命令
        logger.info("command received, now execute command");
    }
}
```

以上代码定义了命令接收和执行者类 Receiver，并在 action()中接收和执行命令。

（5）使用命令模式：

```
public static void main(String[] args) {
    //定义命令接收和执行者
    Receiver receiver = new Receiver();
    //定义命令实现类
    Command cmd = new ConcreteCommand(receiver);
    //定义命令调用者
    Invoker invoker = new Invoker(cmd);
    //命令调用
    invoker.action("command1");
}
```

在使用命令模式时首先要定义一个命令接收和执行者 Receiver，接着定义一个具体的命令 ConcreteCommand 实例，并将命令接收者实例设置到实例中，然后定义一个命令调用者 Invoker 实例，并将命令实例设置到实例中，最后调用命令调用者的 action()将命令发送出去，命令接收者在收到数据后会执行相关命令，这样就完成了命令的调用。具体的执行结果如下：

```
[INFO] Invoker - command sending...
[INFO] Receiver - command received, now execute command
```

15.20　备忘录模式

备忘录（Memento）模式又叫作快照模式，该模式将当前对象的内部状态保存到备忘录中，以便在需要时能将该对象的状态恢复到原先保存的状态。

备忘录模式提供了一种保存和恢复状态的机制，常用于快照的记录和状态的存储，在系统发生故障或数据发生不一致时能够方便地将数据恢复到某个历史状态。

备忘录模式的核心是设计备忘录类及用于管理备忘录的管理者类，其主要角色如下。

◎ 发起人（Originator）：记录当前时刻对象的内部状态，定义创建备忘录和恢复备忘录数据的方法。

◎ 备忘录（Memento）：负责存储对象的内部状态。

◎ 状态管理者（Storage）：对备忘录的历史状态进行存储，定义了保存和获取备忘录状态的功能。注意，备忘录只能被保存或恢复，不能进行修改。

具体的 UML 设计如图 15-21 所示。

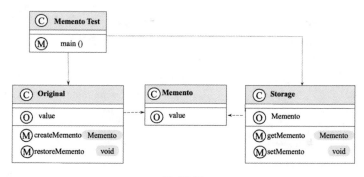

图 15-21

具体实现如下。

（1）定义原始数据 Original：

```java
public class Original {
    private String value;
    public String getValue() {
        return value;
    }
    public void setValue(String value) {
        this.value = value;
    }
    public Original(String value) {
        this.value = value;
    }
    public Memento createMemento(){
        return new Memento(value);
    }
    public void restoreMemento(Memento memento){
        this.value = memento.getValue();
    }
}
```

以上代码定义了原始数据 Original，在原始数据中定义了 createMemento() 和 restoreMemento() 分别用于创建备忘录和从备忘录中恢复数据。

（2）定义备忘录 Memento：

```java
public class Memento {
    private String value;
    public Memento(String value) {
        this.value = value;
    }
    public String getValue() {
        return value;
    }
    public void setValue(String value) {
        this.value = value;
    }
}
```

以上代码定义了备忘录 Memento，其中 value 为备忘录具体的数据内容。

（3）定义备忘录管理者 Storage：

```java
public class Storage {
    private Memento memento;
```

```
    public Storage(Memento memento) {
        this.memento = memento;
    }
    public Memento getMemento() {
        return memento;
    }
    public void setMemento(Memento memento) {
        this.memento = memento;
    }
}
```

以上代码定义了备忘录管理者 Storage，持有备忘录实例，并提供了 setMemento()和 getMemento()分别用于设置和获取一个备忘录数据。

（4）使用备忘录：

```
public static void main(String[] args) {
    //创建原始类
    Original original = new Original("张三");
    //创建备忘录
    Storage storage = new Storage(original.createMemento());
    //修改原始类的状态
    logger.info("original value: " + original.getValue());
    original.setValue("李四");
    logger.info("update value: " + original.getValue());
    //恢复原始类的状态
    original.restoreMemento(storage.getMemento());
    logger.info("restore value: " + original.getValue());
}
```

备忘录的使用方法比较简单：先定义一个原始数据，然后将数据存储到 Storage，这时我们可以修改数据，在想把数据回滚到之前的状态时调用 Original 的 restoreMemento()便可将存储在 Storage 中的上次数据的状态恢复。其实，备忘录简单来说就是把原始数据的状态在 Storage 中又重新存储一份，在需要时可以恢复数据。

上面的例子只存储了数据的上一次状态，如果想存储多个状态，就可以在 Storage 中使用列表记录多个状态的数据。具体的执行结果如下：

```
[INFO] MementoDemo - original value: 张三
[INFO] MementoDemo - update value: 李四
[INFO] MementoDemo - restore value: 张三
```

15.21　状态模式

状态模式指给对象定义不同的状态，并为不同的状态定义不同的行为，在对象的状态发生变换时自动切换状态的行为。

状态模式是一种对象行为型模式，它将对象的不同行为封装到不同的状态中，遵循了单一职责原则。同时，状态模式基于对象的状态将对象行为进行了明确的界定，减少了对象行为之间的相互依赖，方便系统的扩展和维护。

状态模式在生活中很常见，比如日常生活有工作、休假等状态；钉钉有出差、会议、工作中等状态。每种状态都对应不同的操作，比如工作状态对应的行为有开会、写 PPT、写代码、做设计等，休假状态对应的行为有旅游、休息、陪孩子等。

状态模式把环境改变后对象的行为包装在不同的状态对象里，用于让一个对象在其内部状态改变时，行为也随之改变。具体的角色如下。

◎ 环境（Context）：也叫作上下文，用于维护对象当前的状态，并在对象状态发生变化时触发对象行为的变化。

◎ 抽象状态（AbstractState）：定义了一个接口，用于定义对象中不同状态所对应的行为。

◎ 具体状态（Concrete State）：实现抽象状态所定义的行为。

下面以工作状态、休假状态及两种状态下不同的行为为例介绍状态模式。具体的 UML 设计如图 15-22 所示。

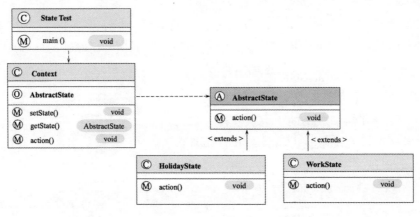

图 15-22

具体实现如下。

（1）定义 AbstractState：

```
public abstract class AbstractState {
    public abstract void action(Context context);
}
```

以上代码定义了 AbstractState 抽象类，在类中定义了 action() 用于针对不同的状态执行不同的动作。

（2）定义 AbstractState 的子类 HolidayState：

```
public class HolidayState extends AbstractState {
    private final static Log logger = LogFactory.getLog(HolidayState.class);
    public void action(Context context) {
        logger.info("state change to holiday state ");
        logger.info("holiday state actions is travel,
        shopping, watch television...");
    }
}
```

以上代码定义了 AbstractState 的子类 HolidayState 并实现了 action()，HolidayState 中的 action() 的主要动作是旅行（travel）、购物（shopping）、看电视（watch television）等。

（3）定义 AbstractState 的子类 WorkState：

```
public class WorkState extends AbstractState {
    private final static Log logger = LogFactory.getLog(WorkState.class);
    public void action(Context context) {
        logger.info("state change to work state ");
        logger.info("work state actions is meeting, design, coding...");
    }
}
```

以上代码定义了 AbstractState 的子类 WorkState 并实现了 action()，WorkState 中 action() 的主要动作是开会（meeting）、设计（design）、写代码（coding）等。

（4）定义 Context 用于存储状态和执行不同状态下的行为：

```
public class Context {
    private AbstractState state;
    public Context(AbstractState state){
        this.state = state;
    }
```

```
    public void setState(AbstractState state){
        this.state = state;
    }
    public AbstractState getState(){
        return state;
    }
    public void action()
    {
        this.state.action(this);
    }
}
```

以上代码定义了 Context 类，该类用于设置上下文环境中的状态，并根据不同的状态执行不同的 action()。这里的状态设置通过 setState()完成，具体的动作执行通过 action()完成。

（5）使用状态模式：

```
public static void main(String[] args) {
        //定义当前状态为工作状态
        Context context = new Context(new WorkState());
        context.action();
        //切换当前状态为修改状态
        context.setState(new HolidayState());
        context.action();
    }
```

在使用状态模式时，只需定义一个上下文 Context，并设置 Context 中的状态，然后调用 Context 中的行为方法即可。以上代码首先通过 Context 的构造函数将状态设置为 WorkState，接着通过 setState()将状态设置为 HolidayState，两种不同的状态将对应不同的行为，具体的执行结果如下：

```
[INFO] WorkState - state change to work state
[INFO] WorkState - work state actions is meeting, design, coding...
[INFO] HolidayState - state change to holiday state
[INFO] HolidayState - holiday state actions is travel, shopping,
                        watch television...
```

15.22　访问者模式

访问者（Visitor）模式指将数据结构和对数据的操作分离，使其在不改变数据结构的前提下动态添加作用于这些元素上的操作。它将数据结构的定义和数据操作的定义分离，符合单一职责原则。访问者模式通过定义不同的访问者实现对数据的不同操作，因此在需要为数据添加新的操作时只需为其定义一个新的访问者即可。

访问者模式是一种对象行为型模式，主要特性是将数据结构和作用于结构上的操作解耦，使得集合的操作可自由地演化而不影响其数据结构。它适用于数据结构稳定但是数据操作方式多变的系统中。

访问者模式实现的关键是将作用于元素的操作分离并封装成独立的类，其包含如下主要角色。

◎ 抽象访问者（Visitor）：定义了一个访问元素的接口，为每类元素都定义了一个访问操作 visit()，该操作中的参数类型对应被访问元素的数据类型。

◎ 具体访问者（ConcreteVisitor）：抽象访问者的实现类，实现了不同访问者访问到元素后具体的操作行为。

◎ 抽象元素（Element）：元素的抽象表示，定义了访问该元素的入口的 accept 方法，不同的访问者类型代表不同的访问者。

◎ 具体元素（Concrete Element）：实现抽象元素定义的 accept() 操作，并根据访问者的不同类型实现不同的业务逻辑。

比如，我们有个项目计划需要上报，项目计划的数据结构是稳定的，包含项目名称和项目内容，但项目的访问者有多个，比如项目经理、CEO 和 CTO。类似的数据结构稳定但对数据的操作多变的情况很适合只用访问者模式实现。下面以项目的访问为例介绍访问者模式。具体的 UML 设计如图 15-23 所示。

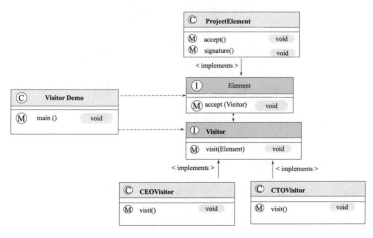

图 15-23

具体实现如下。

（1）定义抽象 Visitor 接口：

```java
public interface Visitor {
    void visit(ProjectElement element);
}
```

以上代码定义了 Visitor 接口，并在该接口中定义了 visit()用于指定要访问的数据。

（2）定义 Visitor 实现类 CEOVisitor：

```java
public class CEOVisitor implements Visitor{
    private final static Log logger = LogFactory.getLog(CEOVisitor.class);
    @Override
    public void visit(ProjectElement element) {
        logger.info("CEO Visitor Element");
        element.signature("CEO",new Date());
        logger.info(JSON.toJSON(element));
    }
}
```

以上代码定义了 Visitor 实现类 CEOVisitor，并实现了其方法 visit()，该方法在接收到具体的元素时，访问该元素并调用 signature()签名方法表示 CEOVisitor 已经访问和审阅了该项目。

（3）定义 Visitor 实现类 CTOVisitor：

```java
public class CTOVisitor implements Visitor {
    private final static Log logger = LogFactory.getLog(CEOVisitor.class);
    @Override
    public void visit(ProjectElement element) {
        logger.info("CTO Visitor Element");
        element.signature("CTO",new Date());
        logger.info(JSON.toJSON(element));
    }
}
```

以上代码定义了 Visitor 实现类 CTOVisitor，并实现了其方法 visit()，该方法在接收到具体的元素时，会访问该元素并调用 signature()签名方法表示 CTOVisitor 已经访问和审阅了该项目。

（4）定义抽象元素 Element 的接口：

```
public interface Element {
    void accept(Visitor visitor);
}
```

以上代码定义了抽象元素 Element，并定义了 accept()用于接收访问者对象。

（5）定义具体元素 ProjectElement 的类：

```
public class ProjectElement implements Element {
    private String projectName ;
    private String projectContent ;
    private String visitorName ;
    private Date visitorTime ;
    public ProjectElement(String projectName, String projectContent) {
        this.projectName = projectName;
        this.projectContent = projectContent;
    }
    public void accept(Visitor visitor) {
        visitor.visit(this);
    }
    public void signature(String visitorName,Date visitorTime) {
        this.visitorName = visitorName;
        this.visitorTime = visitorTime;
    }
//省略getter、setter
```

以上代码定义了 ProjectElement 用于表示一个具体的元素，该元素表示一个项目信息，包含项目名称 projectName、项目内容 projectContent、项目访问者 visitorName 和项目访问时间，还定义了 signature()用于记录访问者的签名，以及 accept()用于接收具体的访问者。

（6）使用访问者模式：

```
public static void main(String[] args) {
    Element element = new ProjectElement("mobike","share bicycle");
    element.accept(new CTOVisitor());
    element.accept(new CEOVisitor());
}
```

在使用访问者模式时，首先需要定义一个具体的元素，然后通过 accept()为元素添加访问者即可。具体的执行结果如下：

```
[INFO] CEOVisitor - CTO Visitor Element
[INFO] CEOVisitor - {"projectContent":"share bicycle",
    "visitorName":"CTO","visitorTime":1557370801734,"projectName":"mobike"}
[INFO] CEOVisitor - CEO Visitor Element
[INFO] CEOVisitor - {"projectContent":"share bicycle",
    "visitorName":"CEO","visitorTime":1557370801888,"projectName":"mobike"}
```

15.23　中介者模式

中介者（Mediator）模式指对象和对象之间不直接交互，而是通过一个名为中介者的角色来实现对象之间的交互，使原有对象之间的关系变得松散，且可以通过定义不同的中介者来改变它们之间的交互。中介者模式又叫作调停模式，是迪米特法则的典型应用。

中介者模式属于对象行为型模式，其主要特性是将对象与对象之间的关系变为对象和中介者之间的关系，降低了对象之间的耦合性，提高了对象功能的复用性和系统的灵活性，使得系统易于维护和扩展。

中介者模式包含如下主要角色。

◎ 抽象中介者（Mediator）：中介者接口，定义了注册同事对象的方法和转发同事对象信息的方法。
◎ 具体中介者（Concrete Mediator）：中介者接口的实现类，定义了一个 List 来保存同事对象，协调各个同事角色之间的交互关系。
◎ 抽象同事类（Colleague）：定义同事类的接口，持有中介者对象，并定义同事对象交互的抽象方法，同时实现同事类的公共方法和功能。
◎ 具体同事类（Concrete Colleague）：抽象同事类的实现者，在需要与其他同事对象交互时，通过中介者对象来完成交互。

下面以租房场景为例来介绍中介者模式。我们知道，在租房时会找房屋中介，把自己的租房需求告知中介，中介再把需求告知房东，房客和房东在整个过程中不产生直接关系（也不能产生关系，不然中介就没钱赚了），而是通过中介来完成信息交互，这样就完成了对象之间的解耦，也就是房客和房东的解耦，房东不用关心具体有哪些房客、房客有哪些需求，房客也不用辛苦寻找房东及房子的信息。具体的 UML 设计如图 15-24 所示。

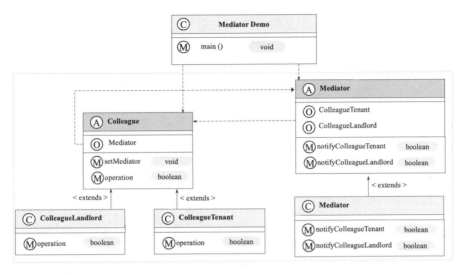

图 15-24

具体实现如下。

（1）定义抽象的 Colleague 类：

```
public abstract class Colleague {
    protected Mediator mediator;
    public void setMediator(Mediator mediator) {
        this.mediator = mediator;
    }
    public abstract boolean operation(String message);//同事类的操作
}
```

以上代码定义了抽象同事类 Colleague，该类持有中介者对象并定义了同事类的具体操作方法 operation()。

（2）定义 Colleague 实现类 ColleagueLandlord 以代表房东：

```
public class ColleagueLandlord extends Colleague {
    private final static Log logger =
      LogFactory.getLog(ColleagueLandlord.class);
    @Override
    public boolean operation(String message) {//收到房客的需求
        logger.info("landlord receive a message form mediator:"+message);
        return true;
    }
}
```

以上代码定义了 Colleague 实现类 ColleagueLandlord 以代表房东，并实现了方法 operation()，该方法用于接收中介者传递的房客需求并做出具体响应。

（3）定义 Colleague 实现类 ColleagueTenant 以代表租户：

```
public class ColleagueTenant extends Colleague {
    private final static Log logger =
                        LogFactory.getLog(ColleagueTenant.class);
    @Override
    public boolean operation(String message) {
        logger.info("tenant receive a message form mediator:"+message);
        return true;
    }
}
```

以上代码定义了 Colleague 实现类 ColleagueTenant 以代表房客，并实现了方法 operation()，该方法用于接收中介者传递的房东的房源信息并做出具体的响应。

（4）定义抽象中介者 Mediator 类：

```
public abstract class Mediator {
    protected Colleague colleagueTenant;
    protected Colleague colleagueLandlord;
    public Mediator(Colleague colleagueTenant, Colleague
            colleagueLandlord) {
        this.colleagueTenant = colleagueTenant;
        this.colleagueLandlord = colleagueLandlord;
    }
    public abstract boolean notifyColleagueTenant(String message);
    public abstract boolean notifyColleagueLandlord(String message);
}
```

以上代码定义了抽象中介者 Mediator 类，该类持有房客和房东类的实例，并定义了 notifyColleagueTenant() 和 notifyColleagueLandlord() 分别向房客和房东传递信息。

（5）定义 Mediator 实现类 ConcreteMediator 以代表一个具体的中介：

```
public class ConcreteMediator extends Mediator {
    public ConcreteMediator(Colleague colleagueTenant, Colleague
        colleagueLandlord) {
        super(colleagueTenant, colleagueLandlord);
    }
    @Override
```

```
    public boolean notifyColleagueTenant(String message) {
        if (colleagueTenant != null) {
          return   colleagueTenant.operation(message);
        }
        return false;
    }
    @Override
    public boolean notifyColleagueLandlord(String message) {
        if (colleagueLandlord != null) {
          return   colleagueLandlord.operation(message);
        }
        return false;
    }
}
```

以上代码定义了 Mediator 实现类 ConcreteMediator 以代表一个具体的中介，该中介实现了 notifyColleagueTenant()和 notifyColleagueLandlord()来完成房客和房东之间具体的消息传递。

（6）使用中介者模式：

```
public static void main(String[] args) {
    //定义房客同事类
    Colleague colleagueTenant = new ColleagueTenant();
    //定义房东同事类
    Colleague colleagueLandlord = new ColleagueLandlord();
    //创建一个具体的中间者，这里可以将其理解为房屋中介
    ConcreteMediator concreteMediator = new
        ConcreteMediator(colleagueTenant, colleagueLandlord);
    boolean result = concreteMediator.notifyColleagueTenant(
            "想租 2 室 1 厅的吗？");
    if(result){
        concreteMediator.notifyColleagueLandlord("租客对面积满意");
    }else{
        concreteMediator.notifyColleagueLandlord("租客对面积不满意");
    }
}
```

在使用中介者模式时，首先要定义同事类，然后定义中介者并通过中介者完成对象之间的交互。以上代码首先定义了房客类和房东类，然后定义了中介者，最后通过中介者的 notifyColleagueTenant()和 notifyColleagueLandlord()完成房客和房东之间的交互。在以上代

码中，中介者首先向房客询问对方对房屋面积的需求，然后将需求反馈给房东。具体的执行结果如下：

```
[INFO] ColleagueTenant - tenant receive a message form mediator:
  想租 2 室 1 厅的吗？
[INFO] ColleagueLandlord - landlord receive a message form mediator:
  租客对面积满意
```

15.24 解释器模式

解释器（Interpreter）模式给定一种语言，并定义了该语言的语法表示，然后设计了一个解析器来解释该语言中的语法，常被用于 SQL 解析、符号处理引擎等。

解释器模式包含如下主要角色。

◎ 抽象表达式（Abstract Expression）：定义解释器的接口，约定解释器所包含的操作，比如 interpret 方法。

◎ 终结符表达式（Terminal Expression）：抽象表达式的子类，用于定义语法中和终结符有关的操作，语法中的每一个终结符都应有一个与之对应的终结表达式。

◎ 非终结符表达式（Nonterminal Expression）：抽象表达式的子类，用于定义语法中和非终结符有关的操作，语法中的每条规则都有一个非终结符表达式与之对应。

◎ 环境（Context）：定义各个解释器需要的共享数据或者公共功能。

解释器模式主要用于和语法及表达式有关的应用场景，例如正则表达式解释器等。具体的 UML 设计如图 15-25 所示。

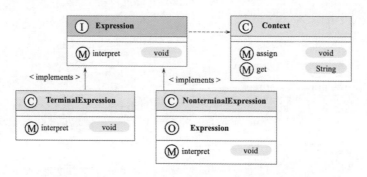

图 15-25

具体实现如下。

（1）定义 Expression 接口：

```java
public interface Expression {
    public void interpret(Context ctx);   //解释器方法
}
```

以上代码定义了 Expression 接口，并定义了解释器方法。

（2）定义 NonterminalExpression 类：

```java
public class NonterminalExpression implements Expression {
    private  Expression left;
    private  Expression right;
    public  NonterminalExpression(Expression left,Expression right) {
        this.left=left;
        this.right=right;
    }
    public void interpret(Context ctx) {
        //递归调用每一个组成部分的 interpret()
        //在递归调用时指定组成部分的连接方式，即非终结符的功能
    }
}
```

以上代码定义了 Expression 的实现类 NonterminalExpression，NonterminalExpression 类主要用于处理非终结元素。NonterminalExpression 定义了 left 和 right 的操作元素。

（3）定义 TerminalExpression：

```java
public class TerminalExpression implements Expression{
    @Override
    public void interpret(Context ctx) {
    //终结符表达式的解释操作
    }
}
```

以上代码定义了 Expression 的实现类 TerminalExpression，TerminalExpression 类主要用于处理终结元素，表示该元素是整个语法表达式的最后一个元素。

（4）定义 Context：

```java
public class Context {
    private HashMap map = new HashMap();
```

```
public void assign(String key, String value) {
    //在环境类中设置值
}
public String  get(String key) {
    //获取存储在环境类中的值
    return "";
}
}
```

以上代码定义了 Context 的全局类用于存储表达式解析出来的值，并提供了进行查询和解析后表达式的结果，以便其他表达式进一步使用。

相关面试题

（1）请说说你熟悉的设计模式。★★★★★

（2）请简述什么是单例模式及其解决的问题。★★★★★

（3）请描述单例模式的几种实现方式。★★★★☆

（4）什么是工厂模式？使用工厂模式有哪些好处？它的应用场景有哪些？★★★★☆

（5）JDK 中常用的设计模式有哪些？★★★☆☆

（6）在 Spring 中用到了哪些设计模式？★★★☆☆

（7）什么是代理模式？在 Java 中有哪些代理模式？★★★☆☆

（8）你在工作中利用设计模式很好地解决问题的案例有哪些？★★★☆☆

（9）什么是策略模式？★★★☆☆

（10）观察者模式的实现是怎样的？★★★☆☆

（11）装饰器模式和代理模式之间的区别是什么？★★☆☆☆

（12）什么是责任链，如何使用它？★★☆☆☆

（13）什么是适配器模式？它主要用于解决哪些问题？★★☆☆☆